人工智能
与大数据技术导论

杨正洪 郭良越 刘 玮 著

北京

内 容 简 介

本书全面讲述人工智能与大数据涉及的技术，学完本书后，读者将对人工智能技术有全面的理解，并能掌握 AI 整体知识架构。

本书共分 16 章，内容包括人工智能概述、AI 产业、数据、机器学习概述、模型、机器学习算法、深度学习、TensorFlow、神经网络、知识图谱、数据挖掘，以及银行业、医疗、公安、工农业等行业人工智能应用情况。附录给出了极有参考价值的大数据与人工智能产业参考资料。

本书适合人工智能与大数据技术初学者、人工智能行业准从业人员、AI 投资领域的技术专家阅读，也适合作为高等院校和培训学校人工智能相关专业师生的教学参考书。

图书在版编目（CIP）数据

人工智能与大数据技术导论 / 杨正洪，郭良越，刘玮著. —北京：清华大学出版社，2019（2024.8重印）
ISBN 978-7-302-51798-6

I. ①人… II. ①杨… ②郭… ③刘… III. ①人工智能②数据处理 IV. ①TP18②TP274

中国版本图书馆 CIP 数据核字（2018）第 269518 号

责任编辑：夏毓彦
封面设计：王 翔
责任校对：闫秀华
责任印制：丛怀宇

出版发行：清华大学出版社
   网 址：https://www.tup.com.cn，https://www.wqxuetang.com
   地 址：北京清华大学学研大厦 A 座   邮 编：100084
   社 总 机：010-83470000   邮 购：010-62786544
   投稿与读者服务：010-62776969，c-service@tup.tsinghua.edu.cn
   质量反馈：010-62772015，zhiliang@tup.tsinghua.edu.cn

印 装 者：三河市铭诚印务有限公司
经 销：全国新华书店
开 本：190mm×260mm 印 张：30.5 字 数：781 千字
版 次：2019 年 2 月第 1 版 印 次：2024 年 8 月第 9 次印刷
定 价：98.00 元

产品编号：080580-01

前　言

2017 年是人工智能（Artificial Intelligence，AI）年，人工智能技术越来越多地应用到日常生活的方方面面。AlphaGo ZERO 碾压 AlphaGo 实现自我学习，百度无人汽车上路，iPhone X 开启 FaceID，阿里和小米先后发布智能音箱，肯德基上线人脸支付……这些背后都是人工智能技术的驱动。2017 年 7 月，国家发布了新一代人工智能发展规划，将中国人工智能产业的发展推向了新高度。

人工智能技术是继蒸汽机、电力、互联网科技之后最有可能带来新一次产业革命浪潮的技术，在爆炸式的数据积累、基于神经网络模型的新型算法与更加强大、成本更低的计算力的促进下，本次人工智能的发展受到风险投资的热烈追捧而处于高速发展时期，人工智能技术的应用场景也在各个行业逐渐明朗，开始带来实际商业价值。在金融行业，人工智能可以在风险控制、资产配置、智能投顾等方向进行应用，预计将带来约 6000 亿元的降本增益效益。在汽车行业，人工智能在自动驾驶上的技术突破，将带来约 5000 亿元的价值增益。在医疗行业，通过人工智能技术，在药物研发领域可以提高成功率，在医疗服务机构可以提供疾病诊断辅助、疾病监护辅助，预计可以带来约 4000 亿元的降本价值。在零售行业，人工智能在推荐系统上的运用将提高在线销售的销量，同时能够对市场进行精准预测，降低库存，预计将带来约 4200 亿元的降本增益效益。

人工智能是一个非常广泛的领域。人工智能技术涵盖很多大的学科，包括计算机视觉（模式识别、图像处理）、自然语言理解与交流（语音识别）、认知科学、机器人学（机械、控制、设计、运动规划、任务规划等）、机器学习（各种统计的建模、分析和计算的方法）。人工智能产业链条涵盖了基础层、技术层、应用层等多个方面，其辐射范围之大，单一公司无法包揽人工智能产业的每个环节，深耕细分领域和协作整合多个产业间资源的形式成为人工智能领域主要的发展路径。

本书从人工智能的定义入手，前两章阐述了人工智能火热的成因、发展历程、产业链、技术和应用场景，从第 3 章开始详细阐述人工智能的几个核心技术（大数据、机器学习、深度学习）和最流行的开源平台（TensorFlow）。通过本书，读者既能了解人工智能的方方面面（广度），又能深度学习人工智能的重点技术和平台工具，最终能够将人工智能技术应用到实际工作场景中，共同创建一个智能的时代。

示例代码及相关下载

本书示例代码及其他相关材料可扫描右边的二维码获得。

如果下载有问题或对本书内容有疑问，请联系 booksaga@163.com ，邮件主题为"人工智能与大数据技术导论"。

致谢

在本书的编写过程中得到了众多的帮助和支持。特别感谢中国科学院的老师们，感谢戴汝为院士和黄玉霞研究员的科学指导和持续鼓励，80 多岁高龄的戴老师前不久还远赴广州为我的人工智能研究提供支持。还要特别感谢我在 State University of New York at Stony Brook 的老师们，导师帮我确定了本书的三个技术方向（深度学习、大数据、算法），帮我的人工智能研究掌舵。最后感谢我曾经工作了 10 年的 IBM 硅谷实验室，从数据管理到大数据再到人工智能，这个实验室一直站在技术的制高点，10 年的工作和研究，让我获益匪浅。

除封面署名作者外，参与本书编写的人员还有：沈常胜、邓茂、韦国新、欧阳涛、杨正礼、丁龄嘉、刘毕操、范婷、李招、虞德坚、杨磊等。由于作者水平有限，书中难免存在纰漏之处，敬请读者批评指正。杨正洪的邮件地址为 yangzhenghong@yahoo.com。

杨正洪

2018 年 9 月于 San Jose

目　录

第 1 章
人工智能概述

机器人是人类的古老梦想。希腊神话中已经出现了机械人,至今机器人仍然是众多科幻小说的重要元素。实现这个梦想的第一步是了解如何将人类的思考过程形式化和机械化。科学家们被这一梦想深深吸引,开始研究记忆、学习和推理。20 世纪 30 年代末到 50 年代初,神经学研究发现大脑是由神经元组成的电子网络,克劳德·香农提出的信息论则描述了数字信号,图灵的计算理论证明了一台仅能处理0和1这样简单二元符号的机械设备能够模拟任意数学推理。这些密切相关的成果暗示了构建电子大脑的可能性。在 1956 年的达特茅斯会议上,"人工智能"(Artificial Intelligence,AI)一词被首次提出,其目标是"制造机器模仿学习的各个方面或智能的各个特性,使机器能够读懂语言,形成抽象思维,解决人们目前的各种问题,并能自我完善"。这也是我们今天所说的"强人工智能"的概念,其可以理解为,人工智能就是在思考能力上可以和人做得一样好。今天所说的"弱人工智能"是指只处理特定问题的人工智能,如计算机视觉、语音识别、自然语言处理,不需要具有人类完整的认知能力,只要看起来像有智慧就可以了。一个弱人工智能的经典例子就是那个会下围棋并且仅仅会下围棋的AlphaGo。

虽然强人工智能仍然是人工智能研究的一个目标,但是强人工智能算法还没有真正的突破。大多数的主流研究者希望将解决局部问题的弱人工智能的方法组合起来实现强人工智能。业界的共识是,大部分的应用都是弱人工智能(如监督式学习),实现近似人类的强人工智能还需要数十年,乃至上百年。在可见的未来,强人工智能既非人工智能讨论的主流,也看不到其成为现实的技术路径。弱人工智能才是这次人工智能浪潮中真正有影响力的主角,本书将聚焦于更具有现实应用意义的弱人工智能技术。

从各国政府到资本、业界都热情拥抱人工智能,以人工智能驱动的智能化变革正在引发第4 次工业革命。虽然人工智能在 2018 年还处于炒作周期的顶峰,但我们可以预测,人工智能正变得更加实用和有用。在此大背景下,我们有必要知道人工智能是什么、火在哪里、是否已经成熟。人工智能技术的壁垒在哪里?了解商业化的边界在哪里,才能更好地理解人工智能。

1.1 AI 是什么

人工智能是一门利用计算机模拟人类智能行为科学的统称,它涵盖了训练计算机使其能够完成自主学习、判断、决策等人类行为的范畴。AI 是人工智能的英文 Artificial Intelligence 的首字母的组合，它是当前人类所面对的最为重要的技术变革。AI 技术给予了机器（这里的机器不仅仅指机器人，还包括消费产品，如音箱、汽车等范围更广的物体）一定的视听感知和思考能力。例如，苹果 Siri 和亚马逊 Echo 智能音箱可以帮助我们通过语音控制的方式设置闹钟、播放音乐、回复信息、询问天气，还可以聊天；滴滴出行和 Uber 应用也是在人工智能技术的驱动下帮助司机选择最佳路线。

除了日常生活外，人工智能在工业、金融、安防、医疗、司法等领域也发挥了巨大的作用。工业机器人代替人类完成焊接、铸造、装配、包装、搬运、分发货物等单调、重复、繁重的工作；在金融领域，人工智能技术可以帮助金融机构提供投资组合建议，创建高精度的风险控制模型，实现精准营销等金融活动；对于安防行业，以图像识别、人脸识别为代表的人工智能技术对摄像头获取的海量视频信息进行解析，已被广泛应用于门禁系统、车辆检测、追踪嫌犯等场景中，对增强安防水平、维护社会稳定、提高刑侦效率等都有重大意义；在医疗领域，IBM 的人工智能系统 Watson（沃森）已被多家医疗机构采用，它可以帮助医生更快、更准确地诊断疾病，还能提出对医疗方案的疗效及风险的评估，这将有效地弥补有些地区医疗资源不足的缺陷；美国人工智能律师 Rose Intelligence 可以理解律师向它提出的问题，收集已有的法律条文、参考文献和法律案件等数据，进行推论，给出基于证据的高度相关性答案，这样的系统可以减少法律服务成本，使更多的人能够获得法律帮助。

1.1.1 火热的 AI

人工智能发展到今年（2019 年）刚好是 63 年。这 63 年的发展实际上经历了三个阶段：第一个阶段，1956 年到 1976 年，注重逻辑推理。第二个阶段，从 1976 到 2006 年，以专家系统为主。2006 年起进入重视数据、自主学习的认知智能时代。这是第三个阶段，它会持续多长时间，没有人知道。

最近几年，在算法、大数据、计算力等技术的推动下，人工智能开始真正解决问题，在各行业的应用场景逐渐明朗，并带来实际商业价值。目前，无论在学术界、投资界，还是在职场，AI 异常火热。根据斯坦福大学 2017 年 12 月发布的 AI 报告，AI 论文发表数量激增：自从 1996 年以来，每年发表的 AI 论文数量增加了 9 倍以上，如图 1-1 所示。斯坦福大学入学选修人工智能和机器学习入门课程的学生人数从 1996 年以来增长了 11 倍以上。在美国，有资本投资的 AI 创业公司数量从 2000 年以来增加了 14 倍，如图 1-2 所示。在美国，投资 AI 创业的基金数量也在增长，从 2000 年以来，每年投入 AI 创业的资本额增加了 6 倍。美国最近几年中，每年都有几十亿美元的风险资本（VC）进入 AI 领域，人工智能相关岗位的需求也在急剧增长。图 1-3 展示了 Indeed.com 平台上，从 2013 年 1 月份起，AI 技术相关工作岗位的份额的增长。

在开源软件使用和生态上，AI 软件也是异常火热的。图 1-4 展示了 AI 各个软件包在 GitHub 上加星标的次数。排在第一的 TensorFlow 是排在第二的 scikit-learn 的 4 倍左右。

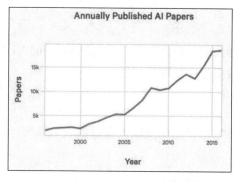

图 1-1　AI 学术论文每年发表情况

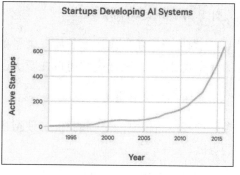

图 1-2　美国 AI 创业公司数量

图 1-3　需要 AI 技能的工作岗位

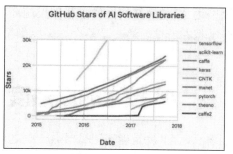

图 1-4　AI 开源软件

1.1.2　AI 的驱动因素

某著名咨询公司预计，到 2025 年，全球 AI 市场规模将达到 3 万亿美元。AI 持续火热的驱动力主要来自于技术本身的提高，包括数据、算法、计算力、大数据和物联网等技术，而这些正是人工智能技术发展的基础。

- 高质量和大规模的海量数据使得 AI 成为可能

海量数据为 AI 技术的发展提供了充足的原材料。在数据生成量方面，预计到 2020 年，将达到 44ZB。表 1-1 展示了数据量与医疗图像准确性的关系，表明了训练数据量越大，准确性越高。

表 1-1　训练数据量与医疗图像模型准确性的关系（%）

训练数据集大小	5GB	10GB	50GB	200GB
大脑识别	0.3%	3.39%	59.7%	98.4%
脖颈识别	21.3%	30.63%	99.34%	99.74%
肩部识别	2.98%	21.39%	86.57%	92.94%
胸腔识别	23.39%	34.45%	96.18%	99.61%
腹部识别	0.1%	3.23%	65.38%	95.18%
胯部识别	0%	1.15%	55.9%	88.45%
平均准确性	8.01%	17.37%	77.15%	95.67%

- 计算力提升突破瓶颈

以 GPU 为代表的新一代计算芯片提供了更强大的计算力，使得运算更快。同时，在集群上实现的分布式计算帮助 AI 模型可以在更大的数据集上快速运行。

- 机器学习算法取得重大突破

以多层神经网络模型为基础的算法，使得机器学习算法在图像识别等领域的准确性取得了飞跃性的提高。

- 物联网和大数据技术为 AI 技术的发展提供了关键要素

物联网为 AI 的感知层提供了基础设施环境，同时带来了全面的海量训练数据。大数据技术为海量数据在存储、清洗、整合方面提供了技术保障，帮助提升了深度学习算法的性能。

1.2 AI 技术的成熟度

顾名思义，AI 就是能够让机器做一些之前只有"人"才做得好的事情。主要集中在这几个领域：视觉识别（看）、自然语言理解（听）、机器人（动）、机器学习（自我学习能力）等。在技术层面，AI 分为感知、认知、执行三个层次。感知技术包括机器视觉、语音识别等各类应用人工智能技术获取外部信息的技术，认知技术包括机器学习技术，执行技术包括人工智能与机器人结合的硬件技术以及智能芯片的计算技术。这些领域目前还比较散，它们正在交叉发展，走向统一的过程中。

很自然地，我们会在同一个任务上将 AI 系统和人类的表现进行比较。在某些任务中，计算机比人类要优秀得多，例如，70 年代的小计算器就可以比人类更好地完成算术运算。但是，AI 系统在处理诸如回答问题、医学诊断等更通用的任务时更加困难。AI 系统的任务往往是在非常窄的背景下进行的，这样能在特定的问题或应用上取得进展。虽然机器在特定的任务上表现出卓越的性能，但是有时任务稍微有所改动，系统性能就会大大降低。

1.2.1 视觉识别

以图像识别和人脸识别为代表的感知技术已经走向了应用市场，特别是在交通、医疗、工业、农业、金融、商业等领域，带动了一批新业态、新模式、新产品的突破式发展，带来了深刻的产业变革。2017 年 9 月，苹果公司发布的最新产品 iPhone X 包含 Face ID、无线充电、自创芯片 A11 Bionic 等最新的 AI 技术。苹果的 Face ID 技术有人脸验证功能。iPhone X 顶部的"刘海"部分集成了实现 Face ID 功能的器件，包括红外镜头、泛光感应元件、点阵投影器和普通摄像头。从原理上讲，当红外摄像头发现一张面孔时，点阵投影器会闪射出 3 万个光点，接着红外摄像头会捕捉这些光点的反馈，从而采集一张人脸的 3D 数据模型，并与 A11 Bionic 芯片中存储的模型进行比对。如果互相匹配，就可以解锁了，iPhone X 随即被唤醒。为了更加精确地进行人脸识别，苹果开发了一个神经引擎，用神经网络处理图像和点阵模式，并邀请好莱坞特效面具公司制作面具来训练神经网络，以保证安全性。The Verge（美国科技媒体网站）曾借用了一台具有夜视功能的摄像机，成功拍摄到这些肉眼不可见的红外光点，可以看到这 3 万个光点非常密集，不只是投射至人脸，连衣服上也有，视觉效果极其震撼。

如图 1-5 所示，在大规模视觉识别挑战赛（LSVRC）比赛中，图像标签的错误率从 2010 年的 28.5%下降到了 2.5%，AI 系统对物体识别的性能已经超越了人类。在国内，视觉与图像领域的融资排在第一，总额为 143 亿元，在整个 AI 投资中占比 23%（数据来源：腾讯的《中美两国人工智能产业发展报告》），说明国内投资者非常看好这一领域。

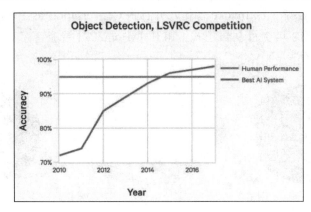

图 1-5　物体识别能力比较（直线为人类，曲线为 AI）

1.2.2　自然语言理解

自然语言理解是指机器接受人类提问的语音输入，先通过语音识别将人类语音转化为文字，再运用自然语义分析理解人类提问的含义（即理解人类的行为），最后反馈给人类以所提问相关的精准搜索结果，其核心技术在于用自然语义分析来理解人类日常说话中的提问。在词语解析方面，AI 系统在确定句子语法结构上的能力已经接近人类能力的 94%。在从文档中找到既定问题的答案的能力已经越来越接近人类（见图 1-6 左图）。AI 系统识别语音录音的表现早在 2016 年就已经达到了人类水平（见图 1-6 右图）。

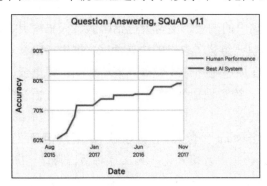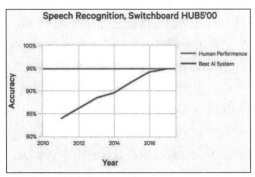

图 1-6　问答准确性比较（左图）和语音识别能力比较（右图；直线为人类，曲线为 AI）

从 PC 互联网到移动互联网再到 AI 时代，每个时代都伴随着一次交互式的变革。利用语音识别、自然语言处理和自然语言理解等技术研发的对话机器人，正在改变着传统的人机交互方式。它们或内嵌到应用程序中，或与硬件相结合，致力于成为用户的个性化处理。目前，这些"助理"已经具备了基本的问答、对话以及上下文理解功能。它们正在打造全新的人机交互方式，为用户提供多场景的便捷服务。例如，智能音箱在 2017 年的美国消费中成为热门产品。虽然语音交互的老大依然是苹果公司的 Siri，但是 Amazon Alexa 正在快速崛起（见图 1-7 左边的产品），它不仅可以对话应答，而且可以和多种智能家居设备进行交互。伴随着 Amazon Echo 智能音箱的诞生，Alexa 的用户数量在一年内增长了 325%。谷歌（产品名称为 Google Home，见图 1-7 中间的产品）、微软、苹果、Facebook 都在争夺这块智能音箱市场。微软也推出了内嵌 Cortana（小娜）的 Invoke 音箱，并且将 Conversation as Platform（对话即平台）作为战略。苹果于 2018 年 2 月 9 日正式上市开卖 HomePad 智能音箱，有白色和太空灰两个版本（见图 1-7 右边的产品）。

图 1-7　智能音箱产品

语音交互可以说是人与机器"交流"的重要环节，这对于未来的人工智能而言是非常关键的入口。在国内，自然语音处理领域的融资排在第二，总额为 122 亿元，在整个 AI 投资中占比 19%。国内企业中，京东在两年前与科大讯飞公司合作布局了智能音箱，致力于成为家庭控制中心。阿里推出了名叫"天猫精灵 X1"的智能音箱，小米推出了小米 AI 音箱。阿里的智能音箱"天猫精灵"在 2017 年"双 11"期间更是进行了巨额补贴，以低于成本价销售，仅"双 11"当天销量便达到 100 万台。激烈的音箱之争背后其实是下一代服务入口之争。

搭载百度 DuerOS 的智能硬件产品也在陆续面世。DuerOS 是百度基于 AI 技术打造的对话式人工智能系统。搭载 DuerOS 的设备可让用户以自然语言对话的交互方式（比如"小度小度，我想听陈百强的歌"）实现影音娱乐、信息查询、生活服务、出行路况等多项功能。目前，腾讯的所有语音端都采用自己研发的 AI 技术，而阿里的淘宝、支付宝电话客服、天猫精灵、优酷、虾米音乐等都应用了自己的语音技术。搜狗也已组建了自己的语音团队，推出了语音实时翻译技术。除了使用自家语音技术外，BAT 也在加速对外开放平台，滚动扩张。阿里云、腾讯云小微、百度 DuerOS 平台都开放了语音识别、视觉识别等 AI 技术。百度还宣布语音技术全系列接口永久免费开放。

在谷歌 I/O 2018 大会上，语音助手 Google Assistant 更像人。作为谷歌 AI 用户感观最直接的语音助手，谷歌试图将其打造得更近似人：其一是声音拟人化，其二是对话日常化。I/O 大会现场展示了指令 Google Assistant 预定餐厅座位，然后发出指令的人即可忙自己的事，而 AI 将自行打电话给餐厅，通过多轮对话与餐厅工作人员敲定好时间。在这个展示上，突显的亮点是，对话能力加强，近似日常交流习惯，极大地提高了与机器对话的用户体验。

语音是下一代人机交互的入口，未来语音技术会向各场景渗透。它们不但可以响应用户命令并执行任务，如回答问题、设置闹钟、检查航班行程等，而且与搜索、手机、智能家居等紧密结合。除了产品市场本身之外，争夺未来以语音交互为核心的智能家居生态的入口，是科技巨头纷纷推出智能音箱的重要原因。智能语音这块蛋糕有多大，目前还未可知。有一点越来越清晰，未来肯定是通过人工智能核心技术+应用数据+领域支持构建垂直入口或行业刚需。到目前为止，BAT 加速布局 2B（企业级）和 2G（政府）市场，在教育、医疗、司法、汽车、客服等领域都已有涉猎。

1.2.3　机器人

大部分智能机器人目前还处于产业发展初期，但随着全球人工智能步入第三次高潮期，智能化成为当前机器人重要的发展方向，人工智能与机器人融合创新，进一步提升机器人的智能化程度。智能机器有自主的感知、认知、决策、学习、执行和社会协作能力。

2017 年 10 月，网红机器人 Sophia 上了各大新闻媒体的头条。她已经正式获得了沙特的公民身份，成为第一个有公民身份的机器人。Sophia 由汉森机器人技术公司（Hanson Robotics）于 2015 年推出，她具有强大的语音识别、视觉数据处理和人脸识别功能。Sophia 在与人对话的时候能够非常快地识别人脸，并且在对话过程中与人进行眼神交流。与此同时，Sophia 还可以模仿人类的手势和面部表情，并能够与人类进行自然的语言交流。她采用了来自 Alphabet 公司（谷歌的母公司）的语音识别技术，利用 AI 程序分析会话并提取数据，语言功能会随着时间的推移变得更加智能化。这款机器人适合放置在养老院陪伴老人聊天，也很适合教小朋友。

最近，美国波士顿动力公司（Boston Dynamics）的研究重点是像狗一样的细长机器人，它可以爬楼梯，在与人类的拔河中保持住姿势，并可以开门，让其他机器人通过。这些视频不禁让人联想到快速、强大，有时甚至令人生畏的未来机器人。2018 年 5 月 24 日，在波士顿举行的机器人技术峰会上，波士顿动力公司的小型机器人 SpotMini 正穿过会议室，如图 1-8 所示。

图 1-8　波士顿动力公司的小型机器人 SpotMini 正穿过会议室

从全球范围来看，日本 ASMO Actroid-F 仿人机器人、Pepper 智能机器人、美国 BigDog 仿生机器人等一大批智能机器人快速涌现，巨头企业也纷纷通过收购机器人企业，将智能机器人作为人工智能重要的载体，推动人工智能发展，例如谷歌相继收购 Schaft、Redwood Robotics

等 9 家机器人公司，积极在类人型机器人制造、机器人协同等方面布局。从国内市场来看，国内包括商用机器人在内的服务机器人市场规模在 2017 年突破 200 亿元。随着智能机器人市场的规模越来越大，且智能机器人切入点种类繁多，创业公司和巨头纷纷从不同的领域、方向和切入点加入智能机器人领域的市场争夺。

值得指出的是，机器人进展有时不尽人意。以前日本人常常炫耀他们的机器人能跳舞，结果一个福岛核辐射事故一下子把所有问题都暴露了，发现他们的机器人一点招都没有。美国也派了机器人过去，同样出了很多问题。比如一个简单的技术问题，机器人进到灾难现场，背后拖一根长长的电缆，要供电和传数据，结果电缆就被缠住了，动弹不得。所以，智能服务机器人仍处于产业化起步阶段。

1.2.4 自动驾驶

AI 的智能程度决定了无人驾驶的可靠性，苹果、谷歌、特斯拉、百度等公司持续研发无人驾驶技术。虽然出行环境变化多样，当前的技术水平还无法直接应用于日常上路。但在出行过程中，人工智能技术已经开始发挥作用，包含行车记录仪、测距仪、雷达、传感器、GPS 等设备的 ADAS 系统，已经可以帮助汽车实时感知周围情况并发出警报，实现高级辅助驾驶，保证用户出行安全。自动驾驶的技术核心包括高精度地图、定位、感知、智能决策与控制四大模块。自动驾驶汽车依托交通场景物体识别技术和环境感知技术，实现高精度车辆探测识别、跟踪、距离和速度估计、路面分割、车道线检测，为自动驾驶的智能决策提供依据。

在 2017 年的 AI 开发者大会中，百度无人驾驶汽车实现在北京五环行驶，在之后的百度世界大会上，百度 CEO 李彦宏表示，百度公司和金龙汽车合作生产的一款无人驾驶的小巴车，将在 2018 年 7 月份实现量产。伴随着 AI 及车载设备、无人驾驶的发展，车联网逐渐成形，在 AI 保障行驶安全的同时，将在车载环境中衍生出更多需求及服务。百度将通过无人驾驶汽车打通现有的产品，包括百度地图、百度音乐、百度支付等，打造生态闭环。

汽车行业正经历大规模的颠覆，汽车厂商越来越意识到，半自动和全自动驾驶车辆将需要基于 AI 的计算机视觉解决方案，以确保安全驾驶。特斯拉推出了多款电动车，包括 Model S、Model 3（前面两个为小轿车）、Model X（SUV）、Semi 电动卡车等车型。这些车型配备了半自动化驾驶技术，包括自动制动、车道保持以及车道偏离警告等功能。在国内，自动驾驶/辅助驾驶融资 107 亿元，在整个国内 AI 投资中占比 18%。中国的自动驾驶/辅助驾驶企业虽然只有 31 家，但融资额却排在第三。2017 年 11 月的百度世界大会上，百度汽车智能开放平台 Apollo 正式开放两款产品：Apollo 小度车载智能系统和 Apollo Pilot。在 2018 年的 CES 上，百度发布了 Apollo 2.0 版本。

与人类水平相当的无人驾驶可能需要更长时间的测试才能成熟起来，但是，我们预估，在未来几年中，越来越多的汽车厂商和 IT 公司会进入自动驾驶领域。目前，自动驾驶研究领域基本分为两大阵营：

（1）传统汽车厂商和 Mobileye 公司合作的"递进式"应用型阵营——"在任何区域里发挥局部功能"，强调"万无一失"的复杂传感器组合（redundancy in system）识别周围环境。

通过低精度导航地图在任何区域实现无人驾驶。

（2）以谷歌、百度以及初创科技公司为主的"越级式"研究型阵营——"在特定区域里发挥全效功能"，强调通过采集某一区域的高精度 3D 地图信息配合激光雷达在某一区域实现无人驾驶。

但是殊途同归，两大阵营的终极愿景都是："在任何区域里发挥全效功能"。

1.2.5　机器学习

人的大脑一直是一个未解之谜。人类如何思考，人类的大脑如何工作，智能的本质是什么，是古今中外的哲学家和科学家一直在努力探索和研究的问题。早期的研究者将逻辑视为人类智慧最重要的特征。让计算机中的人工智能程序遵循逻辑学的基本规律进行运算、归纳或推理，是许多早期人工智能研究者的最大追求。但人们很快发现，人类思考实际上仅涉及少量逻辑，大多是直觉的和下意识的"经验"。基于知识库和逻辑学规则构建的人工智能系统（例如专家系统）只能解决特定的狭小领域问题，很难被扩展到宽广的领域和日常生活中。于是，一些研究者提出了一种全新的实现人工智能的方案，那就是机器学习。

人类的聪明之处就在于可以通过既有的认知触类旁通地推理出未知的问题。如图 1-9 所示，人类看书（书就是数据）时，依靠自身的思考与学习从书中提炼出智慧；机器学习是让计算机利用已知数据得出适当的模型，并利用此模型对新的情境给出判断的过程。机器学习本质上是一种计算机算法，计算机通过大量样本数据的训练能够对以后输入的内容做出正确的反馈。训练的过程就是通过合理的试错来调整参数，使得出错率降低，当出错率低到满足预期的时候，就可以拿出来应用了。机器学习分为监督式学习和非监督式学习。

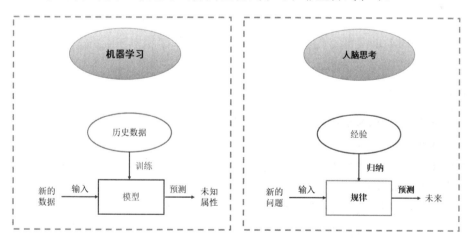

图 1-9　机器学习与人脑思考

机器学习的应用非常广泛，应用在文本方面就是自然语言处理，应用在图像方面就是图像（模式）识别，应用在视频上就是实体识别，应用在汽车上就是自动驾驶，等等。

机器学习重要的成果是 2006 年关于深度学习（Deep Learning）的突破。深度学习起源于20 世纪八九十年代的神经网络研究。深度学习模型的灵感来自于人类大脑视觉皮层以及人类学习的方式，以工程化方法对功能进行简化。深度学习模型是否精确反映了人类大脑的工作方式还存在争议，但重要的是这一技术的突破让机器第一次在语音识别、图像识别等领域实现了与人类同等甚至超过人类的感知水平，从实验室走向产业，发挥价值。2017 年 11 月，谷歌发布了 TensorFlow Lite，这是一款深度学习工具，让开发者可以在移动设备上实时地运行人工智能应用，已开放给 Android 和 iOS 开发者使用。TensorFlow Lite 发布时还提供了有限的预训练人工智能模型，包括 MobileNet 和 Inception V3 物体识别计算机模型，以及 Smart Replay 自然语言处理模型。开发者自己的数据集训练的定制模型也可以部署在上面。TensorFlow Lite 使用 Android 神经网络应用程序编程接口（API），可以在没有加速硬件时直接调用 CPU 来处理，确保其可以兼容不同设备。

美国大笔投资在机器学习应用上，占美国整个 AI 投资的 21%。这一领域是仅次于芯片的吸金领域（芯片投资的占比为 31%）。机器学习热潮是由三个基本因素的融合推动的：（1）深度学习算法的持续突破；（2）大数据的快速增长；（3）机器学习的计算加速，如 GPU 芯片这样的机器学习硬件，将训练时间从几个月缩短到几天、几个小时。这些硬件芯片正在迅速发展，谷歌、英伟达、英特尔等公司都宣布推出下一代 GPU 芯片硬件，这将进一步加快训练速度 10~100 倍。

1.2.6 游戏

游戏是一个相对简单和可控的实验环境，因此经常用于 AI 研究。在游戏领域，AI 已超过人类。

1. 国际象棋

20 世纪 50 年代，一些计算机科学家预测，到 1967 年，计算机将击败人类象棋冠军。但直到 1997 年，IBM 的"深蓝"系统才击败当时的国际象棋冠军盖瑞·卡斯帕罗夫（Gary Kasparov）。如今，在智能手机上运行的国际象棋程序可以表现出大师级的水平。

2. 围棋

2016 年 3 月，谷歌 DeepMind 团队开发的 AlphaGo 系统击败了围棋冠军。DeepMind 后来发布了 AlphaGo Master，并在 2017 年 3 月击败了排名第一的柯洁。2017 年 10 月，DeepMind 发表在 Nature 上的论文详细介绍了 AlphaGo 的另一个新版本——AlphaGo Zero，它以 100:0 击败了最初的 AlphaGo 系统。

AlphaGo 成功的背后是结合了深度学习、强化学习（Reinforcement Learning）与搜索树算法（Tree Search）三大技术。简单来说，当时的 AlphaGo 有两个核心：策略网络（Policy Network）和评价网络（Value Network），这两个核心都是由卷积神经网络（Convolutional Neural Networks, CNN）所构成的。具体而言，首先在"策略网络"中输入大量棋谱，机器会进行监督式学习，然后使用部分样本训练出一个基础版的策略网络，并使用完整样本训练出"进阶版"的策略网络，让这两个网络对弈，机器通过不断新增的环境数据调整策略，也就是所谓的强化学习。而"策略网络"的作用是选择落子的位置，再由"评价网络"来判断盘面，分析每个步数的权重，预测游戏的输赢结果。当这两个网络把落子的可能性缩小到一个范围内时，机器计算需要庞大运算资源的负担减少了，再利用蒙特卡洛搜索树于有限的组合中算出最佳解。而 AlphaGo Zero 与 AlphaGo 不同，它没有被输入任何棋谱，而是从一个不知道围棋游戏规则的神经网络开始，仅通过全新的强化学习算法，让程序自我对弈，自己成为自己的老师，在这个过程中，神经网络不断被更新和调整。

3. 扑克

2017 年，在宾夕法尼亚州匹兹堡，由卡耐基梅隆大学团队研发的人工智能系统 Libratus 和 4 位德州扑克顶级选手展开了一场为期 20 天的鏖战，经过 12 万手牌的比赛，Libratus 获得了最终胜利，赢取了 20 万美元的奖金。Libratus 的策略并非基于专业玩家的经验，它的玩牌方式有明显的不同。研发团队采用了一套名为 Counterfactual Regret Minimization（反事实的遗憾最小化）的算法，利用在匹兹堡超级计算机中心大约 1500 万核心小时的计算，它会先让 Libratus 反复地进行自我博弈，随机地玩上万亿手扑克，不断地试错，建立自己的策略，最终达到顶尖扑克玩家的水平。Libratus 可以通过强大的计算和统计能力，把各种打法杂糅，并通过推理对其进行任意排列，将下注范围和随机性提高到人类牌手无法企及的程度，让人类玩家难以猜测自己手中到底握有什么样的牌。系统检测自身在每轮比赛中的弱点，每天补救最明显的失误，最终赢得比赛。

中国工程院院士高文总结了什么样的 AI 系统不需要外部数据就可以战胜人，实际上需要满足以下三个条件：

（1）集合是封闭的。无论是状态集还是其他集，集合都是封闭的，我们知道围棋集合是封闭的。

（2）规则是完备的。也就是说，下棋时什么地方能下，什么地方不能下，这个规则是完全完备的，不能随便更改。

（3）约束是有限的。也就是说，在约束条件下，不可以递归，因为有了递归之后，往下推演就停不下来，而约束有限的时候就能停下来。

满足这三个条件，不需要外部数据，系统自己产生数据就够了。所以可以预见，今后有很多情况，我们可以判断这个人和机器最后谁能赢，满足这三个条件机器一定能赢，无论是德州扑克还是围棋，类似的情况很多。

1.3　美国 AI 巨头分析

在美国，引领 AI 产业发展的巨头主要是谷歌、苹果、微软、亚马逊、Facebook、IBM、特斯拉等公司，这些公司都在 AI 领域部署了大量的资源。表 1-2 总结了这几个公司在各个层面上的部署情况。

表 1-2　美国 AI 巨头公司的技术布局

公司	应用层		技术层	基础层
	消费级产品	行业解决方案	技术平台/框架	芯片
谷歌	谷歌无人车、Google Home	Voice Intelligence API、Google Cloud	TensorFlow 系统、Cloud Machine Learning Engine	定制化 TPU、Cloud TPU、量子计算机
亚马逊	智能音箱 Echo、Alexa 语音助手、智能超市 Amazon go、PrimeAir 无人机	Amazon Lex、Amazon Polly、Amazon Rekognition	AWS 分布机器学习平台	Annapurna ASIC
Facebook	聊天机器人 Bot、人工智能管家 Jarvis、智能照片管理应用 Moments	人脸识别技术 DeepFace、DeepMask、SharpMask、MultiPathNet	深度学习框架 Torchnet、FBLearner Flow	人工智能硬件平台 Big Sur
微软	Skype 即时翻译、小冰聊天机器人、Cortana 虚拟助理、Tay、智能摄像头 A-eye	微软认知服务	DMTK、Bot Framework	FPGA 芯片
苹果	Siri、iOS 照片管理			Apple Neural Engine
IBM		Watson、Bluemix、ROSS	SystemML	
特斯拉	自动驾驶车			

这些巨头公司通过招募高端人才、组建实验室等方式加快对关键技术的研发，Facebook 在 2013 年就成立了 Facebook 人工智能研究实验室，研究图像识别、语义识别等人工智能技术。表 1-3 列出了各大巨头的 AI 实验室的名称、成立时间和简介。

表 1-3　美国 AI 巨头公司的实验室布局

公司	名称	成立时间	简介
谷歌	AI 实验室	2016	负责谷歌自身产品相关的 AI 产品开发，推出第二代人工智能系统 TensorFlow
微软	微软研究院	1998	主要在包括语音识别、自然语言和计算机视觉等在内的人工智能研究
IBM	IBM 研究院	1911	IBM 推出超级电脑 Deep Blue 和 Watson
Facebook	Facebook 人工智能研究实验室（FAIR）	2013	研究图像识别、语义识别等人工智能技术，支持读懂照片、识别照片中的好友、智能筛选上传照片、回答简单问题等功能
	应用机器学习实验室（AML）	2013	将人工智能和机器学习领域的研究成果应用到 Facebook 现有产品中

　　除了成立实验室以外，巨头们通过投资和并购储备人工智能研发人才和技术。其中，谷歌于 2014 年以 4 亿美元收购了深度学习算法公司 DeepMind，该公司开发的 AlphaGo 为谷歌的人工智能添上了浓墨重彩的一笔。根据 CB Insights 的研究报告（2011 年-2016 年人工智能主要收购事件），谷歌自 2012 年以来共收购了 11 家人工智能创业公司，是所有科技巨头中最多的，苹果、Facebook 和英特尔分别排名第二、第三和第四，标的集中于计算机视觉、图像识别、语义识别等领域。最近几年六大科技巨头并购和投资案例如表 1-4 所示。

表 1-4　科技巨头并购和投资案例

公司	交易时间	初创公司	产品/服务	收购投资意图
苹果	2017.5	Lattice Data	利用 AI 技术将非结构化数据转换成可用的结构化数据	让 Siri 可以理解更多信息，处理更多用户指令
	2017.3	RealFace	专注于人脸识别技术，其应用可以从多个平台中为用户选出最好的照片	补充 iPhone 现有的 Touch ID 指纹扫描器认证系统
	2016.8	Turi	主要研发 Turi 机器学习平台、GraphLab Create 和 Turi 预测服务，被应用于推荐、欺诈检测、情感分析等多个方面	强化 Siri、App Store 等多款服务的产品体验
	2016.1	Emotient	利用 AI 技术，通过面部表情分析来判定人的情绪	帮助用户挑选更好的应用，评估用户的购物体验，更精准地推送广告等
	2015.10	VocallQ	利用深度学习技术，通过语境理解用户发出的指令	优化 Siri，使人机对话变得更自然
	2015.1	Perceptio	智能手机端的人工智能图像分类系统开发商	对用户数据的利用最小化，并将尽可能多的技术放在手机端
谷歌	2017.3	Kaggle	数据发掘和预测竞赛在线平台，数据科学家、机器学习开发者社区	加速 AI 技术的分享和推广
	2016.9	Api.ai	开发聊天机器人框架，面向开发者提供语音识别、意图识别、上下文管理等功能	强化 Google Assistant 语音识别功能
	2016.7	Moodstock	视觉搜索公司，开发以机器学习为基础的手机图像识别技术，可通过照片识别书籍、CD、海报等	提高图像识别技术实力
	2015.1	Granata	营销资源管理 AI 企业，为企业解决大范围的数据驱动营销问题	
	2014.10	Firebase	帮助开发者构建实时性应用的后端数据库公司	进一步优化谷歌的公共云能力
	2014.10	Dark Blue Labs	脱胎于牛津大学，专注于计算机深度学习及自然语言处理	布局通用 AI，争夺 AI 人才
	2014.10	Vision Factory	脱胎于牛津大学，专注于计算机深度学习及视觉识别	布局通用 AI，争夺 AI 人才

13

（续表）

公司	交易时间	初创公司	产品/服务	收购投资意图
谷歌	2014.8	Emu	通过分析用户聊天的文本信息，自动执行移动助理的任务，如自动建立日程、预定餐厅	加强自身的消息和通信服务
	2014.8	Jetpac	通过 AI 技术分析 Instagram 图片，对城市特点进行分析，为旅行提供城市指南服务	提高图像识别技术实力
	2014.1	Nest	智能家居公司，产品有恒温器和烟雾、一氧化碳探测器等	布局智能家居，将 Google Assistant 与 Nest 设备相连接
	2014.1	Deep Mind	AlphaGo 的开发者，专注于深度学习和神经科学研究	布局通用 AI，争夺 AI 人才
	2013.3	DNNresearch	专注于深度学习和神经网络研究，由深度学习开山鼻祖 Geoffrey Hinton 创立	公司只有三个人，没有任何实际的产品和服务，属于人才性收购
微软	2017.1	Maluuba	擅长问答及决策系统的深度学习与强化学习，试图解决语言理解方面的一些根本性问题，包括记忆能力、常识推理能力、好奇心和决策能力等	基于其运算实力和在 AI 领域的人才储备
	2016.8	Genee	提供基于 AI 算法的会议行程安排服务	将其技术整合到 Office 365 和智能助理中
	2016.6	Linkedin	全球最大的职业社交网站，月活跃用户高达 1.06 亿	获取大量员工及雇主数据，通过 AI 技术深入挖掘以改善产品服务
	2016.6	Wand Labs	专注移动聊天开发，提供与第三方开发商的融合和聊天界面	增强微软智能语音助理和 BING 的人机交互功能
	2016.2	SwiftKey	开发了利用 AI 技术能够预测用户输入内容的输入法	获得 SwiftKey 强大的 AI 团队
	2015.1	Equivio	文本分析服务技术提供商，利用机器学习让客户更方便地进行数据管理	将其算法集成到 Office 365 服务中，为用户提供更智能的邮件及文档管理功能
亚马逊	2017.1	Harvest.ai	使用机器学习分析公司关键 IP 上的用户行为，以便在重要客户数据可以刷新之前识别并停止有针对性的攻击	利用 AI 技术强化自身的安全服务能力
	2016.9	Angel.ai	从自然语言查询文字中提取可操作的意图，引导用户直接访问正在查找的产品	优化自己的搜索技术和拓展 AI 在交互式商务上的应用
	2015.12	Orbeus	开发基于类神经网络的图像识别技术，其应用软件能自动分类和辨别照片内容	为旗下云计算和物联网业务拓展智能软件

（续表）

公司	交易时间	初创公司	产品/服务	收购投资意图
英特尔	2017.3	Mobileye	自动驾驶算法和芯片提供商，专注于计算机视觉算法和 ADAS 芯片技术研发	布局自动驾驶领域
	2016.9	Movidius	视觉算法芯片公司，研发了低能耗计算机视觉芯片组 Myriad 系列等	帮助英特尔发展无人机、机器人、虚拟现实等市场
	2016.8	Nervana	为深度学习提供云计算平台，开发者可以使用该平台为自己开发更智能的应用	获得深度学习的 IP 和具体产品
	2016.5	ITSeeZ	计算机视觉公司，面向驾驶员辅助系统的软件和服务	加强在汽车和视频等物联网细分市场的投入
	2015.10	Saffron	通过模仿人类大脑工作方式的算法来从庞大的数据集里提取有用的信息	让人工智能进入一般的电子产品
	2013.9	Indisys	专注于自然语言识别技术，其开发的基于对话的系统拥有 Web 及移动版本	自主开发和掌握语音识别技术
Facebook	2016.11	Zurich Eye	帮助机器人实现室内外导航，可以用于内置场景追踪，对于虚拟现实来说是非常重要的	团队加入 Oculus 公司中，改进其产品
	2016.3	Masquerade	热门换脸应用 MSQRD 的开发商	在视频领域实现创新
	2015.1	Wit.ai	让开发者共享语法和训练数据，帮助开发者给应用程序引入语音识别技术	帮助 Messenger 创建语音输入模式，提升语意理解水平

　　总的来说，这些巨头通过收购拼抢人才，强化技术储备；同时争相开源，构建生态，人工智能的平台化和云端化将成为全球发展的潮流。谷歌是全球在人工智能领域投入最大且整体实力最强的公司，谷歌希望利用开源系统构建 AI 生态，覆盖更多用户使用场景，从互联网、移动互联网等传统业务延伸到智能家居、自动驾驶、机器人等领域，积累更多数据信息。亚马逊是在 B 端和 C 端共同发力的，通过智能音箱和语音助手引领人工智能消费级行业生态。另一方面，亚马逊用人工智能深化 AWS 云计算服务，赋能全行业。Facebook 在人工智能领域的布局主要围绕其用户的社交关系和社交信息来展开。

　　除了正面竞争外，巨头们在人工智能领域也积极合作。2016 年 9 月，Facebook、亚马逊、谷歌、IBM、微软五大巨头成立了非营利组织 Partnership on AI（人工智能合作组织），旨在分享 AI 领域的最佳技术实践，促进公众对 AI 的理解，挖掘可以促进社会福祉的 AI 研究领域，并提供一个公开参与的平台。

1.4 国内 AI 现状

在国外科技巨头（如微软、谷歌、Facebook 等）积极布局人工智能领域的同时，国内互联网巨头 BAT 及各个科技公司也争相切入人工智能产业，充分展示了国内科技领头羊对于未来市场的敏锐嗅觉。国内 AI 公司基本集中在应用层，在计算机视觉、语音识别等领域取得了一定的成绩，在人脸识别、人脸支付、语音识别、智能医疗、智能家居等领域的应用发展迅速。表 1-5 列举了国内 BAT 公司在人工智能上的布局。

表 1-5　国内 BAT 公司的 AI 布局

公司	应用层		技术层	基础层
	消费级产品	行业解决方案	技术平台/框架	芯片
腾讯	Wechat AI、Dreamwriter 写作机器人、围棋 AI 产品"绝艺"、天天 P 图	智能搜索引擎"云搜"和中文语义平台"文智"、优图	腾讯云平台、Angel、NCNN	
百度	百度识图、百度无人车、度秘（Duer）	Apollo、DuerOS	Paddle-Paddle	DuerOS 芯片
阿里	智能音箱天猫精灵 X1、智能客服"阿里小蜜"	城市大脑	PAI 2.0	

在国内的科技巨头公司中，百度成立了深度学习实验室，研究方向包括深度学习、计算机视觉、机器人等领域。表 1-6 列出了 BAT 的 AI 实验室的名称、成立时间和简介。

表 1-6　BAT 公司的 AI 实验室布局

公司	名称	成立时间	简介
百度	深度学习实验室（IDL）	2013	研究方向包括深度学习、机器学习、机器翻译、人机交互、图像搜索、图像识别、语音识别等。相关产品包括百度识图、百度无人车、深度学习平台 Paddle-Paddle 等
	硅谷 AI Lab（SVAIL）	2014	深度学习、系统学习、软硬件结合研究
阿里	AI Lab	2017	消费级人工智能产品研究
腾讯	腾讯 AI Lab	2016	在内容、游戏、社交和平台工具型 AI 四个方向进行探索，研究方向包括机器学习、计算机视觉、语音识别、自然语言处理的基础研究，及其应用领域的探索
	优图实验室	2012	专注于图像处理、模式识别、机器学习、数据挖掘等领域的技术研发和业务落地
	腾讯 AI Lab-西雅图 AI 实验室	2017	专注于语音识别、自然语义理解等领域的基础研究

北京、上海、广州和深圳正在积极抢抓全球人工智能产业发展的重大机遇，一些城市出台了 AI 的行动计划，成立了 AI 研究院。例如，2017 年 10 月，北京市出台《中关村国家自主创新示范区人工智能产业培育行动计划（2017-2020 年）》；2017 年 12 月，广州国际人工智能产

业研究院在广州南沙自贸区挂牌，中国科学院院士戴汝为受聘为广州 AI 研究院专家顾问委员会主席；2018 年 2 月，北京前沿国际人工智能研究院正式宣布成立，李开复出任研究院首任院长。与互联网类似，中国将会成为 AI 应用的最大市场，拥有丰富的 AI 应用场景、全球最多的用户和全球最庞大的数据资源。

　　除了行业巨头公司逐渐完善自身在人工智能的产业链布局外，不断涌现出的创业公司正在垂直领域深耕深挖。未来，"人工智能+"有望成为新业态。值得指出的是，国内人工智能领域主要的问题在于教育人才培养的速度与行业发展速度不匹配。根据麦肯锡《中国人工智能的未来之路》报告："中国只有不到 30 所大学的研究实验室专注于人工智能，输出人才的数量远远无法满足人工智能企业的用人需求。此外，中国的人工智能科学家大多集中于计算机视觉和语音识别等领域，造成其他领域的人才相对匮乏。"

1.5　AI 与云计算和大数据的关系

　　AI 是今后产业发展的巨大引擎。无论是国内的 BATJ，还是美国的谷歌、亚马逊、微软、Facebook、苹果等公司，他们都已经拥有了海量的云计算基础设施。它们各自推出的 AI 功能都是为了给予云端客户更强的数据处理能力，从而构建基于人工智能的云服务，这符合未来云服务的"云+AI"发展趋势。例如，亚马逊利用 AWS 云正尝试为云端客户提供高效的 AI 解决方案。谷歌寄希望于借 AI 赶超 AWS。基于微软云平台 Azure 的智能 API 涵盖了五大方向的人工智能技术，包括计算机视觉、语音、语言、知识、搜索五大类 API。

　　大数据与人工智能相辅相成，在人工智能的加持下，海量的大数据对算法模型不断训练，又在结果输出上进行优化，从而使人工智能向更为智能化的方向进步，大数据与人工智能的结合将在更多领域中击败人类所能够做到的极限。美国巨头的人工智能应用主要围绕大数据挖掘，如 Facebook 建造能够理解海量数据的人工智能机器。AI 在行业应用中更为广泛，AI 的火热是与最近几年大数据获得重大的突破紧密相关的。

　　大数据与云计算的关系如下：

- 数据是资产，云为数据资产提供存储、访问和计算。
- 当前云计算更偏重海量存储和计算，以及提供的云服务，运行云应用。但是缺乏盘活数据资产的能力，挖掘价值性信息和预测性分析，为国家、企业、个人提供决策方案和服务，是大数据的核心议题，也是云计算的最终方向。

1.6　AI 技术路线

　　AI 的常见开发框架包括谷歌的 TensorFlow、Facebook 的 Torch、微软的 CNTK 以及 IBM

的 SystemML 等,这些框架都是开源软件。2015 年,谷歌发布第二代人工智能系统 TensorFlow,并宣布将其开源。TensorFlow 包括很多常用的深度学习技术、功能和例子的框架,本书用 3 章详细介绍 TensorFlow。

2013 年,卷积神经网络发明者 Yann LeCun 加入 Facebook,带领公司的图像识别技术和自然语言处理技术大幅提升。Facebook 的深度学习框架是在之前的 Torch 基础上实现的,于 2015 年 12 月开源。表 1-7 列出了各个公司所提供的 AI 开源平台。

表 1-7　AI 开源平台列表

公司	成立时间	平台名称	简介
Google	2015.11	TensorFlow	谷歌的第二代深度学习系统,同时支持多台服务器
Microsoft	2015.11	DMTK	一个将机器学习算法应用在大数据上的工具包
IBM	2015.11	SystemML	可实现定制算法、多模式编写、自动优化
Facebook	2015.12	Torchnet	深度学习 Torch 框架,鼓励模块化编程
Microsoft	2016.01	CNTK	通过一个有向图将神经网络描述为一系列计算步骤
Amazon	2016.05	DSSTNE	能同时支持两个 GPU 参与运行深度学习系统

1.7　AI 国家战略

自 2016 年起,人工智能领域建设已上升至国家战略层面,相关政策进入全面爆发期。2016 年 5 月,国家发改委在《"互联网+"人工智能三年行动实施方案》中明确提出,到 2018 年,国内要形成千亿元级的人工智能市场应用规模。2017 年 7 月,国务院印发关于《新一代人工智能发展规划的通知》。未来几年内,人工智能产业有望持续获得国家的大力支持,加速人工智能需求的落地。

2017 年 12 月 14 日,工业和信息化部正式印发《促进新一代人工智能产业发展三年行动计划(2018-2020 年)》,提出以信息技术与制造技术深度融合为主线,以新一代人工智能技术的产业化和集成应用为重点,推进人工智能和制造业深度融合,加快制造强国和网络强国建设。该计划按照"系统布局、重点突破、协同创新、开放有序"的原则,提出了四方面的主要任务:一是重点培育和发展智能网联汽车、智能服务机器人、智能无人机、医疗影像辅助诊断系统、视频图像身份识别系统、智能语音交互系统、智能翻译系统、智能家居产品等智能化产品,推动智能产品在经济社会的集成应用;二是重点发展智能传感器、神经网络芯片、开源开放平台等关键环节,夯实人工智能产业发展的软硬件基础;三是深化发展智能制造,鼓励新一代人工智能技术在工业领域各环节的探索应用,提升智能制造关键技术装备创新能力,培育推广智能制造新模式;四是构建行业训练资源库、标准测试及知识产权服务平台、智能化网络基础设施、网络安全保障等产业公共支撑体系,完善人工智能发展环境。

1.8　AI 的历史发展

简单来说，把人工智能发展的 60 年分为两个阶段。第一阶段：前 30 年以数理逻辑的表达与推理为主。第二阶段：后 30 年以概率统计的建模、学习和计算为主。这两个阶段体现了三次人工智能的发展高潮（对 AI 发展历史不感兴趣的读者，可以直接跳过本节的内容）。

人工智能的萌芽可以追溯到 20 世纪三四十年代。阿兰·图灵是英国的数学家和密码专家。"二战"期间，他提出了许多破译德军密码的方法，其中最著名的是发明了能够破译恩尼格码（Enigma）密码机设置的机电装置。恩尼格码密码机的强大之处在于它的加密系统变化万千，大概有 1.59 万万亿种设置机器的可能性，如果靠人力一个一个地尝试来破解一条密码，花费的时间可能要比宇宙存在的时间还长。图灵意识到，仅靠人力无法完成这个任务，出路只有一条，那就是制造另一台更强大的机器。图灵设计的解密机名为"炸弹"，机器每转动一秒，就可以测试几百种密码编译的可能性，十几分钟就可以完成人类数周的运算量，每天可以破译3000 多条恩尼格码密码。这台机器在破译截获信息方面发挥了重要作用。

自此，图灵对机器有了新的想法。1950 年，在他的论文《计算机器与智能》中，开篇就提出了这样一个问题：机器能思考吗？这是通用电子计算机刚刚诞生的时代。电子计算机的用户，无论是军方、科学家、研究院，还是学生，都将计算机视为一台速度特别快的数学计算工具。很少有人去琢磨，计算机是否可以像人一样思考。图灵却走在了所有研究者的前面。在文章中，图灵试图探讨到底什么是会"思考"的机器，并提出了一个判定机器是否具有智能的实验方法：如果一台机器能够与人类对话，而不被辨别出其机器的身份，那么这台机器便具备智能。这就是著名的图灵测试。

图灵的思想启发了无穷的想象，让人们不断思考着这一话题。1956 年，时任美国达特茅斯学院数学助理教授的约翰·麦卡锡与另一位人工智能先驱马文·明斯基以及"信息论"创始人克劳德·香农一道作为发起人，邀请各学科志同道合的杰出学者在美国达特茅斯学院一同探讨建造思考的机器的命题。在会上，研究人员正式将该领域命名为"人工智能"（Artificial Intelligence），将其确立为一个独立的学科。他们表示："人们将在一个假设的基础上继续进行有关人工智能的研究，那就是学习的各个方面或智能的各种特性都能够实现精确描述，以便我们能够制造机器来模仿学习的这些方面和特性。人们将尝试使机器读懂语言，创建抽象概念，解决人们目前的各种问题，并且能自我完善"。达特茅斯会议被认为是人工智能的开端。

达特茅斯会议之后的数年是人工智能大发现的时代。研究者们不断取得重要进展，构造出了一系列能够完成一些让以往的人们认为死板的计算器无法完成的任务的计算机程序。例如，亚瑟·山缪尔在 50 年代中期和 60 年代初开发的棋类程序的棋力已经可以挑战具有相当水平的业余爱好者。另一项突破是感知人工智能，马文·明斯基和西摩尔·派普特用一个机械手臂、一个摄像头和一台计算机制作了一个会搭积木的机器手臂，这无疑是计算机视觉方面的一项壮举。一个名为 SAINT 的项目能够解开大学一年级课程水平的微积分中的积分问题。约瑟夫·戴森鲍姆发明了一个名叫 ELIZA 的聊天机器人，可以实现简单的人机对话。对许多人而言，这一阶段开发出的程序堪称神奇，当时大多数人都无法相信机器能够如此"智能"。

研究者们在私下的交流和公开发表的论文中表达出了相当乐观的情绪。1965 年，赫伯特·西蒙称，用不了 20 年，机器就能够完成人类能做的任何工作。不久以后，马文·明斯基补充道："我们这一代人能够大体上解决创造人工智能的问题。"

伴随着初期的显著成果和乐观情绪的弥漫，在麻省理工学院、卡内基梅隆大学、斯坦福大学、爱丁堡大学建立的人工智能项目都获得了来自 ARPA（即后来的 DARPA，美国国防高等研究计划署）等政府机构的大笔资金。然而，这些投入却并没有让当时的乐观预言得以实现，从 20 世纪 70 年代开始，人工智能的发展开始出现问题。人们发现，即使是最杰出的人工智能程序也只能解决它们尝试解决的问题中最简单的一部分，稍微超出范围就无法应对。这里面主要存在几方面的局限。一是当时的计算机有限的内存和处理速度不足以解决任何实际的人工智能问题；二是有很多计算复杂度以指数程度增加，这些问题的解决需要近乎无限长的时间，所以成为不可能完成的计算任务；三是数据量的缺失，很多重要的人工智能应用（例如机器视觉和自然语言处理）都需要大量对世界的认识信息，在那个年代，没有人能够做出如此巨大的数据库，也没人知道一个程序怎样才能学到如此丰富的信息。人工智能项目的停滞，使人们对该领域的热情渐渐冷却下来，大幅缩减的资助使其首次进入了"人工智能的冬天"。

在通用问题求解机制遭到失败之后，人们开始尝试针对特定领域，使用更强有力的领域相关的知识，以允许更加深入的推理步骤，对付该领域中出现的特殊情况。科学家们认为，70 年代的教训是智能行为与知识处理关系非常密切，有时还需要特定任务领域非常细致的知识。例如，一台应用于神经系统科学的电脑必须像合格的神经系统科学家一样，了解该学科的相关概念、事实、表述、研究方法、模型、隐喻和其他方面。要创造出能够解决现实问题的人工智能，需要一台能够将推理和知识相结合的机器，一类名为"专家系统"的人工智能程序应运而生。专家系统的能力来源于它们存储的专业知识，能够根据某领域一个或多个专家提供的知识和经验进行推理和判断，模拟人类专家的决策过程，回答或解决该领域的问题。由爱德华·费根鲍姆创造的 DENDRAL 是世界上第一个专家系统，它可以推理出化学分子结构。另一个类似的项目名为 MYCIN，能够诊断血液传染病，表现的甚至比初级医生要好。DENDRAL 和 MYCIN 都只是实验室的实验，并没有真正应用到现实世界。1980 年，卡内基梅隆大学为数字设备公司 DEC 设计了一个名为 XCON 的专家系统，其目的是按照客户的需求，帮助 DEC 的销售人员为客户配置适合他们的计算机组件。在使用 XCON 之前，由于销售人员不都是技术专家，DEC 经常发生客户购买的硬件与硬件、硬件与软件不适配的情况，以致引起客户不满甚至进行法律诉讼。到 1986 年，XCON 一共处理了 80 000 条指令，准确率达到 95%~98%，每年为 DEC 节约 2500 万美元。其他企业很快也开始研发和应用专家系统，到 1985 年，约有 150 家公司投资 10 亿美元开展人工智能业务。受此鼓励，日本政府投入巨资开发所谓的第 5 代计算机，其目标是造出能够与人对话、翻译语言、解释图像，并且像人一样推理的机器。其他国家纷纷响应，向人工智能项目提供资助。

有趣的是，像马文·明斯基这样经验丰富的研究者却在回避对专家系统热烈的追捧，预计不久后，人们将转向失望。事实被他们不幸言中，从 1987 年开始，苹果和 IBM 生产的个人电脑性能不断提升，这些计算机没有用到 AI 技术，但性能上却超过了专家系统所使用的价格昂贵的机器。相比于现代个人电脑，XCON 等最初大获成功的专家系统维护费用居高不下，难以升级，实用性仅局限于某些特定的场景，专家系统风光不再。资本又一次迅速蒸发，政府补助消失得无影无踪，人工智能的第二个冬天到来了。

　　人工智能这一次遭遇的寒流与第一次相比有过之而无不及，人们开始思考人工智能到底往何处走，人工智能研究者是否以正确的方式工作。在早期的人工智能研究里，智能最重要的特征是解决那些困难到连高学历的人都觉得有挑战性的任务，例如象棋、数学定理证明和解决复杂的代数问题。至于四五岁的小孩就可以解决的事情，例如用眼睛区分咖啡杯和一张椅子、用腿自由行走，或者发现一条可以从卧室走到客厅的路径，这些都被认为是不需要智慧的。正因为如此，早期的人工智能研究者对制造出会思考的机器抱着十分乐观的态度，他们认为，当几乎解决了逻辑和代数这样对于一般人困难的问题时，容易的问题例如辨识人脸、在房间内走动等也会很快地被解决。但事实证明他们错了。汉斯·莫拉维克、罗德尼·布鲁克斯、马文·明斯基等人指出，与传统的假设不同，人类所具有的高阶智慧能力只需要非常少的计算能力，但无意识的技能和直觉却需要极大的运算能力。如莫拉维克所说的："要让电脑如成人般地下棋是相对容易的，但是要让电脑有如一岁小孩般的感知和行动能力却是相当困难甚至是不可能的。"于是，布鲁克斯决定在人工智能和机器人技术的研究上另辟蹊径，从研究人类复杂行为转向研究某些简单行为的组合。他尝试以昆虫为灵感，建造了一种没有辨识能力，只是依靠感应器的输入来迅速决定做什么的机器。布鲁克斯的研究大获成功，这种昆虫机器人可以以人类的步调躲避障碍物，在房间内自由地行动。最终，这种技术用到了扫地机器人上，虽然能执行的任务有限，却真正走入了人们的日常生活，人类与机器人有了第一次亲密接触。

　　与此同时，一派名为"机器学习者"的计算机科学家向传统人工智能发出质疑的声音。该学派不相信逻辑推理是获取真理的最佳途径，而是采用基于统计模型的研究方法。类似于专家系统这样的系统需要工程师充当各领域专家的角色，将知识提炼成计算机能读懂的规则后编入系统架构，这样的系统需要被不断地更新来适应新的任务，被认为不能自动学习知识。机器学习理论的目的是设计和分析一些让计算机可以自动"学习"的算法，想让计算机能够透过大量历史数据学习到规律，从而对新的数据进行识别或者对未来做预测。由于人们对人工智能开始抱有客观理性的认知，人工智能又产生了一个新的繁荣期。最早的结果为，1997 年，IBM 的超级计算机深蓝（Deep Blue）战胜世界排名第一的国际象棋大师盖瑞·卡斯帕罗夫，让人工智能重新回到了公众的视野。从 2006 年开始，随着一种名为"深度学习"技术的成熟，加上计算机运算速度的大幅增长，还有互联网时代积累起来的海量数据，人工智能迎来了第三次热潮。

　　深度学习是机器学习的一种,其核心计算模型——人工神经网络源自于对大脑结构的深刻理解。人类大脑通过神经元的连接来传递和处理信息，人工神经网络的模型就借鉴了人脑的这种机制。这种想法早在 20 世纪 50 年代就被提出过，但很快因为无法实际工作而衰落。但杰弗瑞·辛顿等人并没有放弃对神经网络的研究，他们坚信实现机器智能的密码就隐藏在这一层层互相连接的神经元中。经过 30 多年的耕耘，终于在 2006 年，辛顿带领他的团队发表了《一种深度置信网络的快速学习算法》及其他几篇重要论文，第一次提出了"深度学习"的概念，突破了此前人工智能在算法上的瓶颈。经过不断地优化，深度学习开始在图像识别上大放异彩。2012 年，在代表计算机图像识别最前沿发展水平的 ImageNet 竞赛中，辛顿团队参赛的算法模型突破性地将图片识别的错误率降低了一半，这是人工智能发展史上一个了不起的里程碑。到

2014 年，基于深度学习的计算机程序在图像识别上的准确率已经超过人眼识别的准确率。机器终于进化出了视觉，第一次看见了世界。随着机器视觉领域的突破，以深度学习为基础的人工智能开始在语音识别、数据挖掘、自动驾驶、机器翻译等不同领域迅速发展，走进了产业的真实应用场景。2016 年，AlphaGo 的不可阻挡，让人工智能进入公众的视线，人工智能迅速升温，成为政府、产业界、科研机构以及消费市场竞相追逐的对象。世界各国纷纷将人工智能作为国家战略，加紧出台规划和政策，围绕核心技术、顶尖人才、标准规范等强化部署，力图在新一轮国际科技竞争中掌握主导权。企业将人工智能作为未来的发展方向积极布局，资本已经把人工智能作为风口大力投入，围绕人工智能的创新创业也在不断涌现。经过 60 年的发展，人工智能终于从技术走向了应用，渗透到人类生活的各个方面。未来，人工智能将深刻地改变人类的生产和生活方式。

图 1-10 总结了人工智能不同的研究领域与人类智能中的各种能力的对应关系。

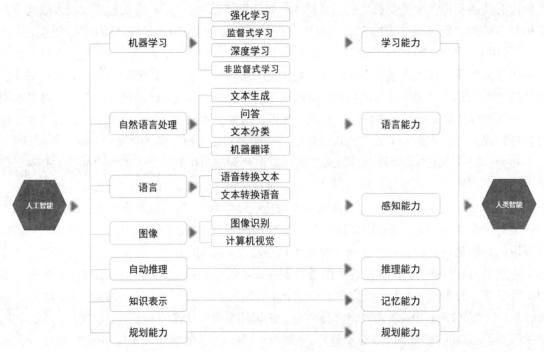

图 1-10　人工智能与人类智能的比对

表 1-8 总结了人工智能发展的脉络及其标志事件。

表 1-8　人工智能发展的脉络及其标志事件

发展阶段	年份	标志事件
第一次浪潮 （1956-1974）	1956	达特茅斯会议，首次提出了"人工智能"的概念
	1957	Frank Rosenblatt 提出了"感知器（Perceptron）"，这是第一个用算法来精确定义两层的神经网络，是日后许多神经网络模型的始祖
	1965	Joseph Weizenbaum 开发了互动程序 ELIZA，是一个理解早期语言的计算机程序
	1964	Daniel Bobro 开发了自然语言理解程序"STUDENT"

（续表）

发展阶段	年份	标志事件
第一次寒冬 （1974-1980）		
第二次浪潮 （1980-1987）	1980	CMU 为 DEC 公司研发了"专家系统"，帮助其每年节约了 2500 万美元的费用，受此鼓励很多国家再次投入巨资开发
	1986	用于人工神经网络的反向传播算法的提出，给机器学习带来了希望，掀起了基于统计模型的机器学习热潮
	1989	Yann LeCun 成功将反向传播算法应用于多层神经网络，可以识别邮编
第二次寒冬 （1987-1993）		
平稳发展 （1993-2010）	1997	IBM 研发的超级计算机深蓝（Deep Blue）击败人类国际象棋冠军
	2006	Geoffrey Hinton 提出利用预训练方法缓解了局部最优解问题，将隐含层推动到 7 层，由此揭开了深度学习的热潮
	2007	旨在帮助视觉对象识别软件进行研究的大型注释图像数据库 ImageNet 成立
	2009	谷歌开始研发无人驾驶汽车，2014 年谷歌在内华达州通过了自动驾驶测试
人工智能浪潮席卷全球 （2010-　）	2011	IBM 研发的 Watson 系统在美国电视问答节目 Jeopardy 上击败了两名人类冠军选手
	2012	Jeff Dean 和吴恩达向神经网络展示 1000 万来自 YouTube 视频随机截取的图片，发现它能识别一只猫
	2012	深度神经网络在图像识别领域取得惊人的效果，在 ImageNet 评测上将错误率从 26%降低到 15%
	2015	微软 ResNet 获得了 ImageNet 的冠军，错误率仅为 3.5%
	2016	AlphaGo 战胜围棋世界冠军李世石，2017 年化身 Master，再次出战横扫棋坛

第 2 章
AI产业

　　人工智能是一门新兴的技术科学，该领域的研究包括机器人、语言识别、图像识别、自然语言处理等。人工智能从诞生以来，理论和技术日益成熟，应用领域也不断扩大，AI 赋予了机器一定的视听感知和思考能力，不仅会促进生产力的发展，而且会对经济与社会的运行方式产生积极作用。目前，随着数据资源和运算能力的大幅进步，深度学习算法、语音识别、图像识别等技术加速突破。数据资源、运算能力、核心算法在客观上构成人工智能的三大基本要素在当前皆重新站上一个新台阶，共同推动当下人工智能从计算智能向更高层的感知、认知智能发展，并通过衍生出通用技术、解决方案输出以及具体人工智能大规模应用产品的落地，掀起人工智能第三次新浪潮。

　　人工智能作为全球科技革命和产业变革的制高点，已经成为推动经济社会发展的新引擎。人工智能产业是指一个以人工智能关键技术为核心的、由基础支撑和应用场景组成的、覆盖领域非常广阔的产业。与人工智能的学术定义不同，人工智能产业更多的是经济和产业上的一种概括。如图 2-1 所示，人工智能产业分为三层：基础层、技术层和应用层。其中，基础层包括芯片、大数据、网络等多项基础设施，为人工智能产业奠定硬件和数据基础。技术层包括计算机视觉、语音语义识别、机器学习等，多数人工智能技术公司以一项或多项技术细分领域为切入点。而最终人工智能技术能否落地且产生巨大的商业价值，还需要应用层中多场景的应用。目前，人工智能技术应用到多个行业中，包括金融、安防、智能家居、医疗、机器人、自动驾驶等。应用层市场空间大，参与企业多，他们发展垂直应用，解决行业痛点，实现场景落地。

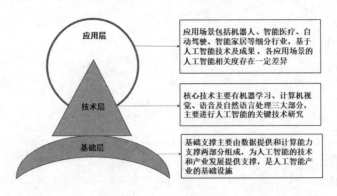

图 2-1　AI 产业层

　　美国的 AI 产业布局非常完善，基础层、技术层和应用层都有涉及，尤其是在算法、芯片和数据等产业核心领域，积累了强大的技术创新优势，各层级企业数量全面领先中国。相比较而言，中国在基础元器件、基础工艺等方面差距较大。AI 的目标客户分为大众消费市场和政府企业。面向政府企业的 AI 商业模式类似于传统 IT 厂商的角色。

2.1　基础层

人工智能产业链分为基础层、技术层和应用层。如图 2-2 所示，基础层包括芯片、传感器、大数据、云计算等领域，为 AI 提供数据或计算能力支撑。除了上述列出的领域外，其他领域，如大带宽也是人工智能基础层的内容。通过大带宽提供良好的基础设施，以便在更大范围内进行数据的收集，以更快的速度进行数据的传输，为大数据的分析、计算等环节提供时间和数据量方面的基本保障。

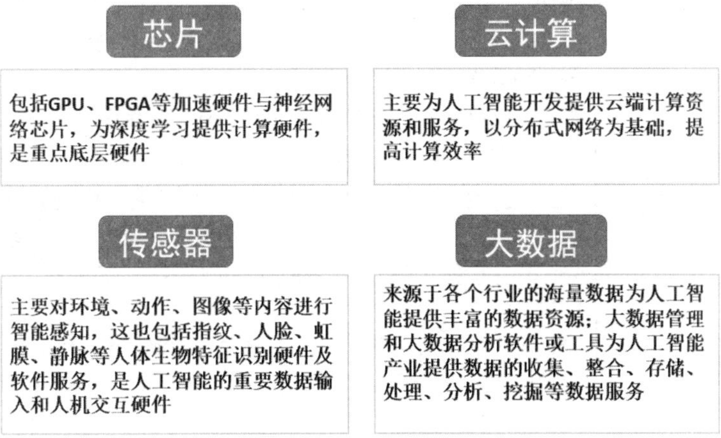

芯片

包括GPU、FPGA等加速硬件与神经网络芯片，为深度学习提供计算硬件，是重点底层硬件

云计算

主要为人工智能开发提供云端计算资源和服务，以分布式网络为基础，提高计算效率

传感器

主要对环境、动作、图像等内容进行智能感知，这也包括指纹、人脸、虹膜、静脉等人体生物特征识别硬件及软件服务，是人工智能的重要数据输入和人机交互硬件

大数据

来源于各个行业的海量数据为人工智能提供丰富的数据资源；大数据管理和大数据分析软件或工具为人工智能产业提供数据的收集、整合、存储、处理、分析、挖掘等数据服务

图 2-2　基础层

海量数据是人工智能发展的基础，各类信息系统和传感器的数据是未来大数据的核心。伴随着物联网的发展，数据开始以指数级规模增长，大量数据应用到人工智能算法模型的训练中，AI 得以快速发展。人工智能的技术也快速应用到大数据分析中，通过 AI 挖掘丰富数据背后的价值，从而可以极大地提高生产力。随着一些核心基础设施问题的解决，大数据应用层正在快速构建。一方面，专门的大数据应用几乎在任何一个垂直行业都有出现。另一方面，在企业内部，已经出现了各种 AI 工具。例如，智能客服应用为用户提供个性化企业服务。

2.1.1　芯片产业

随着中兴事件的发生，大家都高度重视芯片。的确，AI 的"大脑"在于芯片和算法。AI 芯片也被称为 AI 加速器或计算卡，即专门用于处理人工智能应用中的大量计算任务的模块。比如，今年谷歌的 NMT 神经网络机器翻译系统，参数量达 87 亿个，需要 105 ExaFLOPS（百亿亿次浮点运算）的运算量。当前，AI 芯片主要分为 GPU、FPGA、ASIC 和类脑芯片。在人工智能时代，它们各自发挥优势，呈现出百花齐放的状态。在美国人工智能企业中，融资占比排名第一的领域为芯片/处理器，融资 315 亿元，占比 31%。有专家预测，到 2020 年，AI 芯片市场规模将达到 146.16 亿美元，约占全球人工智能市场规模的 12.18%。AI 芯片由于投资周期长、专业技术壁垒厚，导致竞争非常激烈且难以进入。

AI 芯片目前有三个技术路径，通用的 GPU（既能作为图形处理器引爆游戏业务，又能渗透数据中心横扫训练端）、可编程的 FPGA（适用于迭代升级，各类场景化应用前景超大）以及专业的 ASIC（叩开终端 AI 的大门）。其中，英伟达、英特尔两大传统芯片巨头在三大路径，特别是通用芯片和半定制芯片都有布局，掌握强大的先发优势，在数据中心、汽车等重要蓝海布局扎实；ASIC 方面，谷歌从 TPU 出发开源生态进行布局，且二代 TPU 展露了训练端芯片市场的野心，且 ASIC 定制化的特点有效规避了传统巨头的垄断局面，有着可靠健康的发展路线。表 2-1 总结了目前几个主流的 AI 芯片厂商。

表 2-1　AI 芯片厂商列表

公司	芯片	说明
高通	骁龙	发布骁龙神经处理引擎软件开发工具包挖掘骁龙 SoCAI 计算能力，与 Facebook AI 研究所合作研制 AI 芯片，收购 NXP 致力于发展智能驾驶芯片
谷歌	TPU（TensorFlow Processing Unit）	专为其深度学习算法 TensorFlow 设计，也用在 AlphaGo 系统、StreetView 和机器学习系统 RankBrain 中，第二代 Cloud TPU 理论算力达到了 180T Flops，能够对机器学习模型的训练和运行带来显著的加速效果
英伟达	GPU	适合并行算法，占目前 AI 芯片市场最大份额，应用领域涵盖视频游戏、电影制作、产品设计、医疗诊断等各个门类
AMD	GPU	GPU 第二大市场
英特尔	FPGA	来自 167 亿美元收购的 Altera，峰值性能逊色于 GPU，指令可编程，且功耗也要小得多，适用于工业制造、汽车电子系统等，可以与至强处理器整合
英特尔	Xeon Phi Knights Mill	适用于包括深度学习在内的高性能计算，能充当主处理器，可以在不配备其他加速器或协处理器的情况下高效处理深度学习应用
微软	FPGA	自主研发，已被用于 Bing 搜索，能支持微软的云服务 Azure，速度比传统芯片快得多
Xilinx	FPGA	世界上最大的 FPGA 制造厂商，2016 年底推出支持深度学习的 reVision 堆栈
IBM	TrueNorth 类脑芯片	是一种基于神经形态的工程，2011 年和 2014 年分别发布了 TrueNorth 第一代和第二代类脑芯片，二代神经元增加到 100 万个，可编程数量增加 976 倍，每秒可执行 460 亿次计算
苹果	专用芯片 Apple Neural Engine	该芯片定位于本地设备 AI 任务处理，把人脸识别、语音识别等 AI 相关任务集中到 AI 模块上，提升 AI 算法效率，未来可能嵌入苹果的终端设备中
Mobileye	EyeQ5	用于汽车辅助驾驶系统

英伟达是 GPU 的行业领袖。GPU 是目前深度学习领域的主流芯片，拥有强大的并行计算力。而另一个老牌芯片巨头英特尔则是通过大举收购进入 FPGA 人工智能芯片领域的。谷歌的 TPU 是专门为其深度学习算法 TensorFlow 设计的，TPU 也用在了 AlphaGo 系统中。2017 年发布的第二代 Cloud TPU 理论算力达到了 180T Flops，能够对机器学习模型的训练和运行带来显著的加速效果。类脑芯片是一种基于神经形态工程，借鉴人脑信息处理方式，具有学习能

力的超低功耗芯片。IBM 从 2008 年开始模拟人类大脑的芯片项目。苹果正在研发一款名为"苹果神经引擎（Apple Neural Engine）"的专用芯片。该芯片定位于本地设备的 AI 任务处理，把人脸识别、语音识别等任务集中到 AI 模块上，提升 AI 算法效率，未来嵌入苹果的终端设备中。

自动驾驶系统与 AI 芯片紧密相关，比如，特斯拉的电动车使用的是英伟达的芯片。在美国市场上，正在逐渐形成英伟达与英特尔-Mobileye 联盟两大竞争者。Mobileye 被英特尔以每股 63.54 美元的价格收购。Mobileye 的机器视觉算法与英特尔的芯片、数据中心、AI 和传感器融合，加上地图服务，正协同打造一个全新的自动驾驶供应商。英特尔的 EyeQ5 芯片对标英伟达专为自动驾驶开发的 Drive PX Xavier SoC，据说 EyeQ5 的计算性能达到了 24 TOPS（万亿次/每秒），功耗为 10 瓦。

2.1.2 GPU

随着 CPU 摩尔定律的终止，传统处理器的计算力已远远不能满足海量并行计算与浮点运算的深度学习训练需求，而在人工智能领域反应出强大适应性的 GPU 成为标配。GPU 比 CPU 拥有更多的运算器（Arithmetic Unit），只需要进行高速运算而不需要逻辑判断，其海量数据并行运算的能力与深度学习的需求不谋而合。因此，在深度学习上游训练端（主要用于云计算数据中心），GPU 是第一选择。目前，GPU 的市场格局以英伟达为主（超过 70%），AMD 为辅，预计 3~5 年内 GPU 仍然是深度学习市场的第一选择。

截至目前，英伟达毫无疑问是这波人工智能浪潮最大的受益者。英伟达股价从 2016 年初的 32.25 美元上涨至 2018 年初的 245.8 美元，两年间其市值飙升近 8 倍，并迅速获得了英特尔的体量。英伟达的崛起完全得益于这场突如其来的人工智能大革新。

有些芯片商除了做芯片之外，还会在整个 AI 生态上进行布局。例如，英伟达拥有一个较为成熟的开发生态环境（CUDA，见图 2-3），包括开发套件和丰富的库（见图 2-3）以及对英伟达 GPU 的原生支持。据说在 CUDA 上面的开发者人数已经超过 50 万人。

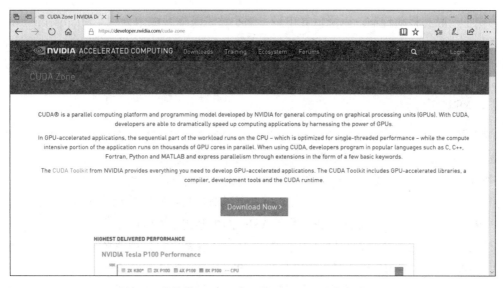

图 2-3 英伟达 GPU 开发环境 CUDA、开发库和工具

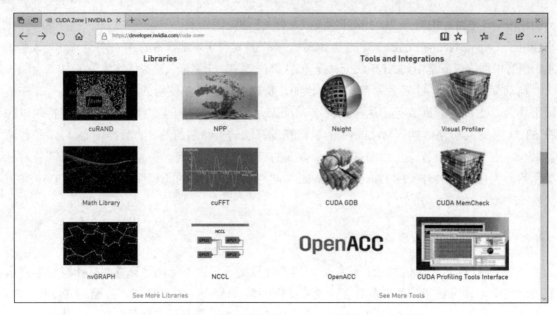

图 2-3　英伟达 GPU 开发环境 CUDA、开发库和工具（续）

2.1.3　FPGA

FPGA 是现场可编程门阵列。下游推理端更接近终端应用，更关注响应时间而不是吞吐率，需求更加细分。目前来看，下游推理端虽可容纳 GPU、FPGA、ASIC 等芯片，但随着 AI 的发展，FPGA 的低延迟、低功耗、可编程性（适用于传感器数据预处理工作以及小型开发试错升级迭代阶段）将凸显出来。

在 FPGA 的市场份额中，Xilinx 为 49%，主要应用于工业和通信领域，近年亦致力于云计算数据中心的服务器以及无人驾驶的应用。Altera（已被英特尔收购）的市场份额约为 40%，定位跟 Xilinx 类似。莱迪斯半导体（Lattice Semiconductor）的市场份额约为 6%，主要市场为消费电子产品和移动传输，以降低耗电量、缩小体积及缩减成本为主。Microsemi（Actel）的市场份额约为 4%，瞄准通信、国防与安全、航天与工业等市场。目前，Altera 的 FPGA 产品被用于微软 Azure 云服务中，包括必应搜索、机器翻译等应用中。

2.1.4　ASIC

ASIC 是 Application Specific Integrated Circuit 的英文缩写，中文名为专用集成电路或特殊应用集成电路。AI 芯片的计算场景可分为云端 AI 和终端 AI。英伟达首席科学家 William Dally 将深度学习的计算场景分为三类，分别是数据中心的训练、数据中心的推理和嵌入式设备的推理。前两者可以总结为云端的应用，后者可以概括为终端的应用。终端设备的模型推理方面，由于低功耗、便携等要求，FPGA 和 ASIC 的机会优于 GPU。

终端智能芯片的一个经典案例是苹果的 A11 神经引擎，它采用双核设计，每秒运算次数最高可达 6000 亿次。2017 年 9 月，苹果发布了 iPhone X，搭载 64 位架构 A11 神经处理引擎，实现了基于深度学习的高准确性人脸识别解锁方式（Face ID），并解决了云接口（Cloud-Based

API）带来的延时和隐私问题，以及庞大的训练数据和计算量与终端硬件限制的矛盾。

2.1.5　TPU

随着人工智能革新浪潮与技术进程的推进，AI 芯片成了该领域下一阶段的竞争核心。2016 年 5 月，谷歌发布了一款特别的机器学习专用芯片：张量处理器（Tensor Processing Unit，TPU），2017 年又推出了它的第二代产品（Cloud TPU）。这是一种被认为比 CPU，甚至 GPU 更加高效的机器学习专用芯片。2018 年 2 月 13 日，谷歌云 TPU 机器学习加速器测试版向外部用户开放，价格大约为每云 TPU 每小时 6.50 美元。此举意味着这种曾支持了著名 AI 围棋程序 AlphaGo 的强大芯片将很快成为各家科技公司开展人工智能业务的强大资源，谷歌第二代 TPU 从内部项目迈向外部开发者、企业、专有领域走出了关键的一步。

据谷歌称，第一代 TPU 仅能够处理推理任务，而第二代 TPU 还可以用于机器学习模型的训练，这个机器学习过程中重要的部分完全可以在单块、强大的芯片上进行。2017 年 4 月，谷歌曾通过一篇论文《In-Datacenter Performance Analysis of a Tensor Processing Unit》介绍了 TPU 研究的相关技术以及第二代芯片与其他类似硬件的性能比较结果。TPU 可以帮助谷歌的各类机器学习应用进行快速预测，并使产品迅速对用户需求做出回应。谷歌称，TPU 已运行在每一次搜索中：TPU 支持谷歌图像搜索（Google Image Search）、谷歌照片（Google Photo）和谷歌云视觉 API（Google Cloud Vision API）等产品的基础精确视觉模型，TPU 也帮助了谷歌翻译质量的提升，而其强大的计算能力也在 DeepMind AlphaGo 的重要胜利中发挥了作用。谷歌正式涉入人工智能专用芯片领域，这是一个包含数十家创业公司，以及英特尔、高通和英伟达这样的传统硬件厂商的重要市场。随着时代的发展，谷歌、亚马逊和微软已不再是纯粹的互联网企业，它们都已或多或少地开始扮演起硬件制造者的角色。

谷歌其实也并不是 TPU 的唯一使用者，美国出行服务公司 Lyft 在 2017 年底开始参与了谷歌新型芯片的测试。Lyft 希望通过使用 TPU 加速自动驾驶汽车系统的开发速度：TPU 在计算机视觉模型的训练速度上具有优势，可将原先耗时数日的任务缩短至几小时内完成。

谷歌在其云平台上宣布了 TPU 服务开放的消息（见图 2-4）。通过谷歌云平台（GCP）提供的 Cloud TPU beta 版自 2018 年 2 月 12 日起可用，其旨在帮助机器学习专家更快地训练和运行机器学习（ML）模型。Cloud TPU 是谷歌设计的一种硬件加速器，旨在优化以加速和增强使用 TensorFlow 编程的机器学习工作负载。Cloud TPU 使用 4 个定制化 ASIC 构建，单个 Cloud TPU 的计算能力达到 180 万亿次浮点运算，具备 64 GB 的高带宽内存。这些板卡可单独使用，也可以通过超快的专门网络联合使用，以构建数千万亿次级别的机器学习超级计算机（TPU Pod）。Cloud TPU 的目的是为 TensorFlow 工作负载提供差异化的性能，使机器学习工程师和研究者实现更快迭代。无须花费数日或数周等待商用级机器学习模型，就可以在一系列 Cloud TPU 上训练同样模型的不同变体，而且第二天就可以将准确率最高的训练模型部署到生产过程。使用单个 Cloud TPU 并遵循教程（https://cloud.google.com/tpu/docs/tutorials/resnet），就可以在不到一天的时间内训练 ResNet-50，使其在 ImageNet 基准挑战上达到期望的准确率。

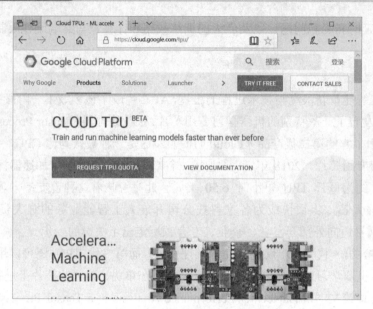

图 2-4　谷歌的 TPU

传统上，编写自定义 ASIC 和超级计算机的程序需要极高的专业水平。而对于 Cloud TPU 而言，可以使用高级 TensorFlow API 进行编程，谷歌开源了一系列高性能 Cloud TPU 模型实现，比如 ResNet-50（https://cloud.google.com/tpu/docs/tutorials/resnet）和图像分类模型（https://github.com/tensorflow/tpu/tree/master/models/official），用于机器翻译和语言建模的 Transformer（https://cloud.google.com/tpu/docs/tutorials/transformer，https://research.googleblog.com/2017/08/transformer-novel-neural-network.html），用于目标检测的 RetinaNet（https://github.com/tensorflow/tpu/blob/master/models/official/retinanet/README.md）。

云 TPU 同样简化了对机器学习计算资源的规划和管理。可以为自己的团队提供顶尖的机器学习加速，随着需求的变化动态调整自己的容量。相比于花费资金、时间和专业人才来设计、安装、维护一个实地的机器学习计算群（还需要专门化的供能系统、冷却系统、网络设施和存储系统），我们可以从谷歌多年以来优化过的大规模、高集成的机器学习基础设施受益。另外，谷歌云服务还提供了复杂的安全机制和实践的保护。伴随谷歌云 TPU，它还提供大量的高性能 CPU（包括英特尔 Skylake）和 GPU（包括英伟达的 Tesla V100）。

有意思的是，谷歌宣布对第二代 TPU 的全面开放让英伟达警觉的神经再次紧绷。可以认为，谷歌是英伟达在人工智能算力市场最大的竞争对手。早在谷歌公布第一代 TPU 之时，英伟达 CEO 立马抛出市场上最好的 GPU 计算卡与 TPU 的性能对比图。而随着第二代 TPU 的发布及其在人工智能专有领域，特别是在搭载了谷歌 TensorFlow 框架的深度神经网络训练效率方面的表现，外界越来越认识到二者间的差距逐渐缩小。就在第二代 TPU 的进一步进化——Cloud TPU 开放测试之时，它通过 TensorFlow 编程模型提供的算力已达 180 tflops 之巨，谷歌宣称一个 Cloud TPU 能在 24 小时内对 ResNet-50 模型训练达到 75% 的精度。而 180 tflops 的浮点操作也达到了超级计算机的算力级别。

谷歌在人工智能领域的雄心十分明显，从一开始对 TPU 的只字不提到后来开放上云，谷歌已逐渐认识到算力市场的巨大潜力并渴求牢牢抓住这一契机。谷歌的人工智能生态系统在过去两年间为自家旗下的产品（包括智能语音与搜索图像识别、谷歌翻译）以及其他互联网应用的表现上提供了算力优势，TPU+TensorFlow+云训练的模式让谷歌获得了迄今为止其他科技巨头尚不具备的人工智能核心竞争实力。这一点已经引起其他科技公司的注意，他们认为，各行各业的公司都有自己的数据驱动业务，算力不应该被掌控在一家巨头手上。AI 芯片崛起的背后是算力的战争。

2.1.6　亚马逊的芯片

据国外媒体报道，亚马逊正在研发一款人工智能芯片，主要用于亚马逊 Echo 和基于亚马逊 Alexa 虚拟助手的其他硬件设备。据称，这款芯片将极大地提高基于 Alexa 硬件设备的数据处理能力，从而让这些设备更迅速地响应用户的命令。此举让亚马逊成为继谷歌和苹果之后，又一家自主研发人工智能芯片的大型科技公司。这些科技公司之所以这样做，是为了实现自家产品的个性化。但对于英特尔和英伟达等传统芯片公司而言，他们的客户就要变成竞争对手了。

在过去的两年，通过收购和招募人才，亚马逊已经在研发芯片产品。2015 年，亚马逊斥资 3.5 亿美元收购了以色列芯片厂商 Annapurna Labs。2017 年，Annapurna Labs 对外宣布，正在研发一系列芯片，主要用于数据存储设备、WiFi 路由器、智能家居设备和流媒体设备。如今 Annapurna Labs 正在为基于 Alexa 虚拟助手的硬件设备研发人工智能芯片。此外，亚马逊 2017 年 12 月底还以约 9000 万美元的价格收购了家用安防摄像头开发商 Blink，这也在很大程度上提升了亚马逊的芯片设计能力。Blink 最初开发用于视频压缩的芯片产品，后来转型生产基于这些芯片的摄像头。

开发一款基于人工智能算法的芯片，能让基于 Alexa 的硬件设备对于消费者而言更具吸引力。因为它意味着这些设备将具备更强的处理能力，无须把所有任务都推向云端。目前，亚马逊 Echo 内置的芯片相对简单，允许用户通过 Alexa 语音唤醒设备。当用户向亚马逊的数字助理 Alexa 发出请求时，信息会被传输到亚马逊的云端，云端服务器处理请求并将响应返回给设备。这就会造成一定的延迟，也为黑客拦截通信提供了可乘之机。如果将大部分语音识别任务留给设备自身处理，那用户体验将显著提升。在本地处理语音识别的能力将改善由数字助理驱动的任何设备（包括 Echo 系列智能音箱）的响应时间。

另外，亚马逊旗下的云服务部门也在招聘芯片工程师。业内人士称，这意味着亚马逊还在为其 AWS（Amazon Web Services）数据中心的服务器开发人工智能芯片。如果亚马逊真的在为数据中心开发人工智能芯片，这也是在跟随谷歌的脚步。2016 年，谷歌发布的张量处理器 TPU（Tensor Processing Unit）产品就是基于深度学习算法的。谷歌当时表示，该芯片将驱动谷歌的一系列服务，包括搜索、街景（Street View）、图片和翻译等。谷歌从 2013 年起就在研发这款芯片，谷歌曾在一份声明中称："这种局面在 2013 年变得更加迫切，当时我们意识到，快速增长的神经网络计算需求需要我们将数据中心的数量提高一倍"。

对于英特尔和英伟达而言，亚马逊自主研发数据中心芯片是一个不小的威胁。当前，英特尔控制着服务器主芯片市场 98% 的份额，而英伟达则为这些服务器开发与英特尔主芯片协同工作的人工智能芯片。FPGA 芯片授权初创公司 Flex Logix Technologies CEO（Geoff Tate）称："如果这种趋势持续下去，将来，数据中心所有者将自主研发芯片，与当前的芯片供应商相竞争。"

2.1.7 芯片产业小结

摩尔定律的终止已成为业界共识，那么 AI 芯片的革命又从何说起？众所周知，当前的人工智能技术进程是奠定在神经网络与深度学习之上的，从人工智能发展史来看，经历了早期的控制论和简单神经网络、逻辑过程与编程革命、运筹学与博弈论、专家系统的兴起，人工智能技术进程在算法与算力的不断迭代中演化至今。而当前神经网络算法趋于稳固，在算法框架没有深刻变化的前提下，算力就成了唯一的更新焦点。

深度学习工程的两大关键环节 Training（训练）和 Inference（推理或推测）需要大量的算力支撑，而 GPU 在训练环节扮演着不可或缺的角色。但随着人工智能应用场景的延伸，GPU 并非所有深度学习计算任务的充分条件，FPGA（现场可编程门阵列）和 ASIC（专用集成电路）同样有着相当大的表现空间。前者通过内置可灵活组合的逻辑、IO、连线模块为专用计算服务，后者是不可配置的高度定制化芯片。谷歌 TPU 就是 ASIC 的一种方案。

凭借 GPU，英伟达公司一直是 AI 趋势的最大受益者之一。因为其图形处理器（GPU）是训练 AI 系统的早期选择。GPU 能够同时执行大量复杂的数学运算，这使它在早期成为 AI 应用的最佳选择。后来，科技巨头纷纷研发自己的 AI 芯片，包括谷歌的 TPU、苹果的神经引擎、微软的 FPGA，以及亚马逊正在为 Alexa 研发的定制 AI 芯片。

亚马逊是人工智能的早期采用者，并且根据最近的报道，亚马逊正在研究可以在设备上进行处理或在边缘处理的定制 AI 芯片，而不是仅仅依靠将设备连接到云端。亚马逊在 2015 年初斥资 3.5 亿美元收购了以色列芯片制造商 Annapurna Labs，这增强了它在处理器方面的能力。该公司为数据中心开发的网络芯片能够传输更大量级的数据，同时电力消耗更少。亚马逊目前拥有超过 450 名具有一定程度的芯片开发经验的员工，可能正在为其云计算部门 AWS 开发 AI 处理器。

2016 年初，谷歌开始研发被称为张量处理器（TPU）的定制 AI 芯片。特殊应用集成电路（ASIC）旨在为谷歌公司的深度学习 AI 应用程序提供更高效的性能，这些应用程序能够通过处理海量数据进行学习。该芯片为 TensorFlow 奠定了基础，TensorFlow 是用于训练该公司的 AI 系统的框架。最新版本的 TPU 可以处理 AI 的训练和推理阶段。正如其名称所示，AI 系统在训练阶段"学习"，推理阶段使用算法完成它们被训练的工作。谷歌最近宣布，谷歌云的客户现在可以访问这些处理器。谷歌的优势在于凭借自身"TPU+TensorFlow+云"的资源吸引开发者和拓展企业级市场、专用领域，但该模式的前提必须是谷歌极力维系 TensorFlow 作为深度学习主流框架而长期存在，一旦神经网络算法主流架构有变，TPU 作为高度制定化的芯片产物，其单位成本之高恐酿成不可回避的风险。相反，倘若谷歌的计划顺利实施，其垄断的生态优势同样对英伟达形成巨大威胁。

苹果公司一直是用户隐私的支持者，并且走了一条与它的技术同行不同的道路。该公司的移动设备为传输到云端的任何数据添加电子噪音，同时剥离任何可识别个人身份的信息，从而更大程度地保证用户的隐私和安全。随着 iPhone X 的发布，苹果开发了一种神经引擎，作为其新的 A11 仿生芯片的一部分，该芯片是一款可在本地处理多种 AI 功能的先进处理器。这大大减少了传输到云端的用户信息量，有助于保护用户数据。

微软公司早前投注于可定制处理器——现场可编程门阵列（FPGA），这是一种专用芯片，可为客户的特定用途进行配置。这些已经成为微软 Azure 云计算系统的基础，并且提供比 GPU 等传统产品更灵活的架构和更低的功耗。

虽然这些公司都采用了不同的处理器策略，但他们仍在大量使用英伟达的 GPU，英伟达 GPU 的使用增长仍在继续。在 2018 年中的一个季度，英伟达公布了创纪录的 29.1 亿美元的营收，比上年同期增长了 34%。该公司的数据中心部门（其中包含 AI 的销售）同比增长 105%，达到 6.06 亿美元，目前占英伟达总收入的 21%。竞争是不可避免的，但到目前为止还没有解决方案能够完全取代 GPU。

调研机构 Deloitte 预测，2018 年，基于深度学习的全球 GPU 市场需求大约在 50 万块左右，FPGA 和 ASIC 的需求则分别是 20 万块和 10 万块左右。相比 GPU 集群，FPGA 因其定制化、低功耗和忽略延迟的特点，在终端推测环节有着广泛应用，所以它被微软、亚马逊等云商以及苹果、三星等手机制造商所接受。而 GPU 与 TPU 作为训练环节的主力，则开启了两种不同产品形态争锋对立的局面，也就是说，在深度学习训练领域，完全成了英伟达和谷歌两者之间的战争。AI 芯片战争已经全面打响，由人工智能进程引发的第二次芯片革命已经让业界嗅到了熟悉的工业革命的气息。正如 19 世纪蒸汽机、内燃机的迭代结束了大洋之上纵横数个世纪的风帆时代，人工智能算力的突破亦将成为摩尔定律的变革者，将延续了近一个世纪的计算机科学文明引入下一阶段。

2.1.8　传感器

如今的机器人已具有类似人一样的肢体及感官功能，有一定程度的智能，动作灵活，在工作时可以不依赖人的操纵。而这一切都少不了传感器的功劳，传感器是机器人感知外界的重要帮手，它们犹如人类的感知器官，机器人的视觉、力觉、触觉、嗅觉、味觉等对外部环境的感知能力都是由传感器提供的，同时，传感器还可用来检测机器人自身的工作状态，以及机器人智能探测外部工作环境和对象的状态，并能够按照一定的规律转换成可用输出信号的一种器件。为了让机器人实现尽可能高的灵敏度，在它的身体构造里会装上各式各样的传感器，那么机器人究竟要具备多少种传感器才能尽可能地做到如人类一样灵敏呢？

根据检测对象的不同可将机器人用的传感器分为内部传感器和外部传感器。内部传感器主要用来检测机器人内部系统的状况，如各关节的位置、速度、加速度、温度、电机速度、电机载荷、电池电压等，并将所测得的信息作为反馈信息送至控制器，形成闭环控制。而外部传感器用来获取有关机器人的作业对象及外界环境等方面的信息，是机器人与周围交互工作的信息通道，用来执行视觉、接近觉、触觉、力觉等传感器，比如距离测量、声音、光线等。

● 视觉传感器

机器视觉是使机器人具有感知功能的系统，其通过视觉传感器获取图像进行分析，让机器人能够代替人眼辨识物体,测量和判断,实现定位等功能。业界人士指出,目前在中国使用简便的智能视觉传感器占了机器视觉系统市场 60%左右的份额。视觉传感器的优点是探测范围广、获取信息丰富,实际应用中常使用多个视觉传感器或者与其他传感器配合使用,通过一定的算法可以得到物体的形状、距离、速度等诸多信息。

以深度摄像头为基础的计算视觉领域已经成为整个高科技行业的投资和创业热点之一。有意思的是,这一领域的许多尖端成果都是由初创公司先推出的,再被巨头收购后发扬光大,例如 Intel 收购 RealSense 实感摄像头,苹果收购 Kinect 的技术供应商 PrimeSense,Oculus 收购了一家主攻高精确度手势识别技术的以色列技术公司 Pebbles Interfaces。在国内计算视觉方面的创业团队虽然还没有大规模进入投资者的视野,但当中的佼佼者已经开始取得令人瞩目的成绩。

深度摄像头早在 20 世纪 80 年代就由 IBM 提出了相关概念,2005 年创建于以色列的 PrimeSense 公司是该技术民用化的先驱。当时,在消费市场推广深度摄像头还处在概念阶段,此前深度摄像头仅使用在工业领域,为机械臂、工业机器人等提供图形视觉服务。由它提供技术方案的微软 Kinect 成为深度摄像头在消费领域的开山之作,并带动整个业界对该技术的民用开发。

- **声音传感器**

声音传感器的作用相当于一个话筒(麦克风),用来接收声波,显示声音的振动图像,但不能对噪声的强度进行测量。声觉传感器主要用于感受和解释在气体(非接触感受)、液体或固体(接触感受)中的声波。声波传感器的复杂程度可以从简单的声波存在检测到复杂的声波频率分析,直到对连续自然语言中单独语音和词汇的辨别。

从 20 世纪 50 年代开始,BELL 实验室开发了世界上第一个语音识别 Audry 系统,可以识别 10 个英文数字。到 20 世纪 70 年代,声音识别技术得到快速发展,动态时间规整(DTW)算法、向量量化(VQ)以及隐马尔科夫模型(HMM)理论等相继被提出,实现了基于 DTW 技术的语音识别系统。近年来,声音识别技术已经从实验室走向实用,国内很多公司都利用声音识别技术开发出了相应产品,比如科大讯飞、腾讯、百度等,共闯语音技术领域。

- **距离传感器**

用于智能移动机器人的距离传感器有激光测距仪(兼可测角)、声纳传感器等,近年来发展起来的激光雷达传感器是目前比较主流的一种,可用于机器人导航和回避障碍物。

- **触觉传感器**

触觉传感器主要是用于机器人模仿触觉功能的传感器。触觉是人与外界环境直接接触时的重要感觉功能,研制满足要求的触觉传感器是机器人发展中的技术关键之一。随着微电子技术的发展和各种有机材料的出现,已经提出了多种多样的触觉传感器的研制方案,但目前大都属于实验阶段,达到产品化的不多。

- **接近觉传感器**

接近觉传感器介于触觉传感器和视觉传感器之间,可以测量距离和方位,而且可以融合视觉和触觉传感器的信息。接近觉传感器可以辅助视觉系统的功能，来判断对象物体的方位、外形，同时识别其表面形状。因此，为准确抓取部件，对机器人接近觉传感器的精度要求是非常高的。这种传感器主要有以下几点作用：

（1）发现前方障碍物，限制机器人的运动范围，以避免和障碍物碰撞。

（2）在接触对象物前得到必要信息，比如与物体的相对距离、相对倾角，以便为后续动作做准备。获取物体表面各点间的距离，从而得到有关对象物表面形状的信息。

● 滑觉传感器

滑觉传感器主要是用于检测机器人与抓握对象间滑移程度的传感器。为了在抓握物体时确定一个适当的握力值，需要实时检测接触表面的相对滑动，然后判断握力，在不损伤物体的情况下逐渐增加力量，滑觉检测功能是实现机器人柔性抓握的必备条件。通过滑觉传感器可实现识别功能，对被抓物体进行表面粗糙度和硬度的判断。滑觉传感器按被测物体滑动的方向可分为三类：无方向性传感器、单方向性传感器和全方向性传感器。其中，无方向性传感器只能检测是否产生滑动，无法判别方向；单方向性传感器只能检测单一方向的滑移；全方向性传感器可检测多个方向的滑动情况，这种传感器一般制成球形以满足需要。

● 力觉传感器

力觉传感器是用来检测机器人自身力与外部环境力之间相互作用力的传感器。力觉传感器经常装于机器人关节处，通过检测弹性体变形来间接测量所受力。装于机器人关节处的力觉传感器常以固定的三坐标形式出现，有利于满足控制系统的要求。目前出现的六维力觉传感器可实现全力信息的测量，因其主要安装于腕关节处被称为腕力觉传感器。腕力觉传感器大部分采用应变电测原理，按其弹性体结构形式可分为两种：筒式和十字形腕力觉传感器。其中，筒式腕力觉传感器具有结构简单、弹性梁利用率高、灵敏度高的特点；而十字形腕力觉传感器结构简单、坐标建立容易，但加工精度要求高。

● 速度和加速度传感器

速度传感器有测量平移和旋转运动速度两种，但大多数情况下，只限于测量旋转速度。利用位移的导数，特别是光电方法让光照射旋转圆盘，检测出旋转频率和脉冲数目，以求出旋转角度，并利用圆盘制成有缝隙，通过两个光电二极管辨别出角速度（转速），这就是光电脉冲式转速传感器。

加速度传感器是一种能够测量加速度的传感器。通常由质量块、阻尼器、弹性元件、敏感元件和适调电路等部分组成。传感器在加速过程中，通过对质量块所受惯性力的测量，利用牛顿第二定律获得加速度值。根据传感器敏感元件的不同，常见的加速度传感器包括电容式、电感式、应变式、压阻式、压电式等。

2.1.9 传感器小结

机器人要想做到如人类般灵敏，视觉传感器、声音传感器、距离传感器、触觉传感器、接近觉传感器、力觉传感器、滑觉传感器、速度和加速度传感器这 8 种传感器对机器人极为重要，尤其是机器人的五大感官传感器是必不可少的，从拟人功能出发，视觉、力觉、触觉最为重要，目前已进入实用阶段，但其他的感官，如听觉、嗅觉、味觉、滑觉等对应的传感器还等待一一攻克。

人工智能目前正在为社会的方方面面带来革新。比如，通过结合数据挖掘和深度学习的优势，我们可以利用人工智能来分析各种来源的大量数据，识别各种模式，提供交互式理解和进行智能预测。这种创新发展的一个例子就是将人工智能应用于由传感器生成的数据，尤其是通过智能手机和其他消费者设备所收集的数据。运动传感器数据及其他信息（比如 GPS 信息）可提供大量不同的数据集。本节最后以常见的运动传感器为例来说明 AI 和传感器的综合应用。一个常见的应用是通过分析使用的数据来确定用户在每个时间段的活动，无论是坐姿、走路、跑步还是睡眠的情况下。在活动跟踪方面，原始数据通过轴向运动传感器得以收集，例如智能手机、可穿戴设备和其他便携式设备中的加速度计和陀螺仪。这些设备获取三个坐标轴（x、y、z）上的运动数据，以便于连续跟踪和评估活动。

对于人工智能的监督式学习，需要用标记数据来训练"模型"，以便分类引擎可以使用此模型对实际用户行为进行分类。只获取原始传感器数据是不够的。我们观察到，要实现高度准确的分类，需要仔细确定一些特征，即系统需要被告知对于区分各个序列重要的特征或者活动。为了进行活动识别，指示性特征可以包括"滤波信号"，例如身体加速（来自传感器的原始加速度数据），或"导出信号"，例如高速傅里叶变换（FFT）值或标准差计算。举例来说，加州大学欧文分校（UCI）的机器学习数据库创建了一个定义了 561 个特征的数据集，这个数据集以 30 名志愿者的 6 项基本活动（即站立、坐姿、卧姿、行走、下台阶和上台阶）为基础。使用默认的 LibSVM 内核训练的模型进行活动分类的测试，准确度高达 91.84%。在完成培训和特征排名后，选择最重要的 19 项功能足以达到 85.38% 的活动分类测试准确度。通过对排名进行仔细检查，我们发现最相关的特征是频域变换以及滑动窗口加速度原始数据的平均值、最大值和最小值。有趣的是，这些特征都不能仅仅通过预处理来实现，传感器融合对于确保数据的可靠性十分必要，因此对分类尤为实用。

2018 年 2 月，谷歌宣布已经与 LogMeIn 签订协议，以 5000 万美元收购 LogMeIn 旗下的物联网部门 Xively。根据公告，谷歌预计到 2020 年将有 200 亿台设备联网，而它可以凭借这笔收购来布局物联网市场。Xively 为设备厂商提供工具，实现设备联网功能，同时将设备与用户手机中的 App 连接起来。这将帮助 Google Cloud 实现其物联网的野心：获得海量物联网设备的数据，并进行存储与分析。Google Cloud 通过本次收购将获得领先的物联网技术、工程技术以及 Xively 的设备管理、通信能力。谷歌在 2018 年的 CES 上推出了 Smart Display 平台，希望让 Google Assistant 进入多家厂商的产品中。与谷歌合作的厂商有 Altec Lansing、Anker、Bang & Olufsen、Braven、iHome、JBL、Jensen、LG、联想、Klipsch、Knit Audio、Memorex、RIVA Audio 和索尼等。

通过传感器为用户提供真正的个性化体验已成为现实，通过人工智能，系统可以利用由智能手机、可穿戴设备和其他便携设备的传感器所收集的数据为人们提供更多深度功能。未来几年，一系列现在还难以想象的设备和解决方案将会得到更多发展。人工智能和传感器为设计师和用户打开了一个充满机会的激动人心的新世界。

2.2 技术层

技术层是在基础层之上，结合软硬件能力所实现的针对不同细分应用开发的技术。如图 2-5 所示，技术层主要包括机器学习、计算机视觉、语音及自然语言处理三个方面。主要技术领域包括图像识别、语音识别、自然语言处理和其他深度学习应用等。涉及的领域包括机器视觉、指纹识别、人脸识别、视网膜识别、虹膜识别、掌纹识别、专家系统、自动规划、智能搜索、定理证明、博弈、自动程序设计、智能控制、机器人学习、语言和图像理解等。

机器学习

主要以深度学习、增强学习等算法研究为主，赋予机器自主学习并提高性能的能力

计算机视觉

包括静动态图像识别与处理等，对目标进行识别、测量及计算

语音及自然语言处理

包括语音识别和自然语言处理，研究语言的收集、识别理解、处理等内容，涉及计算机、语言学、逻辑学等学科

图 2-5　AI 技术层

目前，技术层企业在计算机视觉、语音识别等领域竞争激烈。技术层涵盖的厂商以科技巨头、传统科研机构及新兴技术创业公司为主。除了综合性科技巨头外，创业企业也依赖自身技术的积累和细分领域的积累快速崛起。在发展路径上，以 2B、2C 或 2B2C 为主。一方面，面向企业级用户，为应用层厂商提供技术支持；另一方面，研发相应的软件及硬件产品，直接面对消费者，或者提供车载、家居等产品的人机交互技术，从而满足用户需求。

科技巨头仍然掌握技术、数据、资金优势，生态链相对完整。而传统技术厂商（如语音识别领域的科大讯飞）具有强大的科研背景，掌握一定的研发能力，同时获得政府的支持，与相关政府机构合作获取大量的数据来源，强化人工智能技术。创业公司深耕垂直领域，创始团队多是技术专家，掌握研发技术，通过融资等方式弥补资本不足，逐渐积累资金、人才、技术实力，专攻细分领域，可以快速实现技术的落地，而其技术上的创新也弥补了传统技术提供商及科技巨头的不足，能够在竞争中实现技术的成熟。

2.2.1　机器学习

人工智能、机器学习、深度学习是我们经常听到的三个热词。关于三者的关系，简单来说，机器学习是实现人工智能的一种方法，深度学习是实现机器学习的一种技术（见图 2-6）。机器学习使计算机能够自动解析数据、从中学习，然后对真实世界中的事件做出决策和预测；深度学习是利用一系列"深层次"的神经网络模型来解决更复杂问题的技术。

图 2-6　人工智能、机器学习和深度学习的包含关系

人工智能的核心是通过不断地进行机器学习，而让自己变得更加智能。2015 年以来，人工智能开始大爆发。一方面是由于巨头整合了 AI 开源平台和芯片，技术快速发展，GPU 的广泛应用，使得并行计算变得更快、更便宜、更有效；另一方面在于云计算、云存储的发展和当下海量数据的爆发，各类图像数据、文本数据、交易数据等为机器学习奠定了基础。机器学习利用大量的数据来"训练"，通过各种算法从数据中学习如何完成任务，使用算法来解析数据、从中学习，然后对真实世界中的事件做出决策和预测。

深度学习是机器学习的重要分支，作为新一代的计算模式，深度学习力图通过分层组合多个非线性函数来模拟人类神经系统的工作过程，其技术的突破掀起了人工智能的新一轮发展浪潮。深度学习的人工神经网络算法与传统计算模式不同，本质上是多层次的人工神经网络算法，即模仿人脑的神经网络，从最基本的单元上模拟了人类大脑的运行机制，它能够从输入的大量数据中自发地总结出规律，再举一反三，应用到其他的场景中。因此，它不需要人为地提取所需解决问题的特征或者总结规律来进行编程。

深度学习的典型代表是 Google AlphaGo，而 AlphaGo Zero 采用纯强化学习的方法进一步扩展了人工智能技术，不需要人类的样例或指导，不提供基本规则以外的任何领域知识，在它自我对弈的过程中，神经网络被调整、更新，以预测下一个落子位置以及对局的最终赢家，并以 100：0 的战绩击败 AlphaGo。深度学习使得机器学习能够实现众多的应用，使所有的机器辅助功能成为可能，拓展了人工智能的领域范围。

深度学习系统一方面需要利用庞大的数据对其进行训练，另一方面系统中存在上万个参数需要调整，需要平台对现有数据及参数进行整合，向开发者开放，实现技术应用价值的最大化，因此在芯片和大数据之外，IT 巨头争相开源人工智能平台，各种开源深度学习框架层出不穷。2015 年以来，全球人工智能顶尖巨头陆续开源自身最核心的人工智能平台，其中包括 Caffe、CNTK、MXNet、Neon、TensorFlow、Theano 和 Torch 等。

人工智能技术正在逐渐发展，距离真正的成熟期还有很长的路要走，而单单依靠有限的企业去推动整个技术的发展，力量相对有限，而通过开源人工智能平台，能够群策群力，将更多的优秀人才调动到人工智能系统的开发中。开源人工智能平台可以增强云计算业务的吸引力和竞争力,比如用户使用谷歌开源的 TensorFlow 平台训练和导出自己所需要的人工智能模型,然后把模型导入 TensorFlowServing 对外提供预测类云服务,实质上是将使用开源深度学习工具的用户直接变为其云计算服务的用户,现阶段包括阿里、亚马逊在内的云计算服务商都将机器学习平台嵌入其中,作为增强其竞争实力和吸引更多用户的方式。同时,开放的开发平台将带来下游应用的蓬勃发展。开源平台的建立在推动技术成熟的同时,对科技巨头来说,既整合了人才,又可以第一时间将开发成果接入自己的产品中,实现研发到商业化的快速过渡,从而在人工智能市场中占据先发优势。

谷歌作为人工智能领域的科技巨头,在软硬件领域都有布局,通过结合开源平台、智能芯片和相关硬件,谷歌建立了完整的人工智能生态。其中,谷歌自主研发的深度学习开源平台 TensorFlow 可编写并编译执行机器学习算法的代码,并将机器学习算法变成符号表达的各类图表。TensorFlow 目前已应用于谷歌搜索、谷歌翻译等服务。同时,大量开发者也接入到平台中,成为主流的深度学习框架,在 2017 年,谷歌进一步推出了 TensorFlowLite,支持移动和其他终端设备,谷歌已成为人工智能领域不可或缺的巨头。本书后面将以 TensorFlow 为基础阐述机器学习技术。

2.2.2　语音识别与自然语言处理

交互模式的变革贯穿了整个 IT 产业的发展史,语音交互很有可能成为下一代人机交互的主要模式(见表 2-2)。

表 2-2　交互模式的变革

交互时代	DOS	图形用户界面	触屏	自然语言
交互方式	键盘命令行	鼠标+键盘	触摸	声音
输入/输出	文字	文字、图片	文字、图片	声音、图像

语音识别与自然语音处理是机器能够"听懂"用户语言的主要技术基础,其中语音识别注重对用户语言的感知,目前在中文语音识别上,国内已经达到 97% 的语音识别准确率,这要归功于深度神经网络的应用、算力的提高以及大数据的积累。语音识别是机器感知用户的基础,在听到用户的指令之后,更为重要的是如何让机器懂得指令的意义,这就需要自然语言处理将用户的语音转化为机器能够反应过来的机器指令,包括自然语言理解、多轮对话理解、机器翻译技术等。对于自然语言处理方面,虽然深度学习能起到的作用还有待观察,但在语义理解和语言生成等领域都有了重要突破。如图 2-7 所示,很多提供语音技术服务的公司也突破了原有的单纯语音识别或者语义理解的业务框架,开始提供整体的智能语音交互产品。

图 2-7　语音交互过程

1. 语音识别技术

语音识别技术已趋于成熟。语音识别的目标是将人类语音表达的内容转换为机器可读的输入，用于构建机器的"听觉系统"。语音识别技术经历了长达 60 年的发展。近年来，机器学习和深度神经网络的引入，使得语音识别的准确率提升到足以在实际场景中应用。早在 2016 年年初，美国麻省理工学院（MIT）主办的知名科技期刊《麻省理工科技评论》评选出了"2016 年十大突破技术"，语音识别位列第三，与其他技术一起"到达一个里程碑式的阶段或即将到达这一阶段"。

深度神经网络声学模型的几个重大发展阶段如下：

● 2006 年，Geoffrey Hinton 提出深度置信网络（DBN），促进了深度神经网络的研究。

● 2009 年，Geoffrey Hinton 将深度神经网络应用于声音的声学建模，当时在 TIMIT 上获得了很好的结果。

● 2011 年底，微软研究院又把深度神经网络技术应用在了大词汇连续识别任务上，大大降低了语音识别的错误率。从此以后，基于深度神经网络声学模型技术的研究变得异常火热。

微软 2016 年 10 月发布的 Switchboard 语音识别测试中，更是取得了 5.9% 的词错误率，第一次实现了和人类一样的识别水平，这是一个历史性突破。

语音识别整个过程（见图 2-8）包含语音信号预处理、声学特征提取、声学和语言模型建模、解码等多个环节。简单来说，声学模型用来模拟发音的概率分布，语言模型用来模拟词语之间的关联关系，而解码阶段就是利用上述两个模型将声音转化为文本。

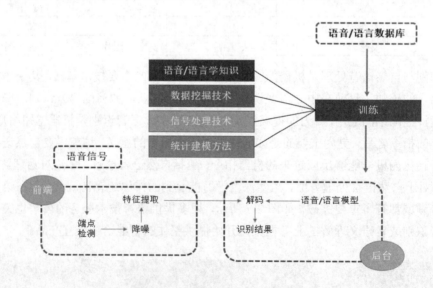

图 2-8　语音识别技术的运作流程

深度神经网络声学模型主要应用于声学、语言模型建模、解码等各个主要环节，模型主要包括深度神经网络、长短时记忆网络（LSTM）、双向长短时记忆网络（BLSTM）、深度卷积神经网络（Deep CNN）、Residual/Highway 网络等模型，具体特点见表 2-3。

表 2-3　深度神经网络各部分及其特点

名称	特点
深度神经网络	包含至少 3 层以上的隐藏层，通过增加隐藏层数量来进行多层的非线性变换，大大地提升了模型的建模能力
长短时记忆网络	一种特殊的循环神经网络（RNN）。通过输入门、输出门和遗忘门可以更好地控制信息的流动和传递，具有长短时记忆能力，并在一定程度上缓解 RNN 的梯度消失和梯度爆炸问题
双向长短时记忆网络	相比 LSTM 还考虑了反向时序信息的影响，即"未来"对"现在"的影响，这在语音识别中也是非常重要的

总之，语音识别作为一类重要的基础技术，应用十分广泛，并且已有不少产品为人们所熟知，语音识别产业的增长主要靠渗透率的提升和应用的突破，主要的应用包括语音助手、语音输入、语音搜索等，可应用在各类移动 APP 应用和终端应用等对人机交互有较高要求的领域。对于语音识别技术而言，率先发展起来的服务机器人和语音助手已占据数据积累的领先地位，在家居、出行、运动等多个场景中，语音交互正在爆发，智能音箱、智能车载、智能手表等产品中，通过接入语音交互技术，实现随身陪伴、语音助理的功能。国内现已涌现出一批发展较好的智能语音相关企业，其中技术领先和产品成熟的企业主要有科大讯飞、百度、小米等。语音识别经过几年的技术积累已相对成熟，厂商仍在发展方言识别等更为精准的识别方式。

2. 自然语言处理

简单地说，自然语言处理（Natural Language Processing，NLP）就是用计算机来处理、理解以及运用人类语言，属于人工智能的一个分支，是计算机科学与语言学的交叉学科。实现人机间自然语言通信意味着要使机器既能理解自然语言文本的意义，也能以自然语言文本来表达给定的意图、思想等。前者称为自然语言理解，后者称为自然语言生成。

无论是实现自然语言理解，还是自然语言生成，都十分困难。从现有的理论和技术现状来看，通用的、高质量的自然语言处理系统仍然是较长期的努力目标，但是针对一定应用，具有相当自然语言处理能力的实用系统已经出现，有些已商品化，甚至开始产业化。

深度学习、算力和大数据的爆发极大地促进了自然语言处理技术的发展。表 2-4 中是几种常用的深度神经网络 NLP 模型。

表 2-4　几种常用的深度神经网络 NLP 模型

Word2vec	Word2vec 可以在百万数量级的词典和上亿的数据集上进行高效地训练。该工具得到的训练结果为词向量（Word Embedding，也称为词嵌入），可以很好地度量词与词之间的相似性
循环神经网络（Recurrent Neural Networks）	RNN 现在已经是 NLP 任务最常用的方法之一。RNN 模型的优势之一就是可以有效利用之前传入网络的信息
门控循环单元（Gated Recurrent Units）	目的是为 RNN 模型在计算隐藏层状态时提供一种更复杂的方法。这种方法将使模型能够保持更久远的信息

自然语言处理（NLP）领域还有很多其他种类的深度学习模型，有时候卷积神经网络

（CNN）也会用在 NLP 任务中，但没有循环神经网路（RNN）这么广泛。总之，在自然语言处理领域，多轮对话理解日益完善，但语义理解仍然具有一定的缺陷，距离机器理解人类，实现自然的人机交互还有一些路要走。

2.2.3　计算机视觉

视觉是人脑最主要的信息来源，计算机视觉是指通过计算机或图像处理器及相关设备来模拟人类视觉，以让机器获得相关的视觉信息并加以理解，是机器能够"看懂"周围环境的计算基础，最终解决机器代替人眼的问题。

从技术流程来看，计算机视觉是将识别对象（如图像）转换成数字信号进行分析处理的技术。根据识别的种类不同又分为图像识别、人脸识别、文字识别等。通过计算机视觉技术可以对图片、实物或视频中的物体进行特征提取和分析，从而为后续动作提供关键的感知信息。从技术流程来看，视觉识别通常需要几个过程：图像采集、目标提取、目标识别、目标分析，如图 2-9 所示。

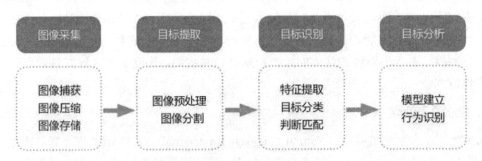

图 2-9　视觉识别的几个过程

对于特征识别，有生物特征识别技术，识别人类的指纹、虹膜、人脸等；有 OCR 识别技术，识别图片和文字；有物体识别技术，用于识别图片或视频中的物体。

1. 视频分析

在进行视频识别与分析时，需要使用前端摄像头设备收集和传输数据，同时需要通过大数据训练，具备云计算能力的深度学习图像分析系统来实时进行视频检测和数据分析（见图 2-10）。由于机器不疲劳，而且可以全面识别整帧图像信息，通过使用该技术处理海量监控视频，可大大降低交管、公安部门的监控负担，具体的应用场景包括车辆识别、非法停车检测、嫌犯追踪等。

视频采集和传输　　　　　　视频检测　　　　　　数据分析处理

图 2-10　视频图像分析

在深度学习出现后，机器视觉的主要识别方式发生了重大转变，自学习状态成为视觉识别的主流，即机器从海量数据中自行归纳特征，然后按照该特征规律进行识别，图像识别的精准度也得到极大的提升（目前到了 95% 以上）。机器不再只是通过特定的编程完成任务，而是通过不断学习来掌握本领，这主要依赖高效的模型算法进行大量数据训练。

近年来，与计算机视觉相关的视频监控和身份识别等行业的市场规模均逐渐扩大，伴随着技术的发展，计算机视觉技术和应用逐渐趋于成熟，被广泛应用到金融、安防、电商等场景中，技术进一步实现场景化落地，计算机视觉也成为目前人工智能领域最为火热和应用最为广泛的领域之一。国内企业，尤其是创业公司深耕技术能力，已具备国际领先的技术水平，这些典型企业包括旷视科技、商汤科技、云升科技等。计算机视觉厂商主要走技术和解决方案提供商的路径，通过研究通用型的技术，深耕图像处理和图像分析，提供软硬件全套服务，开放程序接口供其他厂商使用，比如商汤科技、旷视科技。另外，一部分厂商走技术应用的路径，将技术接入不同的领域和场景中，以技术为基础实现场景落地，为用户提供服务，比如云升科技的公安立体防护系统。

2. 人脸识别

人脸识别是基于人的脸部特征信息进行身份识别的一种识别技术。人脸识别技术被广泛应用于金融、安防、交通、教育等相关领域，主要应用场景包括企业、住宅的安全管理，公安、司法和刑侦的安全系统、自助服务等，刷脸支付、刷脸进站等项目逐渐实现。人脸识别包括 1:1 的人脸对比和 1:N 的人脸对比。1:1 主要指用户真实的脸部信息与用户提交的身份证信息进行比对，常见于银行等金融机构和公安系统。1:N 更常见于刑侦和国家安防领域，能够通过与 faceID 库的对比，快速找到犯罪分子或失踪人员，1:N 识别精度的难度要远远高于 1:1 人脸识别。厂商也针对 1:N 的精确度做了技术深耕，百度曾宣布百度大脑的 1:N 人脸识别监测准确率已达 99.7%。目前，人脸关键点检测技术可以精确定位面部的关键区域，还可以做到支持一定程度的遮挡以及多角度人脸，活体检测及红外光识别技术有效解决了照片、手机视频等二维人像的作弊行为，使 3D 人脸识别的准确率大幅度提升。但双胞胎识别、整容和易容前后的识别依然是人脸识别的难点，因此需要虹膜识别等其他识别技术进行补充。人脸识别技术另一个关键层面在于 faceID 库的建立，3D 人脸识别数据采集相对困难，需采集的数据量十分巨大，对计算机的计算存储能力要求较高，faceID 库的数据量是人脸识别技术算法训练的基础，数据越多，相应的准确度才会越高。各厂商仍需继续扩充自身的 faceID 库规模。

在美国，亚马逊最近推出了人脸识别系统 Rekognition（注：亚马逊故意取名为 Rekognition，有别于"识别"对应的正确英文单词 Recognition），识别一个人脸只需要几分钟。亚马逊公司已经开始通过云计算模式推出计算机视觉识别功能，向美国警方提供了基于机器学习的人脸识别服务。人脸识别技术不再是一个高价的服务了。

总之，随着计算机技术的发展，人类开始能够进行复杂的信息处理，并通过计算机实现不同模式（文、声音、人物、物体等）的自动识别。但当前不存在一种单一模型和单一技术能够解决所有的模式识别问题，而是需要在具体场景中使用多种算法和模型。还有，计算机视觉可以与其他技术结合进行综合应用，比如与医疗系统结合形成疾病辅助监测，与汽车驾驶系统结合形成自动驾驶。

2.3 应用层

人工智能给各行各业带来了变革与重构，一方面将 AI 技术应用到现有的产品中，创新产品，发展新的应用场景；另一方面 AI 技术的发展也正在颠覆传统行业，人工智能对人工的替代成为不可逆转的发展趋势，尤其在工业、农业等简单、重复、可程序化强的环节中，而在国防、医疗、驾驶等行业中，人工智能可以提供能够适应复杂环境、更为精准、高效的专业化服务，从而取代或者强化传统的人工服务，服务形式在未来将趋于个性化和系统化。

人工智能与行业的深度结合，可以实现传统行业的智能化，包括 AI+金融、AI+医疗、AI+安防、AI+家居、AI+教育等，如图 2-11 所示。在各个垂直领域中，传统厂商具备产业链、渠道、用户数据优势，正通过接入互联网和 AI 搭载人工智能的浪潮进行转型。创业公司深耕垂直领域，快速崛起，致力于推动技术进步、场景落地。应用层厂商更多直接面对用户，或者遵循 2B、2C 的发展路径，相较于技术层和基础层，具有更多的用户数据，也需要进一步打磨产品，满足用户需求。

图 2-11　AI 应用场景

对于人工智能的应用来说，技术平台、产业应用环境、市场、用户等因素都对人工智能的产业化应用市场有很大的影响。如何实现人工智能产业自身的创新并应用到具体场景中将会是各行业发展的关键点。目前，人工智能技术的主要应用场景包括但不限于：安防、制造业、服务业、金融、教育、传媒、法律、医疗、家居、农业、汽车等。人工智能技术日益成熟，商业化场景逐渐落地，智能家居、金融、医疗、驾驶、安防等多个行业成为目前主要的应用场景。

2.3.1　安防

安防的应用场景较多，小到身份识别、家居安防，大到反恐国防。现代社会人口流动大，中产阶级逐渐崛起，用户财产逐渐积累，而收入增多的同时带来的是风险的加大，用户安全性缺失，安防成为用户的刚需。身份识别手段的多样性对于安防意义重大，因此安防领域对于图像识别的要求更高，也要求更多的手段通过多维度来进行识别，如图 2-12 所示，AI 技术的进步可以大大提高身份识别手段的多样性与准确率，对于安防的意义重大，尤其是安防在国防安全领域的应用，具有国家战略意义。

在视频监控技术飞速发展的今天，视频监控画面的信息已成海量，远远超过了人力所能进行的有效处理范围。传统采用人工回放录像取证的方式具有效率低下、容易出错的缺点。而人工智能技术恰好具有处理海量信息的能力，也能在技术的基础上实现实时监控、基准判断。智能视频分析（Intelligent Video Analysis，IVA）技术是解决海量视频数据处理的有效途径。IVA采用计算机视觉方式，主要应用于两个方面，一是基于特征的识别，主要用于车牌识别、人脸识别。特征识别与视频智能分析应用于安防体系中，提高了安防的时效性、安全性和精准度。二是行为分析技术，包括人数管控、个体追踪、禁区管控、异常行为分析等，可以应用到监测交通规则的遵守、周界防范、物品遗留丢失检测、人员密度检测等。通过对视频内的图像序列进行定位、识别和追踪，智能视频分析能够做出有效分析和判断，从而实现实时监控并上报异常，使得安防由被动防范向提前预警方向发展，将实现对危险分子的主动识别，安防行为由被动向主动转变。

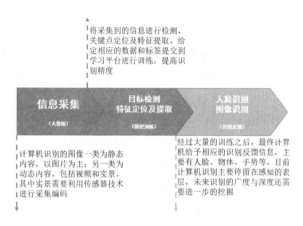

图 2-12　安防中的图像识别技术

从应用领域来看，目前平安城市、智能交通仍然是安防行业最大的应用领域，与政府公安相关的交通、道路视频监控仍然是安防行业最重要的应用环节。计算机视觉广泛应用于飞机场、火车站等公共场合，在大规模视频监控系统中可实现实时抓拍人脸、布控报警、属性识别、统计分析、重点人员轨迹还原等功能，并做出及时有效的智能预警。且对于抓获有作案前科的惯犯帮助很大，目前多应用于公安事前、事中、事后敏感人员布控，失踪人员查找等。安全布防需要消耗大量的警力资源，尤其是运动会、国家会议、演唱会等重点区域和重点活动的安防，其中已经开始出现人工智能产品的身影，包括实时监测系统、巡逻机器人、排爆机器人等，未来这些机器人也将会更多地替代传统安防体系中重复且低效的工作，节省警力资源。

有必要指出的是，安防体系中存储的信息将呈指数级增长，需要大数据平台及其配套的硬件设备进行整合。

2.3.2　金融

AI 在金融领域的应用主要集中在投资决策辅助、风控与智能支付三个方面。在投资决策辅助方面，人工智能技术将协助金融工作者从数以万计的信息中迅速抓取有效信息，并进一步对数据进行分析，利用大数据引擎技术、自然语义分析技术等自动准确地分析与预测各市场的行情走向，从而实现信息的智能筛选与处理，辅助工作人员进行决策。在风控方面，人工智能也能帮助金融机构建立金融风控平台，进行风控管理，实现对投资项目的风险分析和决策、个人征信评级、信用卡管理等。在智能支付领域中，利用人工智能的人脸识别、声纹识别技术可实现"刷脸支付"或者"语音支付"。

金融行业与整个社会存在巨大的交织网络，在长期的发展过程中沉淀了海量数据，如客户身份数据、资产负债情况数据、交易信息数据等，金融业对数据的强依赖性为人工智能技术应用到金融领域做好了准备。按金融业务执行前端、中端、后端的模块来看，人工智能在金融领域的应用场景主要有智能客服、智能身份识别、智能营销、智能风控、智能投顾、智能量化交易等。

身份认证主要通过人脸识别、指纹识别、声纹识别、虹膜识别等生物识别技术快速提取客户的特征。近年来，金融机构对远程身份识别、远程获客需求日益增加，而人脸信息凭借易于采集、较难复制和盗取、自然直观等优势，在金融行业中的应用不断增加。人脸识别可实现客户"刷脸"即可开户、登录账户、发放贷款等，让金融机构远程获客和营销成为可能。在互联网金融领域，"刷脸"也可以应用到刷脸登录、刷脸验证、刷脸支付等诸多领域。同时，人脸识别可以成为银行安全防控手段的有效选择。银行安防的难点之一是在动态场景下完成多个移动目标的实时监控，人脸识别技术在银行营业厅等人员密集的区域可有效实现多目标实时在线检索、比对，在 ATM 自助设备、银行库区等多个场景下都可以应用。2015 年，马云在德国汉诺威消费电子、信息及通信博览会上演示了蚂蚁金服的扫脸技术，并完成一笔淘宝购买，支付宝先后将人脸识别技术应用于用户登录、实名认证、找回密码、支付风险校验等场景智能身份识别中，并且日益成熟。中国人民银行发布《中国人民银行关于优化企业开户服务的指导意见》（银发〔2017〕288 号），对新设企业开立人民币银行结算账户服务提出意见。央行鼓励银行积极运用技术手段提升账户审核水平，包括鼓励银行将人脸识别、光学字符识别（OCR）、二维码等技术手段嵌入开户业务流程，作为读取、收集以及核验客户身份信息和开户业务处理的辅助手段。

人工智能技术可以助力金融行业形成标准化、模型化、智能化、精准化的风险控制系统，帮助金融机构、金融平台及相关监管层对存在的金融风险进行及时有效的识别和防范。如图2-13 所示，人工智能应用于金融风险控制的流程主要包括：数据收集、行为建模、用户画像及风险定价。智能风控可以协助金融监管机构防范系统性金融风险。人工智能+大数据分析技术可以助力金融监管机构建立国家金融大数据库，防止金融系统性风险。在信贷领域，智能风控可以应用到贷前、贷中、贷后全流程。贷前，助力信贷机构进行信息核验、信用评估、实现反欺诈；贷中，可以实现实时交易监控、资金路径关联分析、动态风险预警等；贷后，可以助力信贷机构进行催收、不良资产等价等。系统包含一组模型，会根据身份认证、还款意愿和还款能力三大维度，给申请贷款的用户进行信用评分，依据分值来决定是否应放款。有效提升了贷款审批速度和贷款获批率，并降低了贷款的逾期率。

图 2-13　智能风控分析流程

金融行业目前正在打造闭合的全产业链，提供的服务不仅针对客户成长中的某一阶段，而是全生命周期的服务。如图 2-14 所示，每个客户都要经历获取、提升、保持、流失和衰退几个阶段。在不同的发展阶段，风险特点及对金融服务需求的特点不尽相同。基于 AI 技术，我们可以对不同阶段的客户开展个性化金融业务。

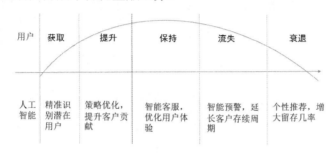

图 2-14　全生命周期客户服务

智能投顾是指通过使用特定算法模式管理账户，结合投资者的风险偏好、财产状况与理财目标，为用户提供自动化的资产配置建议。根据美国金融监管局提出的标准，智能投顾的主要流程包括客户分析、资产配置、投资组合选择、交易执行、组合再选择、税收规划和组合分析。客户分析主要通过问询式调研和问卷调查等方式收集客户的相关信息，推断出客户的风险偏好以及投资期限偏好等因素，再根据这些因素为客户量身定制完善的资产管理计划，并根据市场变化以及投资者偏好等变化进行自动调整。智能投顾将有效减少投融资双方信息不对称的问题，降低交易成本。智能投顾发展的两大核心要素：一是自动化挖掘客户金融需求技术，帮助投资顾问更深入地挖掘客户的金融需求，智能投顾产品设计更智能化，与客户的个性化需求更贴近，弥补投资顾问在深度了解客户方面的不足；二是投资引擎技术，在了解客户金融需求之后，利用投资引擎为客户提供金融规划和资产配置方案，提供更合理、更个性化的理财产品。

2.3.3　制造业

人工智能的应用有望实现制造业从半自动化生产到全自动化生产的转变，工业以太网的建立、传感器的使用及算法的革新将实现工业制造过程中所有生产环节的数据打通，人与机器、机器与机器实现互联互通，一方面人机交互更为便利，另一方面机器之间将协作办公，既能够精细化操作，又能及时地预测产品需求并调整产能。人工智能将推动机器在制造业中进一步取代人工，提高生产效率、降低生产成本，并通过低成本的个性化生产实现智能定制化服务。

2.3.4 智能家居

如图 2-15 所示，AI 在智能家居场景中，一方面将进一步推动家居生活产品的智能化，包括照明系统、音箱系统、能源管理系统、安防系统等，实现家居产品从感知到认知再到决策的发展；另一方面在于智能家居系统的建立，搭载人工智能的多款产品都有望成为智能家居的核心，包括机器人、智能音箱、智能电视等产品，智能家居系统将逐步实现家居自我学习与控制，从而提供针对不同用户的个性化服务。

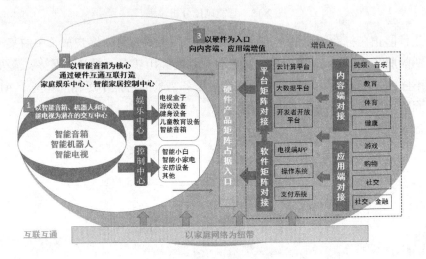

图 2-15　智能家居生态布局

目前，智能家居仍处于从手机控制向多控制结合的过渡阶段，手机 App 仍是智能家居的主要控制方式，但基于人工智能技术开发出来的语音助手、搭载语音交互的硬件等软硬件产品已经开始进入市场。通过语音控制，多产品联动的使用场景逐步变为现实。而在未来，人工智能将推动智能家居从多控制结合向感应式控制再到机器自我学习自主决策阶段发展。

传统的鼠标操作、触屏操作逐渐向语音交互这种更为自然的交互方式演进，语音交互的未来价值在于用户数据挖掘，以及背后内容、服务的打通，以语音作为入口的物联网时代将会产生新的商业模式。智能音箱、服务机器人、智能电视等智能化产品成为现阶段搭载语音识别技术和自然语言处理技术的载体，作为潜在的智能家居入口，智能音箱、服务机器人和智能电视等产品在提供原有的服务的同时，接入更多的移动互联网服务，并实现对其他智能家居产品的控制。这些产品为付费内容、第三方服务、电商等资源开拓了新的流量入口，用户多方数据被记录分析，厂商将服务嫁接到生活中不同的场景中，数据成为基础，服务更为人性化。

2.3.5 医疗

目前，医疗行业存在医疗资源不足、医疗资源区域分布不均、医生培养周期长、医疗成本高、医疗误诊率高、疾病变化快等诸多痛点。同时，随着人口老龄化逐渐加剧、慢性疾病增长，对医疗服务的需求也逐渐增加。待解决的医疗痛点及逐渐增加的医疗服务需求成为人工智能技术应用于医疗行业的现实需求。医疗行业基于人工智能技术，将形成辅助诊断系统，通过图像识别、知识图谱等技术，将辅助医生决策，而医学大数据的发展将患者信息数字化，提高发现潜在疾病的概率，并提供针对性解决方案。人工智能技术将为医疗领域中的医生与患者带来新的疾病治疗方式。

另一方面，政策在积极推动"人工智能医疗"的应用进程。2016 年 6 月，国务院发布《关于促进和规范健康医疗大数据应用发展的指导意见》，提出健康医疗大数据是国家重要的基础性战略资源，需要规范和推动健康医疗大数据融合，支持研发健康医疗相关的人工智能、生物三维打印技术、医用机器人及可穿戴设备等。指导意见的出台有利于进一步促进医疗大数据的规范化、标准化，进一步释放医疗大数据的价值，助力"人工智能+医疗"产业化提速。2017 年 7 月 8 日，国务院发布《新一代人工智能发展规划》，提出发展便捷高效的智能服务，围绕教育、医疗、养老等需求，加快人工智能创新应用；提出推广人工智能治疗这种新模式、新手段，建立智能医疗体系，开发人机协同的手术机器人、智能诊疗助手等，实现智能影像识别、病理分型和智能多学科会诊；智能健康和养老方面，提出加强群体智能健康管理，突破健康大数据分析、物联网等技术，构建安全便捷的智能化养老基础设施体系，加强老年人产品智能化和智能产品适老化等。

在医疗领域，人工智能技术应用前景广泛。从全球企业实践来看，"人工智能+医疗"具体应用场景主要有医学影像、辅助诊疗、虚拟助理、新药研发、健康管理、可穿戴设备、急救室和医院管理、洞察与风险管理、营养管理及病理学、生活方式管理与监督等。

"人工智能+医学影像"是将人工智能技术应用在医学影像的诊断上，实际上是模仿人类医生的阅片模式。人工智能技术应用于医学影像主要包括数据预处理、图像分割、特征提取和匹配判断 4 个流程。人工智能强大的图像识别和深度学习能力有助于解决传统医学影像中存在的准确度低、工作量大的问题，弥补影像科医生不足，提升读片准确度，提高医生工作效率，缓解放射科医生压力。同时，技术手段助力疾病早筛，及早为患者发现病灶，提高患者存活率。虽然影像识别在单病种的市场空间不大，但在政策推动背景下，影像科、检验科等科室市场化运营，成立病理中心，高端诊断服务将成为影像识别技术的巨大机会。

"人工智能+辅助诊疗"就是将人工智能技术应用于辅助诊疗中，让机器学习专家医生的医疗知识，通过模拟医生的思维和诊断推理来解释病症原因，最后给出可靠的诊断和治疗方案。在诊断中，人工智能需要获取患者病症，解释病症，通过推理判断疾病原因及发展走向，形成有效治疗方案。如图 2-16 所示，辅助诊疗的一般模式为：获取病症信息→做出假设→制定治疗方案。IBM Watson 融合了认知技术、推理技术、自然语言处理技术、机器学习及信息检索等技术，是目前"人工智能+辅助诊疗"应用中最为成熟的案例。IBM Watson 已经通过了美国职业医师资格考试，并在美国多家医院提供辅助诊疗服务。IBM Watson 可以在 17 秒内阅读 3 469 本医学专著、248 000 篇论文、69 种治疗方案、61 540 次试验数据、106 000 份临床报告。"人工智能+辅助诊疗"服务基于电子处方、医学文献、医学影像等数据，寻找疾病与解决方案之间的对应关系，构建医学知识图谱，在诊断决策层面有效优化医生的诊断效率。未来，"人工智能+辅助诊疗"的市场空间巨大，尤其在基层常见病诊疗方面能够发挥较大效能，有效提高基层医疗效率，降低医疗成本。

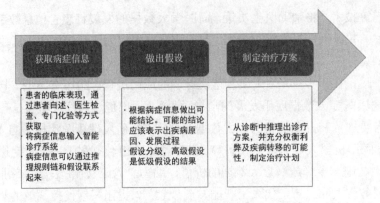

获取病症信息

·患者的临床表现，通过患者自述、医生检查、专门化验等方式获取
·将病症信息输入智能诊疗系统
·病症信息可以通过推理规则链和假设联系起来

做出假设

·根据病症信息做出可能结论。可能的结论应该表示出疾病原因、发展过程
·假设分级，高级假设是低级假设的结果

制定治疗方案

·从诊断中推理出诊疗方案，并充分权衡利弊及疾病转移的可能性，制定治疗计划

图 2-16　人工智能+辅助诊疗

人工智能广泛应用于医疗领域，有助于解决现阶段医疗资源不足的核心痛点。移动互联网时代，我国医疗行业现阶段的核心痛点从信息不透明转移到了优质医疗资源不足，同时伴随着医疗成本高、人才培养周期较长等问题，人工智能高效计算能力有效提高医疗行业的产能。人工智能广泛应用于医疗领域有助于带动基层医疗服务。"人工智能+医疗"有望成为一种可复制的医疗资源，增加基层医生的诊断精准度。

2.3.6　自动驾驶

自动驾驶也可以称为无人驾驶，指依靠人工智能、视觉计算、雷达、监控装置和全球定位系统协同合作，让电脑可以在没有任何人类主动的操作下，自动安全地操作机动车辆。先进驾驶辅助系统（Advanced Driver Assistant System，ADAS）利用安装于车上的各式各样的传感器，在第一时间收集车内外的环境数据，从而能够让驾驶者以最快的时间察觉可能发生的危险。ADAS 采用的传感器主要有摄像头、雷达、激光和超声波。ADAS 与自动驾驶的区别在于：ADAS 可以视为自动驾驶实现的一个路径，ADAS 可以最终演化为自动驾驶。

自动驾驶研究领域目前基本分为两大阵营：以传统汽车厂商和 Mobileye 合作的"递进式"应用型阵营；以谷歌、百度以及初创科技公司为主的"越级式"研究型阵营。表 2-5 显示了自动驾驶两个阵营之间的差别。

表 2-5　自动驾驶两个阵营的区别

	递进式阵营	越级式阵营
中期	"在任何区域里发挥局部功能"的中期目标	"在特定区域里发挥全效功能"的中期目标
传感器	"万无一失"的复杂传感器组合（redundancy in system）	把高精度地图作为路径导航规划决策的主要依据
定位地图	高精度地图的逐步整合，短期内能够为驾驶系统提供额外的安全冗余，长期配合车联网增强可选路径预测和规划的功能	高精度地图规模化效应不明显
商业化	可商业化路径更为清晰	商业化落地路径不明，较难出现过渡性产品

自动驾驶系统分为 4 个层级：感知层、识别层、决策层、执行层。自动驾驶各层级及其相互关系如图 2-17 所示。

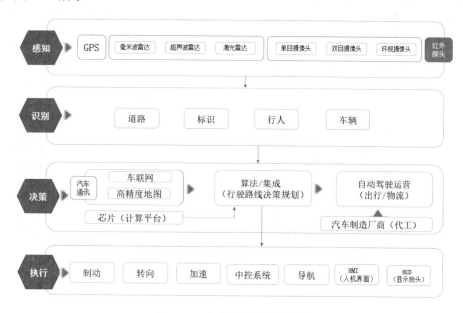

图 2-17　自动驾驶层次结构图

1. 感知（传感）

（1）车载摄像头

以摄像头为代表的机器视觉传感器是自动驾驶的核心感知技术。视觉系统不仅能够识别目标距汽车的距离，还能够识别目标的纹理和色彩，这是车载雷达所不能做到的。相比于其他传感器，摄像头的优势在于：技术成熟，成本较低；可以通过较小的数据量获得最为全面的信息。但是，摄像头识别也存在一定局限性：受光线、天气影响大；物体识别基于机器学习数据库，需要的训练样本大，训练周期长，难以识别非标准障碍物；由于广角摄像头的边缘畸变，得到的距离准度较低。

目前摄像头的应用主要有以下几种：

- 单目摄像头：一般安装在前挡风玻璃上部，用于探测车辆前方的环境。
- 后视摄像头：一般安装在车尾，用于探测车辆后方的环境，应用于倒车可视系统。
- 立体摄像头，或称双目摄像头：利用两个经过精确标定的摄像头同时探测车辆前方的环境，实现更高的识别精度和更远的探测范围。
- 环视摄像头：一般至少包括 4 个摄像头，分别安装在车辆前、后、左、右侧，实现 360° 环境感知，应用于自动泊车和全景泊车系统。

（2）超声波雷达

超声波雷达主要是利用超声波原理，由探头发送超声波，撞击障碍物后反射回此超声波，而后计算出车体与障碍物间的实际距离。超声波雷达现在主要应用于倒车雷达。

（3）激光雷达

激光雷达的原理与超声波雷达相似，根据激光遇到障碍后的折返时间，计算与目标的相对距离。激光雷达的激光光束与超声波雷达的声波和毫米波雷达的电磁波相比更加聚拢，声波和电磁波在传播路径上遇到尺寸比波长小的物体时，将会发生衍射现象，因此，无法探测大量存在的小型目标，而激光雷达可以准确测量视场中物体轮廓边沿与设备间的相对距离，精度可达到厘米级别。而用于雷达系统的激光波长一般只有微米的量级，因而它能够探测非常微小的目标，测量精度也远远高于毫米波雷达及其他车载标准雷达。

激光雷达的劣势在于价格昂贵。激光雷达的测量精度与其雷达线束的多少有关，线束越多，测量精度越高，ADAS自动驾驶系统的安全性也越高。同时线束越多，其价格也越贵。

激光雷达按有无机械旋转部件分为机械激光雷达和固态激光雷达。固态激光雷达无须旋转部件，尺寸较小，性价比较高，测量精度相对低一些。低成本化是激光雷达的一大趋势，目前行业有三种方式来降低整个激光雷达的成本与价格：（1）降维，即使用低线束、低成本激光雷达配合其他传感器；（2）采全固态激光雷达代替机械激光雷达；（3）通过规模效益降低激光雷达的单个成本。

（4）毫米波雷达

毫米波雷达指工作在毫米波波段的雷达。采用雷达向周围发射无线电，波长在1mm~10mm，频率在30GHz~300GHz，比较常见的汽车毫米波雷达工作频率在24GHz、77GHz、79GHz三个频率附近。毫米波雷达通过测定和分析反射波以计算障碍物的距离、方向、角度、相对速度和大小。毫米波雷达可以做到让车辆自适应巡航及跟随前车。当汽车与周围的物体可能有碰撞发生时，通过警告提醒装置告知驾驶员或车辆采取自动紧急制动避免碰撞。当碰撞不可避免时，通过对刹车、头靠、安全带等进行控制，减轻因碰撞而带来的危害。

2. 识别与决策

（1）识别芯片

芯片在自动驾驶系统中的行业集中度高，主要有Mobileye、ADI等公司，比如Mobileye/ST—EyeQ5。作为ADAS界的大佬，Mobileye占领了全球汽车安全驾驶系统70%以上的市场份额。在这个领域深耕细作十几年，有相当深厚的历史背景，这些经验并不是其他公司短时间可以超越的。

（2）决策算法

决策部分的算法和芯片主要由一些大公司以及由大公司出来的科学家成立的创业公司研发。由于决策算法需要花费巨大的财力，且短期内商业化的可能性比较小，因此相关联的小型创业公司寥寥无几。

表2-6列出了国内外自动驾驶的"大脑"公司。

表 2-6　国内外自动驾驶的"大脑"公司

公司	成立时间	公司情况	主要产品
百度无人驾驶	2013	与博世合作全力开发"阿波罗"无人驾驶系统	开放式无人驾驶算法
谷歌无人驾驶	2010	项目由谷歌街景的共同发明人 Sebastian Thrun 领导。谷歌的工程人员使用 7 辆试验车，目前已经行驶 48 万公里	开放式无人驾驶算法
Comma.ai（美国）	2015	创始人是著名黑客 George Hotz（全球第一个破解 iPhone 的人）	基于卷积神经网络的无人驾驶算法
Driver.ai（美国）	2015		主要还是利用深度学习来开发无人驾驶技术

（3）决策芯片

表 2-7 列出了有名的自动驾驶决策芯片提供商。

表 2-7　自动驾驶决策芯片提供商

公司	产品
谷歌	使用循环神经网络对驾驶行为进行学习，推出 TensorFlow 系统
Intel+Mobileye	联合意法半导体共同推出自动驾驶的 EyeQ5 芯片
高通	推出骁龙 820A 车用处理器和 Zeroth 平台
英伟达	英伟达推出了 DrivePX 硬件，采用 12 颗 CPU 和一个 Pascal 平台的 GPU 图形核心，单精度计算能力达到 8TFLOPS，等同于 150 部 MacBookPro，达到每秒 24 万次，可以处理包括摄像头、雷达、激光雷达在内的 12 路信号

（4）高精度地图

汽车需配备足够准确显示周围环境的高精度地图，误差不能大于 10cm。传感器和地图的结合使自动驾驶汽车能够及时修正数据上的误差，辨识车辆的准确位置并导航。并且，高精度地图能够核对传感器所接收的数据并帮助汽车精确监测周边环境。目前高精度地图已经被苹果、谷歌、国内的 BAT 等大公司垄断，表 2-8 是这些公司并购地图厂商的事件。

表 2-8　国内外巨头收购高精度地图公司一览表

公司	时间（年）	事件
谷歌	2013	13 亿美元收购众包地图公司 Waze
苹果	2013	收购在线交通导航应用开发商 HopStop
	2013	收购综合性地图公司 BoradMap
	2015	收购开发高精度全球定位系统的公司 Coherent Navigation
	2015	3000 万美元收购地图分析公司 Mapsense
阿里巴巴	2014	全资收购高德地图
腾讯	2014	以 11.73 亿元人民币收购四维图新 11.28％股权
德国三大汽车厂商戴姆勒、宝马、奥迪组成的财团	2015	以 32 亿美元收购诺基亚地图业务

（5）车联网

车联网 V2X 是自动驾驶和未来智能交通运输系统的关键技术。V2X 是指联网无线通信技术，实现车对外界的信息交换，V2X 包括 V2V（车-车）、V2I（车-基础设施）、V2R（车-道路信息）、V2P（车-行人）等方式的车联网通信技术。它可以弥补单车智能的软肋，当车辆环境感知系统无法做到全天候、全路况的准确感知时，V2X 可以利用通信技术、卫星导航对感知系统进行协调互补。

伴随着 ADAS 技术的不断更新，推断全球 L1~L5 智能驾驶市场的渗透率会在接下来的 5 年内处于高速渗透期，然后伴随半无人驾驶的普及进入稳速增长期。到 2025 年无人驾驶放量阶段后，依赖全产业链的配合而进入市场成熟期。预测到 2030 年，全球 L4/L5 级别的自动驾驶车辆渗透率将达到 15%，除了单车应用成本的显著提升之外，从 L1~L4 级别的智能驾驶功能全面渗透会为汽车产业带来全面的市场机会。

按照 IHS Automotive 保守估计，全球 L4/L5 自动驾驶汽车产量在 2025 年将达到接近 60 万辆，并在 2025~2035 年间获得高速发展。在这个"无人驾驶黄金十年"内复合增长率将达到 43%，并在 2035 年 L4/L5 自动驾驶汽车产量将达到 2100 万辆，另有接近 7600 万辆汽车具备部分自动驾驶功能，同时将带动产业链衍生市场的大规模催化扩张。

3. 自动驾驶趋势分析

（1）趋势 1：低成本激光雷达方案

激光雷达作为自动驾驶最昂贵的配件，精度高，性能好，是最被看好的车载传感器。激光雷达未来趋于固态化、小型化、低成本，目前特斯拉尚未采用激光雷达方案，主要在于成本太高，因此作为将来自动驾驶的核心配件来说，如果能够提供低成本的激光雷达方案，将会快速推动自动驾驶市场。

（2）趋势 2：多传感器融合方案

① 融合感知是大势所趋

毫米波雷达能解决所有情况下 30% 左右的问题，激光雷达能解决 60%~70% 的问题，单目配合雷达能够实现测距和预测碰撞时间，双目配合单目的识别技术也能够丰富双目在测距之外的感知能力，因此未来融合会是趋势。

② 各类车厂的选择方案有所不同

技术实力弱的车厂更多依靠 Tier1 来集成，实力强的车厂会自己来做整合。国内车企对汽车部件的控制能力偏弱，例如长安、奇瑞等都无法接入刹车软件接口，都是通过 Tier1 来解决（如博世、电装）。协助 Tier1 进行多传感器算法融合的公司有一定机会，尤其是对摄像头+激光雷达算法融合擅长的计算机视觉团队。

（3）趋势 3：深度学习算法应用于 ADAS

传统算法仍然适用于 ADAS 阶段，深度学习满足最后关键 5% 的识别精度。深度学习出现以后，视觉识别任务的精度都进行了大幅度的提升。因此，大量公司会将算法模型开放，其背后的动机在于收集更多数据训练自身的算法模型，同时改进算法，最终将改进的算法与车厂合作，将算法的商业价值变现。对于开放算法，将深度学习直接用于 ADAS 领域的公司，将迎来一次机会，如 Comma.ai、Driv.ai 这样的公司。

（4）趋势 4：自动驾驶深度学习专用集成电路（ASIC）处理器

专用集成电路（ASIC）是根据特定客户要求和特定电子系统的需要而设计、制造的集成电路，即芯片。在批量生产时，与通用集成电路相比具有体积更小、功耗更低、可靠性更高、保密性更强、成本更低等优点。将深度学习算法应用在自动驾驶并且利用专用芯片技术来实现深度学习功能的 ASIC 处理器，相比于 FPGA 而言，ASIC 处理器牺牲了灵活性换取尺寸和功耗下降，ASIC 处理器去除了通用芯片中与算法实现无关的组件，在牺牲灵活性的同时，极大地提升了自动驾驶深度学习的效率。

（5）趋势 5：物流行业的无人驾驶应用

物流领域的无人驾驶应用，使用物流无人驾驶能为物流行业解决以下三个问题。

① 路线较为固定，降低了环境的复杂性，有利于提升无人驾驶的安全性。
② 该细分领域司机疲劳驾驶情况比较明显，无人驾驶可以提高安全性。
③ 有效降低运营的人力成本，提升行业效率。

2.4 AI 产业发展趋势分析

如图 2-18 所示，人工智能产业链可以分为基础设施层、技术层和应用产品层，各层的发展趋势如下。

● 基础设施层，主要有基础数据提供商、半导体芯片供应商、传感器供应商和云计算服务商。在过去的 5~10 年，人工智能技术得以商业化，主要得益于传感器等硬件价格快速下降、云服务的普及以及 GPU 等芯片使大规模并行计算能力得以提升。人工智能产业在基础设施层面的搭建已经基本形成。

● 技术层，主要有语音识别、自然语言处理、计算机视觉、深度学习技术提供商。与其他技术相比，语音识别在技术和应用方面都已经较为成熟，谷歌、亚马逊、苹果、百度、阿里等巨头的布局很深，科大讯飞等企业也显示了良好的增长势头。另外，计算机视觉尤其是人脸识别、自然语言处理等方向也将是技术和应用发展较快的领域。

● 处于应用产品层的企业，主要是把人工智能相关技术集成到自己的产品和服务中，然后切入特定场景（金融、家居、医疗、安防、车载等）。未来数据完整（信息化程度原本就比较高的行业或者数据洼地行业）、反馈机制清晰、追求效率动力比较强的场景或将率先实现 AI 技术的大规模商业化。目前来看，自动驾驶、医疗、安防、金融、营销等领域是业内人士普遍比较看好的方向。

图 2-18　AI 的 3 层结构

AI 产业发展还呈现了以下趋势。

（1）平台崛起，技术、硬件、内容多方面资源进一步整合

人工智能覆盖的行业及场景巨大，单一企业无法涉及人工智能产业的方方面面，厂商基于自身的优势切入产业链条，并与其他厂商进行合作，技术、硬件、内容多方面资源进行整合，共同推动人工智能技术落地。在技术、内容及硬件的发展下，平台进一步崛起，生态化布局日益重要。

（2）人工智能技术继续向垂直行业下沉

通用型人工智能技术已不能满足各行业的需求，不同行业在应用侧重点上有所不同，数据资源也同样不同，需要市场从业者针对行业特点，设计不同的行业解决方案。人工智能技术将继续从场景出发实现技术落地，在垂直行业中，医疗、金融、安防、环境、教育、家居等行业已初具规模，未来发展前景巨大。

（3）产学研相结合，人才仍是抢夺的重点

AI、物联网成为主流的发展趋势，人才在其中发挥的价值越来越大，而产业发展速度与人才培养速度之间的矛盾在产学研发展路径下将逐渐缩小，专业型人才开始增多，具有核心知识的专家仍然成为厂商抢夺的重点。在人工智能领域中，国内人才集中在技术层及应用层，基础层人才薄弱，国内高校在人工智能人才培养方面也持续缺失，专业布局较晚，专家有限，国内外在教育系统之间的差距较大，这也导致国内在人工智能领域基础层研究的薄弱。在意识到人才方面的缺失之后，国家及企业采取各类措施进行追赶，比如采取"千人计划""新一代人工智能发展规划"等政策吸引优秀专业人才回国，企业围绕其核心业务抢夺人工智能人才。未来需要继续建立核心技术人才培养体系，加强人工智能一级学科建设，实现产学研的有效融合，为人工智能产业持续不断输送优质人才。

（4）厂商进入卡位战，不断发掘新的商业模式

人工智能将通过 AI+ 的形式影响各行各业，技术厂商崛起，但应用才是技术落地的关键。

技术被集成到各类产品中，技术厂商本身议价能力不强，所获得的利益有限，因此技术厂商积极搭建平台，或发展硬件、布局生态，以集成商的角色获取更多的行业红利。

软件以及互联网对传统商业的冲击已呈颠覆之势，而 AI 所覆盖的领域更为庞大，冲击也更甚。随着人工智能的发展，由软件和互联网打造的流量价值被打破，数据为王成为新趋势，场景化消费成为用户诉求，云端服务、后端收费等依托智能硬件而发展起来的新兴服务模式逐渐兴起。人工智能产业中的入局者需要在推动技术落地的同时不断发掘新的商业机会。

（5）中国仍需加大在算力、算法、大数据领域的发展，弥补技术弱势

人工智能底层基础层技术仍旧掌握在欧美国家手中，尤其是芯片、先进半导体等核心零部件，以及算法、开源框架等核心技术，这些技术将直接影响人工智能技术的发展进程。虽然国家通过"中国制造 2025"等战略推动先进技术的研发，但是国内研发基础相对薄弱，在基础算法研究领域仍处于劣势。教育不完善、人才短缺、研究领域集中、数据开放不足等问题成为限制中国人工智能发展的重要因素。因此，中国仍需加大在算法算力、大数据领域的布局，掌握核心技术能力。

（6）伦理之争不止，AI 终将取代部分人工

由人工智能引发的伦理问题一直无法达成共识。目前，业内普遍认为人工智能将经历三个时间节点：第一个时间节点是这一波人工浪潮，其产业红利在 3~5 年之内会尘埃落定；第二个时间节点是 10 年之内，一半以上的现有工作会被人工智能替代；第三个时间节点是 30 年之内，人工智能将具备自我觉醒的能力。在硅谷备受推崇的观点也是在未来 30 年内，90%的工作会因人工智能技术的进步而被淘汰。

伴随着人工智能的兴起，技术威胁论引发的一系列谈论从未停止过，技术裹挟着变革力量推动时代向前发展，这也意味着与时代脱离的观念和行为将会被抛弃：工业革命瓦解小农经济，互联网时代颠覆线下经济实体，人工智能技术将会取代传统耗时、重复性、机械化的运动，机器成为生产主力，同时与之相对应的新兴职业增多，专业技术人才的竞争力加大。

在人工智能取代人类或人工智能增强人类能力的讨论之余，用户所能做的只有强化自身的能力，发挥主体的不可替代性。而在人工智能领域中的基因重组、机器人学等超人类主义项目，仍需要政府加大监管力度。

第 3 章
数 据

　　人工智能如今处在发展的早期阶段，非常像十几年前互联网的成长。推动 AI 发展的三个动力是算法、算力和数据（见图 3-1）。第一个是算法，人工智能，尤其是机器学习的算法在过去几年迅速发展，不断有各种各样的创新，深度学习、DNN、RNN、CNN 到 GAN，不停地有新的发明创造出来；第二个是计算能力，计算的成本在不断下降，服务器也变得越来越强大，我们已经在第 2 章中详细地介绍了人工智能芯片产业；第三个是数据，数据的产生仍然在以一个非常高的速度发展，它会进一步推动算法的不断创新，以及对计算能力提出更新的要求。数据是 AI 的根本和基础，AI 和大数据密不可分。没有海量数据支撑的人工智能就是人工智障。

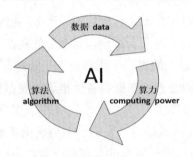

图 3-1　推动 AI 的动力

　　数据正在金融、广告、零售、物流、影视等行业悄悄地改变我们的生活。随着智能手机更大规模的普及，以及日新月异的可穿戴设备、智能家居，甚至是无人驾驶汽车，都在提醒我们，以互联网（或者物联网）、云计算、大数据为代表的这场技术革命正引领人类社会加速进入农业时代、工业时代之后的一个新的发展阶段——数据时代（DT 时代）。前两个时代分别以土地、资本为生产要素，而正在我们面前开启的数据时代，正如其名，数据将成为最核心的生产要素。

　　大数据代表了一种现象，即数据的指数增长超过了人们管理、处理和应用数据能力方面的增长。无论是对一个国家还是一个企业，谁能缩小这两个增长之间的差距，把数据用好，就能占有竞争优势。有人说，当"人工智能"和"大数据"的压路机压过来的时候，要么你成为压路机的一部分，要么你成为路的一部分。未来十年，人工智能和大数据是非常重要的一件事情。本轮 AI 浪潮是数据驱动的，算法就是"炼数术"。因此，AI 面临的核心挑战之一依然是数据，尤其是进行监督式学习时所需要的高质量训练数据源。本章从 AI 的角度来阐述大数据。需要指出的是，数据分析不等于大数据分析，简单的统计分析不是大数据分析。大数据是基础，大数据分析与挖掘和 AI 是上端应用。本书中的大数据分析特指基于 AI 技术（机器学习或深度学习）的海量数据分析。

3.1 什么是大数据

云计算、物联网、移动互连、社交媒体等新兴信息技术和应用模式的快速发展，促使全球数据量急剧增加，推动人类社会迈入大数据时代。一般意义上，大数据是指利用现有理论、方法、技术和工具难以在可接受的时间内完成分析计算、整体呈现高价值的海量复杂数据集合。

3.1.1 大数据的特征

大数据呈现出多种鲜明的特征。

- 在数据量方面，当前全球所拥有的数据总量已经远远超过历史上的任何时期，更为重要的是，数据量的增加速度呈现出倍增趋势，并且每个应用所计算的数据量也大幅增加。
- 在数据速率方面，数据的产生、传播的速度更快，在不同时空中流转，呈现出鲜明的流式特征，更为重要的是，数据价值的有效时间急剧缩短，也要求越来越高的数据计算和使用能力。
- 在数据复杂性方面，数据种类繁多，数据在编码方式、存储格式、应用特征等多个方面也存在多层次、多方面的差异性，结构化、半结构化、非结构化数据并存，并且半结构化、非结构化数据所占的比例不断增加。
- 在数据价值方面，数据规模增大到一定程度之后，隐含于数据中的知识的价值也随之增大，并将更多地推动社会的发展和科技的进步。此外，大数据往往还呈现出个性化、不完备化、价值稀疏、交叉复用等特征。

大数据蕴含大信息，大信息提炼大知识，大知识将在更高的层面、更广的视角、更大的范围帮助用户提高洞察力，提升决策力，将为人类社会创造前所未有的重大价值。但与此同时，这些总量极大的价值往往隐藏在大数据中，表现出价值密度极低、分布极其不规律、信息隐藏程度极深、发现有用的价值极其困难的鲜明特征。这些特征必然为大数据的计算环节带来前所未有的挑战和机遇，并要求大数据计算系统具备高性能、实时性、分布式、易用性、可扩展性等特征。

如果将云计算看作对过去传统 IT 架构的颠覆，云计算也仅仅是硬件层面对行业的改造，而大数据的分析应用却是对行业中业务层面的升级。大数据将改变企业之间的竞争模式，未来的企业将都是数据化生存的企业，企业之间竞争的焦点将从资本、技术、商业模式的竞争转向对大数据的争夺，这将体现为一个企业拥有的数据的规模、数据的多样性以及基于数据构建全新的产品和商业模式的能力。目前来看，越来越多的传统企业看到了云计算和大数据的价值，从传统的 IT 积极向数据（DT）时代转型是当前一段时间的主流，简单地解决云化的问题，并不能给其带来更多价值。

3.1.2　大数据的误区

大数据有不少的误区。我们先看看大数据不是什么。

（1）大数据≠拥有数据

很多人觉得拥有数据，特别是拥有大量的数据，就是大数据了，这肯定是不对的，数据量大不是大数据，比如气象数据很大，如果仅仅用于气象预测，只要计算能力跟上就行，还远远没有发挥它的价值。但是保险公司根据气象大数据来预测自然灾害以及调整与自然灾害相关的保险费率，它就会演化出其他的商业价值，形成大数据的商业环境。所以，大数据要使用，甚至关联、交换才能产生真正价值，形成特有的大数据商业。

（2）大数据≠报表平台

有很多企业建立了自己业务的报表中心，或者大屏展示中心，就马上宣布已经实现了大数据，这是远远不够的。报表虽然也是大数据的一种体现，但是真正的大数据业务不是生成报表靠人来指挥，那是披着大数据外表的报表系统而已。在大数据闭环系统中，万物都是数据产生者，也是数据使用者，通过自动化、智能化的闭环系统自动学习、智能调整，从而提升整体的生产效率。

（3）大数据≠计算平台

我们经常看到一些报道，说某某金融机构建立了自己的大数据系统，后来仔细一看，就是搭建了一个几百台机器的 Hadoop 集群而已。大数据计算平台是大数据应用的技术基础，是大数据闭环中非常重要的一环，也是不可缺少的一环，但是不能说有了计算平台就有了大数据。比如我买了锅，不能说我已经有了菜，从锅到菜还缺原料（数据）、刀具（加工工具）、厨师（数据加工），只有这些都配备齐全了，才能最终做出菜来。

（4）大数据≠精准营销

我见过很多创业公司在做大数据创业，仔细一看，做的是基于大数据的推荐引擎、广告定投等。这是大数据吗？他们做的是大数据的一种应用，可以说已经是大数据的一种了。只是大数据整个生态不能通过这一种应用来表达而已。正如大象的耳朵是大象的一部分，但是不能代表大象。

3.1.3　大数据交易难点

在未来，数据将成为商业竞争最重要的资源，谁能更好地使用大数据，谁将领导下一代的商业潮流。所谓无数据，不智能；无智能，不商业。下一代的商业模式就是基于数据智能的全新模式，虽然才开始萌芽，才有几个有限的案例，但是其巨大的潜力已经被人们认识到。简单地讲，大数据需要有大量能互相连接的数据（无论是自己的，还是购买、交换别人的），它们在一个大数据计算平台（或者能互通的各个数据节点上），有相同的数据标准能正确的关联（如 ETL、数据标准），通过大数据相关处理技术（如算法、引擎、机器学习），形成自动化、智能化的大数据产品或者业务，进而形成大数据采集、反馈的闭环，自动智能地指导人类的活动、工业制造、社会发展等。但是，数据交易并没有这么简单，因为数据交易涉及以下几个非常大的问题。

（1）怎么保护用户隐私信息

在 Facebook 隐私泄露事件之后，其创始人兼 CEO 马克·扎克伯格（Mark Zuckerberg）称该公司没能保护好用户的数据，承诺这种事情永远不会再发生。扎克伯格为了挽回公司声誉，大量投放道歉广告，以及接受国会的洗礼（见图 3-2）。隐私泄露事件使得该公司的市值在事件爆发的一周内蒸发了近 580 亿美元（约合 3661 亿元）。

欧盟已经出台了苛刻的数据保护条例，还处在萌芽状态的中国大数据行业，怎么确保用户的隐私信息不被泄漏呢？对于一些非隐私信息，比如地理数据、气象数据、地图数据进行开放、交易、分析是非常有价值的，但是一旦涉及用户的隐私数据，特别是个人的隐私数据，就会涉及道德与法律的风险。

图 3-2　Facebook 创始人马克·扎克伯格在美国国会作证

数据交易之前的脱敏或许是一种解决办法，但是并不能完全解决这个问题，因此一些厂商提出了另一种解决思路，基于平台担保的"可用不可见"技术。例如双方的数据上传到大数据交易平台，双方可以使用对方的数据以获得特定的结果，比如通过上传一些算法、模型而获得结果，双方都不能看到对方的任何详细数据。

（2）数据的所有者问题

数据作为一种生产资料，与农业时期的土地、工业时期的资本不一样，使用之后并不会消失。如果作为数据的购买者，这个数据的所有者到底是谁？怎么确保数据的购买者不会再次售卖这些数据？或者购买者加工了这些数据之后，加工之后的数据所有者是谁？

（3）数据使用的合法性问题

在大数据营销中，目前用得最多的就是精准营销。在数据交易中，最值钱的也是个人数据。我们日常做的客户画像分析，目的就是给海量客户分群、打标签，然后有针对性地开展定向营销和服务。然而，如果利用用户的个人信息（比如年龄、性别、职业等）进行营销，必须事先征得用户的同意才能向用户发送广告信息，还是可以直接使用？

所以，数据的交易与关联使用必须解决数据标准、立法以及监管的问题，在未来，不排除有专门的法律，甚至专业的监管机构，如各地成立大数据管理局来监管数据的交易与使用问题。如果真的到了这一天，那也是好事，数据要流通起来才会发挥更大的价值。如果每个企业都只有自己的数据，即使消除了企业内部的信息孤岛，还有企业外部的信息孤岛。

3.1.4 大数据的来源

在下一代的革命中，无论是工业 4.0（国内叫中国制造 2025）还是物联网（甚至是一个全新的协议与标准），随着数据科学与云计算能力（甚至是基于区块链的分布式计算技术）的发展，唯独数据是所有系统的核心。万物互联、万物数据化之后，基于数据的个性化、智能化将是一次全新的革命，将超越 100 多年前开始的自动化生产线的工业 3.0，给人类社会整体的生产力提升带来一次根本性的突破，实现从 0 到 1 的巨大变化。正是在这个意义上，这是一场商业模式的范式革命。商业的未来、知识的未来、文明的未来，本质上就是人类的未来。而基于数据智能的智能商业，就是未来的起点。大数据的第一要务就是需要有数据。

关于数据来源，普遍认为互联网及物联网是产生并承载大数据的基地。互联网公司是天生的大数据公司，在搜索、社交、媒体、交易等各自的核心业务领域，积累并持续产生海量数据。能够上网的智能手机和平板电脑越来越普遍，这些移动设备上的 App 都能够追踪和沟通无数事件，从 App 内的交易数据（如搜索产品的记录事件）到个人信息资料或状态报告事件（如地点变更，即报告一个新的地理编码）。非结构数据广泛存在于电子邮件、文档、图片、音频、视频以及通过博客、维基，尤其是社交媒体产生的数据流中。这些数据为使用文本分析功能进行分析提供了丰富的数据源泉，还包括电子商务购物数据、交易行为数据、Web 服务器记录的网页点击流日志类数据。

物联网设备每时每刻都在采集数据，设备数量和数据量都在与日俱增，包括功能设备创建或生成的数据，例如智能电表、智能温度控制器、工厂机器和连接互联网的家用电器。这些设备可以配置为与互联网络中的其他节点通信，还可以自动向中央服务器传输数据，这样就可以对数据进行分析。机器和传感器数据是来自物联网（IoT）所产生数据的主要例子。

这两类数据资源作为大数据金矿，正在不断产生各类应用。比如，来自物联网的数据可以用于构建分析模型，实现连续监测（例如当传感器值表示有问题时进行识别）和预测（例如警示技术人员在真正出问题之前检查设备）。国外出现了这类数据资源应用的不少经典案例。还有一些企业，在业务中也积累了许多数据，如房地产交易、大宗商品价格、特定群体消费信息等。从严格意义上说，这些数据资源还算不上大数据，但对商业应用而言，却是最易获得和比较容易加工处理的数据资源，也是当前在国内比较常见的应用资源。

在国内还有一类是政府部门掌握的数据资源，普遍认为质量好、价值高，但开放程度差。许多官方统计数据通过灰色渠道流通出来，经过加工成为各种数据产品。《大数据纲要》把公共数据互联开放共享作为努力方向，认为大数据技术可以实现这个目标。实际上，长期以来，政府部间的信息数据相互封闭割裂是治理问题而不是技术问题。面向社会的公共数据开放愿望虽十分美好，但恐怕一段时间内可望而不可即。

对于某一个行业的大数据场景，一是要看这个应用场景是否真有数据支撑，数据资源是否可持续，来源渠道是否可控，数据安全和隐私保护方面是否有隐患；二是要看这个应用场景的数据资源质量如何，是"富矿"还是"贫矿"，能否保障这个应用场景的实效。对于来自自身业务的数据资源，具有较好的可控性，数据质量一般也有保证，但数据覆盖范围可能有限，需要借助其他资源渠道；对于从互联网抓取的数据，技术能力是关键，既要有能力获得足够大的量，又要有能力筛选出有用的内容；对于从第三方获取的数据，需要特别关注数据交易的稳定性。数据从哪里来是分析大数据应用的起点，如果一个应用没有可靠的数据来源，再好、再高超的数据分析技术都是无本之木。我们经常看到，许多应用并没有可靠的数据来源，或者数据来源不具备可持续性，只是借助大数据风口套取资金。这是很可悲的。

3.1.5　数据关联

数据无处不在，人类从发明文字开始，就开始记录各种数据，只是保存的介质一般是书本，这难以分析和加工。随着计算机与存储技术的快速发展，以及万物数字化的过程（音频数字化、图形数字化等），出现了数据的爆发。而且数据爆发的趋势随着万物互联的物联网技术的发展会越来越迅速。同时，对数据的存储技术和处理技术的要求也会越来越高。据 IDC 出版的数字世界研究报告显示，2013 年，人类产生、复制和消费的数据量达到 4.4ZB。而到 2020 年，数据量将增长 10 倍，达到 44ZB。大数据已经成为当下人类最宝贵的财富，怎样合理有效地运用这些数据，发挥这些数据应有的作用，是大数据技术将要做到的。

早期的企业比较简单，关系型数据库中存储的数据往往是全部的数据来源，这个时候对应的大数据技术也就是传统的 OLAP 数据仓库解决方案。因为关系型数据库中基本上存储了所有数据，往往大数据技术也比较简单，直接从关系型数据库中获得统计数据，或者创建一个统一的 OLAP 数据仓库中心。以淘宝为例，淘宝早期的数仓数据基本来源于主业务的 OLTP 数据库，数据不外乎用户信息（通过注册、认证获取）、商品信息（通过卖家上传获得）、交易数据（通过买卖行为获得）、收藏数据（通过用户的收藏行为获得）。从公司的业务层面来看，关注的也就是这些数据的统计，比如总用户数，活跃用户数，交易笔数、金额（可钻取到类目、省份等），支付宝笔数、金额，等等。因为这个时候没有营销系统，没有广告系统，公司也只关注用户、商品、交易的相关数据，这些数据的统计加工就是当时大数据的全部。

但是，随着业务的发展，比如个性化推荐、广告投放系统的出现，会需要更多的数据来做支撑，而数据库的用户数据，除了收藏和购物车是用户行为的体现外，用户的其他行为（如浏览数据、搜索行为等）这个时候是完全不知道的。这里就需要引进另一个数据来源，即日志数据，记录用户的行为数据，可以通过 Cookie 技术，只要用户登录过一次，就能与真实的用户取得关联。比如通过获取用户的浏览行为和购买行为，进而可以给用户推荐他可能感兴趣的商品，看了又看、买了又买就是基于这些最基础的用户行为数据而实现的推荐算法。这些行为数据还可以用来分析用户的浏览路径和浏览时长，这些数据是用来改进相关电商产品的重要依据。

2009 年，移动互联网飞速发展，随着基于 Native 技术的 App 大规模出现，用传统日志方式获取移动用户行为数据已经不再可能，这个时候涌现了一批新的移动数据采集分析工具，通过内置的 SDK 可以统计 Native 上的用户行为数据。数据是统计到了，但是新的问题也诞生了，比如在 PC 上的用户行为怎么对应到移动端的用户行为，这个是脱节的，因为 PC 上有 PC 上的标准，移动端又采用了移动的标准，如果有一个统一的用户库，比如登录名、邮箱、身份证号码、手机号、IMEI 地址、MAC 地址等，来唯一标识一个用户，无论是哪里产生的数据，只要是第一次关联上来，后面就能对应上。

这就涉及一个重要的话题——数据标准。数据标准不仅用于解决企业内部数据关联的问题,比如一个好的用户库,可以解决未来大数据关联上的很多问题,假定公安的数据跟医院的数据进行关联打通,可以发挥更大的价值,但是公安标识用户的是身份证,而医院标识用户的则是手机号码,有了统一的用户库后,就可以通过 ID-Mapping 技术简单地把双方的数据进行关联。数据的标准不仅仅是企业内部进行数据关联非常重要,跨组织、跨企业进行数据关联也非常重要,而业界有能力建立类似用户库等数据标准的公司和政府部门并不多。

大数据发展到后期,当然是数据越多越好,企业内部的数据已经不能满足公司的需要。比如淘宝,想要对用户进行一个完整的画像分析,想获得用户的实时地理位置、爱好、星座、消费水平、开什么样的车等,用于精准营销。淘宝自身的数据是不够的,这个时候,很多企业就会去购买一些数据(有些企业也会自己上网去爬取一些信息,这个相对简单一点),比如阿里收购高德,采购微博的相关数据,用于用户的标签加工,获得更精准的用户画像。

3.1.6 大数据生产链

如图 3-3 所示,大数据生产全链条覆盖数据采集、计算引擎、数据加工、数据可视化、机器学习、数据应用等。计算引擎包括 Hadoop 生态系统、底层计算平台、开发工具/组件,基于各自算法的计算引擎/服务,以及最上层的各种数据应用/产品。

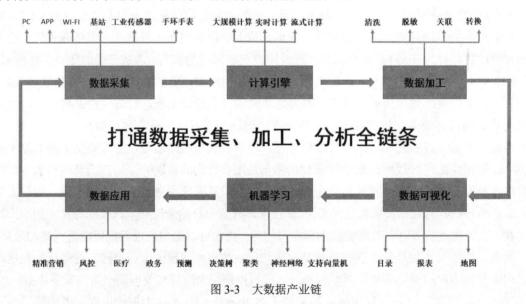

图 3-3 大数据产业链

3.1.7 大数据怎么用

如何把数据资源转化为解决方案,实现产品化,是我们特别关注的问题。大数据只是一种手段,并不能无所不包、无所不用。我们关注大数据能做什么、不能做什么,现在看来,大数据主要有以下几种较为常用的功能。

● 追踪:互联网和物联网无时无刻不在记录,大数据可以追踪、追溯任何记录,形成真实的历史轨迹。追踪是许多大数据应用的起点，包括消费者购买行为、购买偏好、支付手段、搜索和浏览历史、位置信息等。

- 识别：在对各种因素全面追踪的基础上，通过定位、比对、筛选可以实现精准识别，尤其是对语音、图像、视频进行识别，使可分析的内容大大丰富，得到的结果更为精准。

- 画像：通过对同一主体不同数据源的追踪、识别、匹配，形成更立体的刻画和更全面的认识。对消费者画像，可以精准地推送广告和产品；对企业画像，可以准确地判断其信用及面临的风险。

- 预测：在历史轨迹、识别和画像基础上，对未来趋势及重复出现的可能性进行预测，当某些指标出现预期变化或超预期变化时给予提示、预警。以前也有基于统计的预测，大数据大大丰富了预测手段，对建立风险控制模型有深刻意义。

- 匹配：在海量信息中精准追踪和识别，利用相关性、接近性等进行筛选比对，更有效率地实现产品搭售和供需匹配。大数据匹配功能是互联网约车、租房、金融等共享经济新商业模式的基础。

- 优化：按距离最短、成本最低等给定的原则，通过各种算法对路径、资源等进行优化配置。对企业而言，提高服务水平，提升内部效率；对公共部门而言，节约公共资源，提升公共服务能力。

上述概括并不一定完备，大数据肯定还有其他更好的功能。当前许多貌似复杂的应用，大都可以细分成以上几种类型。例如，大数据精准扶贫项目，从大数据应用角度，通过识别、画像，可以对贫困户实现精准筛选和界定，找对扶贫对象；通过追踪、提示，可以对扶贫资金、扶贫行为和扶贫效果进行监控和评估；通过配对、优化，可以更好地发挥扶贫资源的作用。这些功能也并不都是大数据所特有的，只是大数据远远超出了以前的技术，可以做得更精准、更快、更好。

3.2　国内大数据现状

未来的企业一定是数字化的。当企业把业务从线下搬到了线上，和客户的连接已经开始了数字化的旅程，所有的沟通过程都会被记录，使得企业对用户的了解有了前所未有的细致和全面。或许某一天，一个客户来到你的公司，你会说："根据你在淘宝、京东和其他场所的消费习惯和信用，本企业对你的欢迎指数是 16.8%"。想想看，这是多么可怕的事情。从商业上说，企业可以通过对海量的用户数据分析来完善产品或服务。未来的竞争一定是面向数据的竞争，数据累计得越多，你对用户越了解，你的业务就越具有独特性，别人难以复制。

未来的政府也一定是数字化的。政府层面对大数据分析应用可以完善公共服务。比如，一个地区的地方政府能够掌握新生婴儿的出生数量、分布区域、未来的入学需求等数据，就可以预测几年之后当地对于学校等教育资源的供给是否足够。政府部门的大数据部门的一个目标是预警，通过应用大数据来进行社会治理，从而为当地百姓提供更好的服务。

最近几年，大数据理念在国内已经深入人心，人们对大数据的认识也更加具体化，"用数据说话"已经成为国内很多人的共识，大数据分析和大数据建设被各行各业所重视，数据成为堪比石油的战略资源。对应石油产业中的油田、冶炼和消费三个环节，数据产业主要包括数据源、加工以及应用三大类。今天的大数据生态就是想让数据来源更丰富，让数据加工更高效，让数据应用市场更广阔。大数据实践逐渐落地，国内的大数据产业政策日渐完善，技术、应用和产业都取得了非常明显的进展。

3.2.1　政策持续完善

在顶层设计上，国务院《促进大数据发展行动纲要》对政务数据共享开放、产业发展和安全三方面做了总体部署。数据共享开放方面的《政务信息资源共享管理暂行办法》、产业发展方面的工信部《大数据产业发展规划（2016-2020）》、数据安全方面的《中华人民共和国网络安全法》等也都已出台。卫计、环保、农业、检察、税务等部门还出台了领域大数据发展的具体政策。此外，17个省市发布了大数据发展规划，十几个省市设立了大数据管理局，8个国家大数据综合试验区、11个国家工程实验室已启动建设。可以说，适应大数据发展的政策环境已经初步形成。

从时间上看，最早成立的是广东省大数据管理局，而级别最高的则是贵州省大数据发展管理局，它是省政府直属的正厅级部门。此外，因与阿里合作而备受瞩目的杭州市数据资源管理局也是大数据的政府部门。各地设立的大数据部门的名称各不相同，有些叫大数据管理局，如上述的广东省大数据管理局、贵州省大数据发展管理局；有些叫数据资源局，如杭州市数据资源管理局、合肥市数据资源局；还有一些名字，如佛山南海区的数据统筹局、江门市的网络信息统筹局、铜陵市的信息化管理办公室、成都市政府的大数据办等。由于各级省市政府对大数据部门的定位不同，这就造成了各个地方大数据部门的职能侧重、级别、隶属关系等各不相同。在这些大数据部门中，大部分隶属于各省市的工信委或经信委，另一部分挂靠在当地政府，或由省、市政府直接管辖。一般隶属于经信委、工信委的大数据部门会更加偏重于产业方面的大数据工作，而直接隶属或挂靠于各级省市政府的大数据部门可能会更加侧重于政务数据工作的开展以及社会治理的推进。

3.2.2　技术和应用逐步落地

开源给国内大数据产业界提供了一个跳板，让我们与国际上大数据技术水平的差距不断缩小。在海量数据分布式存储、计算任务切片调度、节点通信协调同步、数据计算监控、硬件架构等方面，国内不少企业都具备一定的技术水平。与此同时，国产化的商用大数据平台产品正在崛起，底层技术越来越扎实。

大数据应用逐步落地。在金融领域，商业银行全面部署大数据基础设施，五大国有银行、股份制银行、城商行和农商行已经逐步开始从传统数据仓库架构向大数据平台架构的转型改造过程，基于大数据风控的"秒贷"业务越来越普及，不仅提升了贷款效率，还扩大了普惠金融的覆盖面。在电信领域，中国电信的大数据平台已经扩展到31个省，汇聚全国的基础数据形成"天翼大数据"服务能力；中国联通也实现了数据整合，大数据产品体系已经推出征信、指数、营销等六大产品种类。

围绕数据的产生、汇聚、处理、应用、管控等环节的产业生态从无到有，不断壮大。中国信息通信研究院发布的《中国大数据产业调查报告（2017 年）》显示，2016 年，中国大数据核心产业（软件、硬件及服务）的市场规模为 168 亿元，较 2015 年增长达 45%，预计到 2020 年将达到 578 亿元。

3.2.3　数据产生价值难

数据产生价值链条长。很多政府部门和企业不知道数据怎么用，或者没有支撑的数据平台。对于它们来说，把数据变成价值的链条是非常长的。从采集、整合到分析，整个链条涉及的部门比较多。涉及业务部门、数据平台部门、数据分析与数据产品部门，而后又回到业务部门，这个链条非常长。这决定了要让数据产生价值很困难。

关于数据变现，有一个更有意思的例子，告诉我们只要合理地使用数据，就可以把"数据产生价值链条长"的问题简化，合理的数据平台有助于缩短这个链条，让数据为企业产生价值。这个例子是：有位风水大师一卦 3 万多，这位大师是怎么做到的？他在美容院购买女性客户的信息，然后整理这些女性与美容师聊天时透露的信息，之后再做关联整理分析。然后找机会接触这些女性进行算卦，道出你的年龄、家庭、身体状况、是否手术、哪里有痣、兴趣爱好等。这些女性当时就觉得"真神"，之后形成口碑传播，生意红火，真正的数据产生了价值。

3.2.4　问题与机遇并存

从数据的产生端到数据价值链条顶端的决策行动支持，要经过整合、管理、分析、洞察这几个关键步骤，在当前国内的大数据生态中，大数据价值实现的难点和重点在于数据的有效融合和深度分析。

1. 打破数据孤岛

人人都想要别人的数据，但都不愿意把自己的数据给别人，这是目前的数据现状。以前信息系统建设都从一个个"烟囱"开始，数据缺乏互通的技术基础，这是大数据需要解决的第一个大问题。从国家层面到企业内部，情况大同小异。麦肯锡的一份报告显示，大数据在很多领域没有达到预期效果，很重要的原因就是数据割裂。这些年，推动数据开放共享的政策举措一直在加强，政策已经很给力了，但效果与预期还有距离。这时就需要技术来推进。

2. 加强数据管理

数据分析工作往往有 80% 的时间和精力都耗费在采集、清洗和加工数据上。数据质量不过关，也会让数据分析效果大打折扣，甚至让分析结果谬以千里。很多单位大数据的应用效果不佳，多半问题出在数据管理上。大家都同意把数据当作资产，甚至认为有朝一日数据会计入资产负债表。但对比桌椅板凳这些实物资产，我们对数据资产的管理还处于非常原始的阶段。我们往往对自己的数据资产有哪些、有多少都不清楚，更别说数据质量、数据安全、资产评估、资产交换交易等精细管理、价值挖掘和持续运营了。

然而，数据管理不像数据分析挖掘那么光鲜亮丽，就像城市的"下水道工程"，短期只有投入而看不见产出。但长期又不得不做，这是战略层面的事，当前不做未来返工的成本巨大。以后每个企业都将成为数据驱动的企业，打基础的事情要尽早。

3. 深化领域应用

虽然大数据的应用取得了一定进展，在互联网、金融、电信、交通等领域产生了实实在在的效益，旅游、环保、公安、医疗、工业领域也正在加速发展。但总体上只能说刚刚走出了小半步。一类是"平行替代"，如金融和电信行业用 Hadoop 来重构原来昂贵的数据仓库；另一类则是"补课"，如政务、医疗、工业、环保等领域，正在做的工作是在原有业务系统之外，新建本来早该建设的数据平台。

这些大数据应用显然还不够高大上，是量变而非质变，但的确也是发展必经的阶段。随着这些"替代"型或"补课"型应用的深入，未来业务与数据将加深融合，越来越多数据驱动的新模式、新业态值得所有人期待。也只有这样，数据强国战略才能落到实处。

3.3 大数据的计算模式

大数据的计算模式可以分为批量计算（Batch Computing）和流式计算（Stream Computing）两种形态。如图 3-4 左图所示，批量计算首先进行数据的存储，然后对存储的静态数据进行集中计算。Hadoop 是典型的大数据批量计算架构，由 HDFS 分布式文件系统负责静态数据的存储，并通过 MapReduce 将计算逻辑分配到各数据节点进行数据计算和价值发现。

如图 3-4 右图所示，在流式计算中，无法确定数据到来的时刻和到来的顺序，也无法将全部数据存储起来。因此，不再进行流式数据的存储，而是当流动的数据到来后，在内存中直接进行数据的实时计算。例如 Twitter 的 Storm、Yahoo 的 S4 就是典型的流式数据计算架构，数据在任务拓扑中被计算，并输出有价值的信息。

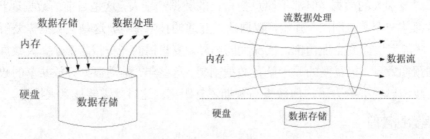

图 3-4　大数据批量计算（左图）和流式计算（右图）

流式计算和批量计算分别适用于不同的大数据应用场景。对于先存储后计算，实时性要求不高，同时数据的准确性、全面性更为重要的应用场景，批量计算模式更合适；对于无须先存储，可以直接进行数据计算，实时性要求很严格，但数据的精确度要求稍微宽松的应用场景，流式计算具有明显优势。在流式计算中，数据往往是最近一个时间窗口内的，因此数据延迟往往较短，实时性较强，但数据的精确程度往往较低。流式计算和批量计算具有明显的优劣互补特征，在多种应用场合下可以将两者结合起来使用。通过发挥流式计算的实时性优势和批量计算的精度优势，满足多种应用场景在不同阶段的数据计算要求。

目前，关于大数据批量计算相关技术的研究相对成熟，形成了以谷歌的 MapReduce 编程模型、开源的 Hadoop 计算系统为代表的高效、稳定的批量计算系统，在理论上和实践中均取得了显著成果。现有的大数据流式计算系统实例有 Storm 系统、Kafka 系统、Spark 系统等。本节对这几款大数据流式计算系统进行实例分析。

3.3.1 流式计算的应用场景

流式大数据呈现出实时性、易失性、突发性、无序性、无限性等特征，对系统提出了很多新的更高的要求。2010 年，Yahoo 推出了 S4 流式计算系统，2011 年，Twitter 推出了 Storm 流式计算系统，在一定程度上推动了大数据流式计算技术的发展和应用。但是，这些系统在可伸缩性、系统容错、状态一致性、负载均衡、数据吞吐量等诸多方面仍然存在着明显不足。如何构建低延迟、高吞吐且持续可靠运行的大数据流式计算系统是当前亟待解决的问题。

大数据流式计算主要用于对动态产生的数据进行实时计算并及时反馈结果，但往往不要求结果绝对精确的应用场景。在数据的有效时间内获取其价值，是大数据流式计算系统的首要设计目标。因此，当数据到来后，将立即对其进行计算，而不是对其进行缓存等待后续全部数据到来再进行计算。大数据流式计算的应用场景较多，按照数据的产生方式、数据规模大小以及技术成熟度高低 3 个不同维度，金融银行业应用、互联网应用和物联网应用是 3 种典型的应用场景，体现了大数据流式计算的基本特征。从数据产生方式上看，它们分别是被动产生数据、主动产生数据和自动产生数据；从数据规模上看，它们处理的数据分别是小规模、中规模和大规模；从技术成熟度上看，它们分别是成熟度高、成熟度中和成熟度低的数据。

（1）金融银行业的应用

在金融银行领域的日常运营过程中，往往会产生大量数据，这些数据的时效性往往较短。因此，金融银行领域是大数据流式计算最典型的应用场景之一，也是大数据流式计算最早的应用领域。在金融银行系统内部，每时每刻都有大量的结构化数据在各个系统间流动，并需要实时计算。同时，金融银行系统与其他系统也有着大量的数据流动，这些数据不仅有结构化数据，也会有半结构化和非结构化数据。通过对这些大数据的流式计算，发现隐含于其中的内在特征，可以帮助金融银行系统进行实时决策。在金融银行的实时监控场景中，大数据流式计算往往体现出了自身的优势。

- 风险管理：包括信用卡诈骗、保险诈骗、证券交易诈骗、程序交易等，这些需要实时跟踪发现。
- 营销管理：如根据客户信用卡消费记录，掌握客户的消费习惯和偏好，预测客户未来的消费需求，并为其推荐个性化的金融产品和服务。
- 商业智能：如掌握金融银行系统内部各系统的实时数据，实现对全局状态的监控和优化，并提供决策支持。

（2）互联网领域的应用

随着互联网技术的不断发展，特别是 Web 3.0 时代的到来，用户可以实时分享和提供各类数据。不仅使得数据量大为增加，也使得数据更多地以半结构化和非结构化的形态呈现。据统计，目前互联网中 75% 的数据来源于个人，主要以图片、音频、视频数据形式存在，需要实时分析和计算这些大量、动态的数据。在互联网领域中，大数据流式计算的典型应用场景如下。

- 搜索引擎：搜索引擎提供商们往往会在反馈给客户的搜索页面中加入点击付费的广告信息。插入什么广告、在什么位置插入这些广告才能得到最佳效果，往往需要根据客户的查询偏好、浏览历史、地理位置等综合语义进行决策。而这种计算对于搜索服务器而言往往是大量的：一方面，每时每刻都会有大量客户进行搜索请求；另一方面，数据计算的时效性极低，需要保证极短的响应时间。
- 社交网站：需要实时分析用户的状态信息，及时提供最新的用户分享信息给相关的朋友，准确地推荐朋友，推荐主题，提升用户体验，并能及时发现和屏蔽各种欺骗行为。

（3）物联网领域的应用

在物联网环境中（如环境监测），各个传感器产生大量数据。这些数据通常包含时间、位置、环境和行为等内容，具有明显的颗粒性。由于传感器的多元化、差异化以及环境的多样化，这些数据呈现出鲜明的异构性、多样性、非结构化、有噪声、高增长率等特征。所产生的数据量之密集、实时性之强、价值密度之低是前所未有的，需要进行实时、高效的计算。在物联网领域中，大数据流式计算的典型应用场景如下。

- 智能交通：通过传感器实时感知车辆、道路的状态，并分析和预测一定范围、一段时间内的道路流量情况，以便有效地进行分流、调度和指挥。
- 环境监控：通过传感器和移动终端对一个地区的环境综合指标进行实时监控、远程查看、智能联动、远程控制，系统地解决综合环境问题。

上述这些应用场景对计算系统的实时性、吞吐量、可靠性等方面都提出了很高要求。大数据流式计算的 3 种典型应用场景的对比如下。

- 从数据的产生方式看，金融银行领域的数据往往是在系统中被动产生的，互联网领域的数据往往是人为主动产生的，物联网领域的数据往往是由传感器等设备自动产生的。
- 从数据的规模来看，金融银行领域的数据与互联网、物联网领域的数据相比较少，物联网领域的数据规模是最大的，但受制于物联网的发展阶段，当前实际拥有数据规模最大的是互联网领域。
- 从技术成熟度来看，金融银行领域的流式大数据应用最为成熟，从早期的复杂事件处理开始就呈现了大数据流式计算的思想，互联网领域的发展将大数据流式计算真正推向历史舞台，物联网领域的发展为大数据流式计算提供了重要的历史机遇。

3.3.2　流式大数据的特征

图 3-5 用有向无环图（Directed Acyclic Graph，DAG）描述了大数据流的计算过程。其中，

圆形表示数据的计算节点，箭头表示数据的流动方向。

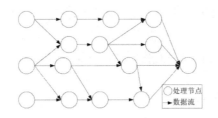

图 3-5　流式处理的有向无环图

与大数据批量计算不同，大数据流式计算中的数据流主要体现了如下 5 个特征。

1. 实时性

流式大数据是实时产生、实时计算的，结果反馈往往也需要保证及时性。流式大数据价值的有效时间往往较短，大部分数据到来后直接在内存中进行计算并丢弃，只有少量数据才被长久保存到硬盘中。这就需要系统有足够的低延迟计算能力，可以快速地进行数据计算，在数据价值有效的时间内体现数据的有用性。对于时效性特别短、潜在价值又很大的数据可以优先计算。

2. 易失性

在大数据流式计算环境中，数据流往往是到达后立即被计算并使用。在一些应用场景中，只有极少数的数据才会被持久化地保存下来，大多数数据往往会被直接丢弃。数据的使用往往是一次性的、易失的，即使重放，得到的数据流与之前的数据流往往也是不同的。这就需要系统具有一定的容错能力，要充分地利用好仅有的一次数据计算机会，尽可能全面、准确、有效地从数据流中得出有价值的信息。

3. 突发性

在大数据流式计算环境中，数据的产生完全由数据源确定，由于不同的数据源在不同时空范围内的状态不统一且发生动态变化，导致数据流的速率呈现出了突发性的特征。前一时刻的数据速率和后一时刻的数据速率可能会有巨大的差异，这就需要系统具有很好的可伸缩性，能够动态适应不确定流入的数据流，具有很强的系统计算能力和大数据流量动态匹配的能力。一方面，在突发高数据速率的情况下，保证不丢弃数据，或者识别并选择性地丢弃部分不重要的数据；另一方面，在低数据速率的情况下，保证不会太久或过多地占用系统资源。

4. 无序性

在大数据流式计算环境中，各数据流之间、同一数据流内部各数据元素之间是无序的：一方面，由于各个数据源之间是相互独立的，所处的时空环境也不尽相同，因此无法保证数据流间的各个数据元素的相对顺序；另一方面，即使是同一个数据流，由于时间和环境的动态变化，也无法保证重放数据流与之前数据流中数据元素顺序的一致性。这就需要系统在数据计算过程中具有很好的数据分析和发现规律的能力，不能过多地依赖数据流间的内在逻辑或者数据流内部的内在逻辑。

5. 无限性

在大数据流式计算中，数据是实时产生、动态增加的，只要数据源处于活动状态，数据就会一直产生和持续增加下去。可以说，潜在的数据量是无限的，无法用一个具体确定的数据实现对其进行量化，需要系统具有很好的稳定性，保证系统长期而稳定地运行。

3.3.3 流式计算关键技术

针对具有实时性、易失性、突发性、无序性、无限性等特征的流式大数据，理想的大数据流式计算系统应该表现出低延迟、高吞吐、持续稳定运行和弹性可伸缩等特性，这其中离不开系统架构、数据传输、编程接口、高可用技术等关键技术的合理规划和良好设计。

1. 系统架构

系统架构是系统中各子系统间的组合方式，属于大数据计算所共有的关键技术。当前，大数据流式计算系统采用的系统架构可以分为无中心节点的对称式系统架构（如 S4、Puma 等系统）和有中心节点的主从式架构（如 Storm 系统）。对称式系统架构如图 3-6 的左图所示，系统中各个节点的功能是相同的，具有良好的可伸缩性。但由于不存在中心节点，在资源调度、系统容错、负载均衡等方面需要通过分布式协议实现。例如，S4 通过 ZooKeeper 实现系统容错、负载均衡等功能。

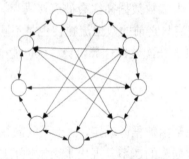

图 3-6　对称式架构（左图）和主从式架构（右图）

主从式系统架构如图 3-6 的右图所示，系统存在一个主节点和多个从节点，主节点负责系统资源的管理和任务的协调，并完成系统容错、负载均衡等方面的工作；从节点负责接收来自主节点的任务，并在计算完成后进行反馈。各个从节点间没有数据往来，整个系统的运行完全依赖于主节点控制。

2. 数据传输

数据传输是指完成有向任务图到物理计算节点的部署之后，各个计算节点之间的数据传输方式。在大数据流式计算环境中，为了实现高吞吐和低延迟，需要更加系统地优化有向任务图以及有向任务图到物理计算节点的映射方式。在大数据流式计算环境中，数据的传输方式分为主动推送方式（基于 Push 方式）和被动拉取方式（基于 Pull 方式）。

主动推送方式是在上游节点产生或计算完数据后，主动将数据发送到相应的下游节点，其本质是让相关数据主动寻找下游的计算节点,当下游节点报告发生故障或负载过重时,将后续数据流推送到其他相应节点。主动推送方式的优势在于数据计算的主动性和及时性,但由于数据是主动推送到下游节点的,往往不会过多地考虑下游节点的负载状态、工作状态等因素,可能会导致下游部分节点负载不够均衡。

被动拉取方式是只有下游节点显式进行数据请求,上游节点才会将数据传输到下游节点,其本质是让相关数据被动地传输到下游计算节点。被动拉取方式的优势在于下游节点可以根据自身的负载状态、工作状态适时地进行数据请求,但上游节点的数据可能未必得到及时的计算。

大数据流式计算的实时性要求较高,数据需要得到及时处理,往往选择主动推送的数据传输方式。当然,主动推送方式和被动拉取方式不是完全对立的,也可以将两者进行融合,从而在一定程度上实现更好的效果。

3. 编程接口

编程接口用于方便用户根据流式计算的任务特征,通过有向任务图来描述任务内在逻辑和依赖关系,并编程实现任务图中各节点的处理功能。用户策略的定制、业务流程的描述和具体应用的实现需要通过大数据流式计算系统提供的应用编程接口。良好的应用编程接口可以方便用户实现业务逻辑,减少编程工作量,并降低系统功能的实现门槛。

当前,大多数开源大数据流式计算系统都提供了类似于 MapReduce 的用户编程接口。例如,Storm 提供 Spout 和 Bolt 应用编程接口,用户只需要定制 Spout 和 Bolt 的功能,并规定数据流在各个 Bolt 间的内在流向,明确数据流的有向无环图,即可满足对流式大数据的高效实时计算。也有部分大数据流式计算系统为用户提供了类 SQL 的应用编程接口,并给出了相应的组件,便于应用功能的实现。

4. 高可用技术

大数据批量计算将数据事先存储到持久设备上,节点失效后容易实现数据重放。而大数据流式计算对数据不进行持久化存储,因此批量计算中的高可用技术不完全适用于流式计算环境。我们需要根据流式计算的新特征及其新的高可用要求,有针对性地研究更加轻量、高效的高可用技术和方法。大数据流式计算系统的"高可用性"是通过状态备份和故障恢复策略实现的。当故障发生后,系统根据预先定义的策略进行数据的重放和恢复。按照实现策略,可以细分为被动等待(Passive Standby)、主动等待(Active Standby)和上游备份(Upstream Backup)3 种。

被动等待策略如图 3-7 左图所示,主节点 B 进行数据计算,副本节点 B' 处于待命状态,系统会定期地将主节点 B 上最新的状态备份到副本节点 B' 上。出现故障时,系统从备份数据中进行状态恢复。被动等待策略支持数据负载较高、吞吐量较大的场景,但故障恢复时间较长,可以通过对备份数据的分布式存储缩短恢复时间。该方式更适合精确式数据的恢复,可以很好地支持不确定性的计算应用,在当前流式数据计算中应用得最为广泛。

主动等待策略如图 3-7 右图所示,系统在为主节点 B 传输数据的同时,也为副本节点 B' 传输一份数据副本,以主节点 B 为主进行数据计算,当主节点 B 出现故障时,副本节点 B' 完全接管主节点 B 的工作。主副节点需要分配同样的系统资源。这种方式故障恢复时间最短,但数据吞吐量较小，也浪费了较多的系统资源。在广域网环境中，系统负载往往不是过大时，主动等待策略是一个比较好的选择，可以在较短的时间内实现系统恢复。

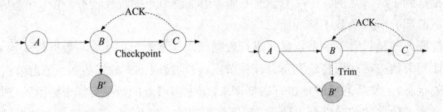

图 3-7　被动等待策略（左图）和主动等待策略（右图）

上游备份策略如图 3-8 所示，每个主节点均记录其自身的状态和输出数据到日志文件，当某个主节点 B 出现故障后，上游主节点会重放日志文件中的数据到相应的副本节点中，进行数据的重新计算。上游备份策略所占用的系统资源最小，在无故障期间，由于副本节点 B' 保持空闲状态，数据的执行效率很高。但由于其需要较长的时间恢复状态的重构，故障的恢复时间往往较长。当需要恢复时间窗口为 30 分钟的聚类计算时，就需要重放该 30 分钟内的所有元组。可见，对于系统资源比较稀缺、算子状态较少的情况，上游备份策略是一个比较好的选择方案。

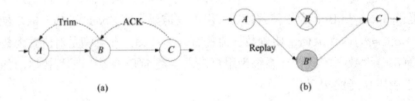

图 3-8　上游备份策略

此外，大数据流式计算系统也离不开其他关键技术的支持，比如负载均衡策略。实现对系统中的任务动态、合理地分配，动态适应系统负载情况，保证系统中的任务均衡和稳定地运行。数据在任务拓扑中的路由策略促进系统中负载均衡策略的高效实现、数据的合理流动及快速处理。

3.4　大数据技术

对于普通人来说，大数据离我们的生活很远，但它的威力已无所不在：信用卡公司追踪客户信息，能迅速发现资金异动，并向持卡人发出警示；能源公司利用气象数据分析，可以轻松选定安装风轮机的理想地点；瑞典首都斯德哥尔摩使用运算程序管理交通，令市区拥堵时间缩短一半……这些都与大数据有着千丝万缕的关系。牛津大学教授维克托·迈尔-舍恩伯格在其新书《大数据时代》中说，这是一场"革命"，将对各行各业带来深刻影响，甚至改变我们的思维方式。如今，信息每天都在以爆炸式的速度增长，其复杂性也越来越高，当人类的认知能力受到传统可视化形式的限制时，隐藏在大数据背后的价值就难以发挥出来。理解大数据并借助其做出决策，才能发挥它的巨大价值和无限潜力。其中的一把金钥匙就是大数据技术。

在数据内容足够丰富、数据量足够大的前提下，隐含于大数据中的规律、特征就能被识别出来。通过创新性的大数据分析方法实现对大量数据快速、高效、及时地分析与计算，得出跨数据间的、隐含于数据中的规律、关系和内在逻辑，帮助用户理清事件背后的原因，预测发展趋势，获取新价值。

● 可视化分析

大数据分析的使用者有大数据分析专家，也有普通用户，但是二者对于大数据分析最基本的要求都是可视化分析，因为可视化分析能够直观地呈现大数据的特点，同时能够非常容易地被读者所接受，就如同看图说话一样简单明了。

● 数据挖掘算法

大数据分析的理论核心是数据挖掘算法。各种数据挖掘的算法基于不同的数据类型和格式才能更加科学地呈现出数据本身具备的特点，也正是因为这些被全世界统计学家所公认的各种统计方法（可以称为真理），才能深入数据内部，挖掘出公认的价值。另一方面，也是因为有这些数据挖掘的算法，才能更快速地处理大数据，如果一个算法得花费好几年才能得出结论，那么大数据的价值也就无从说起了。

● 预测性分析能力

大数据分析最重要的应用领域之一就是预测性分析，从大数据中挖掘出特点，通过科学地建立模型，之后便可以通过模型带入新的数据，从而预测未来的数据。

● 语义引擎

大数据分析广泛应用于网络数据挖掘，可以从用户的搜索关键词、标签关键词或其他输入语义分析来判断用户的需求，从而实现更好的用户体验和广告匹配。

● 数据质量和数据管理

大数据分析离不开数据质量和数据管理，高质量的数据和有效的数据管理，无论是在学术研究还是在商业应用领域，都能够保证分析结果的真实和有价值。

大数据分析的基础就是以上几个方面，当然更加深入大数据分析的话，还有很多更加有特点的、更加深入的、更加专业的大数据分析方法。

3.4.1 数据技术的演进

大数据技术可以分成两个大的层面，即大数据平台技术与大数据应用技术。要使用大数据，必须先有计算能力，大数据平台技术包括数据的采集、存储、流转、加工所需要的底层技术，如 Hadoop 生态圈。大数据应用技术是指对数据进行加工，把数据转化成商业价值的技术，如算法，以及由算法衍生出来的模型、引擎、接口、产品等。这些数据加工的底层平台包括平台层的工具以及平台上运行的算法，也可以沉淀到一个大数据的生态市场中，避免重复的研发，大大地提高了大数据的处理效率。

大数据首先需要有数据，数据首先要解决采集与存储的问题。数据采集与存储技术随着数据量的爆发与大数据业务的飞速发展，也在不停地进化。在大数据的早期，或者很多企业的发展初期，只有关系型数据库用来存储核心业务数据，即使是数据仓库，也是集中型 OLAP 关系型数据库。比如很多企业，包括早期的淘宝，就建立了很大的 Oracle RAC 作为数据仓库，按当时的规模来说，可以处理 10TB 以下的数据规模。一旦出现独立的数据仓库，就会涉及ETL（Extract-Transform-Load），如数据抽取、数据清洗、数据校验、数据导入，甚至是数据安全脱敏。如果数据来源仅仅是业务数据库，ETL 还不会很复杂，如果数据的来源是多方的，比如日志数据、App 数据、爬虫数据、购买的数据、整合的数据等，ETL 就会变得很复杂，数据清洗与校验的任务就会变得很重要。这时的 ETL 必须配合数据标准来实施，如果没有数据标准的 ETL，可能会导致数据仓库中的数据都是不准确的，错误的大数据会导致上层数据应用和数据产品的结果都是错误的。错误的大数据结论还不如没有大数据。由此可见，数据标准与 ETL 中的数据清洗、数据校验是非常重要的。

随着数据的来源变多，数据的使用者变多，整个大数据流转就变成了一个非常复杂的网状拓扑结构。在这个网络中，每个人都在导入数据、清洗数据，同时每个人也都在使用数据，但是谁都不相信对方导入和清洗的数据，就会导致重复数据越来越多，数据任务越来越多，任务的关系也越来越复杂。要解决这样的问题，必须引入数据管理，也就是针对大数据的管理，比如元数据标准、公共数据服务层（可信数据层）、数据使用信息披露等。

随着数据量的持续增长，集中式的关系型 OLAP 数据仓库已经不能解决企业的问题，这个时候就出现了基于 MPP 的专业级数据仓库处理软件，如 Greenplum。Greenplum 采用 MPP 方式处理数据，可以处理的数据更多更快，但是本质上还是数据库的技术。Greenplum 支持 100 台机器左右的规模，可以处理拍字节（PB）级别的数据量。Greenplum 的产品是基于流行的 PostgreSQL 开发的，几乎所有的 PostgreSQL 客户端工具及 PostgreSQL 应用都能运行在 Greenplum 平台上。

随着数据量的持续增加，比如每天需要处理 100PB 以上的数据，每天有 100 万以上的大数据任务，使用以上解决方案都没有办法解决了，这个时候就出现了一些更大的基于 M/R 分布式的解决方案，如大数据技术生态体系中的 Hadoop、Spark 和 Storm。它们是目前最重要的三大分布式计算系统，Hadoop 常用于离线的、复杂的大数据处理，Spark 常用于离线的、快速的大数据处理，而 Storm 常用于在线的、实时的大数据处理。

3.4.2　分布式计算系统概述

Hadoop 是一个由 Apache 基金会所开发的分布式系统基础架构。Hadoop 框架最核心的设计是：HDFS 和 MapReduce。HDFS 为海量的数据提供了存储，而 MapReduce 为海量的数据提供了计算。Hadoop 作为一个基础框架，上面也可以承载很多其他东西，比如 Hive，不想用程序语言开发 MapReduce 的人、熟悉 SQL 的人可以使用 Hive 离线地进行数据处理与分析工作。比如 HBase，作为面向列的数据库运行在 HDFS 之上，HDFS 缺乏随机读写操作，HBase

正是为此而出现的，HBase 是一个分布式的、面向列的开源数据库。

Spark 也是 Apache 基金会的开源项目，它由加州大学伯克利分校的实验室开发，是另一种重要的分布式计算系统。Spark 与 Hadoop 最大的不同点在于，Hadoop 使用硬盘来存储数据，而 Spark 使用内存来存储数据，因此 Spark 可以提供超过 Hadoop 100 倍的运算速度。Spark 可以通过 YARN（Yet Another Resource Negotiator，另一种资源协调者）在 Hadoop 集群中运行，但是现在的 Spark 也在往生态走，希望能够上下游通吃，一套技术栈解决大家多种需求。比如 Spark SQL，对应着 Hadoop Hive，Spark Streaming 对应着 Storm。

Storm 是 Twitter 主推的分布式计算系统，是 Apache 基金会的孵化项目。它在 Hadoop 的基础上提供了实时运算的特性，可以实时地处理大数据流。不同于 Hadoop 和 Spark，Storm 不进行数据的收集和存储工作，它直接通过网络实时地接收数据并且实时地处理数据，然后直接通过网络实时地传回结果。Storm 擅长处理实时流式数据。比如日志、网站购物的点击流是源源不断的、按顺序的、没有终结的，所有通过 Kafka 等消息队列传来数据后，Storm 就开始工作。Storm 自己不收集数据也不存储数据，一边传来数据，一边处理，一边输出结果。

上面的三个系统只是大规模分布式计算底层的通用框架，通常也用计算引擎来描述它们。除了计算引擎外，想要做数据的加工应用，我们还需要一些平台工具，如集成开发环境 IDE、作业调度系统、数据同步工具、BI（商业智能）模块、数据管理平台、监控报警等，它们与计算引擎一起构成大数据的基础平台。在这个平台上，我们可以做大数据的加工应用，开发数据应用产品。比如一个餐厅，为了做中餐、西餐、日料、西班牙菜，必须有食材（数据），配合不同的厨具（大数据底层计算引擎），加上不同的佐料（加工工具），才能做出不同类型的菜系。但是为了接待大批量的客人，还必须配备更大的厨房空间、更强的厨具、更多的厨师（分布式）。做的菜到底好吃不好吃，这又得看厨师的水平（大数据加工应用能力）。

3.4.3　Hadoop

Hadoop 由 Apache 基金会开发。它受到谷歌开发的 MapReduce 和 Google File System（GFS）的启发。可以说 Hadoop 是谷歌的 MapReduce 和 Google File System 的开源简化版本。

Hadoop 是一个分布式系统的基础架构。Hadoop 提供一个分布式文件系统架构（Hadoop Distributed File System，HDFS）。HDFS 有着高容错性的特点，并且设计用来部署在相对低成本的 x86 服务器上。而且它提供高传输率来访问应用程序的数据，适合有着超大数据集的应用程序。

Hadoop 的 MapReduce 是一个能够对大量数据进行分布式处理的软件开发框架，是一个能够让用户轻松架构和使用的分布式计算平台。用户可以轻松地在 Hadoop 上开发和运行处理海量数据的应用程序。它主要有以下几个优点。

- 高可靠性。Hadoop 的海量存储和处理数据的能力极强，同时具备高可靠性。
- 高扩展性。Hadoop 采用分布式设计，可以方便地扩展到数以千计的节点中。
- 高效性。Hadoop 能够在节点之间动态地移动数据，并保证各个节点的动态平衡，因此处理速度非常快。

● 高容错性。Hadoop 能够自动保存数据的多个副本，并且能够自动将失败的任务重新
   分配。
● 高性价比。与常见的大数据处理一体机、商用数据仓库等数据集市相比，Hadoop 是
   开源的，设备通常采用高性价比的 x86 服务器，项目的软硬件成本因此会大大降低。

1. 拓扑架构

如图 3-9 所示，Hadoop 由许多元素构成。其最底层是 HDFS，用于存储 Hadoop 集群中
所有存储节点上的文件。HDFS 的上一层是 MapReduce 分布式计算框架，该引擎由
JobTrackers 和 TaskTrackers 组成。HBase 利用 Hadoop HDFS 作为其文件存储系统，利用
Hadoop MapReduce 来处理 HBase 中的海量数据，利用 ZooKeeper 作为协同服务。

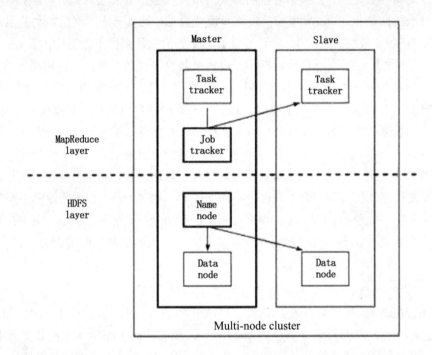

图 3-9　Hadoop 架构

（1）HDFS

在 Hadoop 中，所有数据都被存储在 HDFS 上，而 HDFS 由一个管理节点（NameNode）
和 N 个数据节点（DataNode）组成，每个节点均为一台普通的 x86 服务器。HDFS 在使用上
与单机的文件系统很类似，一样可以建立目录，创建、复制和删除文件，查看文件内容等。但
底层实现是把文件切割成 Block（通常为 64MB），这些 Block 分散存储在不同的 DataNode
上，每个 Block 还可以复制数份存储于不同的 DataNode 上，达到容错冗余的目的。NameNode
是 HDFS 的核心，通过维护一些数据结构记录每个文件被切割成多少个 Block，以及这些 Block
可以从哪些 DataNode 中获得、各个 DataNode 的状态等重要信息。

HDFS 可以保存比一个机器的可用存储空间更大的文件，这是因为 HDFS 是一套具备可扩
展能力的存储平台，能够将数据分发至成千上万个分布式节点及低成本服务器之上，并让这些

硬件设备以并行方式共同处理同一任务。

（2）分布式计算框架（MapReduce）

MapReduce 通过把对数据集的大规模操作分发给网络上的每个节点实现可靠性。MapReduce 实现了大规模的计算：应用程序被分割成许多小部分，而每个部分在集群中的节点上并行执行（每个节点处理自己的数据）。

总之，Hadoop 是一种分布式系统的平台，通过它可以很轻松地搭建一个高效、高质量的分布式系统。Hadoop 的分布式包括两部分：一个是分布式文件系统 HDFS；另一个是分布式计算框架，一种编程模型，就是 MapReduce，两者缺一不可。用户可以通过 MapReduce 在 Hadoop 平台上进行分布式的计算编程。

（3）基于 Hadoop 的应用生态系统

Hadoop 框架包括 Hadoop 内核、MapReduce、HDFS 和 Hadoop YARN 等。Hadoop 也是一个生态系统，在这里面有很多组件。除了 HDFS 和 MapReduce 外，还有 NoSQL 数据库的 HBase、数据仓库工具 Hive、Pig 工作流语言、机器学习算法库 Mahout、在分布式系统中扮演重要角色的 ZooKeeper、内存计算框架的 Spark、数据采集的 Flume 和 Kafka。总之，用户可以在 Hadoop 平台上开发和部署任何大数据应用程序。

HBase 是 Hadoop Database，是一个高可靠性、高性能、面向列、可伸缩的分布式存储系统，利用 HBase 技术可在高性价比的 x86 服务器上搭建起大规模的结构化存储集群。HBase 是 Google Bigtable 的开源实现，类似 Google Bigtable 利用 GFS 作为其文件存储系统，HBase 利用 Hadoop HDFS 作为其文件存储系统；谷歌运行 MapReduce 来处理 Bigtable 中的海量数据，HBase 同样利用 Hadoop MapReduce 来处理 HBase 中的海量数据；Google Bigtable 利用 Chubby 作为协同服务，HBase 利用 ZooKeeper 作为对应。

Hadoop 应用生态系统的各层系统中，HBase 位于结构化存储层，Hadoop HDFS 为 HBase 提供了高可靠性的底层存储支持，Hadoop MapReduce 为 HBase 提供了高性能的计算框架，ZooKeeper 为 HBase 提供了稳定服务和 Failover 机制。

此外，Pig 和 Hive 还为 HBase 提供了高层语言支持，使得在 HBase 上进行数据统计处理变得非常简单。Sqoop 则为 HBase 提供了方便的 RDBMS 数据导入功能，使得传统数据库数据向 HBase 中迁移变得非常方便。

2. 行业应用

总之，数据处理模式会发生变化，不再是传统的针对每个事务从众多源系统中拉数据，而是由源系统将数据推至 HDFS，ETL 引擎处理数据，然后保存结果。结果可以将来用 Hadoop 分析，也可以提交到传统报表和分析工具中分析。经证实，使用 Hadoop 存储和处理结构化数据可以减少 10 倍的成本，并可以提升 4 倍处理速度。以金融行业为例，Hadoop 有以下几个方面可以对用户的应用有帮助。

（1）涉及的应用领域：内容管理平台。海量低价值密度的数据存储，可以实现诸如结构化、半结构化、非结构化数据的存储。

（2）涉及的应用领域：风险管理、反洗钱系统等。利用 Hadoop 做海量数据的查询系统或者离线的查询系统。比如用户交易记录的查询，甚至是一些离线分析都可以在 Hadoop 上完成。

（3）涉及的应用领域：用户行为分析及组合式推销。用户行为分析与复杂事务处理提供相应的支撑，比如基于用户位置的变化进行广告投送，进行精准广告的推送，都可以通过 Hadoop 数据库的海量数据分析功能来完成。

3. 软件厂商

Hadoop 软件发布版的主要厂商有 Cloudera 和 Hortonworks。Cloudera 是被广泛采用的纯 Hadoop 软件发布厂商，其核心的开源产品 Cloudera Distribution 包括 Apache Hadoop（CDH），被许多初期采用的公司广泛使用，也在基于 Hadoop 构建的云/SaaS 厂商中非常流行。Cloudera 和很多硬件大型 IT 公司结成了强大的合作伙伴关系。

Hortonworks 为 Hadoop 生态系统提供专业服务，Yahoo 和 Benchmark Capital 在 2011 年 6 月合资创建了 Hortonworks。除了进一步开发 Apache Hadoop 的开源分发以外，Hortonworks 也提供 Hadoop 专业服务，它在整个 Hadoop 产业中是技术领导者和生态环境的构建者。最近其发布的 Hortonworks Data Platform 集成了纯粹的开源 Apache Hadoop 软件。

4. 成功案例

Hadoop 尤其适合大数据的分析与挖掘。因为从本质上讲，Hadoop 提供了在大规模服务器集群中捕捉、组织、搜索、共享以及分析数据的模式，且可以支持多种数据源（结构化、半结构化和非结构化），规模则能够从几十台服务器扩展到上千台服务器。

基于 Hadoop 的应用目前已经开始遍地开花，尤其是在互联网领域。Yahoo!通过集群运行 Hadoop，支持广告系统和 Web 搜索的研究；Facebook 借助集群运行 Hadoop，支持其数据分析和机器学习；搜索引擎公司百度则使用 Hadoop 进行搜索日志分析和网页的数据挖掘工作；淘宝的 Hadoop 系统用于存储并处理电子商务交易的相关数据。

随着越来越多的传统企业开始关注大数据的价值，Hadoop 也开始在传统企业的商业智能或数据分析系统中扮演重要角色。相比传统的基于数据库的商业智能解决方案，Hadoop 拥有无以比拟的灵活性优势和成本优势。

Hadoop 的经典用户有百度、新浪、奇虎、世纪佳缘网、搜狐、优酷、赶集网、爱奇艺视频网站等。

3.4.4　Spark

随着大数据的发展，人们对大数据的处理要求也越来越高，原有的批处理框架 MapReduce 适合离线计算，却无法满足实时性要求较高的业务，如实时推荐、用户行为分析等。因此，Hadoop 生态系统又发展出以 Spark 为代表的新计算框架。相比 MapReduce，Spark 速度快，开发简单，并且能够同时兼顾批处理和实时数据分析。

Apache Spark 是加州大学伯克利分校的 AMPLabs 开发的开源分布式轻量级通用计算框架，于 2014 年 2 月成为 Apache 的顶级项目。由于 Spark 基于内存设计，使得它拥有比 Hadoop

更高的性能，并且对多语言（Scala、Java、Python）提供支持。Spark 有点类似 Hadoop MapReduce 框架。Spark 拥有 Hadoop MapReduce 所具有的优点，但不同于 MapReduce 的是，Job 中间输出的结果可以保存在内存中，从而不再需要读写 HDFS（MapReduce 的中间结果要放在文件系统上），因此，在性能上，Spark 比 MapReduce 框架快 100 倍左右，排序 100TB 的数据只需要 20 分钟左右。正是因为 Spark 主要在内存中执行，所以 Spark 对内存的要求非常高，一个节点通常需要配置 24GB 的内存。在业界，我们有时把 MapReduce 称为批处理计算框架，把 Spark 称为实时计算框架、内存计算框架或流式计算框架。

Hadoop 使用数据复制来实现容错性（I/O 高），而 Spark 使用 RDD（Resilient Distributed Datasets，弹性分布式数据集）数据存储模型来实现数据的容错性。RDD 是只读的、分区记录的集合。如果一个 RDD 的一个分区丢失，RDD 含有如何重建这个分区的相关信息。这就避免了使用数据复制来保证容错性的要求，从而减少了对磁盘的访问。通过 RDD，后续步骤如果需要相同数据集，就不必重新计算或从磁盘加载，这个特性使得 Spark 非常适合流水线式的数据处理。

虽然 Spark 可以独立于 Hadoop 运行，但是 Spark 还是需要一个集群管理器和一个分布式存储系统。对于集群管理，Spark 支持 Hadoop YARN、Apache Mesos 和 Spark 原生集群。对于分布式存储，Spark 可以使用 HDFS、Cassandra、OpenStack Swift 和 Amazon S3。Spark 支持 Java、Python 和 Scala（Scala 是 Spark 最推荐的编程语言，Spark 和 Scala 能够紧密集成，Scala 程序可以在 Spark 控制台上执行）。应该说，Spark 紧密集成 Hadoop 生态系统中的上述工具。Spark 可以与 Hadoop 上的常用数据格式（如 Avro 和 Parquet）进行交互，能读写 HBase 等 NoSQL 数据库，它的流式处理组件 Spark Streaming 能连续从 Flume 和 Kafka 之类的系统上读取数据，它的 SQL 库 Spark SQL 能和 Hive Metastore 交互。

Spark 可用来构建大型的、低延迟的数据分析应用程序。如图 3-10 所示，Spark 包含的库有：Spark SQL、Spark Streaming、MLlib（用于机器学习）和 GraphX。其中，Spark SQL 和 Spark Streaming 最受欢迎，大概 60%的用户在使用这两个库中的一个。而且 Spark 还能替代 MapReduce 成为 Hive 的底层执行引擎。

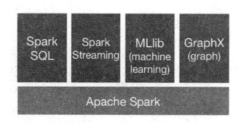

图 3-10　Spark 组件

Spark 的内存缓存使它适合进行迭代计算。机器学习算法需要多次遍历训练集，可以将训练集缓存在内存里。在对数据集进行探索时，数据科学家可以在运行查询的时候将数据集放在内存中，这样就节省了访问磁盘的开销。

虽然 Spark 目前被广泛认为是下一代 Hadoop，但是 Spark 本身的复杂性也困扰着开发人员。Spark 的批处理能力仍然比不过 MapReduce，Spark SQL 与 Hive 的 SQL 功能相比还有一定的差距，Spark 的统计功能与 R 语言相比则没有可比性。

3.4.5　Storm 系统

Storm 是 Twitter 支持开发的一款分布式的、开源的、实时的、主从式的大数据流式计算系统，使用的协议为 Eclipse Public License 1.0，其核心部分使用高效流式计算的函数式语言 Clojure 编写，极大地提高了系统性能。但为了方便用户使用，支持用户使用任意编程语言进行项目的开发。

1. 任务拓扑

任务拓扑（Task Topology）是 Storm 的逻辑单元，一个实时应用的计算任务将被打包为任务拓扑后发布，任务拓扑一旦提交将会一直运行，除非显式地去中止。一个任务拓扑是由一系列 Spout 和 Bolt 构成的有向无环图，通过数据流（Stream）实现 Spout 和 Bolt 之间的关联，如图 3-11 左图所示。其中，Spout 负责从外部数据源不间断地读取数据，并以元组（Tuple）的形式发送给相应的 Bolt。Bolt 负责对接收到的数据流进行计算，实现过滤、聚合、查询等具体功能，可以级联，也可以向外发送数据流。

数据流是 Storm 对数据的抽象，它是时间上无穷的元组序列。如图 3-11 右图所示，数据流通过流分组（Stream Grouping）所提供的不同策略实现在任务拓扑中的流动。此外，为了确保消息能且仅能被计算 1 次，Storm 还提供了事务任务拓扑。

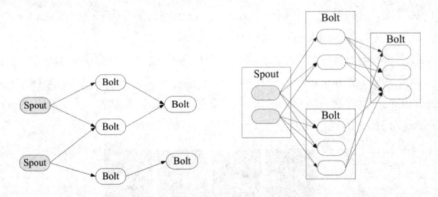

图 3-11　Storm 任务拓扑（左图）和 Storm 数据流组（右图）

2. 总体架构

如图 3-12 所示，Storm 采用主从系统架构，在一个 Storm 系统中有两类节点（一个主节点 Nimbus、多个从节点 Supervisor）及 3 种运行环境（Master、Cluster 和 Slaves）。

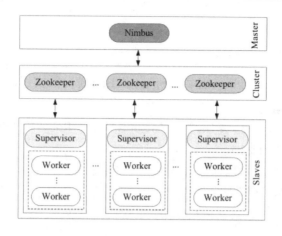

图 3-12　Storm 系统架构

（1）主节点 Nimbus 运行在 Master 环境中，是无状态的，负责全局的资源分配、任务调度、状态监控和故障检测。一方面，主节点 Nimbus 接收客户端提交来的任务，验证后分配任务到从节点 Supervisor 上，同时把该任务的元信息写入 ZooKeeper 目录中；另一方面，主节点 Nimbus 需要通过 ZooKeeper 实时监控任务的执行情况。当出现故障时进行故障检测，并重启失败的从节点 Supervisor 和工作进程 Worker。

（2）从节点 Supervisor 运行在 Slaves 环境中，也是无状态的，负责监听并接受来自主节点 Nimbus 所分配的任务，并启动或停止自己所管理的工作进程 Worker。其中，工作进程 Worker 负责具体任务的执行。一个完整的任务拓扑往往由分布在多个从节点 Supervisor 上的 Worker 进程来协调执行，每个 Worker 都执行且仅执行任务拓扑中的一个子集。在每个 Worker 内部会有多个 Executor，每个 Executor 对应一个线程。Task 负责具体数据的计算，即用户所实现的 Spout/Blot 实例。每个 Executor 会对应一个或多个 Task，因此系统中 Executor 的数量总是小于等于 Task 的数量。

ZooKeeper 是一个针对大型分布式系统的可靠协调服务和元数据存储系统。通过配置 ZooKeeper 集群，可以使用 ZooKeeper 系统所提供的高可靠性服务。Storm 系统引入 ZooKeeper，极大地简化了 Nimbus、Supervisor、Worker 之间的设计，保障了系统的稳定性。ZooKeeper 在 Storm 系统中具体实现了以下功能：

① 存储客户端提交任务拓扑信息、任务分配信息、任务的执行状态信息等，便于主节点 Nimbus 监控任务的执行情况。

② 存储从节点 Supervisor、工作进程 Worker 的状态和心跳信息，便于主节点 Nimbus 监控系统各节点的运行状态。

③ 存储整个集群的所有状态信息和配置信息，便于主节点 Nimbus 监控 ZooKeeper 集群的状态。在主 ZooKeeper 节点挂掉后，可以重新选取一个节点作为主 ZooKeeper 节点，并进行恢复。

3. 系统特征

Storm 系统的主要特征如下。

（1）简单编程模型。用户只需编写 Spout 和 Bolt 部分的实现，因此极大地降低了实时大数据流式计算的复杂性。

（2）支持多种编程语言。默认支持 Clojure、Java、Ruby 和 Python，也可以通过添加相关协议实现对新增语言的支持。

（3）作业级容错性。可以保证每个数据流作业被完全执行。

（4）水平可扩展。计算可以在多个线程、进程和服务器之间并发执行。

（5）快速消息计算。通过 ZeroMQ 作为其底层消息队列，保证消息能够得到快速的计算。

Storm 系统存在的不足主要包括：资源分配没有考虑任务拓扑的结构特征，无法适应数据负载的动态变化；采用集中式的作业级容错机制，在一定程度上限制了系统的可扩展性。

3.4.6　Kafka 系统

Kafka 是 Linkedin 所支持的一款开源的、分布式的、高吞吐量的发布订阅消息系统，可以有效地处理互联网中活跃的流式数据，如网站的页面浏览量、用户访问频率、访问统计、好友动态等，开发语言是 Scala，可以使用 Java 进行编写。Kafka 系统在设计过程中主要考虑了以下需求特征。

（1）消息持久化是一种常态需求。

（2）吞吐量是系统需要满足的首要目标。

（3）消息的状态作为订阅者（Consumer）存储信息的一部分，在订阅者服务器中进行存储。

（4）将发布者（Producer）、代理（Broker）和订阅者（Consumer）显式地分布在多台机器上，构成显式的分布式系统。

形成了以下关键特性。

（1）在磁盘中实现消息持久化的时间复杂度为 $O(1)$，数据规模可以达到万亿字节（TB，太字节）级别。

（2）实现了数据的高吞吐量，可以满足每秒数十万条消息的处理需求。

（3）实现了在服务器集群中进行消息的分片和序列管理。

（4）实现了对 Hadoop 系统的兼容，可以将数据并行地加载到 Hadoop 集群中。

1. 系统架构

Kafka 消息系统的架构是由发布者、代理和订阅者共同构成的显式分布式架构，它们分别位于不同的节点上，如图 3-13 所示。各部分构成一个完整的逻辑组，并对外界提供服务，各部分间通过消息（Message）进行数据传输。其中，发布者可以向一个主题（Topic）推送相关消息，订阅者以组为单位可以关注并拉取自己感兴趣的消息，通过 ZooKeeper 实现对订阅者和代理的全局状态信息的管理及其负载均衡的实现。

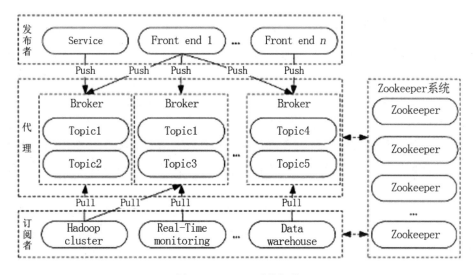

图 3-13　Kafka 系统架构

2. 数据存储

Kafka 消息系统通过仅进行数据追加的方式实现对磁盘数据的持久化保存，实现了对大数据的稳定存储，并有效地提高了系统的计算能力。通过采用 Sendfile 系统调用方式优化了网络传输，提高了系统的吞吐量。即使对于普通的硬件，Kafka 消息系统也可以支持每秒数十万的消息处理能力。此外，在 Kafka 消息系统中，通过仅保存订阅者已经计算数据的偏量信息，一方面可以有效地节省数据的存储空间，另一方面也简化了系统的计算方式，方便系统的故障恢复。

3. 消息传输

Kafka 消息系统采用推送、拉取相结合的方式进行消息的传输。其中，当发布者需要传输消息时，会主动地推送该消息到相关的代理节点；当订阅者需要访问数据时，其会从代理节点进行拉取。通常情况下，订阅者可以从代理节点中拉取自己感兴趣的主题消息。

4. 负载均衡

在 Kafka 消息系统中，发布者和代理节点之间没有负载均衡机制，但可以通过专用的第 4 层负载均衡器在 Kafka 代理上实现基于 TCP 连接的负载均衡的调整。订阅者和代理节点之间通过 ZooKeeper 实现负载均衡机制，在 ZooKeeper 中管理全部活动的订阅者和代理节点信息。当有订阅者和代理节点的状态发生变化时，才实时地进行系统的负载均衡的调整，保障整个系统处于一个良好的均衡状态。

5. 存在不足

Kafka 系统存在的不足之处主要包括：只支持部分容错，节点失效转移时会丢失原节点内存中的状态信息；代理节点没有副本机制保护，一旦代理节点出现故障，该代理节点中的数据将不再可用；代理节点不保存订阅者的状态，删除消息时无法判断该消息是否已被阅读。

3.4.7 各类技术平台比较

一般而言，批量计算相关的大数据系统，如批量处理系统（如 MapReduce）、大规模并行数据库等，虽然在数据吞吐量方面具有明显优势，但是在系统响应时间方面往往在秒级以上。而当前的流式计算相关的大数据系统，如流式处理系统、内存数据库、CEP（复杂事件处理）等，在系统响应时间方面虽然维持在毫秒级的水平，但数据吞吐量往往在吉字节（GB）级别，远远满足不了大数据流式计算系统对数据吞吐量的要求。通常情况下，一个理想的大数据流式计算系统在响应时间方面应维持在毫秒级的水平，并且数据吞吐量应该提高到拍字节（PB）级别及以上水平。

流式大数据作为大数据的一种重要形态，在商业智能、市场营销和公共服务等诸多领域有着广泛的应用前景，并已在金融银行业、互联网、物联网等场景的应用中取得了显著的成效。但流式大数据以其实时性、无序性、无限性、易失性、突发性等显著特征，使得传统的先存储后计算的批量数据计算理念不适用于大数据流式计算的环境中，也使得当前诸多数据计算系统无法更好地适应流式大数据在系统可伸缩性、容错、状态一致性、负载均衡、数据吞吐量等方面所带来的诸多新的技术挑战。

1. 可伸缩性

在大数据流式计算环境中，系统的可伸缩性是制约大数据流式计算系统广泛应用的一个重要因素。Storm 和 Kafka 等系统没有实现对系统可伸缩性的良好支持：一方面，流式数据的产生速率在高峰时期会不断增加且数据量巨大，持续时间往往很长，因此需要大数据流式系统具有很好的"可伸"的特征，可以实时适应数据增长的需求，实现对系统资源进行动态调整和快速部署，并保证整个系统的稳定性；另一方面，当流式数据的产生速率持续减小时，需要及时回收在高峰时期所分配的但目前已处于闲置或低效利用的资源，实现整个系统"可缩"的友好特征，并保障对用户是透明的。因此，系统中资源动态的配置、高效的组织、合理的布局、科学的架构和有效的分配是保障整个系统可伸缩性的基础，同时又尽可能地减少不必要的资源和能源的浪费。

大数据流式计算环境中的可伸缩性问题的解决需要实现对系统架构的合理布局，系统资源的有序组织、高效管理和灵活调度。在保证系统完成计算的前提下，尽量不要太久、太多地占用系统资源，通过虚拟化机制实现软、硬件之间的低耦合，实现资源的在线迁移，并最终解决大数据流式计算环境中的可伸缩性问题。

2. 系统容错

在大数据流式计算环境中，系统容错机制是进一步改善整个系统的性能、提高计算结果的满意度、保证系统可靠持续运行的一个重要措施，也是当前大多数大数据流式计算系统所缺失的。Kafka 等系统实现了对部分容错的支持，Storm 系统实现了对作业级容错的支持。大数据流式计算环境对容错机制提出了新的挑战，一方面，数据流是实时、持续地到来的，呈现出时间上不可逆的特征，一旦数据流流过，再次重放数据流的成本是很大的，甚至是不现实的，由于数据流所呈现出的持续性和无限性，也无法预测未来流量的变化趋势；另一方面，在流式大数据的计算过程中，大部分"无用"的数据将被直接丢弃，能被永久保存下来的数据量是极少的。当需要进行系统容错时，其中不可避免地会出现一个时间段内数据不完整的情况。再则，需要针对不同类型的应用，从系统层面上设计符合其应用特征的数据容错级别和容错策略，避免不必要的资源浪费及应用需求的不吻合。

大数据流式计算环境中的容错策略的确定，需要根据具体的应用场景进行系统的设计和权衡，并且需要充分考虑到流式大数据的持续性、无限性、不可恢复性等关键特征。但是，没有任何数据丢失的容错策略也未必是最佳的，需要综合统筹容错级别和资源利用、维护代价等要素间的关系。但在对系统资源占用合理、对系统性能影响可接受的情况下，容错的精度越高必将越好。

3. 状态一致性

在大数据流式计算环境中，维持系统中各节点间状态的一致性对于系统的稳定高效运行、故障恢复都至关重要。然而，当前多数系统不能有效地支持系统状态的一致性，如 Storm 和 Kafka 等系统尚不支持维护系统状态的一致性。大数据流式计算环境对状态一致性提出了新的挑战：一方面，在系统实时性要求极高、数据速率动态变化的环境中，维护哪些数据的状态一致性，如何从高速、海量的数据流中识别这些数据是一个巨大的挑战；另一方面，在大规模分布式环境中，如何组织和管理实现系统状态一致性的相关数据，满足系统对数据的高效组织和精准管理的要求，也是一个巨大的挑战。

大数据流式计算环境中的状态一致性问题的解决，需要从系统架构的设计层面上着手。存在全局唯一的中心节点的主从式架构方案无疑是实现系统状态一致性的最佳解决方案，但需要有效避免单点故障问题。通常情况下，在大数据流式计算环境中，程序和数据一旦启动后将会常驻内存，对系统的资源占用也往往相对稳定。因此，单点故障问题在大数据流式计算环境中并没有批量计算环境中那么复杂。批量计算环境中的很多策略将具有很好的参考和借鉴价值。

4. 负载均衡

在大数据流式计算环境中，系统的负载均衡机制是制约系统稳定运行、高吞吐量计算、快速响应的一个关键因素。然而，当前多数系统不能有效地支持系统的负载均衡，如 Storm 系统不支持负载均衡机制，Kafka 系统实现了对负载均衡机制的部分支持。一方面，在大数据流式计算环境中，系统的数据速率具有明显的突变性，并且持续时间往往无法有效预测，这就导致在传统环境中具有很好的理论和实践效果的负载均衡策略在大数据流式计算环境中将不再适用；另一方面，当前大多数开源的大数据流式计算系统在架构的设计上尚未充分地、全面地考虑整个系统的负载均衡问题。在实践应用中，相关经验的积累又相对缺乏，因此，给大数据流式计算环境中负载均衡问题的研究带来了诸多实践中的困难和挑战。

大数据流式计算环境中的负载均衡问题的解决需要结合具体的应用场景，系统地分析和总结隐藏在大数据流式计算中的数据流变化的基本特征和内在规律，结合传统系统负载均衡的经验，根据实践检验情况，不断进行相关机制的持续优化和逐步完善。

5. 数据吞吐量

在大数据流式计算环境中，数据吞吐量呈现出了根本性的增加。在传统的流式数据环境中，所处理的数据吞吐量往往在吉字节（GB）级别，这满足不了大数据流式计算环境对数据吞吐量的要求。在大数据流式计算环境中，数据的吞吐量往往在太字节（TB）级别以上，且其增长的趋势是显著的。然而，当前流式数据处理系统（如 Storm）均无法满足太字节（TB）级别的应用需求。

大数据流式计算环境中的数据吞吐量问题的解决，一方面需要从硬件的角度进行系统的优化，设计出更符合大数据流式计算环境的硬件产品，在数据的计算能力上实现大幅提升；另一方面，更为重要的是，从系统架构的设计中进行优化和提升，设计出更加符合大数据流式计算特征的数据计算逻辑。

3.5 数据平台

企业要做 AI 和大数据分析，首先要考虑数据的准备，这其实就是数据平台的建设。有人也许会问：业务跑得好好的，各系统稳定运行，为何还要搭建企业的数据平台？企业一般在什么情况下需要搭建数据平台，从而实现对各种数据进行重新架构？

- 从业务的视角来看：业务系统过多，彼此的数据没有打通。这种情况下，涉及数据分析就麻烦了，可能需要分析人员从多个系统中提取数据，再进行数据整合，之后才能分析。一次两次可以忍，天天干这个能忍吗？人为地整合出错率高怎么办？分析不及时、效率低，要不要处理？
- 从系统的视角来看：业务系统压力大，但很不巧，数据分析又是一项比较费资源的任务。那么自然会想到，通过将数据抽取出来，独立服务器来处理数据查询、分析的任务，从而释放业务系统的压力。
- 从数据处理性能的视角来看：企业越做越大，与此同时，数据也会越来越多。可能是历史数据的积累，也可能是新数据内容的加入。当原始数据平台不能承受更大数据量的处理时，或者效率已经十分低下时，重新构建一个大数据处理平台就是必需的了。

这三种情况有时并非独立的，往往是其中两种甚至三种情况同时出现。这时，一个数据平台的出现不仅可以承担数据分析的压力，还可以对业务数据进行整合，从而从不同程度上提高数据处理的性能，基于数据平台实现更丰富的功能需求。

AI 和大数据分析的成功需要的不仅仅是原始数据，还需要好的且高质量的数据。更准确的说法应该是，AI 的成功需要那些准备好的数据。对于分析，如果进来的是垃圾，那么出去的也是垃圾，这就意味着，如果你把大量参差不齐的数据放到分析解决方案中，你将会得到不好的结果。所以，大多数数据科学家和数据分析师花费大量时间来为 AI 准备数据。

数据平台通过打通数据通道实现数据汇聚、资源共享，同时提供数据的存储、计算、加工、分析等基础能力。大数据时代的到来，大家开始将数据当成资源，当作资产，数据管理的意义也越来越大。大数据管理平台的建设需要设计以下 5 个因素。

- 数据集中和共享。企业及基础数据平台是公共的、中性的，数据一定要做到集中和共享，否则就失去了它的意义。
- 数据标准统一。如果每个应用都有自己的一套标准，整个架构会越来越乱。
- 数据管理策略统一。方向是共性的数据一定要下沉，个性的数据逐渐上浮，也就是说，共性数据都尽量落在基础数据平台上，个性数据可以逐渐落在各个应用上处理。
- 减少数据复制。
- 长期和短期相结合。一个完整的企业级基础数据平台包含几个部分，即数据存储平台（包含相应的数据架构、数据存储策略以及应用切分点等）、应用（包含报表、数据挖掘、系统应用等）、数据管控（包含质量管理办法，比如数据标准等）、数据交换采集调度平台和数据处理（包含实施数据区、大数据处理、历史数据存储等）。这类混合架构既要考虑结构性数据的处理方法，也要考虑非结构化数据的处理和文本等的混合运算方法。这个结构能够帮助我们清晰地看到后续要发展成什么样，我们不一定开始就要完成这样一个体系，但是可以考虑好这些相应的数据项目，包括以后扩展的接口。

3.5.1　数据存储和计算

结构化、半结构化、文本、各类传感器的数据，音频、图片、视频等多媒体数据混杂，分别存储在不同的数据库、不同的地域中。如何处理这些数据？没有一个实时计算的数据平台几乎是很难实现的。大数据时代的业务场景是多元化的，不同的数据产品面向的场景很不一样。围绕这些多媒体为存储的核心对象来构建场景，清晰、及时地呈现业务，是非常重要的一项工作。

数据平台建设、部署对数据规范化定义，实现数据的唯一性、准确性、完整性、规范性和实效性，实现数据的共享共用，解决数据层面的孤岛问题。整合企业各个业务系统，形成数据平台。这就要求建立的数据平台能够整合各个业务系统，从物理和逻辑上将数据集中起来，同时数据平台起到了物理隔离生产系统、减轻对生产系统的压力、提升效率的作用。数据平台可以分成以下几类。

1. 常规数据仓库

常规数据仓库的重点在于数据整合，同时也是对业务逻辑的一个梳理。虽然也可以打包成SaaS（多维数据集）、Cube（多维数据库）等来提升数据的读取性能，但是数据仓库的作用更多的是为了解决企业的业务问题，而不仅仅是性能问题。常规数据仓库的优点如下。

（1）方案成熟，关于数据仓库的架构有着非常广泛的应用，而且能将其落地的人也不少。

（2）实施简单，涉及的技术层面主要是仓库的建模以及 ETL 的处理，很多软件公司具备数据仓库的实施能力，实施难度的大小更多地取决于业务逻辑的复杂程度，而并非技术上的实现。

（3）灵活性强。数据仓库的建设是透明的，如果需要，可以对仓库的模型、ETL逻辑进行修改，来满足变更的需求。同时，对于上层的分析而言，通过 SQL 对仓库数据的分析处理具备极强的灵活性。

常规数据仓库的缺点如下。

（1）实施周期相对比较长。实施周期的长与短取决于业务逻辑的复杂性，时间花在业务逻辑的梳理，并非技术的瓶颈上。

（2）数据的处理能力有限。这个有限也是相对的，海量数据的处理肯定不行，非关系型数据的处理也不行，但是太字节（TB）以下级别数据的处理还是可以的（也取决于所采用的数据库系统）。对于这个量级的数据，相当一部分企业的数据其实是很难超过这个级别的。

实时处理的要求是区别大数据应用和传统数据仓库技术的关键差别之一。随着每天创建的数据量爆炸性的增长，就数据保存来说，传统数据库能改进的技术并不大，如此庞大的数据量存储就是传统数据库所面临的非常严峻的问题。

2. MPP（大规模并行处理）架构

传统的数据库模式在海量数据面前显得很弱。造价非常昂贵，同时技术上无法满足高性能的计算，其架构难以扩展，在独立主机的 CPU 计算和 IO 吞吐上，都没办法满足海量数据计算的需求。分布式存储和分布式计算正是解决这一问题的关键，无论是 MapReduce 计算框架（Hadoop）还是 MPP 计算框架，都是在这一背景下产生的。

Greenplum 是基于 MPP 架构的，它的数据库引擎是基于 PostgreSQL 的，并且通过 Interconnect 连接实现了对同一个集群中多个 PostgreSQL 实例的高效协同和并行计算。同时，基于 Greenplum 的数据平台建设可以实现两个层面的处理：一个是对数据处理性能的提升，目前 Greenplum 在 100TB 数量级左右的数据量上是非常轻松的；另一个是数据仓库可以搭建在 Greenplum 中，这一层面上也是对业务逻辑的梳理，对公司业务数据的整合。Greenplum 的优点如下。

（1）海量数据的支持，存在大量成熟的应用案例。

（2）扩展性：据说可线性扩展到 10 000 个节点，并且每增加一个节点，查询、加载性能都成线性增长。

（3）易用性：不需要复杂的调优需求，并行处理由系统自动完成。依然是 SQL 作为交互语言，简单、灵活、强大。

（4）高级功能：Greenplum 还研发了很多高级数据分析管理功能，例如外部表、Primary/Mirror 镜像保护机制、行/列混合存储等。

（5）稳定性：Greenplum 原本作为一个纯商业数据产品，具有很长的历史，其稳定性比 Hadoop 产品更加有保障。Greenplum 有非常多的应用案例，纳斯达克、纽约证券交易所、平安银行、建设银行、华为等都建立了基于 Greenplum 的数据平台。其稳定性是可以从侧面验证的。

Greenplum 的缺点如下。

（1）本身来说，它的定位在 OLAP 领域，不擅长 OLTP 交易系统。当然，我们搭建的数据中心也不是用来做交易系统的。

（2）成本，有两个方面的考虑，一是硬件成本，Greenplum 有其推荐的硬件规格，对内存、网卡都有要求，二是实施成本，这里主要是需要人，从基本的 Greenplum 的安装配置到 Greenplum 中数据仓库的构建，都需要人和时间。

（3）技术门槛，这里是相对于数据仓库的，Greenplum 的门槛肯定更高一点。

3. Hadoop 分布式系统架构

Hadoop 已经非常火了，Greenplum 的开源跟它也是脱不了关系的。它有着高可靠性、高扩展性、高效性、高容错性的口碑。在互联网领域有着非常广泛的运用，雅虎、Facebook、百度、淘宝、京东等都在使用 Hadoop。Hadoop 生态体系非常庞大，各公司基于 Hadoop 所实现的也不仅限于数据平台，还包括数据分析、机器学习、数据挖掘、实时系统等。

当企业数据规模达到一定的量级时，Hadoop 应该是各大企业的首选方案。到达这样一个层次的时候，企业所要解决的不仅是性能问题，还包括时效问题、更复杂的分析挖掘功能的实现等。非常典型的实时计算体系也与 Hadoop 这一生态体系有着紧密的联系，比如 Spark。近些年来，Hadoop 的易用性有了很大的提升，SQL-on-Hadoop 技术大量涌现，包括 Hive、Impala、Spark SQL 等。尽管其处理方式不同，但相比于原始的 MapReduce 模式，无论是性能还是易用性都有所提高。因此，对 MPP 产品的市场产生了压力。

对于企业构建数据平台来说，Hadoop 的优势与劣势非常明显：优势是它的大数据处理能力、高可靠性、高容错性、开源性以及低成本（处理同样规模的数据，换其他方案试试就知道了）；劣势是它的体系复杂，技术门槛较高（能搞定 Hadoop 的公司规模一般都不小）。

关于 Hadoop 的优缺点，对于公司的数据平台选型来说，影响已经不大了。需要使用 Hadoop 的时候，也没什么其他的方案可选择（要么太贵，要么不行），没达到这个数据量的时候，也没人愿意碰它。总之，不要为了大数据而大数据。

Hadoop 生态圈提供海量数据的存储和计算平台，包括以下几种。

● 结构化数据：海量数据的查询、统计、更新等操作。
● 非结构化数据：图片、视频、Word、PDF、PPT 等文件的存储和查询。
● 半结构化数据：要么转换为结构化数据存储，要么按照非结构化存储。

Hadoop 的解决方案如下。

● 存储：HDFS、HBase、Hive 等。
● 并行计算：MapReduce 技术。
● 流计算：Storm、Spark。

如何选择基础数据平台？我们至少要从以下几个方面去考虑。

（1）目的：从业务、系统、性能三种视角去考虑，或者是其中几个的组合。当然，要明确数据平台建设的目的，有时并不容易，初衷与讨论后确认的目标或许是不一致的。比如，某企业要搭建一个数据平台的初衷可能很简单，只是为了减轻业务系统的压力，将数据拉出来后再分析，如果目的真的这么单纯，而且只有一个独立的系统，那么直接将业务系统的数据库复制一份就好了，不需要建立数据平台；如果是多系统，选型一些商业数据产品也够了，快速建模，直接用工具就能实现数据的可视化与 OLAP 分析。但是，既然已经决定要将数据平台独立出来，就不再多考虑一点吗？多个业务系统的数据不趁机梳理整合一下吗？当前只是分析业务数据的需求，以后会不会考虑历史数据呢？方案能否支撑明年和后年的需求？

（2）数据量：根据公司的数据规模选择合适的方案。

（3）成本：包括时间成本和金钱成本。但是这里有一个问题，很多企业要么不上数据平台，一旦有了这样的计划，就恨不得马上把平台搭建出来并用起来，不肯花时间成本。这样的情况很容易考虑欠缺，也容易被数据实施方忽悠。

在方案选型时，一个常见的误区是忽略业务的复杂性，要用工具来解决或者绕开业务的逻辑。企业选择数据平台的方案有着不同的原因，要合理地选型，既要充分地考虑搭建数据平台的目的，也要对各种方案有着充分的认识。对于数据层面来说，还是倾向于一些灵活性很强的方案，因为数据中心对于企业来说太重要了，更希望它是透明的，是可以被自己完全掌控的，这样才有能力实现对数据中心更加充分的利用。因为不知道未来需要它去担任一个什么样的角色。

3.5.2　数据质量

当前越来越多的企业认识到了数据的重要性，大数据平台的建设如雨后春笋般。但数据是一把双刃剑，它给企业带来业务价值的同时，也是组织最大的风险来源。糟糕的数据质量常常意味着糟糕的业务决策，将直接导致数据统计分析不准确、监管业务难、高层领导难以决策等问题，据 IBM 统计：

● 错误或不完整数据导致 BI 和 CRM 系统不能正常发挥优势甚至失效。

● 数据分析员每天有 30%的时间浪费在了辨别数据是否是"坏数据"上。

● 低劣的数据质量严重降低了全球企业的年收入。

可见数据质量问题已经严重影响了企业业务的正常运营。在企业信息化初期，各类业务系统恣意生长。后来业务需求增长，需要按照统一的架构和标准把各类数据集成起来，这个阶段问题纷纷出现，数据不一致、不完整、不准确等各种问题扑面而来。费了九牛二虎之力才把数据融合起来，如果因为数据质量不高而无法完成数据价值的挖掘，那就太可惜了。

大数据时代数据集成融合的需求会愈加迫切，不仅要融合企业内部的数据，也要融合外部（互联网等）数据。如果没有对数据质量问题建立相应的管理策略和技术工具，那么数据质量问题的危害会更加严重。数据质量问题会造成"垃圾进，垃圾出"。数据质量不好造成的结果是对业务的分析不但起不到好的效果，相反还有误导的作用。很多人可能在纠结，数据质量问题究竟是"业务"的问题还是"技术"的问题。根据我们以往的经验，造成数据质量问题的原因主要分为以下几种：

（1）数据来源渠道多，责任不明确。

（2）业务需求不清晰，数据填报缺失。

（3）ETL（Extract-Transform-Load）处理过程中，业务部门变更代码导致数据加工出错，影响报表的生成。

（1）和（2）都是业务的问题，（3）虽然表面上看是技术的问题，但本质上还是业务的问题。因此，大部分数据质量问题主要还是来自于业务。很多企业认识不到数据质量问题的根本原因，只从技术单方面来解决数据问题，没有形成管理机制，导致效果大打折扣。在走过弯路之后，很多企业认识到了这一点，开始从业务着手解决数据质量问题。在治理数据质量问题时，采用规划顶层设计，制定统一数据架构、数据标准，设计数据质量的管理机制，建立相应的组织架构和管理制度，采用分类处理的方式持续提升数据质量。还有，通过增加 ETL 数据清洗处理逻辑的复杂度，提高 ETL 处理的准确度。

1. AI 系统本身的数据质量

在大数据时代，信息由数据构成，数据是信息的基础，数据已经成为一种重要资源。数据质量成为决定资源优劣的一个重要方面。随着大数据的发展，越来越丰富的数据给数据质量的提升带来了新的挑战和困难。对于企业而言，进行市场情报调研、客户关系维护、财务报表展现、战略决策支持等都需要进行数据的搜集、分析、知识发现，为决策者提供充足且准确的情报和资料。对于政府而言，进行社会管理和公共服务影响面更为宽广和深远，政策和服务能否满足社会需要，是否高效地使用了公共资源，都需要数据提供支持和保障，因而对数据的需求显得更为迫切，对数据质量的要求也更为苛刻。

数据作为 AI 系统的重要构成部分，数据质量问题是影响 AI 系统运行的关键因素，直接关系到 AI 系统建设的成败。根据"垃圾进，垃圾出（garbage in，garbage out）"的原理，为了使 AI 建设取得预期效果，达到数据决策的目标，要求所提供的数据是可靠的，能够准确反应客观事实。如果数据质量得不到保证，即使 AI 分析工具再先进，模型再合理，算法再优良，在充满"垃圾"的数据环境中也只能得到毫无意义的垃圾信息。系统运行的结果、做出的分析就可能是错误的，甚至影响后续决策的制定和实行。高质量的数据来源于数据收集，是数据设计以及数据分析、评估、修正等环节的强力保证。因此，对于 AI 而言，数据质量管理尤为重要，这就需要建立一个有效的数据质量管理体系，尽可能全面地发现数据存在的问题并分析原因，以推动数据质量的持续改进。

2. 大数据环境下数据质量管理面临的挑战

随着移动互联网、云计算、物联网的快速发展，数据的生产者、生产环节都在急速攀升，随之快速产生的数据呈指数级增长。在信息和网络技术飞速发展的今天，越来越多的企业业务和社会活动实现了数字化。全球最大的零售商沃尔玛，每天通过分布在世界各地的 6000 多家商店向全球客户销售超过 2.67 亿件商品，每小时获得 2.5PB 的交易数据。而物联网下的传感数据也慢慢发展成了大数据的主要来源之一。有研究估计，到 2020 年则高达 35.2ZB。此外，随着移动互联网、Web 2.0 技术和电子商务技术的飞速发展，大量的多媒体内容在呈指数级增长的数据量中发挥着重要作用。大数据时代的数据与传统数据呈现出了重大差别，直接影响到数据在流转环节中的各个方面，给数据存储处理分析性能、数据质量保障都带来了很大挑战，这更容易产生数据质量问题。

（1）在数据收集方面，大数据的多样性决定了数据来源的复杂性。来源众多、结构各异、大量不同的数据源之间存在着冲突、不一致或相互矛盾的现象。在数据获取阶段，保证数据定义的完整性、数据质量的可靠性尤为必要。

（2）由于规模大，大数据在获取、存储、传输和计算过程中可能产生更多错误。采用传统数据的人工错误检测与修复或简单的程序匹配处理远远处理不了大数据环境下的数据问题。

（3）由于高速性，数据的大量更新会导致过时数据迅速产生，也更易产生不一致数据。

（4）由于发展迅速、市场庞大、厂商众多、直接产生的数据或者产品产生的数据标准不完善，使得数据有更大的可能产生不一致和冲突。

（5）由于数据生产源头激增、产生的数据来源众多、结构各异，以及系统更新、升级加快和应用技术更新换代频繁，使得不同的数据源之间、相同的数据源之间都可能存在着冲突、不一致或相互矛盾的现象，再加上数据收集与集成往往由多个团队协作完成，增大了数据处理过程中产生问题数据的概率。

因此，我们需要一种数据质量策略，从建立数据质量评价体系、落实质量信息的采集分析与监控、建立持续改进的工作机制和完善元数据管理 4 个方面，多方位优化改进，最终形成一套完善的质量管理体系，为信息系统提供高质量的数据支持。

3. 建立数据质量管理策略和评价体系

为了改进和提高数据质量，必须从产生数据的源头开始抓起，从管理入手，对数据运行的全过程进行监控，密切关注数据质量的发展和变化，深入研究数据质量问题所遵循的客观规律，分析其产生的机理，探索科学有效的控制方法和改进措施。必须强化全面数据质量管理的思想观念，把这一观念渗透到数据生命周期的全过程。建立数据质量评价体系，评估数据质量，可以从以下 4 个方面来考虑。

（1）完整性：数据的记录和信息是否完整，是否存在缺失情况。

（2）一致性：数据的记录是否符合规范，是否与前后及其他数据集保持统一。

（3）准确性：数据中记录的信息和数据是否准确，是否存在异常或者错误信息。

（4）及时性：数据从产生到可以查看的时间间隔，也叫数据的延时时长。

有了评估方向，还需要使用可以量化、程序化识别的指标来衡量。通过量化指标，管理者才可能了解到当前的数据质量，并确定采取修正措施之后数据质量的改进程度。而对于海量数据，数据量大、处理环节多，获取质量指标的工作不可能由人工或简单的程序来完成，而需要程序化的制度和流程来保证，因此指标的设计、采集与计算必须是程序可识别处理的。

完整性可以通过记录数和唯一值来衡量。比如某类交易数据，每天的交易量应该呈现出平稳的特点，平稳增长或保持一定范围内的周期波动。如果记录数量出现激增或激减，就需要追溯是在哪个环节出现了变动，最终定位是数据问题还是服务问题。对于属性的完整性考虑，则可以通过空值占比或无效值占比来进行检查。

　　一致性检验主要是检验数据和数据定义是否一致，因此可以通过合规记录的比率来衡量。比如取值范围是枚举集合的数据，其实际值超出范围之外的数据占比，比如存在特定编码规则的属性值，不符合其编码规则的记录占比。还有一些存在逻辑关系的属性之间的校验，比如属性 A 取某定值时，属性 B 的值应该在某个特定的数据范围内，都可以通过合规率来衡量。

　　准确性可能存在于个别记录，也可能存在于整个数据集上。准确性和一致性的差别在于，一致性关注合规，表示统一，而准确性关注数据错误。因此，同样的数据表现，比如数据的实际值不在定义的范围内，如果定义的范围准确，值完全没有意义，就属于数据错误。但如果值是合理且有意义的，可能是范围定义不够全面，就不能认定为数据错误，而应该去补充修改数据的定义。

　　通过建立数据质量评价体系，对整个流通链条上的数据质量进行量化指标输出，后续进行问题数据的预警，使得问题一出现就可以暴露出来，便于进行问题的定位和解决，最终可以实现在哪个环节出现问题就在哪个环节解决，避免将问题数据带到后端以及质量问题扩大。

4. 落实数据质量信息的采集、分析与监控

　　有评价体系作为参照，还需要进行数据的采集、分析和监控，为数据质量提供全面可靠的信息。在数据流转环节的关键点上设置采集点，采集数据质量监控信息，按照评价体系的指标要求输出分析报告。通过对来源数据的质量分析，可以了解数据和评价接入数据的质量，通过对不同采集点的数据分析报告的对比，可以评估数据处理流程的工作质量。配合数据质量的持续改进工作机制，进行质量问题原因的定位、处理和跟踪。

5. 建立数据质量的持续改进工作机制

　　通过质量评价体系和质量数据采集系统可以发现问题，之后还需要对发现的问题及时做出反应，追溯问题的原因和形成机制，根据问题的种类采取相应的改进措施，并持续跟踪验证改进之后的数据质量提升效果，形成正反馈，达到数据质量持续改良的效果。在源头建立数据标准或接入标准，规范数据定义，在数据流转过程中建立监控数据转换质量的流程和体系，尽量做到在哪里发现问题就在哪里解决问题，不把问题数据带到后端。

　　导致数据质量产生问题的原因很多。有研究表示，从问题的产生原因和来源，可以分为四大问题域：信息问题域、技术问题域、流程问题域和管理问题域。"信息类问题"是由于对数据本身的描述、理解及度量标准偏差而造成的数据质量问题。产生这类数据质量问题的主要原因包括：数据标准不完善、元数据描述及理解错误、数据质量得不到保证和变化频度不恰当等。"技术类问题"是指由于在数据处理流程中数据流转的各技术环节异常或缺陷而造成的数据质量问题，产生的直接原因是技术实现上的某种缺陷。技术类数据质量问题主要产生在数据创建、数据接入、数据抽取、数据转换、数据装载、数据使用和数据维护等环节。"流程类问题"是指由于数据流转的流程设计不合理、人工操作流程不当造成的数据质量问题。所有涉及数据流转流程的环节都可能出现问题，比如接入新数据缺乏对数据检核、元数据变更没有考虑到历史数据的处理、数据转换不充分等各种流程设计错误、数据处理逻辑有缺陷等问题。"管理类问题"是指由于人员素质及管理机制方面的原因造成的数据质量问题。比如数据接入环节由于工

期压力而减少对数据检核流程的执行和监控、缺乏反馈渠道及处理责任人、相关人员缺乏培训等带来的一系列问题。

了解问题产生的原因和来源后，就可以对每一类问题建立起识别、反馈、处理、验证的流程和制度。比如数据标准不完善导致的问题，就需要有一整套数据标准问题识别、标准修正、现场实施和验证的流程，确保问题的准确解决，不带来新的问题。比如缺乏反馈渠道和处理责任人的问题，则属于管理问题，需要建立一套数据质量的反馈和响应机制，配合问题识别、问题处理、解决方案的现场实施与验证、过程和积累等多个环节和流程，保证每一个问题都能得到有效解决并有效积累处理的过程和经验，形成越来越完善的有机运作体。当然，很多问题是相互影响的，单一地解决某一方面的问题可能暂时解决不了所发现的问题，但是当多方面的持续改进机制协同工作起来之后，互相影响，交错前进，一点点改进，最终就会达到一个比较好的效果。

6. 完善元数据管理

数据质量的采集规则和检查规则本身也是一种数据，在元数据中定义。元数据按照官方定义，是描述数据的数据。面对庞大的数据种类和结构，如果没有元数据来描述这些数据，使用者就无法准确地获取所需的信息。正是通过元数据，海量的数据才可以被理解、使用，才会产生价值。

元数据可以按照其用途分为3类：技术元数据、业务元数据和管理元数据。"技术元数据"是存储关于信息系统技术细节的数据，是开发和管理数据而使用的数据。主要包括数据结构的描述，包括对数据结构、数据处理过程的特征描述，存储方式和位置覆盖涉及整个数据的生产和消费环节。"业务元数据"是从业务角度描述数据系统中的数据，提供了业务使用者和实际系统之间的语义层，主要包括业务术语、指标定义、业务规则等信息。"管理元数据"是描述系统中管理领域相关概念、关系和规则的数据，主要包括人员角色、岗位职责、管理流程等信息。良好的元数据管理系统能为数据质量的采集、分析、监控、改进提供高效、有力的强大保障。同时，良好的数据质量管理系统也能促进元数据管理系统的持续改进，互相促进完善，共同为一个高质量和高效运转的数据平台提供支持。

7. 对不同的数据问题分类处理

从时间维度上分，企业数据主要有三类：未来数据、当前数据和历史数据。在解决不同种类的数据质量问题时，要采取不同的处理方式。

如果你拿着历史数据找业务部门做整改，业务部门通常以"当前的数据问题都处理不过来，哪有时间帮你追查历史数据的问题"为理由无情拒绝。这个时候即便是找领导协调，一般也起不到太大的作用。对于历史数据问题的处理，一般可以发挥 IT 技术人员的优势，用数据清洗的办法来解决，清洗的过程要综合使用各类数据源，提升历史数据的质量。

当前数据的问题需要从问题定义、问题发现、问题整改、问题跟踪、效果评估 5 个方面来解决。未来数据的处理一般要采用做数据规划的方法来解决，从整个企业信息化的角度出发，规划统一企业数据架构，制定企业数据标准和数据模型。借业务系统改造或者重建的时机，来从根本上提高数据质量。当然，这种机会是可遇而不可求的，在机会到来之前，应该把企业数据标准和数据模型建立起来，一旦机会出现，就可以遵循这些标准。

总之，通过对不同时期数据的分类处理，采用不同的处理方式做到事前预防、事中监控、事后改善，能从根本上解决数据质量问题，为企业业务创新打通数据关卡。数据质量（Data Quality）管理贯穿数据生命周期的全过程，覆盖质量评估、数据监控、数据探查、数据清洗、数据诊断等方面。数据源在不断增多，数据量在不断加大，新需求推动的新技术也在不断诞生，这些都对大数据下的数据质量管理带来了困难和挑战。因此，数据质量管理要形成完善的体系，建立持续改进的流程和良性机制，持续监控各系统数据质量的波动情况及数据质量的规则分析，适时升级数据质量监控的手段和方法，确保持续掌握系统数据的质量状况，最终达到数据质量的平稳状态，为 AI 系统提供良好的数据保障。数据质量问题需要业务部门参与才能从根本上解决。要发挥数据资产的价值，需要将组织、技术和流程三者进行有机结合，从业务出发做问题定义，由工具自动、及时发现问题，跟踪问题整改进度，并建立相应的质量问题评估 KPI。通过数据质量问题全过程的管理，才能最终实现数据质量持续提升的目标，支撑数据业务应用，体现数据价值。

3.5.3 数据管理

数据管理和数据治理有很多地方是互相重叠的，它们都围绕数据这个领域展开，因此这两个术语经常被混为一谈。此外，每当人们提起数据管理和数据治理的时候，还有一对类似的术语叫信息管理和信息治理，更混淆了人们对它们的理解。关于企业信息管理这个课题，还有许多相关的子集，包括主数据管理、元数据管理、数据生命周期管理等。于是，出现了许多不同的理论描述关于企业中数据/信息的管理以及治理如何运作：它们如何单独运作，又如何一起协同工作，是"自下而上"还是"自上而下"的方法更高效？

1. 数据治理

其实，数据管理包含数据治理，治理是整体数据管理的一部分，这个概念目前已经得到了业界的广泛认同。数据管理包含多个不同的领域，其中一个最显著的领域就是数据治理。CMMI 协会颁布的数据管理成熟度（DMM）模型使这个概念具体化。DMM 模型中包括 6 个有效数据管理分类，而其中一个就是数据治理。数据管理协会（DAMA）在数据管理知识体系（DMBOK）中也认为，数据治理是数据管理的一部分。在企业信息管理（EIM）这个定义上，Gartner 认为 EIM 是"在组织和技术的边界上结构化、描述、治理信息资产的一个综合学科"。Gartner 这个定义不仅强调了数据/信息管理和治理的紧密关系，也重申了数据管理包含治理这个观点。

在明确数据治理是数据管理的一部分之后，下一个问题就是定义数据管理。数据管理是一个更为广泛的定义，它与任何时间采集和应用数据的可重复流程的方方面面都紧密相关。例如，简单地建立和规划一个数据平台，是数据管理层面的工作。定义谁访问这个数据平台以及如何访问这个数据平台，并且实施各种各样针对元数据和资源库管理工作的标准，也是数据管理层面的工作。数据管理包含许多不同的领域。

- 元数据：元数据要求数据元素和术语的一致性定义，它们通常聚集于业务词汇表上。对于企业而言，建立统一的业务术语非常关键，如果这些术语和上下文不能横跨整个企业的范畴，那么它将会在不同的业务部门中出现不同的表述。
- 生命周期管理：数据保存的时间跨度、数据保存的位置以及数据如何使用都会随着时间而产生变化，某些生命周期管理还会受到法律法规的影响。
- 数据质量：数据质量的具体措施包括数据详细检查的流程，目的是让业务部门信任这些数据。数据质量是非常重要的。
- "引用数据"管理："引用数据"提供数据的上下文，尤其是它结合元数据一起考虑的情况下。由于引用数据变更的频率较低，引用数据的管理经常会被忽视。

2. 数据建模

数据建模是另一个数据管理中的关键领域。利用一个规范化的数据建模有利于将数据管理工作扩展到其他业务部门。遵从一致性的数据建模，令数据标准变得有价值（特别是应用于大数据和 AI）。我们利用数据建模技术直接关联不同的数据管理领域，例如数据血缘关系以及数据质量。当需要合并非结构化数据时，数据建模将会更有价值。此外，数据建模加强了管理的结构和形式。

数据管理在 DMM 中有 5 个类型，包括数据管理战略、数据质量、数据操作（生命周期管理）、平台与架构（例如集成和架构标准）以及支持流程。数据管理本身着重提供一整套工具和方法，确保企业实际管理好这些数据。首先是数据标准，有了标准才有数据质量，质量是数据满足业务需求使用的程度。有了标准之后，能够衡量数据，可以在整个平台的每一层做技术上的校验或者业务上的校验，可以做到自动化的配置和相应的校验，生成报告来帮助我们解决问题。有了数据标准，就可以建立数据模型了。数据模型至少包括以下内容：

- 数据元（属性）定义。
- 数据类（对象）定义。
- 主数据管理。

大数据对现有数据库管理技术产生了很多挑战。同样，在传统数据库上，创建大数据的数据模型可能会面临很多挑战。经典数据库技术并没有考虑数据的多类别（Variety），也没有考虑非结构化数据的存储问题。一般而言，借助数据建模工作也可以在传统数据库上创建多类别的数据模型，或直接在 HBase 等大数据数据库系统上创建。

数据模型是分层次的，主要分为三层，基础模型一般用于关系建模，主要实现数据的标准化；融合模型一般用于维度建模，主要实现跨越数据的整合，整合的形式可以是汇总、关联，也包括解析；挖掘模型其实是偏应用的，但如果用的人多了，你也可以把挖掘模型作为企业的知识沉淀到平台，比如某个模型具有很大的共性，就应该把它规整到平台模型，以便开放给其他人使用，这是相对的，没有绝对的标准。

3.5.4　数据目录

数据目录管理系统应该具备以下的能力（见图 3-14）。

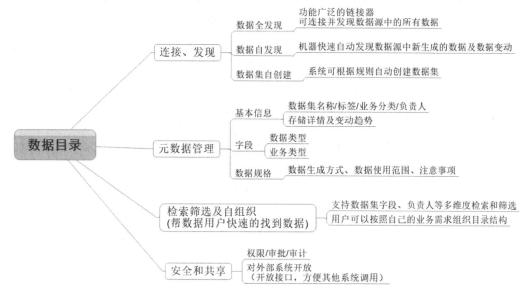

图 3-14　数据目录系统功能图

1. 数据的连接和发现能力

做大数据分析和 AI 首先需要清晰地知道我们有哪些数据，通过人工梳理的方式显然已经跟不上数据增长和变化的速度。所以，一个数据目录最基础的能力就是可以连接我们拥有的多种数据源（如 HDFS、MySQL、HBase、ORACLE 等），并且可以定时地监测新生成的数据，在数据目录中根据规则自动注册为数据集或更新数据集状态（如关系型数据库新产生的表可注册为数据集，HDFS 分区格式数据只更新当前数据集的容量大小，等等，一般需要人工辅助审核和修改）。

2. 元数据管理能力

元数据管理能力包括以下三个方面。

● 数据集基本信息：包括数据集的名称、标签（业务分类）、负责人以及存储详情的变动趋势。

● 字段描述信息：字段的数据类型、字段的业务类型、字段的描述信息、整个 Schema 的版本控制。

● 数据规格：数据资产部门或者数据负责人维护数据说明的页面，包括数据的生成方式、使用范围、注意事项等。提供数据规格的编写能力，方便版本控制，用户可以按照时间线来查询数据规格。

3. 检索筛选和用户自组织能力

● 检索筛选能力：如果数据目录没有强大的检索能力，系统中数据集的信息和沉淀的相关知识就不能实现其价值，也不能促进系统的良性循环。检索和筛选的内容包括数据集名称、标签、描述、字段相关信息、数据内容、数据规格详情等。

● 用户自组织数据集的能力：不同用户使用数据集的场景不一样，所以组织方式也会不一样。每个用户可以按照自己的理解和需求组织自己的数据目录，方便用户的使用。同时，不同用户根据不同场景对数据集的组织方式也是一种知识，可以沉淀。

4. 安全和共享能力

● 权限和审计：为数据集的访问提供权限控制。主要体现在数据集的访问申请和审批上。想要使用数据集的用户可以在系统中申请，访问申请会自动转向数据集所有者（负责人），数据集所有者需要在系统中答复。所有申请和审批都以时间线的方式组织，方便审计人员查阅和检索。所有用户对数据集的操作都需要做记录。

● 共享能力：数据集及相关信息分享给使用者，使用者可以看到数据集的元数据等详情。

● 开放能力：数据目录应该提供数据集的访问接口，可以支持内部数据探索工具、数据ETL工具的调用，可以支持外部客户的调用和加工。

图3-15是一个数据目录管理系统的实例图。

图 3-15　数据目录管理系统实例

3.5.5　数据安全管控

如图 3-16 所示，安全保障体系架构包括安全技术体系和安全管理体系。安全技术体系采取技术手段、策略、组织和运作体系紧密结合的方式，从应用、数据、主机、网络、物理等方面进行信息安全建设。

图 3-16　安全体系框架

（1）应用安全，从身份鉴别、访问控制、安全审计、剩余信息保护、通信完整性、通信保密性、抗抵赖、软件容错、资源控制、代码安全等方面进行考虑。

（2）数据安全，从数据属性、空间数据、数据完整性、数据敏感性、数据备份和恢复等方面进行考虑。

（3）主机安全，从身份鉴别、访问控制、安全审计、剩余信息保护、入侵防范、恶意代码防范、资源控制等方面进行考虑。

（4）网络安全，从结构安全、访问控制、安全审计、边界完整性检查、入侵防范、恶意代码防范和网络设备防护等方面进行考虑。

（5）物理安全，是指机房物理环境达到国家信息系统安全和信息安全相关规定的要求。

安全管理体系建设具体包括安全管理制度、安全管理机构、人员安全管理、系统建设管理、系统运维管理等方面的建设。

数据安全管控是整个安全体系框架的一个组成部分，它是从属性数据、空间数据、数据完整性、数据保密性、数据备份和恢复等几方面考虑的。对于一些敏感数据，数据的传输与存储采用不对称加密算法和不可逆加密算法确保数据的安全性、完整性和不可篡改性。对于敏感性极高的空间数据，坐标信息通过坐标偏移、数据加密算法及空间数据分存等方法进行处理。在数据的传输、存储、处理的过程中，使用事务传输机制对数据完整性进行保证，使用数据质量管理工具对数据完整性进行校验，在监测到完整性错误时进行告警，并采用必要的恢复措施。数据的安全机制应至少包含以下 4 个部分。

（1）身份/访问控制。通过用户认证与授权实现，在授权合法用户进入系统访问数据的同时，保护其免受非授权的访问。在安全管控平台实施集中的用户身份、访问、认证、审计、审查管理，通过动态密码、CA 证书等设置认证。

（2）数据加密。在数据传输的过程中，采用对称密钥或 VPN 隧道等方式进行数据加密，再通过网络进行传输。在数据存储上，对敏感数据先加密后存储。

（3）网络隔离。通过内外网方式保障敏感数据的安全性，即数据传输采用公网，存储采用内网。

（4）灾备管理。通过数据镜像、数据备份、分布式存储等方式实现，保障数据安全。

3.5.6　数据准备

如今的数据往往来自文件系统、数据库、数据湖、传感器或外部数据源。为了满足各类数据的 AI 分析需求，我们必须将所有数据采集，并将各个数据源的数据互相关联整合，比如：

- 来自电商平台的数据与客户关系管理中的客户数据集成在一起，以定制营销策略。
- 物联网传感器数据与运营和财务数据库中的数据相关联，以控制吞吐量并报告制造过程的质量。
- 开发预测模型的数据科学家通常会加载多种外部数据源，例如计量经济学、天气、人口普查和其他公共数据，然后将其与内部资源融合。
- 试验人工智能的创新团队需要汇总可用于训练和测试算法的大型复杂数据源。

1. 数据整合工具与平台

那么，用什么工具和做法来整合数据源，什么平台被用来自动化整合数据？主要类型如下：

- 编程和脚本完成数据集成。
- 提取、转换和加载（ETL）工具。
- 数据高速公路 SaaS 平台。
- 具有数据集成功能的大数据管理平台。
- AI 注入数据集成平台。

（1）数据集成编程与脚本

对于工程师来说，将数据从源文件移动到目标文件最常见的方式是开发一个简短的脚本。这些脚本通常以几种模式之一运行：它们可以按照预定义的时间表运行，也可以作为由事件触发的服务运行，或者在满足定义的条件时做出响应。工程师可以从多个来源获取数据，在将数据传送到目标数据源之前加入过滤、清理、验证和数据转换。

脚本是移动数据的快捷方式，但它不是专业级的数据处理方法。要成为生产级的数据处理脚本，需要自动执行处理和传输数据所需的步骤，并处理多种操作需求。例如，若脚本正在处理大量数据，则可能需要使用 Apache Spark 或其他并行处理引擎来运行多线程作业。如果输入的数据不干净，程序员应该启用异常处理并在不影响数据流的情况下踢出记录。数据集成脚本通常难以跨多个开发人员进行维护。出于这些原因，具有较大数据集成需求的组织通常不会只用编程和脚本来实现数据集成。

（2）提取、转换与加载工具

自 20 世纪 70 年代以来，ETL 技术已经出现，IBM、Informatica、微软、Oracle、Talend 等公司提供的 ETL 工具在功能、性能和稳定性方面已经成熟。这些平台提供可视化编程工具，让开发人员能够分解并自动执行从源中提取的数据，执行转换并将数据推送到目标存储库的步骤。由于它们是可视化的，并将数据流分解为原子步骤，与难以解码的脚本相比，管道更易于管理和增强。另外，ETL 平台通常提供操作界面来显示数据管道崩溃的位置并提供重启它们的步骤。

多年来，ETL 平台增加了许多功能。大多数平台可以处理来自数据库、平面文件和 Web 服务的数据，无论它们在本地、云中，还是在 SaaS 数据存储中。它们支持各种数据格式，包括关系数据、XML 和 JSON 等半结构化格式，以及非结构化数据和文档。许多工具使用 Spark 或其他并行处理引擎来并行化作业。企业级 ETL 平台通常包括数据质量功能，因此数据可以通过规则或模式进行验证，并将异常发送给数据管理员进行解决。

当数据源持续提供新数据并且目标数据存储的数据结构不会频繁更改时，通常会使用 ETL 平台。

（3）面向 SaaS 平台的数据高速公路

是否有更有效的方法从常见数据源中提取数据呢？也许主要数据目标是从 Salesforce、Microsoft Dynamics 或其他常见 CRM 程序中提取账户或客户联系人。或者，营销人员希望从 Google Analytics 等工具中提取网络分析数据。我们应该如何防止 SaaS 平台成为云中的数据孤岛，并轻松实现双向数据流呢？如果我们已经拥有 ETL 工具，则需要查看该工具是否提供通用 SaaS 平台的标准连接器。如果我们没有 ETL 工具，那么可能需要一个易于使用的工具来构建简单的数据高速公路。

Scribe、Snaplogic 和 Stitch 等数据高速公路工具提供了简单的网络界面，可以连接到常见的数据源，选择感兴趣的领域，执行基本转换，并将数据推送到常用目的地。数据高速公路的另一种形式有助于更接近实时地整合数据。它通过触发器进行操作，当源系统中的数据发生更改时，可以将其操作并推送到辅助系统。IFTTT、Workato 和 Zapier 就是这类工具的例子。这些工具对于将单个记录从一个 SaaS 平台转移到另一个 SaaS 平台时特别有用。在评估它们时，请考虑它们集成的平台数量、处理逻辑的功能和简单性以及价格。

（4）大数据企业平台与数据集成功能

如果正在 Hadoop 或其他大数据平台上开发功能，则可以选择：

● 开发脚本或使用支持大数据平台的 ETL 工具作为端点。
● 具有 ETL、数据治理、数据质量、数据准备和主（Master）数据功能的端到端数据管理平台。

许多提供 ETL 工具的供应商也出售具有这些新型大数据功能的企业平台。还有像 Datameer 和 Unifi 这样的新兴平台可以实现自助服务（如数据准备工具），并可以在 Hadoop 发行版上运行。

（5）AI 驱动型数据集成平台

一些下一代数据集成工具将包括人工智能功能，以帮助自动化重复性任务或识别难以找到的数据模式。例如，Informatica 提供了智能数据平台 Claire，而 Snaplogic 正在营销 Iris，它"推动自我驱动整合"。

2. ETL

ETL 就是对数据的提取、清洗、转换和整合。通过转换可以实现不同的源数据在语义上的一致性。数据采集平台主要是 ETL，它是数据处理的第一步，一切的开端。有数据库就会有数据，就需要采集。在数据挖掘的范畴中，数据清洗的前期过程可简单地认为是 ETL 的过程。ETL 伴随着数据挖掘发展至今，其相关技术也已非常成熟。

（1）概念

ETL 是 Extract（提取或清洗）、Transform（转换）、Load（加载）三个单词的首字母。ETL 负责将分散的、异构数据源中的数据（如关系数据库数据、平面数据文件等）抽取到临时中间层后，进行清洗、转换和整合，最后加载到大数据平台中，成为为分析处理、数据挖掘提供决策支持的数据。

ETL 是构建大数据平台重要的一环，用户从数据源抽取所需的数据，经过数据清洗，最终按照预先定义好的数据模型将数据加载到大数据平台中。ETL 技术已发展得相当成熟，似乎并没有什么深奥之处，但在实际的项目中，却常常在这个环节上耗费太多的人力，而在后期的维护上，往往更费脑筋。导致上面的原因往往是在项目初期没有正确地估计 ETL 的工作，没有认真地考虑其与工具支撑有很大的关系。

在做 ETL 产品选型的时候，仍然必不可少地要考虑 4 点：成本、人员经验、案例和技术支持。ETL 工具包括 Datastage、Powercenter、Kettle 等。在实际 ETL 工具应用的对比上，对元数据的支持、对数据质量的支持、维护的方便性、对定制开发功能的支持等方面是我们选择的切入点。一个项目，从数据源到最终目标平台，多则达上百个 ETL 过程，少则也有十几个。这些过程之间的依赖关系、出错控制以及恢复的流程处理都是工具所需要重点考虑的内容。

（2）过程

在整个数据平台的构建中，ETL 工作占整个工作的 50%~70%。要求的第一点就是，团队协作性要好。ETL 包含 E（提取或清洗）、T（转换）、L（加载），还有日志的控制、数据模型、数据验证、数据质量等方面。例如，我们要整合一个企业亚太区的数据，但是每个国家都有自己的数据源，有的是 ERP，有的是 Access，而且数据库都不一样，要考虑网络的性能问题，如果直接用 JDBC 连接两地的数据源，这样的做法显然是不合理的，因为网络不好，经常连接，很容易导致数据库连接不能释放导致死机。如果我们在各地区的服务器放置一个数据导出为 Access 或者文件的程序，这样文件就可以比较方便地通过 FTP 的方式进行传输。下面我们指出上述案例需要做的几项工作。

① 有人写一个通用的数据导出工具，可以用 Java、脚本或其他的工具，总之要通用，可以通过不同的脚本文件来控制，使各地区的不同数据库导出的文件格式是一样的。而且还可以

实现并行操作。

② 有人写 FTP 的程序，可以用 BAT、ETL 工具或其他的方式，总之要准确，而且方便调用和控制。

③ 有人设计数据模型，包括在第①项工作之后导出的结构。

④ 有人写 SP，包括 ETL 中需要用到的 SP 和日常维护系统的 SP，比如检查数据质量之类的。

⑤ 有人分析源数据，包括表结构、数据质量、空值和业务逻辑。

⑥ 有人负责开发流程，包括实现各种功能，还有日志的记录，等等。

⑦ 有人测试真正好的 ETL，都是团队来完成的，一个人的力量是有限的。

（3）ETL 处理步骤

主要从数据清洗、数据转换、数据加载和异常处理简单地说明。

① 数据清洗

- 数据补缺：对空数据、缺失数据进行数据补缺操作，无法处理的做标记。
- 数据替换：对无效数据进行数据的替换。
- 格式规范化：将源数据抽取的数据格式转换成为目标数据格式。
- 主外键约束：通过建立主外键约束，对非法数据进行数据替换或导出到错误文件重新处理。

② 数据转换

- 数据合并：多用表关联实现，大小表关联用 lookup，大大表相交用 join（每个字段加索引，保证关联查询的效率）。
- 数据拆分：按一定规则进行数据拆分。
- 行列互换、排序/修改序号、去除重复记录。
- 数据验证：lookup、sum、count。

实现方式包含两种，一种是在 ETL 引擎中进行的（SQL 无法实现的）；另一种是在数据库中进行的（SQL 可以实现的）。

③ 数据加载

- 时间戳方式：在业务表中统一添加字段作为时间戳，当业务系统修改业务数据时，同时修改时间戳字段值。
- 日志表方式：在业务系统中添加日志表，业务数据发生变化时，更新维护日志表的内容。
- 全表对比方式：抽取所有源数据，在更新目标表之前先根据主键和字段进行数据比对，有更新的进行 update 或 insert。
- 全表删除插入方式：删除目标表数据，将源数据全部插入。

④ 异常处理

在 ETL 的过程中，面临数据异常的问题不可避免，处理办法为：

● 将错误信息单独输出，继续执行 ETL，错误数据修改后再单独加载。或者中断 ETL，修改后重新执行 ETL。原则是最大限度地接收数据。

● 对于网络中断等外部原因造成的异常，设定尝试次数或尝试时间，超数或超时后，由外部人员手工干预。

● 诸如源数据结构改变、接口改变等异常情况，应进行同步后，再加载数据。

ETL 不是想象中的一蹴而就，在实际过程中，你会遇到各种各样的问题，甚至是部门之间沟通的问题。给它定义到占据整个项目 50%~70%是不足为过的。

如图 3-17 所示是一个大数据采集平台，提供数据获取、清理、更换和存储数据。该平台允许访问不同的数据源，让不同的采集任务可以同时访问多个数据源。它可以追踪采集过程中的每个步骤。该产品既可以作为云服务部署来确保数据准备的灵活性，也可以作为内部部署的解决方案，可以整合到 Hadoop、数据库和各种报表呈现工具中，以更快获取价值。

总之，大数据现在是一个热门话题，但企业和 IT 领导者需要明白，分析糟糕的数据意味着糟糕的分析结果，可能会造成错误的商业决策。正因为如此，读者一定要高度重视数据准备。在大数据平台建设中，推进数据标准体系建设，制定有关大数据的数据采集、数据开放、分类目录和关键技术等标准，推动标准符合性评估。要加大标准实施力度，完善标准服务、评测、监督体系，坚持标准先行。

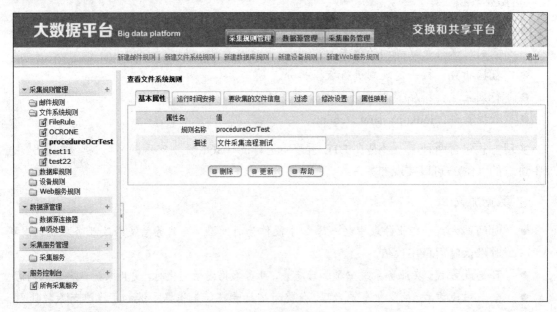

图 3-17　大数据采集平台

3. 数据 profile 能力

数据的 profile 能力包括：

- 数据集的条数、空值等。
- 针对枚举字段枚举值的统计，针对数据类型字段数值分布范围的统计。
- 用户自定义策略的统计。提供用户自定义界面，可以组合各种规则统计数据集中满足条件的数据条数。
- 针对各类指标的时序可视化展示。数据 profile 有了时序的概念，才能做一些数据趋势的分析，以及监控和报警。

数据平台应该可灵活配置数据集 profile 的计算频率。对于不同的数据集，数据量差距很大。针对一个小表，数据集的 profile 可能秒出，大库大表的数据集的 profile 只能定时运行了。

3.5.7　数据整合

数据整合是对导入的各类源数据进行整合，新进入的源数据匹配到平台上的标准数据，或者成为系统中新的标准数据。数据整合工具对数据关联关系进行设置。经过整合的源数据实现了基本信息的唯一性，同时又保留了与原始数据的关联性。具体功能包括关键字匹配、自动匹配、新增标准数据和匹配质量校验 4 个模块。有时，需要对标准数据列表中的重复数据进行合并，在合并时保留一个标准源。对一些拥有上下级关联的数据，对它们的关联关系进行管理设置。

数据质量校验包括数据导入质量校验和数据整合质量校验两个部分，数据导入质量校验的工作过程是通过对原始数据与平台数据从数量一致性、重点字段一致性等方面进行校验，保证数据从源库导入平台前后的一致性；数据整合质量校验的工作是对经过整合匹配后的数据进行质量校验，保证匹配数据的准确性，比如通过 SQL 脚本进行完整性校验。

数据整合往往涉及多个整合流程，所以数据平台一般具有 BPM 引擎，能够对整合流程进行配置、执行和监控。

3.5.8　数据服务

将数据模型按照应用要求做了服务封装，就构成了数据服务，这个与业务系统中的服务概念是完全相同的，只是数据封装比一般的功能封装要难一点。随着企业大数据运营的深入，各类大数据应用层出不穷，对于数据服务的需求非常迫切，大数据如果不服务化，就无法规模化，比如某移动运营商封装了客户洞察、位置洞察、营销管理、终端洞察、金融征信等各种服务共计几百个，每月调用量超过亿次，灵活地满足了内外大数据服务的要求。

数据服务往往需要运行在企业服务总线（Enterprise Service Bus，ESB）之上。ESB 基于 SOA 构建，完成数据服务的释放、监控、统计和审计。除了直接访问数据的服务之外，数据服务还可能包括数据处理服务、数据统计和分析服务（比如 Top N 排行榜）、数据挖掘服务（比如关联规则分析、分类、聚类）和预测服务（比如预测模型和机器学习后的结果数据）。有时，算法服务也属于数据服务的一种类型。

3.5.9　数据开发

有了数据模型和数据服务还是远远不够的，因为再好的现成数据和服务也往往无法满足前端个性化的要求，数据平台的最后一层就是数据开发，其按照开发难度也分为三个层次，最简单的是提供标签库，比如，用户可以基于标签的组装快速形成营销客户群，一般面向业务人员；其次是提供数据开发平台，用户可以基于该平台访问所有的数据并进行可视化开发，一般面向SQL 开发人员；最后就是提供应用环境和组件，比如页面组件、可视化组件等，让技术人员可以自主打造个性化数据产品，以上层层递进，满足不同层次人员的要求。

3.5.10 数据平台总结

大数据行业应用持续升温，特别是企业级大数据市场正在进入快速发展时期。越来越多的企业期望实现数据孤岛的打通，整合海量的数据资源，挖掘并沉淀有价值的数据，进而驱动更智能的商业。随着公司数据爆发式增长，原有的数据库无法承担海量数据的处理，那么就开始考虑大数据平台了。大数据平台应该支持大数据常用的 Hadoop 组件，如 HBase、Hive、Flume、Spark，也可以接 Greenplum，而 Greenplum 正好有它的外部表（也就是 Greenplum 创建一张表，表的特性被称为外部表，读取的内容是 Hadoop 的 Hive 中的），这可以和 Hadoop 融合（当然也可以不用外部表）。通过搭建企业级的大数据平台，打通各系统之间的数据，通过多源异构接入多个业务系统的数据，完成对海量数据的整合。大数据采集平台应支持多样数据源，接口丰富，支持文件和关系型数据库等，支持直接跨库、跨源的混合计算。

大数据平台实现数据的分层与水平解耦，沉淀公共的数据能力。这可分为三层：数据模型、数据服务与数据开发，通过数据建模实现跨域数据的整合和知识沉淀，通过数据服务实现对于数据的封装和开放，快速、灵活地满足上层应用的要求，通过数据开发工具满足个性化数据和应用的需要。图 3-18 是某运营商的数据平台。

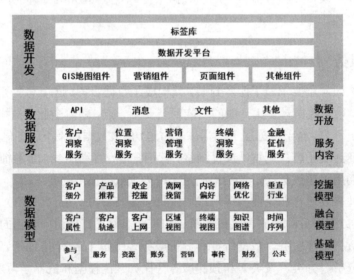

图 3-18　数据平台实例

数据平台还涉及三方面内容。第一是数据技术。大家都有自己的数据中心、机房、小数据库。但当数据积累到一定体量后，这方面的成本会非常高，而且数据之间的质量和标准不一样，会导致效率不高等问题。因此，我们需要通过数据技术对海量数据进行采集、计算、存储、加工，同时统一标准和口径。第二是数据资产。把数据统一之后，会形成标准数据，再进行存储，形成大数据资产层，进而保证为各业务提供高效服务。第三是数据服务，包括指数，就是数据平台面向上端提供的数据服务。

数据平台应确保大家在使用数据的过程中，口径、标准、时效性、效率都有保障，能有更高的可靠性和稳定性。

3.6　大数据的商用途径

前面阐述了大数据相关的定义与相关技术，那么大数据怎么转变为商业价值呢？下面我们从数据使用的几个层面来描述。

3.6.1　数据化

首先必须有数据，就是大数据的采集与存储。很多时候，如果我们连数据都没有，大数据只能是空中楼阁。所以，一个想要做大数据的政府部门或企业，必须先想办法拥有数据，或者采集、爬取、购买数据。

其次是数据互通互联。比如一个企业内部存在很多信息孤岛，信息孤岛之间必须打通，形成统一的大数据平台。最好的办法其实就是企业建立一个统一的大数据平台，当所有的数据上传到这个大数据平台后，数据自然就打通了。互联其实就是数据的标准，如果想让不同的数据源可以相互关联，形成更大的效应，就得有数据标准。数据标准不仅仅可以指导 ETL 过程中的数据清洗、数据校验，好的数据标准还可以使得无线的数据跟 PC 的数据相互关联互通，甚至企业之间的数据关联互通。

这些过程可以称为数据化的过程，也就是大数据的基本要素——数据的形成。

3.6.2　算法化

有了数据，就可以加工使用了。严格意义上说，是指采用大数据的相关技术对大数据进行加工、分析，并最终创造商业价值的过程。在这个过程中，最核心的就是算法。我们提到算法时，往往也会谈到引擎，仅仅提引擎一词，更多想到的可能是汽车的发动机。汽车引擎无论多复杂，其实输入、输出是很简单的，需要的是汽油+空气，输出动力（汽油的能量）。大数据的引擎可能是一组算法的封装，数据就是输入的汽油，通过引擎的转换输出数据中的能量，提供给更上层的数据产品或者服务，从而产生商业价值。

算法是"机器学习"的核心，机器学习又是"人工智能"的核心，是使计算机具有智能的根本途径。在过去 10 年里，机器学习促成了无人驾驶车、高效语音识别、精确网络搜索及人类基因组认知的大力发展。从根本上来说，数据是不会说话的，只有数据没有任何价值。如果拥有大量的数据，而不知道怎么使用，就好像"坐在金山上要饭"。算法其实指的是如何在业务过程中有效利用数据。在不远的未来，所有业务都将成为算法业务，算法才是真正打开数据价值的密钥。当算法迭代优化时，决定其方向的不仅是数据本身的特性，更包含我们对业务本质的理解和创造新业务。这就是我们称算法为"引擎"而非"工具"的关键理由，它是智能的核心。基于数据和算法，完成"机器学习"，实现"人工智能"。

3.6.3 应用化（产品化）

把用户、数据和算法巧妙地连接起来的是数据应用（或数据产品），这也是大数据时代特别强调数据产品重要性的根本原因。最终，大数据的成功最关键的一步往往是一个极富想象力的创新应用。智能化数据产品的要求是非常高的，不仅仅是与最终用户形成个性化、智能化的交互，而且还要有完好的用户体验与突破的技术创新。比如金融行业的"秒贷"，就是基于算法的数据智能实时发挥作用，最终实现秒级放贷，这个是传统的金融服务没法想象的。这样的智能商业才是对传统商业的颠覆。

比如，大数据营销是一个热门的大数据应用。对于多数企业而言，大数据营销的主要价值源于以下几个方面。

- 市场预测与决策分析支持

数据对市场预测及决策分析的支持，早就在数据分析与数据挖掘盛行的年代被提出过。沃尔玛著名的"啤酒与尿布"案例就是那个时候的杰作。只是由于大数据时代上述 Volume（规模大）及 Variety（类型多）对数据分析与数据挖掘提出了新要求。更全面、速度更及时的大数据必然对市场预测及决策分析上一个台阶提供更好的支撑。要知道，似是而非或错误的、过时的数据对决策者而言简直就是灾难。

- 发现新市场与新趋势

基于大数据的分析与预测，对于企业家洞察新市场与把握经济走向都是极大的支持。 例如，微软研究院通过大数据分析对奥斯卡各奖项的归属进行了预测，除最佳导演外，其他各项奖的预测全部命中。

- 客户分级管理支持

面对日新月异的新媒体，许多企业想通过对粉丝的公开内容和互动记录的分析，将粉丝转化为潜在用户，激活社会化资产价值，并对潜在用户进行多个维度的画像。大数据可以分析活跃粉丝的互动内容，设定消费者画像的各种规则，关联潜在用户与会员数据，关联潜在用户与客服数据，筛选目标群体做精准营销，进而可以使传统客户关系管理结合社交数据，丰富用户不同维度的标签，并可以动态地更新消费者的生命周期数据，保持信息新鲜有效。

- 大数据用于改善用户体验

要改善用户体验，关键在于真正了解用户及他们使用你的产品的状况，做最适时的提醒。例如，在大数据时代，或许你正驾驶的汽车可以提前救你一命。只要通过遍布全车的传感器收集车辆运行信息，在你的汽车关键部件发生问题之前，就会提前向你或 4S 店预警，这决不仅仅是节省金钱，而且对保护生命大有裨益。事实上，美国的 UPS 快递公司早在 2000 年就利用这种基于大数据的预测性分析系统来检测全美 60 000 辆车辆的实时车况，以便及时地进行防御性修理。

- 企业重点客户筛选

许多企业家纠结的事是，在企业的用户、好友与粉丝中，哪些是最有价值的用户？有了大数据，或许这一切都可以更加有事实支撑。从用户访问的各种网站可以判断其最近关心的东西是否与你的企业相关；从用户在社交媒体上所发布的各类内容及与他人互动的内容中，可以找出千丝万缕的信息，利用某种规则关联及综合起来，就可以帮助企业筛选重点的目标用户。

- 竞争对手监测与品牌传播

竞争对手在干什么是许多企业想了解的，即使对方不会告诉你，但你却可以通过大数据监测分析得知。品牌传播的有效性亦可通过大数据分析找准方向。例如，可以进行传播趋势分析、内容特征分析、互动用户分析、正负情绪分类、口碑品类分析、产品属性分析等，可以通过监测掌握竞争对手的传播态势。

- 精准营销信息推送支撑

精准营销总在被许多公司提及，但是真正做到的少之又少，反而是垃圾信息泛滥。究其原因，主要是过去名义上的精准营销并不怎么精准，因为其缺少用户特征数据的支撑及详细准确的分析。相对而言，现在的 RTB（Real Time Bidding，实时竞价）广告等应用则向我们展示了比以前更好的精准性，而其背后靠的就是大数据支撑。

- 用户行为与特征分析

只要积累足够的用户数据，就能分析出用户的喜好与购买习惯，甚至做到"比用户更了解用户自己"。有了这一点，才是许多大数据营销的前提与出发点。无论如何，那些过去将"一切以客户为中心"作为口号的企业可以想想，过去你们真的能及时、全面地了解客户的需求与所想吗？或许只有大数据时代这个问题的答案才更明确。

- 品牌危机监测及管理支持

新媒体时代，品牌危机使许多企业谈虎色变，然而大数据可以让企业提前有所洞悉。在危机爆发的过程中，最需要的是跟踪危机传播趋势并识别重要参与人员，方便快速应对。大数据可以采集负面定义内容，及时启动危机跟踪和报警，按照人群社会属性分析聚类事件过程中的观点，识别关键人物及传播路径，进而可以保护企业、产品的声誉，抓住源头和关键节点，快速有效地处理危机。

3.6.4　生态化

大数据时代将催化出大数据生态。基于底层的技术平台，上层开放则可以形成丰富的生态。通过开放式的平台凝聚行业的力量，为更多的企业和个人提供大数据服务。大数据生态表现在以下两个方面。

- 数据交换/交易平台

人工智能的基石就是数据，作为人工智能的第一要务，数据是最重要的。数据作为生产资料，好比汽车的汽油，没有汽油，再高端的汽车也无法运转。而数据的来源往往是多方面的，未来一个企业所用到的数据往往不仅仅是自身的数据，甚至是多个渠道交换、整合、购买过来的数据。对于大数据商业形态，数据一定是流动的，数据只有整合关联，才能发挥更大的价值。但是数据要实现交换、交易，我们最终所必须解决的是法律法规、数据标准等一系列问题。

- 算法经济/生态

算法是人工智能应用的基石，是大数据的核心价值。多个机器学习算法可以结合起来成为更强大的算法，从而更好地分析数据，充分挖掘数据中的价值。Gartner 认为，无可避免地，算法经济将创造一个全新的市场。人们可以对各种算法进行买卖，为当下的公司汇聚大量的额外收入，并催生出全新一代的专业技术初创企业。想象这样一个市场：数十亿的算法都是可以买卖的，每一个算法代表的是一种软件代码，能解决一个或多个技术难题，或者从物联网的指数级增长中创造一个新的机会。在算法经济中，对于前沿的技术项目，无论是先进的智能助理，还是能够自动计算库存的无人机，最终都将落实成为实实在在的代码，供人们交易和使用。

广义的算法存在于大数据的整个闭环之中，大数据平台、ETL（数据提取、数据清洗、数据加载、数据脱敏等）、数据加工、数据产品等每一个层面都会有算法支持。算法可以直接交易，也可以包装成产品、工具、服务，甚至平台来交易，最终形成大数据生态中的一个重要组成部分。人们将会通过产品使用的算法来评价它的性能好坏。企业的竞争力也不仅仅在于大数据，还要有能够把数据转换为实际应用的算法。因此，CEO 应该关注公司有产权的算法，而不仅仅是大数据。正在涌现的机器学习平台可凭借"模型作为服务"的方式，托管预训练过的机器学习模型，从而令企业能够更容易地开启机器学习，快速将其应用从原型转化成产品。企业接入并使用不同的机器学习模型和服务以提供特定功能的能力将变得越来越有价值。

所有的这一切最终也离不开云计算，数据平台天然就是基于云计算来实现的。而数据交换、算法交易则需要一个商店，云端就是目前最好的商店。无论是数据的互通，还是基于云端预训练、托管的机器学习模型，都将促使每个公司的数据产品能够大规模地利用算法智能。

3.7　大数据产业

3.7.1　大数据产业界定

1990 年以来，在摩尔定律的推动下，计算存储和传输数据的能力在以指数级的速度增长，每吉字节（GB）存储器的价格每年下降 40%。2000 年以来，以 Hadoop 为代表的分布式存储和计算技术迅猛发展，极大地提升了数据管理能力，互联网企业对海量数据的挖掘利用大获成功，引发全社会开始重新审视"数据"的价值，开始把数据当作一种独特的战略资源对待。大数据的所谓 3V 特征（体量大、结构多样、产生处理速度快）主要是从以下角度描述的。

从技术视角看，大数据代表新一代数据管理与分析技术。传统的数据管理与分析技术以结构化数据为管理对象，在小数据集上进行分析，以集中式架构为主，成本高昂。与"贵族化"的数据分析技术相比，源于互联网、面向多源异构数据、在超大规模数据集（拍字节（PB）量级）上进行分析、以分布式架构为主的新一代数据管理技术，与开源软件潮流叠加，在大幅提高处理效率的同时（数据分析从 T+1 到 T+0 甚至实时），成百倍地降低了数据应用成本。

从理念视角看，大数据打开了一种全新的思维角度。其一是"数据驱动"，即经营管理决策可以自下而上地由数据来驱动，甚至像量化股票交易、实时竞价广告等场景中那样，可以由机器根据数据直接决策；其二是"数据闭环"，观察互联网行业大数据案例，它们往往能够构造起包括数据采集、建模分析、效果评估到反馈修正各个环节在内的完整"数据闭环"，从而不断地自我升级，螺旋上升。目前很多"大数据应用"，要么数据量不够大，要么并非必须使用新一代技术，但体现了数据驱动和数据闭环的思维，改进了生产管理效率，这是大数据思维理念应用的体现。

大数据本身既能形成新兴产业，也能推动其他产业发展。当前，国内外缺乏对大数据产业的公认界定。我们认为，大数据产业可以从狭义和广义两个层次界定。从狭义看，当前全球围绕大数据采集、存储、管理和挖掘，正在逐渐形成一个"小生态"，即大数据核心产业。大数据核心产业为全社会大数据应用提供数据资源、产品工具和应用服务，支撑各个领域的大数据应用，是大数据在各个领域应用的基石，如图 3-19 所示。应该注意到，狭义的大数据产业仍然围绕信息的采集加工构建，属于信息产业的一部分。

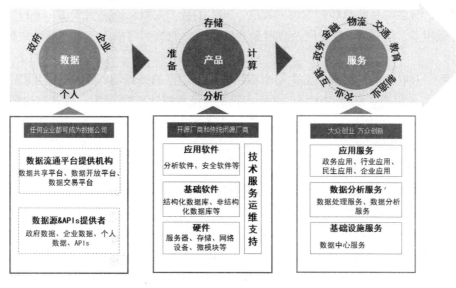

图 3-19　大数据产业

数据资源部分负责原始数据的供给和交换，根据数据来源的不同，可以细分为数据资源提供者和数据交易平台两种角色。数据基础能力部分负责与数据生产加工相关的基础设施和技术要素供应，根据数据加工和价值提升的生产流程，数据基础能力部分主要包括数据存储、数据处理和数据库（数据管理）等多个角色。数据分析/可视化部分负责数据隐含价值的挖掘、数据关联分析和可视化展现等，既包括传统意义上的 BI（商业智能）、可视化和通用数据分析工具，也包括面向非结构化数据提供的语音、图像等媒体识别服务。数据应用部分根据数据分析和加工的结果，面向电商、金融、交通、气象、安全等细分行业提供精准营销、信用评估、出行引导、信息防护等企业或公众服务。

目前大数据产业的统计口径尚未建立。对于我国大数据产业的规模，各个研究机构均采取间接方法估算。根据多个咨询机构的预测，2018 年我国大数据市场规模将达到 280 亿元，未来 5 年（2018-2022）年均复合增长率约为 27.29%，2022 年将达到 735 亿元。

从广义看，大数据具有通用技术的属性，能够提升运作效率，提高决策水平，从而形成由数据驱动经济发展的"大生态"，即广义大数据产业。广义大数据产业包含大数据在各个领域的应用，已经超出了信息产业的范畴。美国麦肯锡预计，到 2020 年，美国大数据应用带来的增加值将占 2020 年 GDP 的 2%~4%。中国信息通信研究院预计，到 2020 年，大数据将带动中国 GDP 增长 2.8%~4.2%。总之，在智能化技术发展和数据价值不断提升的数据资产化的共同推动下，数字经济是从业务数据化到数据业务化的不断循环渐进的过程，这也就意味着数据与业务的结合仍是大数据时代新技术应用的核心。

3.7.2　大数据技术发展的推动力

1. 社交网络和物联网技术拓展了数据采集技术渠道

经过行业信息化建设，医疗、交通、金融等领域已经积累了许多内部数据，构成大数据资源的"存量"；而移动互联网和物联网的发展，大大丰富了大数据的采集渠道，来自外部社交网络、可穿戴设备、车联网、物联网及政府公开信息平台的数据将成为大数据增量数据资源的主体。

当前，移动互联网的深度普及为大数据应用提供了丰富的数据源。根据中国互联网络信息中心（CNNIC）的报告，截至 2017 年 12 月，我国网民规模达 7.72 亿人，普及率达到 55.8%，超过全球平均水平（51.7%）4.1 个百分点。全年共计新增网民 4074 万人，增长率为 5.6%。我国手机网民规模达 7.53 亿人，网民中使用手机上网的人群占比由 2016 年的 95.1%提升至97.5%。线下企业通过与互联网企业的合作，或者利用开放的应用程序编程接口（API）或网络爬虫，可以采集到丰富的网络数据，可以作为内容数据的有效补充。

另外，快速发展的物联网也将成为越来越重要的大数据资源提供者。相对于现有互联网数据杂乱无章和价值密度低的特点，通过可穿戴、车联网等多种数据采集终端定向采集的数据资源更具利用价值。例如，智能化的可穿戴设备经过几年的发展，智能手环、智能腕带、智能手表等可穿戴设备正在走向成熟，智能自行车等设备层出不穷。根据 IDC 公司预计，到 2020 年之前，可穿戴设备市场的年复合增长率将为 20.3%，而 2020 年将达到 2.136 亿台。可穿戴设备可以 7×24 小时不间断地收集个人健康数据，在医疗保健领域有广阔的应用前景，一旦技术成熟，设备测量精度达到医用要求，电池续航能力也有显著增强，就很可能会进入大规模应用阶段，从而成为重要的大数据来源。例如，车联网已经进入快速成长期，据国外公司预计，2016 年前，车联网市场渗透率将达到 19%，在未来 5 年内迎来发展黄金期，2020 年将达到 49%。

不过，值得注意的是，即便外部数据越来越丰富，但可获取性还不够高，一方面受目前技术水平所限，车联网、可穿戴设备等数据采集精度、数据清洗技术和数据质量还达不到实用要求；另一方面，由于体制机制原因，导致行业和区域上的条块分割、数据割据和孤岛普遍存在，跨企业、跨行业数据资源的融合仍然面临诸多障碍。根据中国信息通信研究院对国内 800 多家企业的调研来看，有 50%以上的企业把内部业务平台数据、客户数据和管理平台数据作为大数据应用最主要的数据来源。企业内部数据仍是大数据的主要来源，但对外部数据的需求日益强烈。当前，有 32%的企业通过外部购买获得数据，只有 18%的企业使用政府开放的数据。如何促进大数据资源建设，提高数据质量，推动跨界融合流通，是推动大数据应用进一步发展的关键问题之一。

2. 分布式存储和计算技术夯实了大数据处理的技术基础

大数据存储和计算技术是整个大数据系统的基础。在存储方面，2000 年左右，谷歌等提出的文件系统以及随后的 Hadoop 分布式文件系统 HDFS 奠定了大数据存储技术的基础。与传统系统相比，GFS/HDFS 将计算和存储节点在物理上结合在一起，从而避免在数据密集计算中易形成的 I/O 吞吐量的制约，同时这类分布式存储系统的文件系统也采用了分布式架构，能达到较高的并发访问能力。

在计算方面，谷歌在 2004 年公开的 MapReduce 分布式并行计算技术是新型分布式计算技术的代表。一个 MapReduce 系统由廉价的通用服务器构成，通过添加服务器节点可线性扩展系统的总处理能力，在成本和可扩展性上都有巨大的优势。谷歌的 MapReduce 是其内部网页索引、广告等核心系统的基础。之后出现的 Apache Hadoop MapReduce 是谷歌 MapReduce 的开源实现，目前已经成为应用最广泛的大数据计算软件平台。

MapReduce 架构能够满足"先存储后处理"的离线批量计算需求，但也存在局限性，最大的问题是时延过长，难以适用于机器学习迭代、流式处理等实时计算任务，也不适合针对大规模图数据等特定数据结构进行快速运算。为此，业界在 MapReduce 的基础上提出了多种不同的并行计算技术路线。例如 Storm 系统是针对"边到达边计算"的实时流式计算框架，可在一个时间窗口上对数据流进行在线实时分析，已经在实时广告、微博等系统中得到应用。此外，还出现了将 MapReduce 内存化以提高实时性的框架，针对大规模图数据进行优化的 Pregel 系统，等等。

以 Hadoop 为代表的开源软件大幅度降低数据的存储与计算的成本。传统数据存储和分析的成本约为 3 万美元/TB，而采用 Hadoop 技术，成本可以降到 300 美元~1000 美元/TB。新一代计算平台 Spark 进一步把 Hadoop 性能提升了 30 多倍，性能越来越高，技术门槛越来越低。目前，开源 Hadoop 和 Spark 已经形成了比较成熟的产品供应体系，基本上可以满足大部分企业建设大数据存储和分析平台的需求，为企业提供了低成本解决方案。

3. 深度神经网络等新兴技术开辟大数据分析技术的新时代

数据分析技术一般分为联机分析处理和数据挖掘两大类。OLAP 技术一般基于用户的一系列假设，在多维数据集上进行交互式的数据集查询、关联等操作来验证这些假设，代表了演绎推理的思想方法。

数据挖掘技术一般是在海量数据中主动寻找模型，自动发展隐藏在数据中的模式，代表了归纳的思想方法。传统的数据挖掘算法主要有以下几种。

（1）聚类，又称为群分析，是研究（样品或指标）分类问题的一种统计分析方法，针对数据的相似性和差异性将一组数据分为几个类别。属于同一类别的数据间的相似性很大，但不同类别之间的数据的相似性很小，跨类的数据关联性很低。企业通过使用聚类分析算法可以进行客户分群，在不明确客户群行为特征的情况下对客户数据从不同维度进行分群，再对分群客户进行特征提取和分析，从而抓住客户的特点推荐相应的产品和服务。

（2）分类，类似于聚类，但是目的不同，分类可以使用聚类预先生成的模型，也可以通过经验数据找出一组数据对象的共同点，将数据划分成不同的类，其目的是通过分类模型将数据项映射到某个给定的类别中，代表算法是 CART（分类与回归树）。企业可以将用户、产品、服务等各业务数据进行分类，构建分类模型，再对新的数据进行预测分析，使之归于已有类中。分类算法比较成熟，分类准确率也比较高，对于客户的精准定位、营销和服务有着非常好的预测能力，帮助企业进行决策。

（3）回归，反映了数据的属性值的特征，通过函数表达数据映射的关系来发现属性值之间的一览关系。它可以应用到对数据序列的预测和相关关系的研究中。企业可以利用回归模型对市场销售情况进行分析和预测，及时做出对应策略的调整。在风险防范、反欺诈等方面也可以通过回归模型进行预警。

传统的数据分析方法，无论是传统的 OLAP 技术还是数据挖掘技术，都难以应付大数据的挑战。首先是执行效率低。传统数据挖掘技术都是基于集中式的底层软件架构开发的，难以并行化，因而在处理太字节（TB）级以上的数据时效率低。其次是数据分析精度难以随着数据量的提升而得到改进，特别是难以应对非结构化数据。在人类全部数字化的数据中，仅有非常小的一部分（约占总数据量的 1%）数值型数据得到了深入分析和挖掘（如回归、分类、聚类），大型互联网企业对网页索引、社交数据等半结构化数据进行了浅层分析，占总量近 60%的语音、图片、视频等非结构化数据还难以进行有效的分析。

所以，大数据分析技术的发展需要在两个方面取得突破，一是对体量庞大的结构化和半结构化数据进行高效率的深度分析，挖掘隐性知识，如从自然语言构成的文本网页中理解和识别语义、情感、意图等；二是对非结构化数据进行分析，将海量复杂多源的语音、图像和视频数据转化为机器可识别的、具有明确语义的信息，进而从中提取有用的知识。目前来看，以深度神经网络等新兴技术为代表的大数据分析技术已经得到一定发展。

神经网络是一种先进的人工智能技术，具有自行处理、分布存储和高度容错等特性，非常适合处理非线性的以及模糊、不完整、不严密的知识或数据，十分适合解决大数据挖掘的问题。典型的神经网络模型主要分为三大类：第一类是用于分类预测和模式识别的前馈式神经网络模型，其主要代表为函数型网络、感知机；第二类是用于联想记忆和优化算法的反馈式神经网络模型，以 Hopfield 的离散模型和连续模型为代表。第三类是用于聚类的自组织映射方法，以 ART 模型为代表。不过，虽然神经网络有多种模型及算法，但在特定领域的数据挖掘中使用何种模型及算法并没有统一的规则，而且人们很难理解网络的学习及决策过程。

深度学习是近年来机器学习领域最令人瞩目的方向。自 2006 年深度学习界泰斗 Geoffrey Hinton 在《Science》杂志上发表 DeepBelief Networks 的论文后，激活了神经网络的研究，开启了深度神经网络的新时代。学术界和工业界对深度学习热情高涨，并逐渐在语音识别、图像识别、自然语言处理等领域获得突破性进展，深度学习在语音识别领域的准确率获得了20%~30%的提升，突破了近十年的瓶颈。2012 年，图像识别领域在 ImageNet 图像分类竞赛中取得了 85%的 Top 5 准确率，相比前一年 74%的准确率有里程碑式的提升，并进一步在 2013 年将准确率提高到了 89%。目前，谷歌、Facebook、微软、IBM 等国际巨头，以及国内的百度、阿里巴巴、腾讯等互联网巨头争相布局深度学习。由于神经网络算法的结构和流程特性非常适合大数据分布式处理平台进行计算，通过神经网络领域的各种分析算法的实现和应用，公司可以实现对多样化的分析，并在产品创新、客户服务、营销等方面取得创新性进展。

随着互联网与传统行业融合程度日益加深，对于 Web 数据的挖掘和分析成为需求分析和市场预测的重要手段。Web 数据挖掘是一项综合性的技术，可以从文档结构和使用集合中发现隐藏的输入到输出的映射过程。目前研究和应用比较多的是 PageRank 算法。PageRank 是 Google 算法的重要内容，于 2001 年 9 月被授予美国专利，以谷歌创始人之一拉里·佩奇命名。PageRank 根据网站外部链接和内部链接的数量和质量衡量网站的价值。这个概念的灵感来自于学术研究中的一种现象，即一篇论文被引述的频率越高，一般会判断这篇论文的权威性和质量越高。在互联网场景中，每个到页面的链接都是对该页面的一次投票，被链接的越多，就意味着被其他网站投票越多。这就是所谓的链接流行度，可以衡量多少人愿意将他们的网站和你的网站挂钩。

需要指出的是，数据挖掘与分析的行业与企业特点强，除了一些最基本的数据分析工具外，目前还缺少针对性的、一般化的建模与分析工具。各个行业与企业需要根据自身业务构建特定的数据模型。数据分析模型构建的能力强弱成为不同企业在大数据竞争中取胜的关键。

3.7.3 重点行业的大数据应用

传统的数据应用主要集中在对业务数据的统计分析，作为系统或企业的辅助支撑，应用范围以系统内部或企业内部为主，例如各类统计报表、展示图表等。伴随着各种随身设备、物联网和云计算、云存储等技术的发展，数据内容和数据格式多样化，数据颗粒度也愈来愈细，随之出现了分布式存储、分布式计算、流式处理等大数据技术，各行业基于多种甚至跨行业的数据源相互关联探索更多的应用场景，同时更注重面向个体的决策和应用的时效性。因此，大数据的数据形态、处理技术、应用形式构成了区别于传统数据应用的大数据应用。

一方面，大数据在各个领域的应用持续升温；另一方面，大数据的效益尚未充分验证。大多数的大数据系统尚处于早期部署阶段，因此它们的投资回报还未得到充分验证。大数据前景很美好，同时也可能存在"忽悠"出来的"泡沫"成分。整体来看，大数据应用尚处于从热点行业领域向传统领域渗透的阶段。中国信息通信研究院的调查显示，大数据应用水平较高的行业主要分布在互联网、电信、金融行业，而一些传统行业的大数据应用发展较为缓慢。

1. 电信领域

电信行业掌握体量巨大的数据资源，单个运营商的手机用户每天产生的话单记录、信令数据、上网日志等数据就可以达到拍字节（PB）级规模。电信行业利用 IT 技术采集数据改善网络运营、提供客户服务已有数十年的历史，而传统处理技术下，运营商实际上只能用到其中百分之一左右的数据。

大数据对于电信运营商而言，一是意味着利用廉价、便捷的大数据技术提升其传统的数据处理能力，聚合更多的数据提升洞察能力。例如，美国 T-Mobile 借助大数据加快了诊断网络潜在问题的效率，改善服务水平，为客户提供了更好的体验，获得了更多的客户以及更高的业务增长。中国移动、德国电信利用大数据技术加大对历史数据的分析，动态优化调整网络资源配置，大幅提高无线网络的运行效率。T-Mobile 通过集成数据综合分析客户流失的原因，在一个季度内将客户流失率减半。SK 电讯成立 SK Planet 公司专门处理与大数据相关的业务，通过分析客户的使用行为防止客户流失。中国联通利用大数据技术对全国 3G/4G 用户进行精准画像，形成大量有价值的标签数据，为客户服务和市场营销提供了有力支持。中国移动通过对消费、通话、位置、浏览、使用和交往圈等数据的分析，利用各种联系记录发现各种圈子，分析影响力及关键人员，用来进行家庭客户、政企客户和关键客户的识别，以实现主动营销和客户维系。

二是提高数据意识，寻求合适的商业模式，尝试数据价值的外部变现。主要有数据即服务（Data-as-a-Service，DaaS）和分析即服务（Analytics-as-a-Service，AaaS）两种模式，数据即服务模式往往通过开放数据或开放 API 的方式直接向外出售脱敏后的数据；分析即服务模式往往与第三方公司合作，利用脱敏后的（自身或整合外部）数据资源为政府、企业或行业客户提供通用信息、数据建模、策略分析等多种形式的信息和服务，以创造外部收益，实现数据资源变现。

数据即服务方面，AT&T 将客户在 WiFi 网络中的地理位置、网络浏览历史记录以及使用的应用等数据销售给广告公司获取可观收益；英国电信基于安全数据分析服务 Assure Analytics，帮助企业收集、管理和评估大数据集，将这些数据通过可视化的方式呈现给企业，帮助企业改进决策；德国电信和沃达丰主要尝试通过开放 API，向数据挖掘公司等合作方提供部分用户匿名的地理位置数据，以掌握人群出行规律，有效地与一些 LBS 应用服务对接。限于国内对数据交易流通方面缺乏明确规定，国内运营商很少尝试数据即服务模式。

分析即服务方面，西班牙电信成立了动态洞察部门 Dynamic Insights 开展大数据业务，与市场研究机构 Gfk 进行合作，在英国、巴西推出名为智慧足迹的创新产品，该产品基于完全匿名和聚合的移动网络数据，可对某个时段、某个地点人流量的关键影响因素进行分析，并将洞察结果提供给政企客户；Verizon 成立精准营销部门（Precision Marketing Division），提供精准营销洞察、精准营销、移动商务等服务，包括联合第三方机构对其用户群进行大数据分析，再将有价值的信息提供给政府或企业获取额外价值；中国电信在大数据 RTB 精准广告业务（根据客户行为和位置分析进行商铺选址和实施营销）、景区流动人口监测业务、基于客户行为的中小微企业通用信用评价等方面均有尝试，且成效显著，借助对不同行业、不同类型企业的行为数据分析，中国电信的"贷 189"平台，一个月吸引了中小企业 580 家、金融机构 24 家，订单成交额达 3368 万元。中国移动和中国联通也与第三方合作，开展智慧旅游、智能交通、智慧城市等项目，探索数据外部变现的新型商业模式，寻找新的业务增长点。

2. 金融领域

金融行业是信息产业之外大数据的又一重要应用领域，大数据在金融三大业务——银行、保险和证券中均具有较为广阔的应用前景。总体来说，金融行业的主要业务应用包括企业内外部的风险管理、信用评估、借贷、保险、理财、证券分析等，都可以通过获取、关联和分析更多维度、更深层次的数据，并通过不断发展的大数据处理技术得以更好、更快、更准确的实现，从而使得原来不可担保的信贷可以担保，不可保险的风险可以保险，不可预测的证券行情可以预测。

利用大数据可以提升金融企业内部的数据分析能力。中信银行信用卡中心从 2010 年开始引入大数据分析解决方案，为企业中心提供了统一的客户视图。借助客户统一视图可以从交易、服务、风险、权益等多个层面获取和分析数据，对客户按照低、中、高价值来进行分类，根据银行整体经营策略积极地提供相应的个性化服务，在降低成本的同时大幅提升精准营销能力。更多的金融企业利用大数据技术整合来自互联网等渠道的更多的外部数据。

淘宝网的"阿里小贷"依托阿里巴巴（B2B）、淘宝、支付宝等平台数据，海量的交易数据在阿里的平台上运行，阿里通过对商户最近 100 天的数据分析，准确地把握商户可能存在的资金问题。美国的 Lending Club 通过获取 eBay 等公司的网店店主的销售记录、信用记录、顾客流量、评论、商品价格和存货等信息，以及他们在 Facebook 和 Twitter 上与客户的互动信息，借助数据挖掘技术，把这些店主分成不同的风险等级，以此来确定提供贷款金额数量与贷款利率的水平。

众安保险不断改进其数据分析模型和挖掘手段，构建了强大的大数据能力，推出了针对高频小额事件的运费险。国内一款互联网车险产品利用手机获取车主驾驶行为的数据，结合车型因子、违章历史数据、个人信用数据等维度信息，对车主安全行为画像，从而进行风险定价。IBM 使用大数据信息技术成功开发了"经济指标预测系统"，可通过统计分析新闻中出现的单词等信息来预测股价等走势。另外，英美甚至国内都有基于社交网络的证券投资的探索，根据从 Twitter、微博等社交网络数据内容感知的市场情绪来进行投资。

3. 政务领域

大数据的政务应用获得了世界各国政府的日益重视。美国 2012 年启动了"大数据研究和发展计划"，日本 2013 年正式公布以大数据为核心的新 IT 国家战略，英国政府通过高效地使用公共大数据技术，每年可以节省 330 亿英镑，相当于英国人每人每年节省 500 英镑。我国政府也非常重视利用大数据提升国家治理能力。《国务院关于印发促进大数据发展行动纲要的通知》提出"大数据成为提升政府治理能力的新途径",要"打造精准治理、多方协作的社会治理新模式"。

首先,大数据有助于提升政府提供的公共产品和服务。一方面,基于政务数据共享互通,实现政务服务一号认证(身份认证号)、一窗申请(政务服务大厅)、一网办事(联网办事),大大简化了办事手续。另一方面,通过建设医疗、社保、教育、交通等民生事业大数据平台,有助于提升民生服务,同时引导鼓励企业和社会机构开展创新应用研究,深入发掘公共服务数据,有助于激发社会活力、促进大数据应用市场化服务。

其次,大数据支持宏观调控科学化。政府通过对各部门、社会企业的经济相关数据进行关联分析和融合利用,可以提高宏观调控的科学性、预见性和有效性。比如电商交易、人流、物流、金融等各类信息的融合交汇,可以绘出国家经济发展的气象云图,帮助人们了解未来经济走向,提前预知通货膨胀或经济危机。

再次,大数据有助于政府加强事中、事后的监管和服务,提高监管和服务的针对性、有效性。《国务院办公厅关于运用大数据加强对市场主体服务和监管的若干意见》(国办发〔2015〕51号)提出了4项主要目标:一是提高政府运用大数据的能力,增强政府服务和监管的有效性;二是推动简政放权和政府职能转变,促进市场主体依法诚信经营;三是提高政府服务水平和监管效率,降低服务和监管成本;四是实现政府监管和社会监督有机结合,构建全方位的市场监管体系。"大数据综合治税""大数据信用体系"等以大数据融合加强企业事中、事后监管的新模式的探索正在全国各地展开。

最后,大数据有助于推动权利管控精准化。借助大数据实现政府负面清单、权利清单和责任清单的透明化管理,完善大数据监督和技术反腐体系,促进政府依法行政。李克强在了解贵阳利用执法记录仪和大数据云平台监督执法权力情况时说,要把执法权力关进"数据铁笼",权力运行处处留痕,实现"人在干、云在算"。

总之,大数据超越了传统行政的思维模式,推动政府从"经验治理"转向"科学治理"。随着国家大数据战略渐次明细,各方实践逐步展开,大数据在政府领域的应用将迎来高速发展。

4. 交通领域

交通数据资源丰富,具有实时性特征。在交通领域,数据主要包括各类交通运行监控、服务和应用数据,如公路、航道、客运场站和港口等视频监控数据,城市和高速公路、干线公路的各类流量、气象检测数据,城市公交、出租车和客运车辆的卫星定位数据,以及公路和航道收费数据等,这些交通数据类型繁多,而且体积巨大。此外,交通领域的数据采集和应用服务均对实时性要求较高。目前,大数据技术在交通运行管理优化、面向车辆和出行者的智能化服务,以及交通应急和安全保障等方面都有着重大发展。

在出行方面,面向公众出行信息需求,整合交通出行服务信息,在公共交通、出租汽车、道路交通、公共停车、公路客运等领域扩大信息服务覆盖面,使公众出行更便捷。可以提供综合性、多层次信息服务,包括交通资讯、实时路况、公交车辆动态信息、停车动态信息、水上客运、航班和铁路等动态信息服务以及出行路径规划、出租招车等信息交互服务。例如,滴滴、Uber打车软件提供出租车、快车、专车、顺风车服务,同时接入地图、路线查询、实时路况、在线支付等相关服务。智能停车软件也进入市场，如停简单、好停车、PP 停车等，实现停车行业与动态交通的有效衔接。

在物流方面，物流数据可以为物流市场预测、物流中心选址、优化配送线路、仓库储位优化等提供支撑，甚至能够提供交通路况、车辆运行、社会经济发展动态的信息。对于跨境物流，整合集口岸监管、物流运输、航运信息，可以实现物流产业链的业务单据、车辆船舶动态、通关状态等要素信息的跨行业、跨区域贯通，提高物流效率。

在管理方面，利用交通行业数据支撑交通管理与决策。利用数据挖掘技术可以深入研究交通网优化，为行业发展趋势研判、政策制定及效果评估等提供支撑保障。此外，交通与公安、城管、环保等相关职能部门的大数据平台对接，可以提高跨领域管理能力。在运营方面，整合行业数据，形成地面公交、出租汽车、轨道交通、路网建设、汽车服务、港口、航空等领域的一体化智能管理。通过车载、运营数据的精确、实时采集可以实现公交调度、行车安全监控、公交场站管理，支持公交安全、服务、成本管控的全过程管理和交互。通过打通出租汽车电调平台与互联网招车平台之间的信息渠道，可以提供多渠道便捷的招车服务，实现对出租汽车服务质量的动态跟踪、评估和管理。对轨道交通线网基础设施、运行状况、运营数据、服务质量、隐患治理、安全保护区等进行监测，可以实现安全管理和应急协同。

5. 医疗领域

医疗卫生领域每年都会产生海量的数据，一般的医疗机构每年会产生 1TB~20TB 的相关数据，个别大规模医院的年医疗数据甚至达到了拍字节（PB）级别。从数据种类上来看，医疗机构的数据不仅涉及服务结算数据和行政管理数据，还涉及大量复杂的门诊数据，包括门诊记录、住院记录、影像学记录、用药记录、手术记录、医保数据等，作为医疗患者的医疗档案，颗粒度极为细致。所以医疗数据无论从体量还是种类上来说都符合大数据的特征，基于这些数据，可以有效辅助临床决策支撑临床方案。同时，通过对疾病的流行病学分析，还可以对疾病危险进行分析和预警。

临床中遇到的疑难杂症，有时即便是专家也缺乏经验，很难做出正确的诊断，治疗也更加困难。临床决策支持系统可以通过海量文献的学习和不断的错误修正给出最适宜的诊断和最佳治疗。大数据分析技术将使临床决策支持系统更智能，这得益于对非结构化数据的分析能力日益加强。比如可以使用图像分析和识别技术识别医疗影像（X 光、CT、MRI）数据，或者挖掘医疗文献数据，建立医疗专家数据库，从而给医生提出诊疗建议。此外，临床决策支持系统还可以使医疗流程中大部分的工作流向护理人员和助理医生，使医生从耗时过长的简单咨询工作中解脱出来，从而提高治疗效率。以 IBM Watson 为代表的临床决策系统在开发之初只是用来进行分诊的工作。而如今，通过建立医疗文献及专家数据库，Watson 已经可以依据与疗效相关的临床、病理及基因等特征，为医生提出规范化临床路径及个体化治疗建议，不仅可以提高工作效率和诊疗质量，也可以减少不良反应和治疗差错。在美国儿科重症病房的研究中，临床决策支持系统就避免了 40%的药品不良反应事件。世界各地的很多医疗机构已经开始了比较效果研究（Comparative Effectiveness Research，CER）项目并取得了初步成功。

大量的基因数据、临床实验数据、环境数据以及居民的行为与健康管理数据形成了"大数据"，同时随着人类对疾病与基因之间映射关系认识的加深,基因测序成本的下降,可穿戴设备的普及,监控设备的微型化,移动连接和网络覆盖范围的扩大和大数据处理能力的大幅提升,针对患者个体的精准医疗和远程医疗成为可能。通过收集和分析数据,医生可以更好地判断病人的病情,可实现计算机远程监护,对慢性病进行管理。通过对远程监控系统产生的数据进行分析,可以减少病人住院的时间,减少急诊量,实现提高家庭护理比例和门诊医生预约量的目标。

公共卫生部门可以通过覆盖全国的患者电子病历数据库快速检测传染病,进行全面的疫情监测,并通过集成疾病监测和响应程序快速进行响应。百度通过对全国各地的用户产生的搜索日志的分析,提供全国 331 个地级市、2870 个区县的疾病态势。百度还准备将社交媒体数据、问答社区数据,甚至是各地区天气变化、各地疾病人群迁徙等特征数据融合到预测里,进一步提高预测的准确性。很多研究者试图利用其他渠道(比如社交网站)的数据来预测流感。纽约罗切斯特大学的一个数据挖掘团队就曾利用 Twitter 的数据进行了尝试,研究者在一个月内收集了 60 余万人的 440 万条 Twitter 信息,挖掘其中的身体状态信息。分析结果表明,研究人员可以提前 8 天预报流感对个体的侵袭状况,而且准确率高达 90%。

基因测序研究一直是大数据应用的重点领域,随着大数据处理能力的不断提升,该领域的研究也进展显著。随着计算能力和基因测序能力逐步增加,美国哈佛医学院个人基因组项目负责人詹森·鲍比认为,2015 年会有 5000 万人拥有个人基因图谱,而一个基因组序列文件大小约为 750MB。成立于 2011 年的初创公司 Bina Technology 主要从事的工作就是利用大数据来分析人类的基因序列,其分析成果将为研究机构、临床医师等下游医疗服务行业提供最基础的研究素材。在同斯坦福大学研究者进行的试点研究结果表明,Bina Technology 平台利用大数据处理技术在 5 个小时内可完成几百人的基因序列分析,按照传统的分析方法需要花费一周时间来完成。

6. 旅游领域

在旅游行业,大数据平台可以收集互联网,例如论坛、博客、微博、微信、电商平台、点评网等有关旅游的评论数据,通过对大数据进行分词、聚类、情感分析,了解游客的消费习惯、价值取向,从而全面掌握旅游目的地的供需状况及市场评价,为政府和涉旅企业做决策提供依据。

7. 环保领域

在生态环境领域,我国正在加快建设布局合理、功能完善的生态环境监测网络,实现对环境质量、重点污染源、生态状况监测的全覆盖。建设生态环境大数据平台,提高环境综合分析、预警预测和协同监管能力,搭建面向社会公众和组织的数据开放和共享平台,打造精准治理、多方协作的生态环境治理新模式。我国正在加强生态环境监测数据资源的开发与应用,开展大数据关联分析,为生态环境保护决策、管理和执法提供数据支持。到 2020 年,基本实现环境质量、重点污染源、生态状况监测全覆盖,各级各类监测数据系统互联共享,监测预报预警、信息化能力和保障水平明显提升,监测与监管协同联动,初步建成陆海统筹、天地一体、上下协同、信息共享的生态环境监测网络。

以上我们从电信、金融、政务、交通、医疗、旅游和环保等几个行业分析了行业大数据应用的典型模式和发展状况。大数据的应用其实是无所不在的,其他行业(如工业、零售业、农业)的应用场景也非常多。但是总体来说,大数据应用尚处于初步阶段,受制于数据获得、数据质量、体制机制、法律法规、社会伦理、技术成本等多方面因素的制约,实际成果还需要时间检验。

3.7.4　大数据应用发展趋势

大数据行业应用的发展是沿袭数据分析应用而来的渐变的过程。观察大数据应用的发展演变可以从技术强度、数据广度和应用深度三个视角切入(见图 3-20)。从以上的应用来看,大数据区别于传统的数据分析,有以下特征。

- 数据方面,逐步从单一内部的小数据向多源内外交融的大数据方向发展,数据多样性、体量逐渐增加。
- 技术方面,从过去以报表等简单的描述性分析为主,向关联性、预测性分析演进,最终向决策性分析技术阶段发展。
- 应用方面,传统数据分析以辅助决策为主,在大数据应用中,数据分析已经成为核心业务系统的有机组成部分,最终生产、科研、行政等各类经济社会活动将普遍基于数据的决策,组织转型成为真正的数据驱动型组织。

中国信息通信研究院调查显示,目前企业应用大数据所带来的主要效果包括实现智能决策、提升运营效率和改善风险管理。在调查中,企业表示将进一步加大在大数据领域的投入。

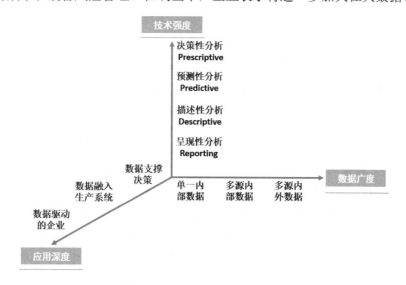

图 3-20　大数据应用发展趋势

3.7.5　大数据的产业链构成分析

如图 3-21 所示,大数据的产业链大致可以分为数据标准与规范、数据安全、数据采集、数据存储与管理、数据分析与挖掘、数据运维及数据应用几个环节，覆盖了数据从产生到应用的整个生命周期。

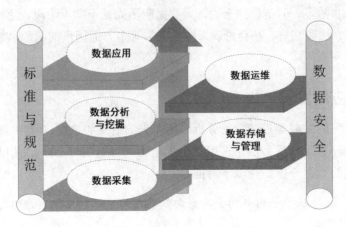

图 3-21　大数据产业链的构成

1. 数据标准与规范

大数据标准体系是开展大数据应用的前提条件，没有统一的标准体系，数据共享、分析、挖掘、决策支持将无从谈起。大数据标准包括体系结构标准、数据格式与表示标准、组织管理标准、安全标准和评测标准。在标准化建设方面，参与单位主要包括各个行业的标准化组织。

2. 数据安全

随着海量数据的不断增加，对数据存储和访问的安全性要求越来越高，从而对数据的访问控制技术、加密保护技术以及多副本与容灾机制等提出了更高的要求。另外，由于大数据处理主要采用分布式计算方法，这必然面临着数据传输、信息交互等环节，如何在这些环节中保护数据价值不泄露、信息不丢失，保护所有站点的安全是大数据发展面临的重大挑战。在大数据时代，传统的隐私数据内涵与外延有了巨大突破和延伸，数据的多元化与彼此的关联性进一步发展，使得对单一数据的隐私保护变得极其脆弱，需要针对多元数据融合的安全提出新的要求。

3. 数据采集

政府部门、以 BAT 为代表的互联网企业、运营商是当前大数据的主要拥有者。除此之外，利用网络爬虫或网站公开 API 等途径对网络数据进行采集也是大数据的主要来源。现实世界中的数据大多不完整或不一致，无法直接进行数据挖掘或挖掘结果不理想，需要对采集的数据进行填补、平滑、合并、规格化、检查一致性等数据预处理操作，并且往往需要大量的人工参与，因此数据采集和清洗成为大数据产业链的一个重要环节。

4. 数据存储与管理

大数据存储与管理主要基于 Hadoop 和 MPP。各家企业针对大数据应用开展各具特色的数据库架构和数据组织管理研究，形成针对具体领域的产品。

5. 数据分析与挖掘

大数据分析与挖掘的意图主要集中在两方面:一是从大量的机构结构化和半结构化数据中分析出计算机可以理解的语义信息或知识;二是对隐性的知识(如关联情况、意图等)进行挖掘。常用的方法包括分类、聚类、关联规则挖掘、序列模式挖掘、时间序列分析预测等。数据分析与挖掘的能力直接决定了大数据的应用推广程度和范围,是大数据产业的核心。

6. 数据运维

由于数据的重要性得到普遍认可,除政府部门不具备数据运维服务条件外,数据的采集者通常就是数据运维者。各地政府则通常利用大数据平台建设来推动政府大数据的公开与共享,吸引个人和企业用户开展创新与创业,积极推动大数据的增值服务。

7. 数据应用

大数据对传统信息技术带来了革命性的挑战,正在重构信息技术体系和产业格局。国内企业在国际先进的开源大数据技术基础上,形成了独立的大数据平台构建和应用服务解决方案,以支撑不同行业、不同领域的专业化应用。虽然 BAT 企业在平台构建上有着得天独厚的优势,但是在某些具体的业务领域,并不擅长或者关注。传统企业以及从事大数据的微型企业是具体业务领域大数据应用的主力军。应用是大数据价值的体现,是大数据发展的原始推动力。当前大数据的应用正倒逼软件技术、数据架构、数据共享方式的转变,在这个过程中需要积极转变思想,明确数据共享的方式是什么,数据拥有者的利益如何平衡,商业模式如何开展,等等。

目前来看,许多企业在大数据产业链里仅拥有一项或两项能力是完全不够的,只有将大数据产业链融合连通才能催生更大的市场和利润空间。在大数据推动的商业革命浪潮中,只有打通数据流通变现的商业模式才能创造商业价值,从而在大数据驱动的新生代商业格局中脱颖而出。

3.8 政府大数据案例分析

这些年来,我国非常重视大数据产业的发展,早在 2014 年,"大数据"便被写入《政府工作报告》。而在 2016 年 3 月,"十三五规划纲要"的发布,更是提出了"实施国家大数据战略",正式将大数据提升至国家战略层面。到了 2016 年 7 月,《促进大数据发展行动纲要》发布并提出,2018 年底前建成国家政府数据统一开放平台,进一步推动数据互通互联。中共中央政治局2017 年 12 月 8 日下午实施国家大数据战略进行第二次集体学习。中共中央总书记习近平在主持学习时强调,大数据发展日新月异,我们应该审时度势、精心谋划、超前布局、力争主动,深入了解大数据发展现状和趋势及其对经济社会发展的影响,分析我国大数据发展取得的成绩和存在的问题,推动实施国家大数据战略,加快完善数字基础设施,推进数据资源整合和开放共享,保障数据安全,加快建设数字中国,更好地服务我国经济社会发展,改善人民生活。

大数据产业已经热了 5 年,今天所面临的最大问题依然是数据源。内部数据源主要面临的是治理、标准化和互通等问题,外部数据源主要面临的是开放、流通和保护等问题。工业和信息化部通信发展司副司长陈家春曾表示，中国的数据总量增长速度迅猛，预计到 2020 年将占全球的 21%，我国正向着数据资源大国的方向前进。不过，此前由于政策法规的不完善以及数据标准不统一等因素，造成我国虽然数据资源丰富，却无法实现这些资源的有效共享和应用。如今，政务信息共享交换平台的建设将有望破解这些大数据资源的瓶颈。在我国，政府部门掌握着全社会量最大、最核心的数据。了解政府大数据应用的案例和数据价值释放的方法将有利于激活沉睡的数据，释放政府数据的价值。

利用大数据技术实现政府各业务部门产生的业务数据、社情民意数据、环境数据以及社会数据等结构化数据和非结构化数据的汇聚和落地存储，并进行质量治理、挖掘融合、深度学习，形成基础库、主题库、共享库、开放库等，通过数据管理门户、数据开放门户共享开放给政府部门和社会大众，为政务大数据应用提供计算、分析、展示等基本能力服务，为政府及社会提供共享交换、数据增信、金融创新等数据增值服务。

3.8.1 政府有哪些数据资源

政府的数据资源主要包括以下两个方面。

- 政府所拥有和管理的数据，如典型的公安、交通、医疗、卫生、就业、社保、地理、文化、教育、科技、环境、金融、统计、气象等数据。
- 政府工作开展产生、采集以及因管理服务需求而采集的外部大数据(如互联网舆论数据)。

从政府"拥有或控制"的角度来讲，政府数据资产大致可分为 5 类，分别如下。

- 政府资源才有权利采集的数据，如资源类、税收类、财政类等。
- 政府资源才有可能汇总或获取的数据，如建设、农业、工业等。
- 因政府发起才产生的数据，如城市基建、交通基建、医院、教育师资等。
- 政府的监管职责所拥有的大量数据，如人口普查、食品药品管理等。
- 政府提供的服务的客户级消费和档案数据，如社保、水电、教育、医疗、交通路况、公安等。

3.8.2 政府大数据应用案例

政府在建设和应用大数据的过程中有独特的优势。政府部门不仅掌握着 80%有价值的数据，而且能最大限度地调动社会资源，整合推动大数据发展的各方力量。政府作为大数据建设和应用的主导力量，积极应用大数据决定着能否发挥大数据隐含的战略价值，对行业来说具有引领性作用。以下是一些政府大数据的应用案例。

1. 工商部门

- 企业异常行为监测预警

重庆依托大数据资源探索建立注册登记监测预警机制，对市场准入中的外地异常投资、行业异常变动、设立异常集中等异常情形进行监控，对风险隐患提前介入、先行处置，有效遏制虚假注册、非法集资等违法行为。同时，积极推动法人数据库与地理空间数据库的融合运用，建设市场主体分类监管平台，将市场主体精确定位到电子地图的监管网格上，并集成基本信息、监管信息和信用信息。平台根据数据模型自动评定市场主体的监管等级，提示监管人员采取分类监管措施，有效提升监管的针对性和科学性。

- 中小企业大数据服务平台精准服务企业

山西省中小企业产业信息大数据应用服务平台依托大数据、云计算和垂直搜索引擎等技术，为全省中小企业提供产业动态、供需情报、会展情报、行业龙头、投资情报、专利情报、海关情报、招投标情报、行业研报、行业数据等基础性情报信息，还可以根据企业的不同需求提供包括消费者情报、竞争者情报、合作者情报、生产类情报、销售类情报等个性化定制情报，为中小微企业全面提升竞争力提供数据信息支持。

2. 规划部门

- 运营商大数据助力城市规划

重庆市綦江区规划局委托上海复旦规划建筑设计研究院及重庆移动共同开展，利用重庆移动相关数据及綦江相关统计年鉴数据对綦江中心城区人口、住宅、商业、公共服务配套等进行大数据分析，量化綦江房地产库存，从城市建设角度提出改进策略，完善城市功能，促进城市健康发展。据介绍，重庆移动率先将手机信令数据引入城市规划，通过建立人口迁移模型，提供 2013-2015 年期间綦江区人口的流入流出情况（包括国际、省际、市内流动），建立职住模型提供綦江区居住及工作人口的分布，通过监控道路周边基站人口的流动情况，反应綦江区全天 24 小时道路人口的流动情况，识别出各个时段道路的堵点。

3. 交通部门

- 大数据助力杭州"治堵"

2016 年 10 月，杭州市政府联合阿里云公布了一项计划：为这座城市安装一个人工智能中枢——杭州城市数据大脑。城市大脑的内核将采用阿里云人工智能技术，可以对整个城市进行全局实时分析，自动调配公共资源，修正城市运行中的问题，并最终进化成为能够治理城市的超级人工智能。"缓解交通堵塞"是城市大脑的首个尝试，并已在萧山区投入使用，部分路段车辆通行速度提升了 11%。

4. 教育部门

- 徐州市教育局利用大数据改善教学体验

徐州市教育局实施"教育大数据分析研究"，旨在应用数据挖掘和学习分析工具，在网络学习和面对面学习融合的混合式学习方式下，实现教育大数据的获取、存储、管理和分析，为教师教学方式构建全新的评价体系，改善教与学的体验。此项工作需要在前期工作的基础上，利用中央电化教育馆掌握的数据资料、指标体系和分析工具进行数据挖掘和分析，构建统一的教学行为数据库，对目前的教学行为趋势进行预测，为"徐州市信息技术支持下的学讲课堂"

提供高水平的服务,并能提供随教学改革发展一直跟进、持续更新完善的系统和应用服务。

5. 医疗卫生部门

● 微软助上海市浦东新区卫生局更加智能化

上海市浦东新区卫生局在微软的帮助之下,积极利用大数据推动卫生医疗信息化走上新的高度:公共卫生部门可通过覆盖区域的居民健康档案和电子病历数据库快速检测传染病,进行全面的疫情监测,并通过集成疾病监测和响应程序快速进行响应。与此同时,得益于非结构化数据分析能力的日益加强,大数据分析技术也使得临床决策支持系统更智能。

6. 气象部门

● 气象数据为理性救灾指明道路

大数据对地震等"天灾"救援已经开始发挥重要作用,一旦发生自然灾害,通过大数据技术将为"理性救灾"指明道路。抓取气象局、地震局的气象历史数据、星云图变化历史数据以及城建局、规划局等的城市规划、房屋结构数据等数据源,通过构建大气运动规律评估模型、气象变化关联性分析等路径,精准地预测气象变化,寻找最佳的解决方案,规划应急、救灾工作。

7. 环保部门

● 环保部门用大数据预测雾霾

微软在利用城市计算预测空气质量上已推出 Urban Air 系统,通过大数据来监测和预报细粒度空气质量,该服务覆盖了中国的 300 多个城市,并被中国生态环境部采用。同时,微软也已经和部分其他中国政府机构签约,为不同的城市和地区提供所需的服务。该技术可以对京津冀、长三角、珠三角、成渝城市群以及单独的城市进行未来 48 小时的空气质量预测。与传统模拟空气质量不同,大数据预测空气质量依靠的是基于多源数据融合的机器学习方法,也就是说,空气质量的预测不仅仅看空气质量数据,还要看与之相关的气象数据、交通流量数据、厂矿数据、城市路网结构等不同领域的数据,不同领域的数据互相叠加、相互补强,从而预测空气质量状况。

8. 文化旅游部门

● 山东省用旅游大数据带动农村经济发展

山东将省内公安系统、交通系统、统计系统、环保系统、通信系统等十余个涉旅行业部门联合,整合全省旅游行业的要素数据,开发完成旅游产业运行监测管理服务平台。通过管理分析旅游大数据,提升景区管理水平,挖掘省内旅游资源,开发更多符合游客需求的景点以及"农家乐"乡村旅游服务,进而带动景区,特别是农村地区的经济发展。

9. 政法部门

● 济南公安用大数据提升警务工作能力

浪潮帮助济南公安局在搭建云数据中心的基础上构建了大数据平台,以开展行为轨迹分析、社会关系分析、生物特征识别、音视频识别、银行电信诈骗行为分析、舆情分析等多种大数据研判手段的应用，为指挥决策、各警种情报分析研判提供支持，围绕治安焦点能够快速精确定位、及时全面掌握信息、科学调度警力和社会安保力量迅速解决问题。

● 上海利用大数据助百姓找律师

2016 年底，上海市律师协会开发的上海市律师行业信用信息服务平台上线，整合上海市司法局法律服务行业信息平台、上海市人民法院律师诉讼服务平台、上海市人民政府公共信息信用平台三大权威数据来源，通过对法院已经公开的裁判文书数据进行大数据分析，自动梳理出律师以往诉讼代理的情况，方便百姓、企业以及政府机构等查找律师，促进法律服务信息透明对称，推动法律服务市场良性竞争。信用信息数据库中包括基本信息、执业信息、奖惩信息、业务信息和社会服务信息五大方面。平台信息分为法定公开、行业公开、自愿公开三种，并对信用主体提供了多角度的信息展示。对于信用主体自行申报的信息，上海律协在形式审查后会标注明确的告知事项，向社会公布，接受社会的监督。

10. 农业部门

● 农业大数据在三农中的应用

某公司以积累的涉农基础数据为起点，开展农村普惠金融服务和供应链金融服务，以一个大数据平台加两个应用系统（农资经销商系统和新农人系统），帮助新型经营主体、农资经销商解决规模、资金和效率三大难题，并借此收集农业生产中的动态数据，将服务延伸到农业全产业链中的其他七大市场——农业金融、农产品流通、农机服务、农技服务、农事服务、土地流转服务、农业物联网，打造农业大数据生态链闭环。

● 美国企业：大数据预测农作物生长

美国在农业大数据领域不乏创新公司。2006 年，两名前谷歌员工创立了 Climate Corporation。该公司通过海量公开的国家气象服务数据，重点研究全美范围内的热量与降水类型。通过这些数据与美国农业部积累的 60 年农作物产量数据进行分析，从而预测玉米、大豆、小麦等农作物生长。同时，通过实时气象观察与跟踪，公司在线上向农民销售天气保险产品。从 2007 年开始，Climate Corporation 持续获得了 17 个投资人 4 轮 1.08 亿美元的投资，公司 2013 年被著名农业公司孟山都以 9.3 亿美元的价格收购。

11. 财税部门

● 无锡地方税务局应用大数据进行税收监管

无锡地方税务局自 2013 年起就着手研究大数据时代对税收管理发展带来的影响，探讨大数据技术应用于税收风险管理的前景，并建设了"无锡地税涉税情报分析管理平台"作为信息化支撑，着重研究行业、事项和大企业三类税收管理领域，通过从互联网上收集与纳税人有关的各类数据，经处理后与征管系统中的信息进行分析、比对，产生风险疑点实施推送应对。值得注意的是，相比国内，美国政府的税务大数据应用场景要具体得多。自 2012 年起，美国联邦及州的税务部门就开始尝试应用大数据技术寻找偷税、骗税行为的共同特征来打击逃税。美国税务局（Internal Revenue Service，IRS）对纳税人申报信息与各种公开信息记录进行比较，特别针对申报表中的税前列支内容、退税信息创建了大量算法，寻找其中的疑点。仅就 2011 年度的纳税申报，就发现了 36 亿美元的虚假税前列支，并发现超过 3%的退税存在欺诈行为。

- 金融证券

针对金融证券领域高频算法交易、数据综合分析、违规操作监管、金融研究报告交易、金融数据服务等方面的需求，建设了金融大数据分析与智能决策支持系统。汇聚融合国内外证券及相关衍生品市场的高通量交易数据，整合行业媒体实时资讯与舆情，为相关机构提供金融监管和风险管控等智能决策支持，为投资者提供金融市场数据和经济数据、投资方向等个性化的金融数据服务。

12. 人社部门

- 镇江市打造劳动保障监察"大数据"维权监管体系

江苏省镇江市人社局牵头整合就业、社保、监察、人才培训及税务、工商、民政、公安等数据资源，形成全市"信息共享、网格联动、预防处置、指挥调度"劳动关系智能化预警监控"信息链"。通过信息数据库的比对，市人社部门可以第一时间发现并纠正企业劳动保障违法行为，改变了以往单靠劳动保障监察部门处理案件的被动局面，促进了全市劳动关系的和谐稳定。

13. 民政部门

以群众办理低保手续为例，以前居民办理低保要提交各种申请，先给社区，社区给县区审核，县区再给市里的民政局，通过它的系统来录入。之后国家民政部下面的系统去核对，一层层下来将近一个月。现在把政务服务系统（比如车管所系统）和民政部的低保系统打通，一周就可以办，市民只要跑一次。如果通过数据比对发现居民在车管所的数据显示有车，那么肯定不符合办理低保的手续，这样可以一次性排除掉审核对象，也同时为公职人员减轻了工作负担。所以，数据的打通能够给政府和百姓双方都带来极大的便利。

3.8.3　政府大数据面临的挑战

政府大数据面临着诸多挑战，譬如各自为政、条块分割、烟囱林立、信息孤岛；系统数量多、分布散、缺乏统一规划和标准规范、信息资源纵横联通共享难，导致政务服务中标准不统一、平台不连通、数据不共享、业务不协同等后果，造成了数据散、少、乱、差、死的困境，最根本的原因是系统庞杂、数据混杂、网络复杂、管理乱杂等。政府大数据建设的核心是打破信息壁垒，通过信息共享互通提高效率，将一个个"信息孤岛"有效地串联起来，形成城市大数据平台。依托大数据，形成以智慧城市基础设施为依托，以大数据平台为信息中枢，以人工智能技术产品应用为媒介的分析系统。

政府大数据在数据资源标准、共享、应用、评价以及数据资产转化方面面临着严峻挑战，因此需要从保障数据流动性的角度来重构信息体系，从关注流程和业务逻辑的角度转向关注数据流动性和数据价值，遵从信息流动的内在逻辑，发挥数据的最大价值，提高数据复用率。城市大数据发展应遵从四大准则，首先，城市信息资源是国家资源，非某个政府部门更非某个人所有；其次，共享开放是原则，非共享开放是例外（重点在提高复用率）；再次，数据元标准化是前提；最后，数据与系统分离是趋势。所以，我们要在数据采集源头、数据元标准、安全管控规则、数据开放能力及数据运营能力方面助力大数据发展。

国务院办公厅印发的《政务信息系统整合共享实施方案》要求消除"僵尸"系统、加快政务部门内部信息系统整合共享、政务信息资源目录编制和全国大普查、推进国家政务网共享平台和网站建设、加快国家数据开放平台和网站建设、规范建设互联网上的政务服务平台和网站、全国联动开展"互联网+政务服务"等，对政务信息资源元数据的类型、共享属性、开放属性的界定做了分析，对政务信息资源目录梳理编制的工作流程、规范等进行了界定。

总之，政府大数据的建设首先是建设云计算中心，将各个行业搬到云上。然后整合政府各部门的数据，形成政府部门数据共享，利用云计算和大数据形成政府大数据平台。与此同时，政府选择城市大数据运营商，帮助政府达到本地化独具特色的智慧城市目标。

3.8.4 政府大数据应用启示

数据是基础性资源，也是重要生产要素。如何管理政府大数据资产，我国各部门还缺乏统一标准，如何利用大数据进行精细分析，仍处于探索起步阶段，应用分散。分析我国政府大数据应用的现状和特点，借鉴国外的有益经验，推动我国政府大数据的应用，应着重从以下几个方面开展。

1. 建设政府数据开放平台，做好政府数据资产整合与管理

政府数据资产到底有多大价值？按照麦肯锡给出的测算方法，北京市政府部门数据开放的潜在价值可达 3000 亿元~5000 亿元，按此推算，全国政府部门数据开放的潜在价值可达 10 万亿元~15 万亿元。

鉴于政府数据的巨大价值，美国、新加坡、英国都已经建成国家层面的数据开放平台。在我国，上海、北京、广州、武汉等地相继建立开放数据平台，在数据公开方面做了有益的尝试，但在数据开放数量和质量上与国外还有很大差距——许多信息支离破碎，且使用的格式各异，用户搜寻信息并进行统一处理的难度很高。建设统一的政府数据开放平台，整合所有的政府公开数据，将之以统一的数据标准与数据格式进行发布，并为开发者提供 API 接口，可以大大提升公众对政府数据的使用效率。

建设政务数据资源目录平台，这是一个政府内部数据共享的平台，政务数据按照共享程度分为无条件共享、有条件共享和不予共享三种类型。只有无条件共享的数据才会对公众开放。政府部门的数据打通有助于服务于智慧城市的建设。所谓智慧城市，是指政府利用先进的信息和通信技术手段对城市运行的各项数据进行监测、分析和整合，从而为民生、环保、交通、工商业等领域的活动提供更加智能的服务。

打破信息孤岛，对已有的政务数据进行交换、共享、溯源，整合基础资源库和各电子政务系统的相关信息，建立数据分析模型，对重要民生领域相关数据进行挖掘分析，并将结果及时

推送给相关部门，为政府决策和管理提供数据支撑。逐步向社会开放交通、医疗、教育等重点领域公共数据资源。

2. 以需求为导向，推动大数据服务民生

政府数据本质上是国家机关在履行职责时所获取的数据，采集这些数据的经费来自于公共财政，因而这些数据是公共产品，归全社会所有，应取之于民，用之于民。因此，政府大数据必须充分考虑到老百姓的实际需求，而不仅仅是将原来分散管理的业务数据集中起来提供给政府部门内部办公使用。例如，近年来各地政府部门推广实施"一号一窗一网"，将大数据引入政府治理，解决群众"办证多、办事难"等问题，就是通过数据资源畅通流动、开放共享，推动政府管理体制、治理结构更加合理优化、透明高效。

3. 鼓励数据开放，引导社会力量开发数据应用产品

在大数据时代，对于政府来说，一方面应建设政府大数据，实现政务数据资源的公开和共享；另一方面应承担起引领、推动大数据产业发展的使命。通过开放政府数据，供社会进行增值开发和创新应用，可以激发大众创新，万众创新，推动大数据产业发展。这方面美国的经验值得借鉴。在政府大数据应用方面，美国重视启发民智，鼓励公众对大数据的应用。一方面，政府、社会与企业可以从 Data.gov 免费下载数据，还可以利用 Data.gov 提供的 API 实现丰富的第三方应用的开发；另一方面，基于 Data.gov，美国政府还建设了 Apps.gov，面向全国所有政府部门提供政府公用云服务，并整合了一系列的应用程序，实际上类似于一个政府的应用程序商店。仅仅在 Data.Gov 网站上就汇集了几千个应用程序和软件工具。其中，有近 300 个是由民间的程序员、公益组织等社会力量自发开发的。

第 4 章
机器学习概述

从 1956 年达特茅斯会议"人工智能"这一概念被提出，到现在已经有 62 年，这期间经过了多个阶段。2010 年以后，随着深度学习使得语音识别、图像识别和自然语言处理等技术取得了惊人发展，前所未有的人工智能商业化和全球化的浪潮席卷而来。总的来说，人工智能是最早出现的概念，其次是机器学习，最后出现的是深度学习，是当今人工智能大爆炸的核心驱动（见图 4-1）。

图 4-1　人工智能发展阶段

4.1　走进机器学习

大数据是怎么与图像识别、语音识别等具体的 AI 技术联系起来的呢？靠的就是机器学习。

4.1.1　什么是机器学习

机器学习（Machine Learning）是让机器从大量样本数据中自动学习其规则，并根据学习到的规则预测未知数据的过程。以上是机器学习的一个定义。如果你在网上搜索"机器学习"，你会看到很多版本的定义。毕竟，越是火热的词汇，人们越难给它下一个精准而权威的定义。在机器学习的众多定义中，我们认为这个定义是相对让初学者容易接受的一种说法。这个定义中的关键字是"学习"二字。机器学习的目标是发现数据中暗藏的规律，并由此来对未知进行预测。这个过程要通过"学习"来实现，而学习用到的材料则是数据。

4.1.2　机器学习的感性认识

如果你是第一次接触机器学习，其实机器学习离你绝不遥远。机器学习可以类比小孩认知事物的过程，只不过这里的认知过程是交给机器来完成的，让机器发现事物的规律。在我们小的时候，我们对周边的事物还并不了解，不知道什么是苹果，什么是猫，什么是汽车。但在经过某种"训练"之后，我们逐渐能够自信而准确地判断出我们看到的、听到的、感知到的东西是什么。这个"训练"可能来自外部的教导，也可能源自于我们自身的探索和尝试。

举个例子来说，在我们很小的时候，家长带我们参观动物园。刚刚学会说话和识字的我们会看到很多令我们"惊奇"的未知生物。家长告诉我们那个长鼻子的动物是大象，我们似懂非懂地记住了。走了几步之后，我们又在另一个地方发现了另一只长得很像之前看到过的物体，家长又告诉我们"这也是一只大象"。回到家中，我们拿着洗出来的照片，指着照片上的"长鼻子"问妈妈，"这个是什么来着？"妈妈回答我们说是大象。这时我们已经逐渐发现了这个叫作大象的东西长相的特点（见图4-2）。过了几天后，我们在电视机上的动物园短片中看到了一个熟悉的轮廓，凭借自己对"长鼻子"和其他特征的一些判断，我们向妈妈喊出："看，是大象"。

图 4-2　大象识别样图

机器学习的原理和上面的过程极其相似。假如你想让机器完成从图像中识别大象的任务。就像人的知识不是与生俱来的一样，机器不是一上来就什么都会的，想让机器能够完成任务，要先提供大量的数据让它学习，告诉它大象长什么样子，大象之外的其他动物长什么样子。在经过大量样本的学习后，机器可以从一张新的图像中判定其中是否有大象，如图4-3所示。

图 4-3　大象识别样图

4.1.3　机器学习的本质

如图 4-4 所示，类似人脑思考，机器经过大量样本的训练（Training），获得了一定的经验（模型），从而产生了能够推测（Inference，推断或推理）新的事物的能力，就是机器学习。这种预测能力，本质上是输入到输出的映射。

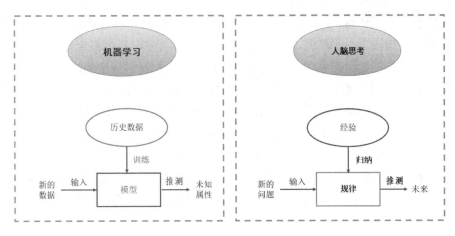

图 4-4　机器学习与人脑思考

给定一个输入，比如一段语音、一张图片或者一些数据型的信息，计算机能够建立一个函数（可以理解为一种对应关系），生成输出结果（见图 4-5）。机器学习的任务就是找到这个函数，找出从输入到输出的规则。

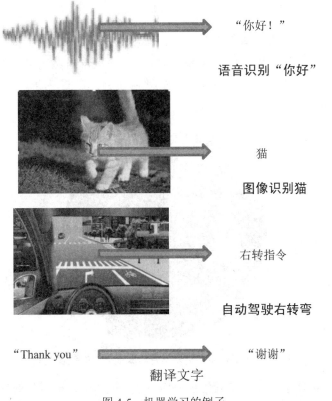

语音识别"你好"

图像识别猫

自动驾驶右转弯

翻译文字

图 4-5　机器学习的例子

4.1.4　对机器学习的全面认识

机器学习是一门学科，它基于概率、统计、优化等数学理论的研究，理论严谨，也是已被广泛认可的成熟的知识体系。机器学习在高等教育院校中作为一门独立的课程存在，近年来受到包括数据科学、统计学、计算机、应用数学、运筹学、工程学等众多专业的学生的青睐。在学术研究方面，每年机器学习相关论文发表不计其数，是数理学科重要的学术研究方向之一。

机器学习也是一门技术，它被数据科学家（Data Scientist）广泛应用，是在数据分析中最常用的技术之一。而数据科学家也是 21 世纪最火热的职业之一，其中机器学习是这个职位最重要的技能和工作内容之一。同时，也有像"机器学习工程师"这样的纯粹做机器学习的岗位。随着大数据时代信息量和数据量的爆炸式提升，人们对未知事物更加好奇，机器学习越来越能够"落地"而发挥使用价值。同时，随着 Python 等编程语言的普及以及 TensorFlow 等机器学习框架的完善，这个曾经似乎是高端学术的东西也越来越偏向应用，能够被更多人接受。

机器学习包含一系列算法，虽说它是这一系列算法的总称，但仅仅把机器学习视为算法或者模型是不准确的。机器学习是解决问题的一种方法，算法只是其中的一部分。这里所谓的算法或者模型，只是从输入到输出之间的一步，而机器学习是实现从输入到输出的全部过程，其中还包括对输入数据的清洗和转换、对特征的提取和整合、对数据的探索分析等。这些必要的步骤不做，拿到数据就盲目地直接套用模型，是不能解决问题的。

4.1.5　机器学习、深度学习与人工智能

机器学习、深度学习和人工智能都是现今人们热议的词汇，这三个概念通常被人们联系在一起讨论，但很多人理不清三者之间的关系。其实这三个概念虽然定义上的动机和角度有所差异，但事实上它们之间存在很清晰的包含关系。普遍认为，人工智能、机器学习、深度学习三者的关系如图 4-6 所示。

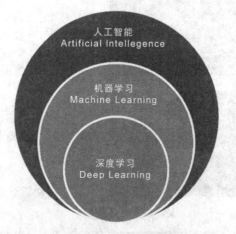

图 4-6　人工智能、机器学习和深度学习的包含关系

从概念上来说，机器学习是人工智能的一个分支。机器学习被看作解决人工智能问题的途径或者方案。而深度学习是机器学习的子类，或者可以理解为机器学习众多算法中的一种。只不过因为它最近过于突出的表现，人们越来越习惯把这个概念单独提出来讨论。

从时间轴来看，三者也从大到小有着推进关系。人工智能这个词出现得最早。早在 1950 年，人工智能的概念就被提出，当时这个全新的领域令人兴奋不已。到了 1980 年左右，机器

学习开始兴起，人们开始用机器学习的方法解决人工智能问题。深度学习在 2010 年开始流行，作为机器学习中最前沿的部分，推动人工智能发展取得了巨大突破。下面介绍深度学习，并重点说明深度学习和机器学习的关系。

最近几年，"深度学习"的概念也越来越火热，并且这个词更多地与人工智能产生了直接联系。深度学习被视为进入人工智能领域的敲门砖，也是很多人工智能项目开展的基石。关于深度学习，我们会在后面的章节中进行详细介绍。这里我们先用几句话说明深度学习与机器学习之间的联系和区别。

前文提到，深度学习和机器学习是包含关系，深度学习是机器学习的一个子类。在传统的介绍机器学习算法的课程中，绝大多数会提到神经网络这个模型，而深度学习其实就是有多个隐藏层的神经网络。所以说，深度学习可以算作机器学习的一个分支领域，从算法来说是机器学习的一种，只不过这个分支由于具有其他算法不具备的显著优势，特别在 AI 领域的应用中，这些优势使得深度学习解决问题的效果尤为突出，所以在某种程度上，深度学习几乎成了人工智能模型算法的代名词。

在 AI 很多特定的领域中，我们看到的现象也确实如此，深度学习作为新兴的模型算法，表现出压倒性的统治力，而传统的机器学习算法应用只占极少数。那么，深度学习究竟为何能够在短时间内异军突起，击败它的"老前辈"们，成为新时代的宠儿？深度学习的优势究竟在哪里？在本书介绍完机器学习和深度学习后，相信读者会对它们的本质看得更透彻，也会对二者产生更直观的感性认识，对这个问题我们会在第 7 章给出解释。

在这个深度学习大有"一统江湖"趋势的时代里，我们还有必要学习传统的机器学习模型理论吗？答案是肯定的。首先，传统的机器学习模型并不落后，至今还有相当大的使用价值，在一些特定的问题中使用起来更为快速、灵活；其次，传统机器学习模型的思想对学习深度学习有重要的帮助。深度学习的许多理论和思想是基于传统机器学习模型的理念而来的。深度学习所用的神经网络可以由简单的机器学习模型（如感知机、逻辑回归）演变而来。

对于初学者来说，可以将深度学习理解为"多层神经网络"。严格来说，深度学习是一种学习的模式，是指采用具有"深度"的模型进行学习，其本身并不是一个模型。多层神经网络是具有"深度"特点的一个学习模型，它实际上是深度学习的一种形式。

4.1.6　机器学习、数据挖掘与数据分析

除了深度学习之外，另一个和机器学习类似而被人们广泛谈论的词语是数据挖掘（Data Mining）。另外，数据分析（Data Analysis）和大数据分析（Big Data Analysis）也似乎和机器学习有着密切的联系。下面我们把这几个概念放到一起谈谈。

无论是机器学习、数据挖掘还是数据分析，都没有一个学术上的权威定义。这几个词本身从定义上的出发点不同，并且提出概念的动机和背景上的差异比之前提到的人工智能、机器学习和深度学习之间的差异更大，因此它们直接的界定更为模糊。因为它们在定义上有相通和重叠之处，我们也没有必要刻意去区分这几个概念之间的关系。这几个概念不像之前的人工智能、机器学习、深度学习那样容易通过维恩图来阐述。不过我们还是简单比较一下它们之间的异同。

我们先来看一个数据分析的例子，如表 4-1 所示。

表 4-1 数据分析的例子

对照组（无药物）	药物 A	药物 B
14.4	14.3	18.1
13.9	15.9	17.9
12.4	16.1	17.2
15.8	12.8	16.6
15.0	13.0	19.8
14.6	14.6	18.5
13.2	17.4	17.6

对比上述三组数据，我们会发现 B 组的得分显著高于 A 组和对照组。通过建立统计学模型，我们会得出 B 组的得分显著高于 A 组的结论，于是证明药物 B 更加有效。根据已知信息进行分析总结，得出有意义的结论，就是一般数据分析要做的工作。

人们通常所说的数据分析是对小规模数据而言的，而当我们需要处理大规模数据时，往往会用大数据分析这个说法。大数据分析和数据分析相比，主要是数据量的区别以及因此而带来的运算模式和方法上的差异。大数据分析通常需要依赖多台计算机和分布式系统架构进行计算。除去这一点，大数据分析在目标上和数据分析是大致相同的。大数据分析与数据挖掘、机器学习的概念也更接近一些，因为数据挖掘和机器学习几乎都是建立在大数据基础上的。

相比数据分析，数据挖掘要做的事情更深入，跟机器学习的意义也更为贴近。数据挖掘不仅是对数据进行分析总结，还要"挖掘"表层所看不到的信息。从概念上来说，二者既有交叉，又有区别。数据挖掘的范围更大，是指从数据中获得有价值的信息。数据挖掘经常会通过机器学习来完成。事实上，两者的区别我们只需从字面上理解即可。数据挖掘侧重于"挖掘"二字，是从海量数据中发现和提取有用信息的过程。这里所谓有用的信息，可以是任何具有指导意义、在商业环境中能够帮助人们进行决策的信息。

数据挖掘的一个经典案例是"啤酒和尿布"的故事。在 20 世纪 90 年代，美国沃尔玛超市的管理人员从销售数据中发现了一个有趣的现象：在某些特定的情况下，"啤酒"与"尿布"两件看上去毫无关系的商品经常会出现在同一个购物篮中。经过后续分析发现，同时购买这两种商品的顾客通常是年轻的父亲。这样问题得到了解释：在美国有婴儿的家庭中，母亲一般在家中照看婴儿，而去超市买尿布的任务通常会落在父亲身上。父亲在购买尿布的同时，往往会顺便为自己购买啤酒。因此，啤酒和尿布竟然成为"会经常同时购买"的商品。这样一来，沃尔玛想出了一个点子，将啤酒和尿布尝试摆放在同一个货架区域，从而让年轻父亲能够在找到尿布的同时发现啤酒，于是大大提升了两种商品的购买率，最终为超市带来了更高的营业收入。通过数据挖掘，沃尔玛员工给公司挖掘出了商业价值。这就是数据挖掘的魅力所在。

反观机器学习，从机器学习的定义来说，它最终落在"预测"两个字上，由此可见，通常机器学习是基于预测未知信息给人们带来决策上的收益的。但数据挖掘则不限于如此。发现数据的规律后不一定要跟着做预测，一条有价值的总结性信息可以直接帮助人们进行决断。

机器学习、数据挖掘、数据分析、大数据分析的相同点总结如下：

- 都是从数据中提取信息的过程。
- 都是数学和计算机结合的产物。
- 都可以帮助人们进行判断和决策。

4.2 机器学习的基本概念

在本节中，我们首先了解一个机器学习任务是如何进行的，分为哪些关键步骤；其次阐述机器学习中的几个重要的术语（样本、特征、目标）；最后了解如何根据目标形式对机器学习任务进行分类。

4.2.1 数据集、特征和标签

我们从一个实际问题出发。表 4-2 是纽约市某餐厅一个月内顾客消费和给予小费的数据，我们希望利用此数据研究顾客用餐给小费的规律。以这个数据集为例，我们先向读者介绍机器学习中的一些基本概念。

表 4-2　某餐厅小费支付表

ID	餐费	小费	性别	人数	星期	时间
1	17.8	2.34	男	4	周六	晚餐
2	21.7	4.3	男	2	周六	晚餐
3	10.1	1.83	女	1	周四	午餐
4	32.9	3.11	男	2	周日	晚餐
5	16.5	3.23	女	3	周四	午餐
6	13.4	1.58	男	2	周五	午餐

*数据节选自 Python Seaborn 数据包。原数据包含 244 个样本，7 个变量。

我们通常把表 4-2 这样的样本数据叫作数据集（Dataset），该数据集以结构化的列表形式呈现。数据集由若干样本（Instance 或 Example）组成，每一个样本是一个观测数据的记录（Record），或者叫观测值（Observance），在表格中以行（Row）的形式体现。在机器学习中，一行、一条记录和一个样本的概念可以视为是等价的。在这个情景中，我们关注的是顾客给予小费的情况，小费这一列是我们关注的结果（Outcome），我们可以把这个变量称为因变量（Dependent Variable，也叫函数值），在机器学习领域中通常叫作目标（Target）或标签（Label），也有人把它称为响应值（Response）。以上几个概念可以视为一个意思，在本书中一般用目标来指代这个变量，对应的数据称为标签数据。不同于"小费"，表中其他列表示的变量在这个问题中是用来解释和预测"小费"的，我们把这些变量叫作自变量（Independent Variable），在机器学习领域通常用特征（Feature）这个术语来表示。特征和目标在表中通常以列（Column）的形式呈现。整个关系如图 4-7 所示。

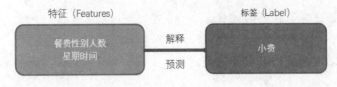

图 4-7　特征和目标例子

4.2.2　监督式学习和非监督式学习

并不是所有机器学习任务的数据集都带有标签数据,我们把具有标签数据的学习任务叫作监督式学习(Supervised Learning)。当目标变量是连续型(比如温度、价格)的时候,我们把这类问题叫作回归任务(Regression Task);当目标变量是离散型(例如某种植物是否具有毒性、贷款人是否会违约、员工所属部门类别)的时候,我们遇到的问题则是分类任务(Classification Task)。回归问题和分类问题是监督式学习的两大类型。

有时我们遇到的样本数据并没有标签数据,我们把这个问题叫作非监督式学习(Unsupervised Learning)。非监督式学习虽然没有标签数据,但我们仍然可以挖掘特征数据的信息进行分析,聚类(Clustering)就是其中最常见的一种,它根据样本数据分布的特点将数据分成几个类。我们可以把机器学习任务按图 4-8 进行分类。

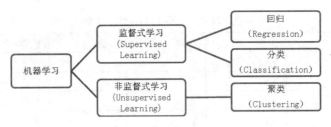

图 4-8　机器学习分类

4.2.3　强化学习和迁移学习

强化学习(Reinforcement Learning)是不同于监督式学习和非监督式学习的另一种机器学习方法。在传统机器学习分类中不包括强化学习,而随着强化学习的飞速发展,越来越多的人倾向于把强化学习看作机器学习的第三类方法。

强化学习是基于"行动-反馈"的自我学习机制。所谓反馈,是一种基于行动对学习机的奖励。学习机以最大化奖励为目标,不断改进"行动",从而适应环境。强化学习与监督式学习的主要区别是,前者是完全靠自己的经历去学习,没有人告知学习机正确的答案,"强化"的信号是对学习机行动的反馈;而后者则是有人在监督学习机。

强化学习就像人类刚出生时探索未知的大自然一样,是自我摸索寻找行为道路的过程。强化学习目前一个火热的应用是在游戏 AI 中。一个射击游戏的机器人要学会如何躲避敌人子弹,找到最合理的开枪和换子弹时机,这些用传统的机器学习来完成是相当困难的,因为游戏对局是动态的、瞬息万变的,有无数种可能。要用监督式学习"教会"电脑如何进行这些操作,需要训练的过程是漫长而烦琐的。强化学习很好地适应了这一问题。我们需要给电脑一个反馈机制，将"未能躲避子弹"作为惩罚，杀死敌人给予奖赏，剩下的就完全交给电脑去完成。这样电脑就能通过一遍又一遍的行为探索得到一套成熟有效的行动方案。

迁移学习指的是将已经训练好的参数提供给新的模型用作训练。现实中很多机器学习问题是存在相关性的。比如在图像识别中，识别狗和识别哈士奇，虽然具体任务不同，但它们具有相似性，用于识别狗的模型学习到的参数可以分享给识别哈士奇的任务，使得后者可以"从半路开始"，而不是从零开始学习参数，大大减少了学习时间。

迁移学习并不是一种新的机器学习分类，而是一种加快学习的模式。迁移学习在深度学习模型中的应用尤为明显。深度学习的模型庞大复杂，具有极多的参数需要训练。

4.2.4　特征数据类型

- 数值型（Numerical），如长度、温度、价格等。
- 分类型（Categorical），如性别。
- 文本（Text），如姓名、地址等。
- 日期（Datetime），如 2018-08-26。

4.2.5　训练集、验证集和测试集

在机器学习任务中，我们通常将数据集分成三部分：训练集（Training Set）、验证集（Validation Set）和测试集（Test Set）。下面介绍这三个概念。

- 训练集：用于训练模型，确定模型中的参数。
- 验证集：用于模型的选择和优化。
- 测试集：用于对已经训练好的模型进行评估，评价其表现。

训练集和测试集的概念相对好理解。训练集顾名思义是用来训练的，机器使用训练集来学习样本。而测试集用来检验模型的效果。就像我们在学校学习功课，训练集如同教科书中的题库，测试集相当于考试试卷。我们通过"刷题库"获得知识，从而在考试中取得优异的成绩。

为什么要建立测试集呢？不直接用训练集进行测试的原因是，模型是用训练集进行学习的，倾向于尽可能拟合训练集数据的特性，因此在训练集上的测试效果通常会很好，但在没有见过的数据集上表现效果可能会明显下降，这个现象叫作过度拟合（Overfitting，简称过拟合）。有关过度拟合的概念，后面会详细介绍。模型在没有见过的数据集上取得高准确率比在原训

集上获得好的效果更有说服力。因此，总是要设立测试集。就像只有考试才能最公平地衡量学生对功课的掌握程度一样。

有了训练集和测试集，很多机器学习入门者可能不知道还有验证集这样一个概念。事实上，验证集是用来调参的。为了叙述的流畅性，这里读者可以先将调参理解为调整模型，相关概念会在后续章节介绍并通过具体例子说明。验证集的作用是比较我们所尝试的多个模型，从中选择表现最好的一个。这个任务仅通过测试集其实也能实现，很多人会直接把测试集当作验证集来选择和优化模型，从而将测试集和验证集的概念混为一谈。但严格来说，验证集的单独存在是必要的。测试集用来衡量一个完整建好的模型，意味着这个模型在之前就被认定为已经调整到最优，而这个优化的过程就是通过验证集来实现的。如果我们延续上文中对训练集和测试集的比喻，验证集就相当于考前的模拟测试。

4.2.6 机器学习的任务流程

一个完整的任务流程大致可分为如图4-9所示的6个步骤。注意这个流程只是一般的思路，具体问题会有各自的差异和侧重。

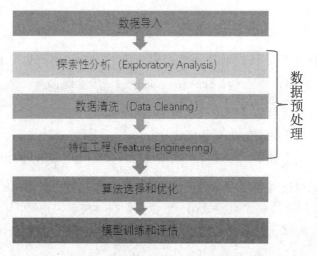

图 4-9　机器学习任务流程图

一般来说，在"数据导入"上，机器学习算法读入的是像表 4-2 一样的结构化数据（Structured Data）。在结构化数据中，特征都是以列的形式一条一条展开的。但是在图像识别、语音识别等任务中，原始数据以图片或音频的形式出现，所谓的特征我们是"看不见的"。这个时候，我们需要将这些原始信息转化为结构化的形式。

4.3　数据预处理

在拿到任务和数据后，应该先做数据预处理的基本流程，包括探索性分析、数据清洗和特征工程。本节阐述探索性分析的目的和途径、数据清洗的常见类型和手段、特征工程的重要性和常见方法。

4.3.1　探索性分析

探索性分析（Exploratory Analysis），或者叫探索性数据分析（Exploratory Data Analysis）是通过图表等可视化工具对原始数据（Raw Data）进行大致了解和初步分析的过程。探索性分析的目的是让我们对陌生的数据集有个直观和感性的认识，从而在庞大的数据集中发现有价值、值得挖掘的信息，找出数据集中的"亮点"。具体而言，通过探索性分析，我们可以：

- 了解数据集的基本信息。
- 给数据清洗提供方向。
- 为特征工程提供方向。

探索性分析是我们在拿到数据集还没有头绪的时候可以尝试的手段。探索性分析要避免时间过长，毕竟我们的目的是对数据进行初步探索，分析工作的大头在后面。

4.3.2　数据清洗

好的数据总是比好的算法要强得多（Better data beats fancier algorithms）。这句话送给初学者是最合适不过的。任何想从事机器学习的数据分析师，首先要记住这句话。如果数据质量差，杂乱无章，即使再好的算法也没有用，就好比加工垃圾一样，用再先进的技术加工出来的成品也是垃圾（Garbage in，garbage out）。之所以要进行数据清洗，是因为在现实生活中，我们遇到的绝大多数数据集都是"不干净的"。比如会出现以下情形（见表 4-3）：

- 存在重复记录的数据

比如人口数据中同一个人有两条完全相同的记录。

- 存在不相关记录

比如我们只关注中国人口数据，但数据集中有美国人的信息。

- 无用的特征信息

例如身份 ID 等一些显然不会对结果有影响的编号类数据。

- 文字拼写错误

一些比较明显的信息输入错误。

- 信息格式不统一

例如大小写不一致，比如"beijing"和"Beijing"应该属同一类。 表述形式不统一，比如"陕西省"和"陕西"也应该统一成一种。

● 明显错误的离群值（Outlier）

比如某个人的年龄数据显示为 175。

● 缺失数据

表格中有一些信息空缺，没有记录，如表 4-3 所示。

表 4-3　人口信息：杂乱的数据

姓名	ID	性别	年龄	学历	城市
张三	1400001	男	26	本科	北京市
李雷	1400002	男	21	研究生	上海
李雷	1400002	男	21	研究生	上海
王娜	1400003	女	NaN	高中	杭州
刘磊	1400026	男	175	NaN	深圳
林佳	1400027	Female	18	硕士	新加坡
孙瑶	1400031	女	24	本科	北京

*NaN 表示缺失数据。

　　设想一下，假如我们遇到表 4-3 这样的原始数据，想必一定会很头疼吧。如果不做数据清洗，后面的模型分析等操作根本就是寸步难行。然而数据乱不等于它没有分析价值，只要经过专业的数据清洗和特征工程处理，我们仍然能得到出色的分析效果。现实中数据来源纷杂多样，绝大多数做机器学习的人都需要花费大量时间进行数据预处理和清洗。

　　那么，如何清洗数据呢？对于离群值（见图 4-10），很多人会把离群值所在的记录去掉或者把它认定为缺失值，但其实很多时候这样做并不是最好的选择。离群值通常指样本中偏离均值较大的数据，在图像中通常处于"孤立"的位置。离群值所表示的数据很可能是有问题的。然而，离群值在被证明"有罪"之前都是清白的，仅当有确切、合适的理由的时候才可以去掉它，并且这样做能够提高模型的预测效果。因为"数值太大"，草率地将其去掉是不可取的，因为这个"大数值"本身可能包含了一定信息。最后无论怎样，离群值所在行的其他特征数据依然是清白的，所以这一条记录不能因为一个特征出现离群值就去掉。

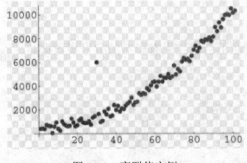

图 4-10　离群值实例

　　对于缺失值，有几种常见的处理方式。第一种处理方式是用均值或者众数等进行填充。这样做的好处是比较快捷、方便，但可能不是最合理的方式。当缺失值比例较大时，这样做等于人为地向数据集中添加了噪声，因为这些数据并不是真实、准确的信息，从而可能会影响我们对结论的判断。类似的填充方式还有根据前后数值填充、插值填充、模型拟合填充等。第二种处理方式是去掉该特征。当一个特征大部分值都缺失时，如果我们认为这个特征对分析没有帮助，去掉该特征也并非不是一个可取的方法。第三种处理方式是保留缺失值的信息。对于分类型变量，我们可以将缺失值作为新的一类。

4.3.3　特征工程

特征工程（Feature Engineering）又称特征提取，是机器学习建模之前的一个重要步骤。前文提到，机器学习的本质是要找从 x 到 y 的映射，我们最终的目标是输出 y。如果 x "不给力"的话，后面的努力往往会成为徒劳。特征工程就是从原始数据中找到合适的特征集 x 的过程。

在很多机器学习任务中，特征工程是最重要，也是最耗时的环节，其重要性远远超过建模和训练。然而这个过程最容易被初学者忽视。特征工程是漫长而艰苦的过程。在 Kaggle 数据科学竞赛中，选手们平均花在构建特征集的时间在 70%以上。一个好的特征集通常能战胜一个好的模型或者算法。

第 5 章
模　型

本章我们阐述模型和算法的含义，了解一个模型是如何训练出来的，了解参数的概念和在模型中的地位。本章还将学习机器学习最经典的模型——线性回归，用计算机实战操作解决机器学习问题，了解 Python 机器学习库 Sklearn 基本模式。

5.1　什么是模型

下面通过一个具体的案例来认识机器学习中的重要概念——模型，了解模型的作用及它是怎样运作的。

表 5-1 是从美国城市餐厅小费数据集中节选的数据，我们通过图 5-1 的关系图来观察小费与餐费之间的关系。

表 5-1　从美国城市餐厅小费数据集中节选的数据

total_bill	tip
18.35	2.5
15.06	3
20.69	2.45
17.78	3.27
24.06	3.6
16.31	2
16.93	3.07
18.69	2.31
31.27	5
16.04	2.24

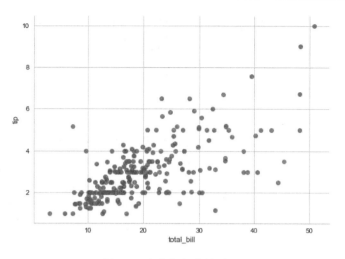

图 5-1　小费与餐费关系图

用 x 轴表示餐费，y 轴表示小费，通过观察散点图可以看出，y 随着 x 的增加而增加，并且近似成比例增加。熟悉美国小费制度的读者应该知道，小费通常和餐费成正比，根据顾客对用餐服务的满意程度，金额一般为餐费的 10%~20%。因此，我们考虑用线性表达式来刻画 x 与 y 之间的关系：

$$y = a0 + a1 * x \qquad (1)$$

上述公式就是最简单的线性回归（Linear Regression）模型。因为只有一个自变量 x，所以叫作一元线性回归。下面我们以这个一元线性回归为例，来看在机器学习中模型究竟是什么，以及是怎么运作的。

公式（1）所表述的 y 与 x 之间的关系就是这个任务中我们所用的模型。对于模型的概念，我们可以这样理解，它刻画了因变量 y 和自变量 x 之间的客观关系，即 y 与 x 之间存在这样一种形式的客观规律在约束。具体来说，y 约等于某个数乘以 x，再加上另一个数。使用这个模型，就意味着我们认定样本数据服从这样一个规律。换句话说，模型是对处理变量关系的某种假设。在机器学习中，a1 叫作权重（Weight），a0 叫作偏差（Bias），x 是一个特征（Feature），而 y 是预测的标签。训练一个模型就是从训练数据中确定所有权重和偏差的最佳值。如图 5-2 所示，箭头部分表示了预测值（或推测值）和真实值之间的差距，这叫误差（Loss）。如果这个模型很完美，那么误差应该接近 0。训练的目标是找到让误差最小的权重和偏差。

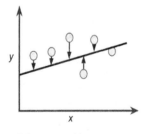

图 5-2　误差（Loss）

需要指出的是，（1）公式在统计学上不是严谨的写法，但我们在讨论机器学习时可以这样简写。y 与 x 在统计学意义上的关系可以由下式给出：

$$y = a0 + a1 * x + epsilon$$

或

$$E(y|x) = \quad a0 + a1 * x$$

第一个式子中的 epsilon 是误差项，通常服从标准正态分布。第二个式子的含义与第一个相同，y 在给定 x 的情况下服从条件正态分布，并且条件期望是 a0 + a1 * x。

在确定参数 a0、a1 之前，可以把上面的式子看成一系列模型，或者称为模型簇（set of models）。这些参数一旦取定之后，这个式子就成为一个确定模型。比如 y = 4 + x 和 y = 2x 就是两个具体的模型，相对应的参数（a0, a1）分别为（4, 0）和（0, 2）。

5.2 误差和 MSE

假设我们有一组带标签的样本（x, y），如表 5-2 所示。

表 5-2　一组带标签的样本

x	2	3	5	6	7
y	5	7	9	11	14

让我们尝试用下面两个模型对原样本数据进行预测：

```
模型1：y = x + 4
模型2：y= 2x
```

第一个模型的预测效果如表 5-3 所示。

表 5-3　第一个模型的预测效果

x	2	3	5	6	7
y'	6	7	9	10	11
误差	1	0	0	-1	-3

第二个模型的预测效果如表 5-4 所示。

表 5-4　第二个模型的预测效果

x	2	3	5	6	7
y"	4	6	10	12	14
误差	-1	-1	1	1	0

上面两个表中的误差是预测值与真实值之间的距离，描述了预测值与真实值之间的偏离程度。为了评价模型的拟合效果，我们需要计算均方误差（Mean Squared Error，MSE）。均方

误差是所有误差平方的平均值。例如上述两个模型的均方误差分别为：

$$MSE1 = (\ 1^2 + 0^2 + 0^2 + (-1)^2 + (-3)^2\ )\ /\ 5 = 11/5$$
$$MSE2 = (\ (-1)^2 + (-1)^2 + 1^2 + 1^2 + 0^2\ )\ /\ 5 = 4/5$$

均方误差通常简称为 MSE，是回归模型中极为重要的概念，它描绘了整个考察的样本集中预测值和实际值的平均偏离程度。在回归任务中，我们希望 MSE 尽可能的小。MSE 越小，说明模型的拟合效果越好。就上述两个模型相比，y=2x 的拟合效果更优，也就是说它更接近样本数据的分布规律。

5.3 模型的训练

模型的训练就是参数的求解，即算法。那么，如何确定参数？回到前面的小费的例子：

```
y = a0 + a1*x
```

我们现在已经认定 y 与 x 存在上述的线性关系，但我们还不知道 a0、a1 的值。如何确定它们？这就需要我们的样本集出场。我们想要找到最合适的 a0、a1，使得上述公式能最好地拟合样本集数据的特征。这就是所谓的机器学习算法。它就是检查所有的样本数据，从而找到一个模型，这个模型的误差尽可能小。简单来说，通过算法来求解参数。比如，找到一组参数值（a0, a1），使得均方误差最小。模型训练的目标就是找到误差尽可能小的参数。

误差函数是为了评估模型拟合的好坏，通常用误差函数来度量拟合的程度。误差函数极小化意味着拟合程度最好，对应的模型参数即为最优参数。在线性回归中，误差函数可以是上述的均方误差。

5.3.1 模型与算法的区别

在前文中，我们对于模型和算法这两个概念的界定是比较模糊的，事实上，模型和算法这两个概念是有区别的。对于线性回归这个例子来说可以这样理解，用来描述问题、定义变量之间关系的公式（1）是模型本身，而用来求解模型中的参数的"最小二乘法"则可以看成是算法。总体来说，模型用来描述要解决的问题，通常为一个或一系列数学表达式；而算法则是解决这个问题的过程，用于求解模型中待定的参数，经常会通过编程来实现。

针对一个模型，可以有多种不同的算法来求解。拿线性回归来说，模型中 a0,a1,...,am 是需要求解的参数，而"最小二乘法"（又称最小平方法，最小化误差的平方）只是其中最经典的一种求解方法，除了"最小二乘法"之外，还可以通过极大似然估计等方法来计算。不同模型会有各自适合的算法，比如求解深度学习模型中的参数会用到著名的梯度下降算法。不同的算法可能会有截然不同的思想，比如极大似然估计是用统计学思想来估计的，而梯度下降法的思路则是利用计算机反复迭代找到最优值。

5.3.2 迭代法

迭代法是用计算机解决问题的一种基本方法。比如，5.1 节中的公式（1），对于一个数据集，我们要求解最佳的 a0 和 a1，使得它的误差最小（比如使用 MSE 来判断）。那么，迭代法就是利用计算机运算速度快、适合做重复性操作的特点，让计算机尝试一组一组的参数值（a0,a1），在同一个数据集上重复计算误差。在每次执行一组参数后，就换到一组新的参数（见图5-3）。机器学习算法能够使用这个迭代过程来训练模型。整个迭代一直继续，直到找到一组误差足够小的参数值。

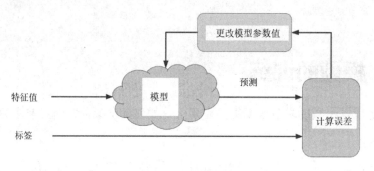

图 5-3　迭代法

简单来说，利用迭代算法解决问题需要做好以下三个方面的工作。

1. 确定迭代变量

在可以用迭代算法解决的问题中，至少存在一个直接或间接地不断由旧值递推出新值的变量，这个变量就是迭代变量。在上述例子中，a0 和 a1 是两个迭代变量。

2. 建立迭代关系式

所谓迭代关系式，是指从变量（如 a0）的前一个值推出其下一个值的公式（或关系）。迭代关系式的建立是解决迭代问题的关键，通常可以使用递推或倒推的方法来完成。

3. 对迭代过程进行控制

在什么时候结束迭代过程是编写迭代程序必须考虑的问题。不能让迭代过程无休止地重复执行下去。迭代过程的控制通常可分为两种情况：一种是所需的迭代次数是一个确定的值，可以计算出来；另一种是所需的迭代次数无法确定。对于前一种情况，可以构建一个固定次数的循环来实现对迭代过程的控制；对于后一种情况，需要进一步分析出用来结束迭代过程的条件。在机器学习中，这个结束的条件就是误差（比如 MSE）。只要误差达到要求，就可以结束迭代。一般情况下，误差不再有大的变化，我们就可以终止迭代，然后说模型已经是收敛（Converged）的了。

5.4　梯度下降法

在 5.3.2 节的迭代法中，针对图 5-3 中的"更改模型参数值"，我们并没有说明下一组新参数值是怎么出来的。假定我们有足够的时间来遍历各个 a1 的可能值，那么对于线性回归函数来说，误差和 a1 值之间的关系如图 5-4 所示。

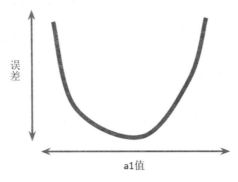

图 5-4　回归的收敛

误差的最小值就是误差函数收敛的位置。如果我们尝试每个 a1 值都去找到这个收敛点，效率就低了。在机器学习中，有一个更好的方法，那就是梯度下降法（Gradient Descent）。

如图 5-5 所示，在梯度下降法中，首先选择一个 a1 的起点值。这个起点值可以是 0，也可以是一个随机数，这些都没关系，我们的目的是求误差的最小值。下面来看梯度下降的一个直观的解释。比如我们在一座大山上的某处位置，由于我们不知道怎么下山，于是决定走一步算一步，也就是在每走到一个位置的时候，求解当前位置的梯度，沿着梯度的负方向，也就是当前最陡峭的方向向下走一步，然后继续求解当前位置的梯度，从这一步所在的位置沿着最陡峭最易下山的方向走一步。这样一步步地走下去，一直走到山脚。当然这样走下去，有可能我们不能走到山脚，而是到了某一个局部的山峰低处。从上面的解释可以看出，梯度下降不一定能够找到全局的最优解，有可能是一个局部最优解。当然，如果误差函数是凸（Convex）函数，梯度下降法得到的解就一定是全局最优解，因为最小值的地方就是梯度为 0 的地方。

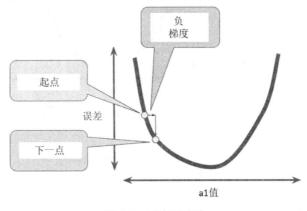

图 5-5　梯度下降法

5.4.1 步长

从上面的例子可以看出，下山或者寻找最小值取决于两个因素：

（1）每步你走哪个方向。如图 5-4 所示，从起点到下一个点，选择负梯度方向。

（2）每步你走多远，这叫步长（Step Size，也叫 Learning Rate）。步长决定了在梯度下降迭代的过程中，每一步沿梯度负方向前进的长度。用上面下山的例子，步长就是在当前这一步所在位置沿着最陡峭最易下山的位置走的那一步的长度，如图 5-5 所示。

在机器学习算法中，在最小化误差函数时，通过梯度下降法来一步步地迭代求解，最终得到最小化的误差和模型参数值。

上述的步长是一个超参数（Hyperparameter）。所谓超参数，是模型的一些细化特征。超参数与参数不同，它们本质的区别是，参数是在模型中训练出来的，而超参数是不可被训练的。绝大多数机器学习模型都有超参数，超参数是需要我们在训练之前人为指定的。

5.4.2 优化步长

在使用梯度下降时，需要进行调优。哪些地方需要调优呢？

（1）算法的步长选择。在前面的算法描述中，可以先取步长为 1，但是实际上取值取决于数据样本，可以多取一些值，从大到小，分别运行算法，看看迭代效果，如果误差函数在变小，说明取值有效，否则要增大步长。步长太小，迭代速度太慢，很长时间算法都不能结束（见图 5-6）。步长太大会导致迭代过快，甚至有可能错过最优解（见图 5-7）。所以算法的步长需要多次运行后才能得到一个较为优的值。

（2）算法参数的初始值选择。 初始值不同，获得的最小值也有可能不同，因此梯度下降求得的只是局部最小值。当然，如果误差函数是凸函数，则一定是最优解。由于有局部最优解的风险，需要多次用不同初始值运行算法，选择误差函数最小化的初值。

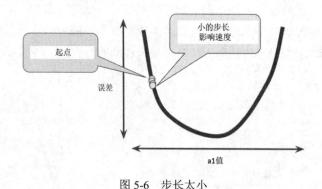

图 5-6　步长太小

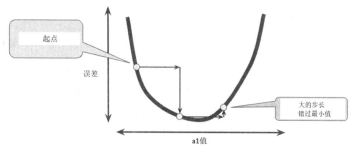

图 5-7　步长太大

　　总之，对于一个成功的模型训练来说，并不一定要找到那个最完美的步长。我们的目标是找到一个足够大的步长，这使得梯度下降能够高效收敛。

5.4.3　三类梯度下降法

　　有三类常见的梯度下降法，下面一一进行介绍。

● 批量梯度下降法

　　批量梯度下降法（Batch Gradient Descent）是梯度下降法最常用的形式，具体做法就是在更新参数时使用所有的样本来进行更新，这个方法对应于前面的线性回归的梯度下降算法，也就是说前面的梯度下降算法就是批量梯度下降法。由于我们有 m 个样本，这里求梯度的时候就用了所有 m 个样本的梯度数据。

● 随机梯度下降法

　　随机梯度下降法（Stochastic Gradient Descent）其实和批量梯度下降法的原理类似，区别在于求梯度时没有用所有的 m 个样本的数据，而是仅仅选取一个样本 j 来求梯度。随机梯度下降法和批量梯度下降法是两个极端，一个采用所有数据来梯度下降，一个用一个样本来梯度下降。自然各自的优缺点都非常突出。对于训练速度来说，随机梯度下降法由于每次仅采用一个样本来迭代，训练速度很快，而批量梯度下降法在样本量很大的时候，训练速度不能让人满意。对于准确度来说，随机梯度下降法仅用一个样本决定梯度方向，导致解很有可能不是最优的。对于收敛速度来说，由于随机梯度下降法一次迭代一个样本，导致迭代方向变化很大，不能很快地收敛到局部最优解。

　　那么，有没有一个中庸的办法能够结合两种方法的优点呢？有，这就是小批量梯度下降法。

● 小批量随机梯度下降法

　　小批量随机梯度下降法（Mini-Batch Stochastic Gradient Descent，Mini-Batch SGD）是批量梯度下降法和随机梯度下降法的折中，也就是对于 m 个样本，我们采用 x 个样子来迭代，$1<x<m$。一般可以取 10 到 1000 之间的随机数，当然根据样本的数据，可以调整这个 x 的值。

5.4.4 梯度下降的详细算法

本节内容需要读者具有一定的微积分基础。读者可跳过本节内容。在微积分里面，对多元函数的参数求∂偏导数，把求得的各个参数的偏导数以向量的形式写出来，就是梯度。比如函数 f(x,y)，分别对 x、y 求偏导数，求得的梯度向量就是($\partial f/\partial x, \partial f/\partial y$)，简称 grad f(x,y)。对于在点($x_0, y_0$)的具体梯度向量就是($\partial f/\partial x_0, \partial f/\partial y_0$)，如果是 3 个参数的向量梯度，就是($\partial f/\partial x, \partial f/\partial y, \partial f/\partial z$)，以此类推。那么，这个梯度向量求出来有什么意义呢？从几何意义上讲，就是函数变化增加最快的地方。具体来说，对于函数 f(x,y)，在点(x_0, y_0)，沿着梯度向量的方向，就是($\partial f/\partial x_0, \partial f/\partial y_0$)的方向，是 f(x,y)增加最快的地方。或者说，沿着梯度向量的方向更加容易找到函数的最大值。反过来说，沿着梯度向量相反的方向，也就是 -($\partial f/\partial x_0, \partial f/\partial y_0$)的方向，梯度减小最快，也就更加容易找到函数的最小值。

梯度下降法的算法可以有代数法和矩阵法（也称向量法）两种表示，如果对矩阵分析不熟悉，则代数法更加容易理解。本节以代数法为例来讲解算法。

1. 先决条件：确认优化模型的假设函数和误差函数

比如对于线性回归，假设函数表示为 $h_\theta(x_1, x_2, ..., x_n) = \theta_0 + \theta_1 x_1 + ... + \theta_n x_n$，其中 θ_i (i = 0,1,2,...,n) 为模型参数，x_i (i = 0,1,2,...,n)为每个样本的 n 个特征值。这个表示可以简化，我们增加一个特征 $x_0 = 1$，这样 $h_\theta(x_0, x_1, ..., x_n) = \sum \theta_i x_i$，其中 i=0~n。同样是线性回归，对应上面的假设函数，误差函数可以使用样本输出和假设函数的差取平方。

2. 算法相关参数初始化

主要是初始化 $\theta_0, \theta_1, ..., \theta_n$，以及算法终止距离 ε 和步长 α。在没有任何先验知识的时候，可以将所有的 θ 初始化为 0，将步长初始化为 1。在调优的时候再优化。

3. 算法过程

（1）确定当前位置的误差函数的梯度。在微积分里面，对多元函数的参数求∂偏导数，把求得的各个参数的偏导数以向量的形式写出来，就是梯度。对于 θ_i，其梯度表达式为$\partial f/\partial \theta_i$，其中函数 f 可以是均方差函数。

（2）用步长乘以误差（损失）函数的梯度得到当前位置下降的距离，即对应于前面登山例子中的某一步。

（3）确定是否所有 θ_i 梯度下降的距离都小于 ε，如果小于 ε，则算法终止，当前所有的 θ_i (i=0,1,...,n)即为最终结果。否则进入步骤 4。

（4）更新所有的 θ，对于 θ_i，其更新表达式如下。更新完毕后继续转入步骤（1）。

$$\theta_i = \theta_i - 当前位置下降的距离$$

在机器学习中，无约束优化算法除了梯度下降法以外，还有前面提到的最小二乘法，此外还有牛顿法和拟牛顿法。梯度下降法和最小二乘法相比，梯度下降法需要选择步长，而最小二乘法不需要。梯度下降法是迭代求解，最小二乘法是计算解析解。如果样本量不算很大，且存在解析解，最小二乘法比起梯度下降法有优势，计算速度很快。但是如果样本量很大，用最小二乘法由于需要求一个超级大的逆矩阵，这时就很难或者很慢才能求解了，使用迭代的梯度下降法比较有优势。梯度下降法和牛顿法/拟牛顿法相比，两者都是迭代求解，不过梯度下降法是梯度求解，而牛顿法/拟牛顿法是用二阶的海森矩阵的逆矩阵或伪逆矩阵求解。相对而言，使用牛顿法/拟牛顿法收敛更快，但是每次迭代的时间比梯度下降法长。

5.5 模型的拟合效果

通过学习本节内容，我们将了解欠拟合和过度拟合及其严重性，认识形成过度拟合的原因，以及如何解决过度拟合。

5.5.1 欠拟合与过度拟合

在如图 5-8 所示的分类问题中，我们的目标是找到一个分类器，分割两种标签的数据。我们用肉眼不难看出，蓝色标签（圆圈）的点集中在图的右上区域，中间的图是最为合适的分类器。左图用一条直线分割平面，模型过于简单，对直线右侧的红色标签数据（叉叉）刻画较差，属于欠拟合（Underfitting）；而右图则用了比较复杂的模型，对样本集的数据全部照顾，属于过度拟合（Overfitting）。过度拟合是参数过多，对训练集的匹配度太高、太准确，以至于在后面的预测过程中可能会导致预测值非常偏离合适的值，预测非常不准确。中间的图是合适的拟合。

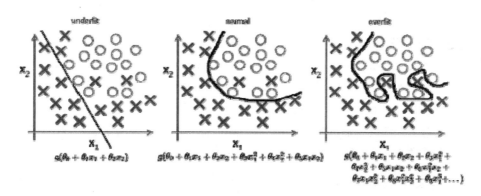

图 5-8 拟合的例子

欠拟合和过度拟合都是应当尽可能避免的。欠拟合会让我们的模型产生较大的偏差（Bias），这里的偏差是指我们的模型描绘的数据分布与数据的客观分布之间存在差异。欠拟合通常是因为我们使用了过于简单的模型，比如线性模型，或者训练的时间不够。而过度拟合虽然将样本集的误差降到最低，但会使模型产生很大的方差（Variance），方差大意味着当新的数据进来时，模型的预测准确率波动会比较大，虽然训练集预测能力很好，但对未知的测试集预测效果可能会很差。过度拟合通常是因为我们的模型过于复杂。

事实上，在实际应用中，过度拟合的问题远远多于欠拟合。在解决问题时，我们几乎总是要考虑和处理过度拟合，但很少会遇到欠拟合。这是因为我们在训练模型时经常会采用过于复杂的模型,使用了太多的特征(Feature)来训练,对训练集的匹配度非常高(误差几乎为零),但是不能推广到其他未知数据上,也就是对于训练集之外的输入不能做出正确的预测。

防止过度拟合是机器学习中极其重要的一个问题,重要到后文几乎所有模型讲解中都会提到并给出防止过度拟合的方法,可以说如果没有处理好过度拟合,我们就会全盘皆输。过度拟合是绝对值得我们花相当一部分时间去处理的。

5.5.2　过度拟合的处理方法

当过度拟合发生时,我们的模型对训练集数据的预测效果很好,但对测试集数据的预测效果较差。这是因为模型过于关注训练集的局部特征,从而记住了样本集的噪声,而这些噪声并不是数据分布的真实规律,所以出现了训练集和测试集准确率相差较大的情况。无论多优秀的模型,如果我们不去防止,都可能出现过度拟合。通常有以下几种办法来处理过度拟合问题。

(1)使用更多训练数据

引入更多训练数据通常会降低过度拟合。训练数据的增加总是会为机器学习带来正面的作用,降低过度拟合就是最大的好处之一。数据量越大,意味着模型训练得到的参数方差越小,模型越稳定,因此会降低数据集发生变化时模型效果的波动,从而降低过度拟合。

虽然增大训练数据量是"首选",但很多时候获得更多数据是很困难的。如果无法引入更多数据,我们仍然可以尝试这两种方法:第一种,将数据集中更多的数据用作训练数据,即加大训练集所占的比例;第二种,通过数据集增强(Data Augmentation)的方式从原始数据集中"获得"更多虚拟数据,如通过将原始图片旋转、镜像及色彩变换等技巧生成更多图片用作训练。

(2)使用正则化

正则化是降低过度拟合的一个主要技巧。正则化是通过改变误差(损失)函数,在误差函数原有的基础上加入惩罚项。惩罚项和参数的大小直接相关,当我们使用过多的参数时,这个惩罚项会变得很大,从而可以防止模型过于复杂。常见的正则化方法包括 L1 和 L2 正则化。有关这两种正则化方法会在后面的章节进行详细介绍。加入 L1 和 L2 惩罚项可以让部分参数值急剧变小或变成 0,以达到"压缩"参数个数的作用。

(3)早停法(Early Stopping)

早停法(Early Stopping)是指在迭代过程中提前结束迭代,从而防止过度训练的手段。训练时间过长,模型会越来越倾向于记住样本集的全部内容,而这会导致过度拟合的发生。因此,我们可以在迭代训练的过程中随时观察误差(损失)函数的变化情况,如果发现在一段时间后模型效果没有显著提升,就停止训练。针对神经网络更多过度拟合的解决方法也会在后面的章节系统性的介绍。

(4)使用集成算法

集成算法是指将多个简单模型进行平均的系统性方法。假设我们有 10 个模型,这 10 个模型单独运作都容易发生过度拟合,但这 10 个模型平均之后则会降低过度拟合的影响。就好比评委打分,1 个人的打分经常是不稳定的,多个人投票或者取均值则会让评分变得更加公正、靠谱。这里读者可以先记住一句话来代表集成算法的思想，叫作"众人拾柴火焰高"。集成算法可以将多个基础算法结合在一起，并把"集体"的力量发挥到最大。

（5）减少特征的数量

减少特征的数量包括人工手动减少特征的数量和使用模型选择算法，我们会在后面的章节中讲到。

5.6 模型的评估与改进

通过上节的学习，我们知道为了防止过度拟合，需要有效地利用验证集来选择表现最好的模型。我们顺着这个思路进入本节的学习：通过验证集评价、选取和改进模型。

5.6.1 机器学习模型的评估

要评价一个机器学习模型的表现，我们需要一个具体的指标来评估。一个确实的量化指标对我们评价和选择模型具有重要的参考意义。对于回归模型来说，常用的指标为 MSE、MAE 等，对于分类模型，常用指标包括准确率、精确率、召回率、F1-Score、ROC 曲线和 AUC 等。下面我们来详细介绍这些概念。

1. 分类模型的评估

绝大多数分类任务都是二分类问题（Binary Classification Problem），即类别只有两种：0 或 1。对于一个二分类问题来说，根据预测值和真实值分类，无外乎会出现表 5-5 所示的 4 种情况。

表 5-5 根据预测值和真实值分类所出现的 4 种情况

	真实类别：1	真实类别：0
预测类别：1	TP（True Positive，真正例）	FP（False Positive，假正例）
预测类别：0	FN（False Negative，假负例）	TN（True Negative，真负例）

对于分类问题，最直观也是最简单的评价指标就是准确率（Accuracy），即样本中有多大比例被我们预测正确。准确率等于预测正确的样本数除以总样本数，即 (TP+TN)/(TP+TN+FP+FN)。相对应的一个概念是误分率（Error/Misclassification Rate），或者叫错分率，是指我们预测错误的样本数所占的比例，误分率 = 1-准确率。

使用准确率或误分率作为评价指标的时候，意味着我们将两种分类类别平等对待。但现实中我们遇到的二分类任务中，通常两种分类类别并不像"性别为男或女"这样的对等关系，而是有正负之分。我们将某件事情发生、具有肯定性结果对应为类别 1，或称为具有正值，比如药检呈阳性、天气预报会下雨、信用贷款会违约等。与之相对应的分类结果归为类别 0，即事件未发生、具有否定性的结果。

当我们要差别对待类别 0 和类别 1 时，就需要懂得精确率、召回率等概念，这也是我们引入表 5-5 的原因。

精确率（Precision）的定义是所有我们预测为正的样本中确实为正值的比率。

$$精确率 = TP/(TP+FP)$$

召回率（Recall）是指所有真实值为正的样本中被我们预测为正值的比率。

$$召回率 = TP/(TP+FN)$$

F1-Score 综合考虑精确率与召回率，等于二者的调和平均值，定义如下：

$$F1\text{-}Score = 2*precision*recall/(precision+recall)$$

精确率和准确率看似只在分母上有细微差别，其实表达的意思截然不同，它们反映了分类器性能的两个方面。之所以有两个概念，是因为不同问题中我们关注的侧重点不同。我们来看以下两个场景。

（1）罪犯追踪

在人脸识别罪犯的案例中，通常我们会秉着"不错怪任何好人"的原则，希望我们识别出来的"罪犯"确实全部是真的罪犯。因此，我们要让精确率尽可能高，判断出的正值不能有失误。虽然这样做可能会使得一些嫌犯"逃脱"，但仍然是这个任务中可以接受的结果，总比错将好人当作犯人产生不必要的麻烦要好得多。

（2）地震检测

对于地震的预测则恰恰相反，我们希望当地震真实发生时我们能预测出来，宁可 100 次误报 95 次，将 5 次地震全部预测到，而不要只预测 10 次，结果漏掉 5 次中的 2 次。在这个情形中，我们希望召回率越高越好，哪怕牺牲一定的精确率。

2. 回归模型的拟合效果评估

相比分类模型，回归模型的评价指标则比较简单，最常使用的指标就是前面提到的 MSE。回忆一下，MSE 是估计值与真实值之差的平方和取均值再开平方根，用来量化预测值和真实值的偏离程度。除了 MSE 之外，有时也会用 MAE（Mean Absolute Error，平均绝对误差）。MAE 是估计值与真实值之差的绝对值取均值。MAE 看起来似乎比 MSE 更直观，但远不及 MSE 常用。这主要是因为 MSE 作为误差（损失）函数是可导的，方便通过求导来找最小值。

3. 其他的评价指标

除了衡量模型的准确度外，有时我们还需要关注计算能力相关的一些指标，比如运行时间、占用内存等。这些指标虽然重要，但通常不会作为优化的对象，而是作为一种"条件指标"进行约束，在该约束下使得我们要优化的指标（准确度）尽可能好。

5.6.2 机器学习算法与人类比较

随着机器学习越来越普及，人们逐渐开始将机器学习和人类的表现作比较。机器学习算法和人类的比较也成为越来越多机器学习学者研究的课题。这是因为最近几年随着机器学习算法变得越来越先进，特别是深度学习的兴起，机器学习在面临更多领域问题的时候表现出很高的可行性，并且可以和人类相提并论。比如拿图像识别来说，机器识别一个物体，给我们的感觉就像用人眼识别一样，几乎所有人类能辨识出来的东西机器也能办到，并具有和人类不相上下的准确率。同时，在建立机器学习系统时，通常通过高度机动性的工作流来实现，这比人类手工完成要高效得多。

那么，机器学习和人类在做同一个任务时到底谁的准确率更高呢？事实上，目前机器学习之所以被广泛应用，正是因为它会表现得比人类更加优秀。理论和实践都证明，机器学习的准确率随着不断训练和改进会逐渐提升直至超过人类水平，但一旦越过人类水平，提升的速度将会显著放缓，直到达到一个"瓶颈"。这一"瓶颈"叫作"贝叶斯最优误差（Bayes Error）"，是这个任务准确率的理论最优值，无论用任何方式都无法超过这个水平。这个最优值会比人类水平稍高一点点，但通常达不到 100%。比如在语音识别领域，由于语音中客观存在一定比率的噪声，所以无论是人类还是机器，都无法准确地听出这部分内容是什么，所以"最优准确率"并不是 100%。

5.6.3　改进策略

只要机器学习算法准确率比人类水平低，我们就可以用以下策略来改进。

（1）使用更多人为标注的标签数据。

（2）手动进行误差分析。

（3）进行效果更好的 Bias-Variance（偏差-方差）分析。

关于第三种策略，我们能够进行更好的 Bias-Variance 分析，是因为我们能够通过对比人类误差，决定改进的方向——降低偏差还是降低方差。假设在一个识别猫的任务中，人类的误差率是 0.5%，我们把这个误差近似看成"贝叶斯最优误差"。我们模型的训练误差是 6%，而 Dev Error 是 8%。训练误差和人类误差之间还有一定距离，说明我们应将重点放在降低误差的策略上，比如使用更高级的神经网络，或者训练更长时间。

人类误差	训练误差	Dev Error
0.5%	6%	8%

假设另有一个难度较高的识别任务，比如识别一种具体的稀有猫科动物，在这项任务中，人类的误差率是 5.5%。而假定我们模型的训练误差率仍为 6%，Dev Error 也依然为 8%。训练误差与人类误差之间的差距仅有 0.5%。在这种情况下，降低偏差的提升空间很小，因为我们很难把误差率降到 5.5%以下。反而训练误差和 Dev Error 之间 2%的间隔相对比较大，此时我们应该侧重于降低方差，而不是偏差。也就是说，我们应该尝试更多的防止过度拟合的方法，比如采用正则化、使用更多训练数据等。

人类误差	训练误差	Dev Error
5.5%	6%	8%

以上三种改进方法,当机器学习算法准确率超过人类时都将无法实现。所以从人类水平到理论最优值,这一段路要比之前难走得多。

5.7 机器学习的实现框架

大数据、算法和并行计算能力构成了人工智能高速发展的三要素,海量的数据积累是基础。开源的机器学习平台能够让开发者将复杂的数据传输给已有的框架进行分析和处理,缩短了开发时间,提升了训练效果,极大地推动了 AI 技术的商业化进程。在本节中,我们将介绍两个用于 AI 开发的语言、框架和库。

5.7.1 Python

Python 是数据科学家最常用的编程语言之一,也是机器学习的首选工具。这是因为 Python 内置了很多实用的模块(Module),也有人称之为库(Library),不过库的概念多来自于编译型的语言,在 Python 语言中很少称为库,多称为模块。这些模块可以很方便地直接拿来用于解决机器学习的实际问题。多个相关 Python 模块组合在一起就组成一个包(Package),后面要介绍的 scikit-learn 就是其中之一。

不熟悉编程的朋友们可能对模块的概念不了解。我们知道,Python 语言是写代码的工具,而模块实际上就是预先写好的代码,可以通过导入直接用于应用程序中,省去重复编写代码的过程。Package 翻译成中文通常被称为"程序包",简称"包",要调用程序包中的模块,要通过导入指令 import。在 Python 中,数据科学家常用的程序包如表 5-6 所示。

表 5-6 Python 中常用的程序包

包名	主要功能	例子
Numpy	最常见的包,科学计算的利器。用于向量和矩阵的存储和计算	np.dot(x,y):进行 x 与 y 的矩阵乘法 np.max(x, axis=1):返回矩阵每行的最大值
Pandas	基于 Numpy 构建的具有更高级数据结构的数据分析包,实现了结构化表数据的基本操作	pd.read_csv('file name'):读取 CSV 格式的数据源
Matplotlib	用于制作图表的基础包	plt.scatter(x,y):制作变量 x 和 y 的散点图
Seaborn	专业用于统计制图,适合描绘数据集特征的分布和关系,基于 Matplotlib	sns.boxplot:显示一组数据分散情况的统计图

对于初次接触编程或者 Python 语言的读者,我们推荐下载 Anaconda。Anaconda 集成了 Python 基本环境和上述所有常见程序包,安装方便,非常适合初学者使用。读者只需从 Anaconda 官网上免费下载其最新版本,就可以编写 Python 程序。本书中所有实例代码都可以在 Anaconda Python 中实现。

在 Anaconda 上,我们可以选择 Spyder 进行代码的编写。Spyder 是 Python 的一款 IDE。如同其他编程语言一样,Python 在编写代码时需要一个集成开发环境,IDE 就是集成开发环境的缩写,它给用户提供了编程需要的图形化界面、编辑器、编译器、调试器等。打开 Spyder,就可以看到输入代码的界面。

5.7.2　scikit-learn

编写机器学习模型不容易,但使用机器学习模型非常简单,读者只需套用现有的框架即可。现有的框架可以是某种编程环境中的程序包,或者一款成熟的机器学习商业软件。scikit-learn是一个针对机器学习的强大 Python 程序包,主要用于构建模型,使用诸如 Numpy、SciPy 和 Matplotlib 等程序包来的构建,如图 5-9 所示,对于统计建模技术(如分类、回归、集群等)非常有效。scikit-learn 的特性包括监督式学习算法、非监督式学习算法和交叉验证,官网地址是 http://scikit-learn.org/。scikit-learn 的优点是可以使用许多 shell 算法,提供高效的数据挖掘;缺点是它不是最好的模型构建包,对 GPU 的使用并不高效。

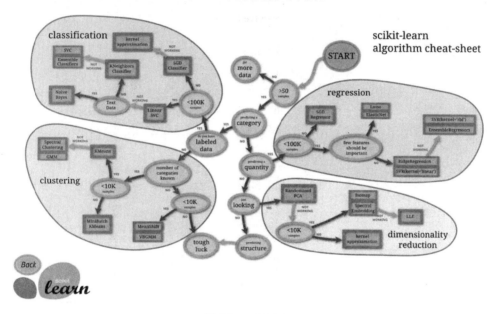

图 5-9　scikit-learn

Python 中有完备的机器学习程序包 sklearn,它整合了现有的众多传统的机器学习模型,这些模型的算法已经在程序包中编写好,用户无须知道算法的原理,也无须懂得模型的含义,甚至无须会编程,即可调用程序包,执行并得到我们需要的结果。整个过程不过只是几行代码,就像把大象放到冰箱一样,只需三步。下面我们以 Python 为例,来看看它如何解决机器学习经典案例——泰坦尼克(Titanic)沉船生存预测,如表 5-7 所示。

表 5-7　泰坦尼克(Titanic)沉船生存预测

Pclass	Age	SibSp	Parch	Fare	male	Q	S	NoAge
3	22	1	0	7.25	1	0	1	0
1	38	1	0	71.2833	0	0	0	0
3	26	0	0	7.925	0	0	1	0
1	35	1	0	53.1	0	0	1	0
3	35	0	0	8.05	1	0	1	0
3	0	0	0	8.4583	1	1	0	1
1	54	0	0	51.8625	1	0	1	0

（续表）

Pclass	Age	SibSp	Parch	Fare	male	Q	S	NoAge
3	2	3	1	21.075	1	0	1	0
3	27	0	2	11.1333	0	0	1	0
2	14	1	0	30.0708	0	0	0	0
3	4	1	1	16.7	0	0	1	0
1	58	0	0	26.55	0	0	1	0
3	20	0	0	8.05	1	0	1	0

特征集 X

Survived

1
1
1
0
0
0
0
1
1
1
1
0
0

标签数据 Y

```
from sklearn.ensemble import RandomForestClassifier
```
好比从图书馆中获得需要的工具材料。

第一步：读取程序包
这里我们读取的是 random forest 模型

```
model = RandomForestClassifier(n_estimators=12)
```
建立了一个模型，叫作 model，这个 model 要用随机森林模型。

第二步：声明模型
告诉电脑我们要用的模型是什么，要用哪种方法解决问题

```
model = model.fit(X, Y)
```
经过这一步，model 记住了数据并获得了预测能力。

第三步：训练模型
给声明了种类的模型"喂"数据，让模型自主学习数据。这里 X、Y 分别为数据的特征和标签

```
Y_hat = model.predict(X')
```
让 model 对未知标签数据进行预测。

第四步：模型预测
让训练好的模型去"完成任务"，即预测新数据的标签

Predict
1
1
1
0
0
0
0
1
1
1
1
0
0

预测数据 Y'

对于不熟悉模型的人，只需记住这几行代码，就可以完整地跑出这个模型。代码中并没有多少需要理解的部分或者需要预先掌握的知识，基本都是 sklearn 的预设格式。实际上，sklearn可以用于绝大多数传统机器学习模型，并且只需在这几行代码上稍作改动。

5.7.3　Spark MLlib

Apache 的 Spark MLlib 是一个具有高度拓展性的机器学习库，在 Java、Scala、Python 甚至 R 语言中都非常有用，因为它使用 Python 和 R 中类似 NumPy 这样的程序包，能够进行高效的交互。MLlib 可以很容易地插入 Hadoop 工作流程中。它提供了机器学习算法，如分类、回归、聚类等。这个强大的库在处理大规模的数据时，速度非常快。Spark MLlib 的官网地址是 https://spark.apache.org/mllib/。

Spark MLlib 的优点是，对于大规模数据处理来说，非常快，可用于多种语言；缺点是，陡峭的学习曲线，仅 Hadoop 支持即插即用。

第 6 章
机器学习算法

机器学习一直以来都是人工智能研究的核心领域。它主要通过各种算法使得机器能够从样本、数据和经验中学习规律，从而对新的样本做出识别或对未来做出预测。20世纪80年代开始的机器学习浪潮诞生了包括决策树学习、推导逻辑规划、聚类、强化学习和贝叶斯网络等非常多的机器学习算法，它们已经被广泛地应用在网络搜索、垃圾邮件过滤、推荐系统、网页搜索排序、广告投放、信用评价、欺诈检测等领域。而这几年来取得突破性进展而受到人们关注的深度学习，只是实现机器学习的其中一种技术手段。图6-1展示了产品、数据和算法的协同效应。

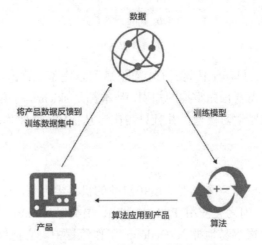

图 6-1　产品、数据、算法的协同效应

6.1　算法概述

最常见的机器学习就是学习 y=f(x) 的映射，针对新的 x 预测 y，这叫作预测建模或预测分析。我们的目标就是让预测更加精确。我们不知道目标函数 f 是什么样的。如果知道，就可以直接使用它，而不需要再通过机器学习算法从数据中进行学习。机器学习算法可以描述为学习一个目标函数 f，它能够最好地映射出输入变量 x 到输出变量 y。预测建模的首要目标是减小模型误差或将预测精度做到最佳。我们从统计等不同领域借鉴了多种算法来达到这个目标。

当面对各种机器学习算法时，一个新手最常问的问题是"我该使用哪个算法"。要回答这个问题需要考虑很多因素：（1）数据的大小、质量和类型；（2）完成计算所需要的时间；（3）任务的紧迫程度；（4）你需要对数据做什么处理。在尝试不同算法之前，即使是一个经验丰

富的数据科学家，也不可能告诉你哪种算法性能最好。本节列举的是最常用的几种。如果你是
一个机器学习的新手，这几种是最好的学习起点。

6.1.1　线性回归

线性回归可能是统计和机器学习领域最广
为人知的算法之一。通过线性回归找到一组特定
的权值，称为系数 B。通过最能符合输入变量 x
到输出变量 y 关系的等式所代表的线表达出
来。线性回归的例子如图 6-2 所示。

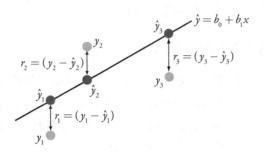

图 6-2　线性回归的例子

例如，$y=b_0 + b_1 * x$。我们针对输入的 x 来预
测 y。线性回归学习算法的目标是找到 b_0 和 b_1
的值。不同的技巧可以用于线性回归模型，比如线性代数的普通最小二乘法以及梯度下降优化
算法。线性回归已经有超过 200 年的历史，已经被广泛地研究。根据经验，这种算法可以很
好地消除相似的数据，以及去除数据中的噪声，是快速且简便的首选算法。

6.1.2　逻辑回归

逻辑回归是另一种从统计领域借鉴而来的机器学习算法。与线性回归相同，逻辑回归的目
的是找出每个输入变量对应的参数值。不同的是，预测输出所用的变换是一个被称作 Logistic
函数的非线性函数。Logistic 函数像一个大 S，它将所有值转换为 0 到 1 之间的数，如图 6-3
所示。这很有用，我们可以根据一些规则将 Logistic 函数的输出转换为 0 或 1（比如，当小
于 0.5 时则为 1），然后以此进行分类。

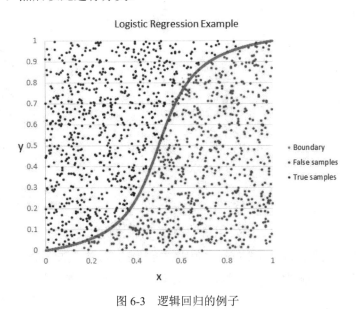

图 6-3　逻辑回归的例子

正是因为模型学习的这种方式,逻辑回归做出的预测可以被当作输入为 0 和 1 两个分类数

据的概率值。这在一些需要给出预测合理性的问题中非常有用。就像线性回归，在需要移除与输出变量无关的特征以及相似特征方面，逻辑回归可以表现得很好。在处理二分类问题上，这是一个快速高效的模型。

6.1.3　线性判别分析

逻辑回归是一个处理二分类问题的传统分类算法。如果需要进行更多的分类，线性判别分析算法（Linear Discriminant Analysis，LDA）是一个更好的线性分类方法。线性判别分析的例子如图 6-4 所示。对 LDA 的解释非常直接，它包括针对每一个类的输入数据的统计特性。对于单一输入变量来说，包括：

● 类内样本均值。
● 总体样本变量。

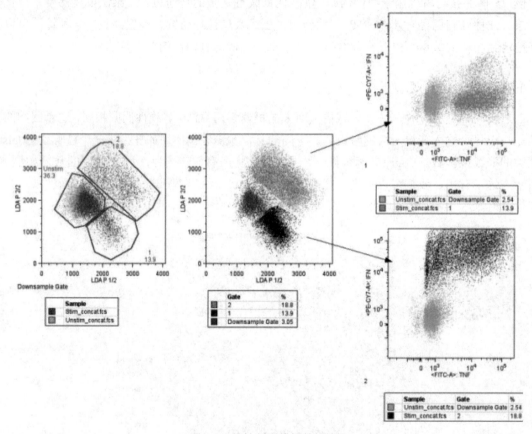

图 6-4　线性判别分析的例子

通过计算每个类的判别值，并根据最大值来进行预测。这种方法假设数据服从高斯分布（钟形曲线），所以可以较好地提前去除离群值。这是针对分类模型预测问题的一种简单有效的方法。

6.1.4　分类与回归树分析

决策树是机器学习预测建模的一类重要算法,可以用二叉树来解释决策树模型。这是根据算法和数据结构建立的二叉树,并不难理解。每个节点代表一个输入变量以及变量的分叉点(假设是数值变量)。如图 6-5 所示是决策树的例子。

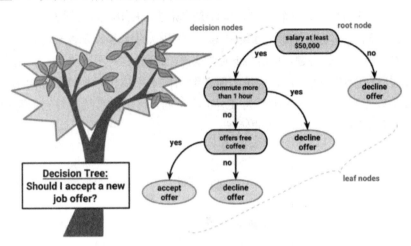

图 6-5　决策树的例子

树的叶节点包括用于预测的输出变量 y。通过树的各分支到达叶节点,并输出对应叶节点的分类值。树可以进行快速的学习和预测。通常并不需要对数据做特殊的处理,就可以使用这个方法对多种问题得到准确的结果。

6.1.5　朴素贝叶斯

朴素贝叶斯(Naive Bayes)是一个简单但异常强大的预测建模算法。这个模型包括两种概率,它们可以通过训练数据直接计算得到:(1)每个类的概率;(2)给定 x 值的情况下,每个类的条件概率。根据贝叶斯定理(见图 6-6),一旦完成计算,就可以使用概率模型针对新的数据进行预测。当你的数据为实数时,通常假设服从高斯分布(钟形曲线),这样可以很容易地预测这些概率。

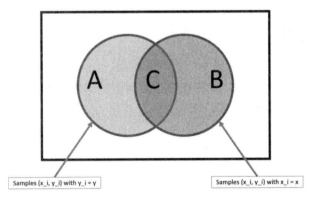

图 6-6　贝叶斯定理

167

之所以被称作朴素贝叶斯，是因为我们假设每个输入变量都是独立的。这是一个强假设，在真实数据中几乎是不可能的。但对于很多复杂问题，这种方法非常有效。

6.1.6　K 最近邻算法

K 最近邻算法（KNN）是一个非常简单有效的算法。KNN 的模型表示整个训练数据集。对于新数据点的预测是：寻找整个训练集中 K 个最相似的样本（邻居），并对这些样本的输出变量进行总结。对于回归问题，可能意味着平均输出变量。对于分类问题，则可能意味着类值的众数（最常出现的那个值）。诀窍是如何在数据样本中找出相似性。最简单的方法是，如果你的特征都是以相同的尺度（比如都是英寸）度量的，就可以直接计算它们互相之间的欧式距离。如图 6-7 所示为 K 最近邻算法的例子。

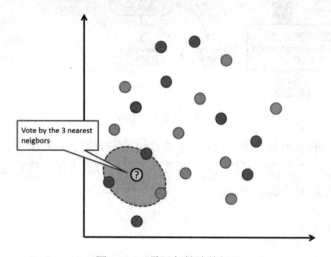

图 6-7　K 最近邻算法的例子

KNN 需要大量空间来存储所有的数据。但只是在需要进行预测的时候才开始计算（学习）。你可以随时更新并组织训练样本以保证预测的准确性。在维数很高（很多输入变量）的情况下，这种通过距离或相近程度进行判断的方法可能失败。这会对算法的性能产生负面的影响，被称作维度灾难。建议只有当输入变量与输出预测变量最具有关联性的时候使用这种算法。

6.1.7　学习向量量化

K 最近邻算法的缺点是需要存储所有训练数据集。而学习向量量化（LVQ，也称为学习矢量化）是一个人工神经网络算法，允许选择需要保留的训练样本个数，并且学习这些样本看起来应该具有何种模式。如图 6-8 所示为学习向量量化的例子。

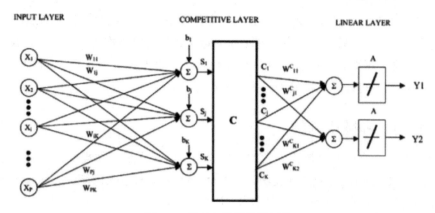

图 6-8 学习向量量化的例子

LVQ 可以表示为一组码本向量的集合。在开始的时候进行随机选择，通过多轮学习算法的迭代，最后得到与训练数据集最相配的结果。通过学习，码本向量可以像 K 最近邻算法那样进行预测。通过计算新数据样本与码本向量之间的距离找到最相似的邻居（最符合码本向量）。将最佳的分类值（或回归问题中的实数值）返回作为预测值。如果你将数据调整到相同的尺度，比如 0 和 1，则可以得到最好的结果。如果你发现对于数据集，KNN 有较好的效果，可以尝试一下 LVQ 来减少存储整个数据集对存储空间的依赖。

6.1.8 支持向量机

支持向量机（SVM）可能是最常用并且最常被谈到的机器学习算法。超平面是一条划分输入变量空间的线。在 SVM 中，选择一个超平面，它能最好地将输入变量空间划分为不同的类，要么是 0，要么是 1。在二维情况下，可以将它看作一根线，并假设所有输入点都被这根线完全分开。SVM 通过学习算法找到最能完成类划分的超平面的一组参数。如图 6-9 所示为支持向量机的例子。

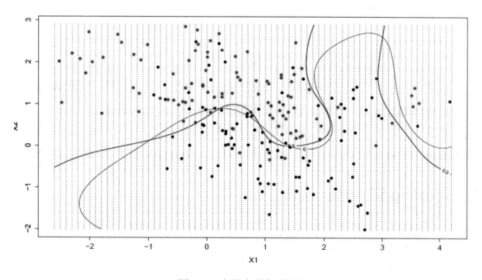

图 6-9 支持向量机的例子

超平面和最接近的数据点的距离看作一个差值,最好的超平面可以把所有数据划分为两个类,并且这个差值最大。只有这些点与超平面的定义和分类器的构造有关。这些点被称作支持向量,是它们定义了超平面。在实际使用中,优化算法被用于找到一组参数值使差值达到最大。支持向量机(SVM)可能是一种最为强大的分类器。

6.1.9 Bagging 和随机森林

随机森林是一个常用并且最为强大的机器学习算法。它是一种集成机器学习算法,称作Bootstrap(自助法)或 Bagging(套袋法)。Bootstrap 是一种强大的统计方法,用于数据样本的估算,比如均值。从数据中采集很多样本,计算均值,然后将所有均值再求平均,最终得到一个真实均值的较好的估计值。在 Bagging 中用了相似的方法。但是通常用决策树来代替对整个统计模型的估计。从训练集中采集多个样本,针对每个样本构造模型。当你需要对新的数据进行预测时,每个模型做一次预测,然后对预测值进行平均,得到真实输出的较好的预测值。如图 6-10 所示为随机森林的例子。

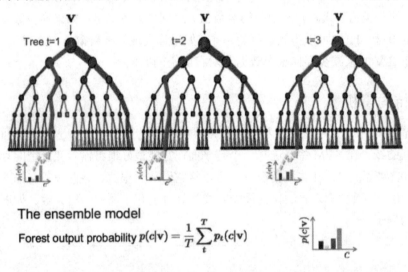

图 6-10　随机森林的例子

这里的不同在于在什么地方创建树,与决策树选择最优分叉点不同,随机森林通过加入随机性从而产生次优的分叉点。每个数据样本所创建的模型与其他的都不相同,但在唯一性和不同性方面仍然准确。结合这些预测结果可以更好地得到真实的输出估计值。如果在高方差的算法(比如决策树)中得到较好的结果,通常也可以通过 Bagging 这种算法得到更好的结果。

6.1.10 Boosting 和 AdaBoost

Boosting(提升法)是一种集成方法,通过多种弱分类器创建一种强分类器。它首先通过训练数据建立一个模型,然后建立第二个模型来修正前一个模型的误差。在完成对训练集完美预测之前,模型和模型的最大数量都会不断添加。

AdaBoost 是第一种成功地针对二分类的 Boosting 算法，是理解 Boosting 最好的起点。现代的 Boosting 方法是建立在 AdaBoost 之上的，多数都是随机梯度 Boosting 机器。如图 6-11 所示是 AdaBoost 的例子。

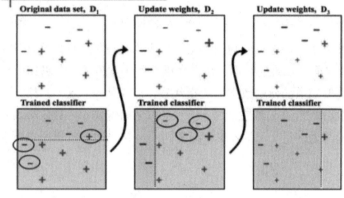

图 6-11　AdaBoost 的例子

AdaBoost 与短决策树一起使用。当第一棵树创建之后，每个训练样本的树的性能将用于决定针对这个训练样本下一棵树将给予多少关注。难于预测的训练数据给予较大的权值，反之容易预测的样本给予较小的权值。模型按顺序建立，每个训练样本权值的更新都会影响下一棵树的学习效果。完成决策树的建立之后，进行对新数据的预测，训练数据的精确性决定了每棵树的性能。因为重点关注修正算法的错误，所以以移除数据中的离群值非常重要。

6.2　支持向量机（SVM）算法

本节我们以著名的 SVM 算法切入，来感受一下一个成熟完备的机器学习算法是怎么运作的。SVM 是机器学习最经典也是最实用的模型之一。这个算法从字面上不易理解，但没关系，学习新的算法时，我们最重要的是先理解这个算法的思想是什么。SVM 的思想是找到一个"分割器"，将两种类别的样本点"切开"。

我们的核心目标是找到一条直线去分割平面上的两种点。这里首先介绍线性可分这个概念。像图 6-12 这样，可以用一条直线将两种类别的点分开的情形称为线性可分。而像图 6-13 这样的情形则为线性不可分。

我们先来看线性可分的情况。对于二维空间（平面）中线性可分的情形，我们只需找到一条直线，使得正值样本落在直线的一侧，负值样本落在直线的另一侧。对于线性可分的样本集来说，这样的直线是存在的，而且是不唯一的。比如图 6-14 中 $y = -x + 2$ 和 $y = -x + 2.1$ 都是满足条件的直线。

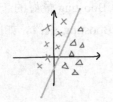
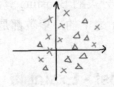
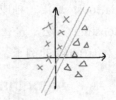

图 6-12　SVM 的例子一　　　　图 6-13　SVM 的例子二　　　　图 6-14　SVM 例子三

推广到高维空间中，这条分割的"直线"不再是直线，而叫作超平面（Hyperplane）。在三维空间中，超平面是二维的平面。在更高维空间中，超平面会更加抽象。为了方便描述这个超平面，我们需要知道如何用数学形式指代它，就像用 $y = -x + 2$ 表示图 6-12 的直线一样。

首先，我们要知道，在 n 维空间中，一个点的坐标需要 n 个数值来表示，即 $(x1, x2, …, xn)$。我们可以把它简写为向量 x，那么在 n 维空间中，超平面就可以用以下形式来表示：

$$w \cdot x + b = 0$$

其中，w 和 b 是参数，就如同直线 $y=ax+b$ 中的 a 和 b 一样，只不过这里的 w 是 n 维向量，b 为实数。$w \cdot x + b > 0$ 和 $w \cdot x + b < 0$ 分别对应超平面两侧的空间。对于一个未知标签的样本点 x，我们只需看 $w \cdot x + b$ 的正负，即可判别它是正值样本还是负值样本。这种分类模型叫作感知机（Perceptron）。

让我们回到二维平面的例子。可以将图中两种点完全隔离的直线有无数条，那么其中是否存在一条最优的直线呢？

在图 6-15 中，直线 a 和 b 都能分离两种点，但当更多的点进来后，直线 a 将其中 1 个点错误地归类了，这是因为我们这条线画的"不够好"，离样本点太近，导致对新来的点划分不够精确。直线 b 做得更好，是因为它离两边的点都比较远，因此更容易将新来的点划分正确。于是我们想到，最"中间"的直线是最合适的。也就是说，我们应该找到离两侧样本点簇都尽可能远的直线。用专业术语来表示的话，就是让这个分类器的 Margin（裕度）最大。

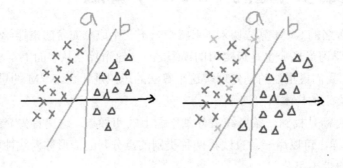

图 6-15　SVM 的例子四

以上讨论的都是线性可分的情形。对于线性不可分的情况，SVM 的解决方案是通过核函数进行空间变换，将低位空间投射到高位空间中去，使经过变换后的样本点实现线性可分。说起来可能有些玄幻，但这确实是可行的。

如图 6-16 所示的平面中的点显然无法用直线分开。即使引入松弛因子也不行，因为这本质上就不是线性可分的问题。但设想我们会使用某种"魔法"，能让这些点漂浮到空间中去，并且外围的点飘得更高，内圈的点飘得略低，就像图 6-17 一样。这样我们就可以用一张纸将这个漂浮的空间切断，实现两种点的分离。将这张纸还原到原平面中去是一条曲线。

图 6-16　SVM 例子　　　　　图 6-17　SVM 例子

这个映射对应的规则是：

```
X= x
Y = y
Z = sqrt(x^2 + y^2)
```

在实际应用中，上述的空间变换是通过核变换实现的。核变换的表达形式与上面的公式不太相同。虽然 SVM 从本质上来说是一种线性分类器，但 Kernel SVM 将核变换与线性分类器结合，使得 SVM 可以解决非线性问题。可以处理非线性边界问题是 SVM 最大的优势之一。

6.3　逻辑回归算法

Logistic Regression（逻辑回归）是一种常见的分类模型。我们不要被名字所惑，逻辑回归是一个分类模型，也就是说，要使用这个模型，标签数据必须是离散型变量。最简单的离散型变量是二元离散型变量（Binary Variable），即变量只取两个值：0 或者 1。逻辑回归之所以带有"回归"二字，是因为它以线性回归为基础演化而来，与线性回归的表达形式相似。

让我们先回顾一下线性回归。线性回归用来刻画连续型变量 y 与若干变量 $x_1, x_2, \ldots$ 之间的线性关系，其基本形式为：

$$y = a_0 + a_1x_1 + a_2x_2 + \ldots + a_mx_m \qquad (1)$$

逻辑回归在上面公式的基础上对右侧施加一个叫作 Sigmoid 的函数：

$$y = f(a_0 + a_1x_1 + a_2x_2 + \ldots + a_mx_m) \qquad (2)$$

$\phi(z) = 1/(1+e^{-z})$ 的图像如图 6-18 所示。

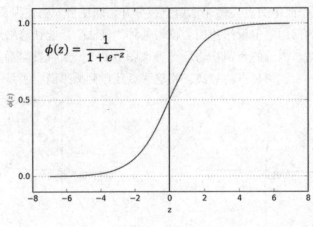

$$\phi(z) = \frac{1}{1 + e^{-z}}$$

图 6-18　逻辑回归

　　线性回归之所以不适合解决分类问题，是因为因变量 y 的取值范围是全体实数，而我们需要的因变量是介于 0 和 1 之间的数。Sigmoid 函数的引入刚好解决了这个问题，从 $\phi(z)$ 的表达式可以看出，$\phi(z)$ 这个函数将全体实数集映射到（0，1）这个区间。这样因变量 y 就被定在了（0,1）这个区间。虽然和我们想要的两点分布形式有差别，但（0,1）区间让我们想到什么？概率。

　　因变量 y 在这里表示样本属于类别 1 的概率。y 越接近 1，这一条样本属于类别 1 的可能性越高；y 越接近 0，则它属于类别 0 的可能性越高。因此，我们可以设定一个临界值，比如 0.5，对于每一个 x，在计算得到的 y 值大于 0.5 时，归为类别 1，在 y 值小于等于 0.5 时，归为类别 0。

　　逻辑回归还有另一种书写形式，该形式保留线性回归模型中等号右边的形式，并在左边对 y 加一个连接函数：

$$\text{logit}(y) = a_0 + a_1 x_1 + a_2 x_2 + \ldots + a_m x_m$$

　　这里 logit(y) =log(y/(1-y))。通过数学推导，可以证明两种形式是等价的。

　　这个模型具体是怎么运作的呢？　同线性回归一样，上述公式描述了 y 与 x 之间的客观关系。x 是自变量，而 y 是因变量。逻辑模型告诉我们 y 与 x 之间存在这样一种形式的约束关系，但模型中的参数未知，需要我们去估计。该模型中的参数与线性回归的参数相同，即 $a_0, a_1, \ldots, a_m$。这个模型参数一般用极大似然估计来求解。

　　在进行预测时，我们可以使用（2）式。计算好参数之后，我们就可以按照（2）式的法则由给定的 x 计算出 y。若 y≥0.5，则分类为 1；若 y<0.5，则分类为 0。这样我们的分类任务就完成了。

6.4　KNN 算法

本节我们来看 KNN 算法。KNN 算法通常用来做分类问题。这个算法的思想是用临近样本的标签值来估计待分类样本的标签值。具体来说，就是选取离待分类样本距离最近的 k 个样本点，如果这 k 个样本点大多数属于某一类别，那么该样本属于这个类别。

如图 6-19 所示，在平面中有两种标签的点——红色三角和蓝色方框。绿色圆圈标记（上面有问号标记）的点为待分类的点。首先我们需要预设 k 的值。k 是我们想考察周围点的个数，假设 k=3。离绿色圆圈最近的三个点有两个为红色三角，一个是蓝色方框。根据少数服从多数原则，将待分类的点标记为红色三角。

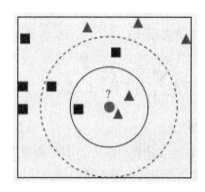

图 6-19　KNN 算法

事实上，这样一来我们就完成了分类任务。是不是很简单？相比前几个小节介绍的分类算法，KNN 算法执行起来非常简单，易于理解。而且值得注意的是，KNN 算法中没有参数需要估计，这和我们之前介绍的算法有根本的不同，没有参数也就无须进行训练。KNN 算法的全部过程都在预测阶段。KNN 算法依然属于监督式学习，需要我们告知样本集数据的标签，但不要通过训练进行学习，这表示它在机器学习算法中有一定的特殊性。

6.4.1　超参数 k

KNN 算法虽然没有参数，但是存在超参数，那就是 k。需要注意的是，当我们改变 k 的值时，目标值可能会发生改变。回到上面的例子，如果我们选择 k=5（图中虚线圆圈），那么图 6-19 中这个待分类的点将被划分为蓝色，这是因为它周围最近的 5 个点红蓝比例为 2:3。可见，KNN 的分类结果非常依赖预设值 k。k 是 KNN 算法中唯一的超参数。如何选取 k 的值，是 KNN 算法中的一门学问。

另外要提到的是，关于"距离"的概念。距离最近要怎么定义？在上面这个例子中，我们使用的是平面中两点的几何距离。这个几何距离通常被称为"欧几里得距离（Euclidean Distance）"，这个概念可以被推广到高维空间中。所谓"欧几里得距离"，就是将两个点各个分量相减的平方和开根号，即：

$$d_{12} = \sqrt{\sum_{k=1}^{n}(x_{1k}-x_{2k})^2}$$

除了欧几里得距离之外，KNN 用到的常见距离还有曼哈顿距离（Manhattan Distance）和切比雪夫距离（Chebyshev Distance）。这三种距离统称为闵可夫斯基距离，可用下面这个通式来表示：

$$d_{12} = \left(\sum_{i=1}^{n}|x_{1i}-x_{2i}|^p\right)^{1/p}$$

当 p =1 时为曼哈顿距离。

当 p =2 时为欧几里得距离。

当 p =∞（正无穷）时为切比雪夫距离。

$$\lim_{p \to \infty}\left(\sum_{i=1}^{n}|x_i-y_i|^p\right)^{\frac{1}{p}}\max_{i=1}^{n}|x_i-y_i|$$

1. 基于距离倒数的权重 KNN

KNN 算法的一个可以改进的地方是将"临近点取平均值"改为"临近点按距离权重取平均值"。对离测试点更近的点赋予更高的权重，离测试点较远的点赋予较低的权重。比如 k = 5 时，如果做回归，预测结果由最近的 5 个点分别乘 1/5 相加得到，如图 6-20 所示。在使用距离权重系数后，预测结果改为由最近 5 个点分别乘以 w1、w2、w3、w4、w5 得到，其中 wi 和测试点到邻近样本点 i 的距离 di 成反比。

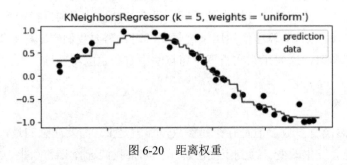

图 6-20　距离权重

2. KNN 的参数调节

虽然 KNN 没有训练的过程，但 KNN 也会出现过度拟合现象。回顾一下过度拟合的定义，过度拟合指的是训练集和测试集表现相差较大的现象。KNN 模型如果使用不当，这种情况也是会发生的。发生过度拟合时，训练集本身的样本点几乎都被正确分类，但训练集之外的点分类不够准确。

当发生过度拟合时，我们需要适当增大参数 k。试想当 k=1 时，所有训练集内部的点绝对会被正确分类（如果不考虑有重合样本点且标签不同的情况），这是因为每个点离它最近的点就是自己。这样训练集的准确率可以达到 100%。但测试集中一旦有和训练集不同的点，预测效果就难以保证了。随着 k 的增大，模型更不容易收到离群值的影响，预测效果更加稳定。

6.4.2 KNN 实例：波士顿房价预测

下面我们使用 KNN 来预测波士顿房价。首先从 sklearn 案例包中读取数据集，并进行训练集和测试集的分离：

```
from sklearn.datasets import load_boston
boston = load_boston()
X_train, X_test, y_train, y_test = train_test_split(boston.data, boston.target,
test_size=0.20)
```

先简单了解一下这个数据集。该数据集包括 13 个特征，1 个连续目标变量。数据集共有 506 个观测值，没有缺失值。下面我们载入 KNeighborsRegressor 程序包，拟合模型：

```
from sklearn.neighbors import KNeighborsRegressor
model = KNeighborsRegressor(n_neighbors = 2)                    #指定 k = 2
model = model.fit(X_train, y_train)
```

考察模型在训练集和测试集的预测效果：

```
y_pred_train = model.predict(X_train)
train_mse = mean_squared_error(y_train, y_pred_train)
train_r2 = r2_score(y_train, y_pred_train)
print("The train MSE is %s\nR2 score is %s." % (train_mse, train_r2))

y_pred_test = model.predict(X_test)
test_mse = mean_squared_error(y_test, y_pred_test)
test_r2 = r2_score(y_test, y_pred_test)
print("The test MSE is %s\nR2 score is %s." % (test_mse, test_r2))
```

输出结果如下：

```
The train MSE is 11.15858910891089
R2 score is 0.8580449550247061.
The test MSE is 79.42911764705882
R2 score is 0.2417360194653808.
```

我们再来看测试集预测值与真实值的散点图情况（见图 6-21）：

```
plt.scatter(y_test, y_pred_test)
```

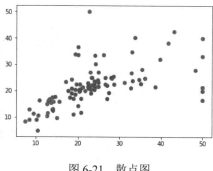

图 6-21　散点图

可以看到模型在训练集上表现得还不错，但在测试集上表现得比较糟糕，R2 score 只有 0.24。下面我们将 k 的值改为 5，重新拟合模型，重复上述过程：

```
model = KNeighborsRegressor(n_neighbors = 5)            #指定 k = 5
model = model.fit(X_train, y_train)
```

得到结果如下：

```
The train MSE is 21.825430693069308
R2 score is 0.7223457226177756.
The test MSE is 73.26099607843139
R2 score is 0.3006195190131322.
```

散点图如图 6-22 所示。

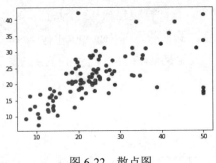

图 6-22　散点图

将 k 从 2 改为 5 之后，训练集表现下降，测试集表现提升，但训练集与测试集之间的差距依然很大。现在我们来尝试对原始数据做标准化处理，导入 sklearn 中的 scale 函数，对数据 X 进行标准化：

```
from sklearn.preprocessing import scale
X_train = scale(X_train)
X_test = scale(X_test)
```

我们依然取 k =2，重复后续步骤：

```
The train MSE is 4.169034653465347
R2 score is 0.9469632320036206.
The test MSE is 33.26757352941176
R2 score is 0.6824136604509548.
```

散点图如图 6-23 所示。

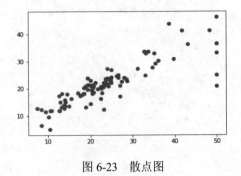

图 6-23　散点图

可以发现模型的效果显著提升，特别是测试集的 R2 score 比原来好了很多。同时，我们可以看到测试集的散点图中的点更加集中在 45 度线上，说明预测值与真实值普遍变得更加接近。经过后续探究我们发现，此时再改变 k 的值并不会给测试集得分带来改善。因此，这里我们选用 k = 2 作为最终模型。

6.4.3　算法评价

KNN 算法无须训练带来的直接好处是模型简洁易懂，易于通过代码实现。整个预测过程看似只有"一步"，就是选择离目标点最近的 k 个点。但模型简单并不意味着计算简单。这也是 KNN 算法最遗憾的一点。要选出离目标点最近的 k 个点，我们在图中可以一目了然地找到。但计算机需要遍历整个样本集才能找出这 k 个点。加入预测集有 200 条样本需要预测，那么对于这 200 个点中的每一个点，都需要计算和训练集中所有样本点之间的距离，以便选出其中最近的 k 个点，这个计算量是巨大的。

6.5　决策树算法

决策树是使用树形结构进行决策的模型。决策树很适合用于工业界的机器学习建模，因为树的一个最大优点就是过程简单，易于理解，你可以很清晰地将其决策的依据讲给一个不懂机器学习的局外人。比如我们可以展示如图 6-24 所示的树形图，让客户或行业外的人直观地看到决策路径，使模型的结果具备较强的说服力。

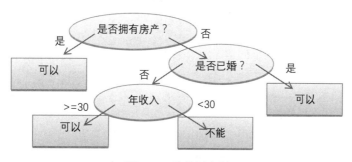

图 6-24　决策树实例

在决策树上，叶子节点是决策树末端的节点，代表分类结果。图 6-24 中的蓝色节点（矩形表示的节点）均为叶子节点。那么问题来了，我们从最上面的节点出发，对于每个节点，应该如何选择决策条件呢？要用 X1、X2、X3 中的哪个变量进行区分？假设我们定下来要用 X1 进行区分，又该选择什么数值作为分界点呢？

这些分界点是要通过训练得到的。上述各个节点所选择的特征和数值就是决策树要训练的参数。但我们要告诉决策树选择的原则，这里介绍的是 CART 决策树算法。除此之外，还有 ID3、C4.5 算法。它们的差异是节点选择参数的标准不同。下面我们介绍 CART 算法。

1. CART 决策树模型

每个节点可以选择的分界条件很多，比如"X1>50""X2>3""X3=False"等。我们需要从所有分界点中选择给我们带来信息收益增量最大的一个。下面通过一个应用案例（鸢尾花种类识别）来说明 CART 算法。

首先，读取 iris 数据，这里读取的是本地的 CSV 文件：

```
data = pd.read_csv('C:\\Users\\Liangyue\Desktop\\iris.csv')
```

回顾一下，这个数据集包括花瓣长度（PetalLenthCm）、花茎长度（SepalLenthCm）、花瓣宽度（PetalWidthCm）和花茎宽度（SepalWidthCm）四个连续型特征，一个包括 3 种分类类别的目标变量（Species），如图 6-25 所示。

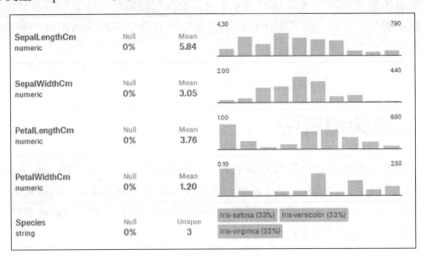

图 6-25　鸢尾花种类识别案例

原始数据包括 150 个样本，我们将 120 个样本用于训练集，其余当作测试集：

```
X_train, X_test, y_train, y_test =
train_test_split(data.drop(['Id','Species'],axis=1),
                 data['Species'], test_size=0.20)
```

构建决策树：

```
from sklearn import tree                        #读取 sklearn 的树模型
model = tree.DecisionTreeClassifier()           #声明树模型
model = model.fit(X_train, y_train             #拟合数据
```

tree.DecisionTreeClassifier()是这个算法的核心模块。这里我们并没有在括号里向模型传递参数，所有参数均为默认值。DecisionTreeClassifier()可以接受以下 arguments：

```
criterion: 指定节点的参数计算标准，默认为"cart"
```

树的最大优点在于可视化的直观性。我们可以用 graphviz 程序包进行树模型的可视化。要使用这个工具，就要在控制台中安装 graphviz。以 Anaconda prompt 为例，打开 Anaconda prompt，输入如下指令：

```
conda install python-graphviz
```

接下来回到代码界面，读取并使用这个程序包，可以得到如图 6-26 所示的决策树：

```
import graphviz                                    #读取程序包
dot_data = tree.export_graphviz(model, feature_names = X_train.columns,
class_names = ['setosa','versicolor','virginica'],
                         filled = True, out_file=None)
graph = graphviz.Source(dot_data)
graph
```

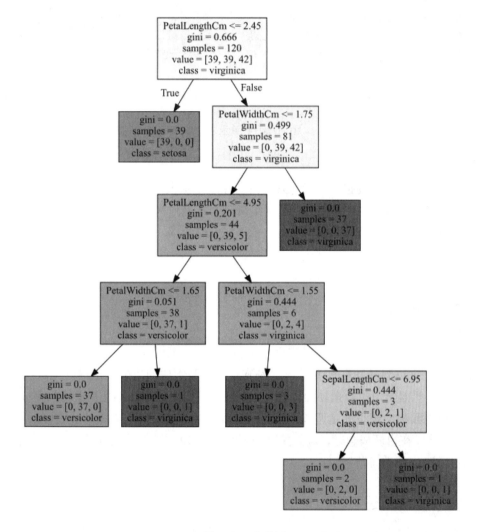

图 6-26　决策树

图 6-26 中，橙色、绿色和紫色三种颜色的叶子节点分别对应 setosa、versicolor 和 virginica 三种鸢尾花类别，也就是我们的决策结果。现在了解了模型的决策路线，下面调用 predict 指令来进行预测。

在训练集上的预测：

```
y_pred_train = model.predict(X_train)
train_accuracy = np.mean(y_train == y_pred_train)
print("The Train Accuracy is %.1f%%" % (train_accuracy * 100))
```

结果如下：

```
The Train Accuracy is 100.0%
```

可以看到准确率达到了 100%。

在测试集上的预测：

```
y_pred_test = model.predict(X_test)
test_accuracy = np.mean(y_test == y_pred_test)
print("The Train Accuracy is %.1f%%" % (test_accuracy * 100))
```

结果如下：

```
The Train Accuracy is 96.7%
```

在测试集上的准确率为 96.7%，30 个测试样本有 29 个预测正确。

2. 模型总结

决策树很容易出现过度拟合。因为只要树的深度足够大（叶子节点足够多），我们总是能完美地拟合训练集的数据，只要我们把训练集每一个样例作为一个单独的叶子节点即可。决策树的优点是具有极高的可解释性。

6.6　集成算法

前面我们了解了如何使用决策树进行分类和回归。决策树很少会直接拿来使用，这是因为随着树的深度增大很容易发生过度拟合。本节介绍的基于树的集成算法很好地解决了这一问题。集成算法是机器学习中最重要的思想之一。绝大多数集成算法都是基于树的集成算法，反过来几乎所有用到树的模型都是通过集成算法进行封装而实现的。集成算法既可以用于分类，也可以用于回归。在讲解概念时，为了方便，在没有特别说明时，我们默认讨论分类集成算法。回归问题的思路与分类问题相似。

6.6.1　集成算法简述

集成算法是将多个分类器结合而成的新的分类算法。集成算法由一系列的弱分类器（Weak Classifier）组成，这些弱分类器通常是非常简单的分类器，比如决策树。通过将这些弱分类器组合在一起，形成一个性能更强的分类器，作为最终预测的输出结果。最常见的集成学习手段有两种：Bagging 和 Boosting。前者的代表算法是随机森林，后者的代表算法包括 Adaboost、GBDT 和 Xgboost。

Bagging 和 Boosting 都采取了上述集成学习的思想，将若干个弱分类器进行组合。假设弱分类器有 T 个，那么一共就需要 T 轮训练。不同的是，在 Bagging 中，各个弱分类器的训练是并行进行的，而 Boosting 中的 T 轮训练需要依次进行。

6.6.2　集成算法之 Bagging

Bagging 是将一系列弱分类器 F1(x), F2(x), ..., Fb(x)并行进行训练，然后对结果取平均值（Regression），或者投票（Classification）而产生最终预测结果，其基本流程如图 6-27 所示。Bagging 整个过程一共进行了 T 轮训练，每一轮使用的弱分类器都是二叉树，但读取的训练数据集不同。在每个弱分类器训练中，从样本中随机地有放回地抽取 N 个样本，N 是样本集样本的个数。在这个过程中，某一个特定的样本 X(i)可能被使用多次，也可能未被使用。各个弱分类器抽取样本的过程是独立的。

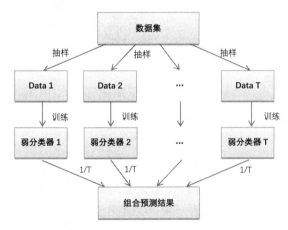

图 6-27　Bagging 流程

Random Forest（随机森林）是最著名也是最实用的 Bagging 算法之一。正如其名字一般，"随机森林"由多棵树组成，单独一棵树是一个弱分类器，将很多树组合在一起，就形成了具有强大预测能力的"森林"。这个组合的过程就是通过 Bagging 完成的。每一棵树是一个弱分类器，在样本集的一个 Bootstrap 上训练完成。最终将 T 棵树的结果汇总（投票或取平均值），生成最终的输出。

但随机森林不止如此。在上述介绍 Bagging 的基础上，对于每一个弱分类器，在训练前除了随机选择样本（Bagging 的基本定义）外，还要从特征集中随机选出一个特征子集来训练。这样做是为了让每棵树学习得不要太相似——如果有几个特征和目标变量是强相关的，那么这些特征在所有树中都会被挑选出来。随机森林算法从 n 个特征中随机选出其中的 p 个用于训练，可以有效防止这种情况发生，每棵树在受限的 p 个变量中进行训练，可以让不同的树"长得更不一样"。

下面我们给出随机森林的具体算法：

```
For t = 1,2,…,T:
从训练集中有放回地抽取 m 个样本,组成{Xt, Yt}
从 n 个特征中无放回地抽取 p 的特征,在{Xt, Yt}中仅保留该子特征集
在{Xt, Yt}上训练决策树 Ft(X)
```

6.6.3 集成算法之 Boosting

6.6.2 小节讲解了 Bagging 及其代表算法随机森林。本节我们来介绍集成算法的另一大思想：Boosting。前文提到，Boosting 和 Bagging 最大的区别是 Boosting 的一轮轮训练是依次进行的，而不是像 Bagging 一样是相互独立的。其核心过程可以用图 6-28 来描述。

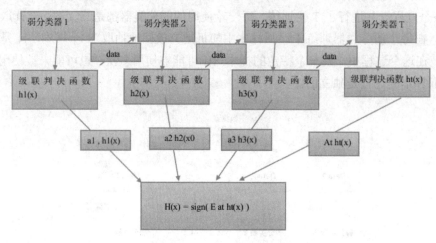

图 6-28　Boosting 算法

Boosting 的核心策略是一步步修正模型，使之逐渐逼近真实的映射关系。每一个弱分类器是建立在前一个的基础上进行的，受到前一个分类器效果的反馈加以改进，使得当前的分类器比前一轮做得更好。Boosting 的代表算法有 Adaboost、GBDT 和 Xgboost。后两者和 Random Forest 是机器学习竞赛中效果最出色的模型，在工业界中也极其受欢迎。

Adaboost

Adaboost 主要用于分类，其核心思路是在每一个弱分类器之后对预测值和真实值进行比较，然后将分类错误的样本点在下一个分类器中赋予更高的权重，使得在下一次训练中不容易再被分错。其算法如下：

```
初始化权重（weight）：Wt(xi) = 1/m
for t=1,2,…,T:
（1）      以 Wt(x) 为样本权重，使用第 t 个弱分类器对输入数据进行分类，得到分类结果 ht(x)
（2）      计算分类器的错误率 Et= errorNum / m，其中 errorNum 为分类错误的样本数，m 为总样本数。计算 Zt = sqrt(Et(1-Et))
（3）      计算 at 的值并保存：at = 1/2 * ln((1-Et)/Et)
（4）      更新数据集各个数据的权重：
For i = 1, 2, …, N:
若 ht(xi) = y(xi) （分类器结果与真实标签值相同，即分类正确）:
 Wt+1 (i) = Wt(i) * e^ (-at) / Zt
若 ht(xi) ≠ y(xi) （分类器结果与真实标签值不同，即分类错误）:
Wt+1 (i) = Wt(i) * e^at / Zt
```

6.7　聚类算法

我们童年的学习是从认知开始的，通过看卡片和实物认识了各类事物，并且对具有类似特征的事物进行归纳和总结。这个过程在机器学习中被称为"聚类"，是把彼此类似的对象组成一类的分析过程。聚类学习是一种非监督式学习，在这个过程中，从获得具体的样本向量到得出聚类结果，人们是不用进行干预的，这就是"非监督"一词的由来。

在机器学习中，非监督式学习一直是我们追求的方向，而其中的聚类算法更是发现隐藏数据结构与知识的有效手段。目前，如谷歌新闻等很多应用都将聚类算法作为主要的实现手段，它们能利用大量的未标注数据构建强大的主题聚类。聚类与分类的不同在于，聚类所要求划分的类是未知的。聚类是将数据分类到不同的类或者簇这样的一个过程，所以同一个簇中的对象有很大的相似性，而不同簇间的对象有很大的相异性。

从统计学的观点看，聚类分析是通过数据建模简化数据的一种方法。传统的统计聚类分析方法包括系统聚类法、分解法、加入法、动态聚类法、有序样品聚类、有重叠聚类和模糊聚类等。采用 k-均值、k-中心点等算法的聚类分析工具已被加入许多著名的统计分析软件包中，如 SPSS、SAS 等。

从机器学习的角度讲，簇相当于隐藏模式。聚类是搜索簇的非监督式学习过程。与分类不同，非监督式学习不依赖预先定义的类或带类标记的训练实例，需要由聚类学习算法自动确定标记，而分类学习的实例或数据对象有类别标记。聚类是观察式学习，而不是示例式学习。

聚类分析是一种探索性的分析，在分类的过程中，人们不必事先给出一个分类的标准，聚类分析能够从样本数据出发，自动进行分类。聚类分析所使用的方法不同，常常会得到不同的结论。不同研究者对于同一组数据进行聚类分析，所得到的聚类数未必一致。

从实际应用的角度看，聚类分析是数据挖掘的主要任务之一。而且聚类能够作为一个独立的工具获得数据的分布状况，观察每一簇数据的特征，集中对特定的聚簇集合做进一步的分析。聚类分析还可以作为其他算法（如分类和定性归纳算法）的预处理步骤。

本节从简单高效的 K 均值聚类开始，依次介绍均值漂移聚类、基于密度的聚类、利用高斯混合和最大期望方法聚类、层次聚类和适用于结构化数据的图团体检测。我们不仅会分析基本的实现概念，同时还会给出每种算法的优缺点以明确实际的应用场景。

6.7.1　K 均值聚类

聚类是一种包括数据点分组的机器学习技术。给定一组数据点，我们可以用聚类算法将每个数据点分到特定的组中。理论上，属于同一组的数据点应该有相似的属性或特征，而属于不同组的数据点应该有不同的属性和/或特征。聚类是一种非监督式学习的方法，是一种在许多领域常用的统计数据分析技术。K 均值（K-Means）可能是最知名的聚类算法，K-Means 是将 n 个数据样本划分成 k 个聚类的算法，使得同一聚类中的样本相似度较高，不同聚类样本的相似度较低。K-Means 是很多入门级数据科学和机器学习课程的内容，在代码中很容易理解和实现。请看图 6-29 的例子。

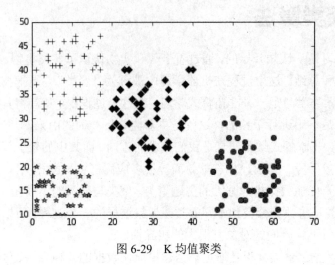

图 6-29　K 均值聚类

K-Means 的工作原理为：对于将含有 n 个样本组成的样本集分成 k 类的任务，按照如下步骤进行：

（1）从 n 个样本中随机选取 k 个点作为初始聚类中心。

（2）计算每个样本到各个聚类中心的相似度，并划分到相似度最高的聚类中心。

（3）重新计算每个聚类的均值，将其作为新的聚类中心。

（4）重复步骤（2）和（3），直到所有聚类中心不再改变为止。

可以看到，K-Means 算法是一个反复迭代求解的过程。K 是需要预先设定好的超参数。K-Means 的优势在于速度快，因为我们真正做的是计算点和组中心之间的距离，只需要非常少的计算。因此，它具有线性复杂度 O(n)。另一方面，K-Means 有一些缺点。首先，你必须选择有多少组/类。理想情况下，我们希望聚类算法能够解决分多少类的问题。K-Means 也从随机选择的聚类中心开始，所以它可能在不同的算法中产生不同的聚类结果。因此，结果可能不可重复并缺乏一致性。其他聚类方法更加一致。K-Medians 是与 K-Means 有关的另一个聚类算法，除了不是用均值而是用组的中值向量来重新计算组中心。这种方法对异常值不敏感（因为使用中值），但对于较大的数据集要慢得多，因为在计算中值向量时，每次迭代都需要进行排序。

6.7.2　均值漂移聚类

均值漂移聚类是基于滑动窗口的算法，它试图找到数据点的密集区域。这是一个基于质心的算法，意味着它的目标是定位每个组/类的中心点，通过将中心点的候选点更新为滑动窗口内点的均值来完成。然后，在后处理阶段对这些候选窗口进行过滤以消除近似重复，形成最终的中心点集及其相应的组。请看图 6-30 的例子。

图 6-30　均值漂移聚类

　　为了解释均值漂移，我们将考虑二维空间中的一组点，如图 6-30 所示。我们从一个随机选择的点为中心，以半径 r 为核心的圆形滑动窗口开始。均值漂移是一种爬山算法，它包括在每一步中迭代地向更高密度区域移动，直到收敛。在每次迭代中，滑动窗口通过将中心点移向窗口内点的均值（因此而得名）来移向更高密度区域。滑动窗口内的密度与其内部点的数量成正比。自然，通过向窗口内点的均值移动，会逐渐移向点密度更高的区域。我们继续按照均值移动滑动窗口，直到没有区域在核内可以容纳更多的点。我们一直移动这个圆直到密度不再增加（即窗口中的点数）。这是通过许多滑动窗口完成的，直到所有的点位于一个窗口内。当多个滑动窗口重叠时，保留包含最多点的窗口。然后根据数据点所在的滑动窗口进行聚类。

　　与 K-Means 聚类相比，这种方法不需要选择簇数量，因为均值漂移自动发现这一点。这是一个巨大的优势。它的缺点是窗口大小/半径的选择可能是不重要的。

6.7.3　基于密度的聚类方法

　　DBSCAN 是一种基于密度的聚类算法，类似于均值漂移，但具有一些显著的优点。请看图 6-31 的例子。

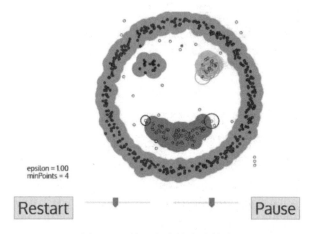

图 6-31　基于密度的聚类算法

DBSCAN 从一个没有被访问过的任意起始数据点开始。这个点的邻域是用距离 ε（ε 距离内的所有点都是邻域点）提取的。如果在这个邻域内有足够数量的点（根据 minPoints），则聚类过程开始，并且当前数据点成为新簇的第一个点。否则，该点将会被标记为噪声（稍后这个噪声点可能仍会成为聚类的一部分）。在这两种情况下，该点都被标记为"已访问"。对于新簇中的第一个点，其 ε 距离邻域内的点也成为该簇的一部分。这个使所有 ε 邻域内的点都属于同一个簇的过程将对所有刚刚添加到簇中的新点进行重复。重复步骤，直到簇中所有的点都被确定，即簇的 ε 邻域内的所有点都被访问和标记过。一旦我们完成了当前的簇，一个新的未访问点将被检索和处理，导致发现另一个簇或噪声。重复这个过程，直到所有的点被标记为已访问。由于所有点都已经被访问，因此每个点都属于某个簇或噪声。

DBSCAN 与其他聚类算法相比有很多优点。首先，它根本不需要固定数量的簇，也会将异常值识别为噪声，而不像均值漂移，即使数据点非常不同，也会简单地将它们分入簇中。另外，它能够很好地找到任意大小和任意形状的簇。DBSCAN 的主要缺点是当簇的密度不同时，表现不如其他聚类算法。这是因为当密度变化时，用于识别邻域点的距离阈值 ε 和 minPoints 的设置将会随着簇而变化。这个缺点也会在非常高维度的数据中出现，因为距离阈值 ε 再次变得难以估计。

6.7.4　用高斯混合模型的最大期望聚类

K-Means 的一个主要缺点是它对于聚类中心均值的简单使用。通过图 6-30，我们可以明白为什么这不是最佳方法。在图 6-32 的左侧，可以非常清楚地看到有两个具有不同半径的圆形簇，以相同的均值作为中心。K-Means 不能处理这种情况，因为这些簇的均值是非常接近的。K-Means 在簇不是圆形的情况下也失败了，同样是由于使用均值作为聚类中心。

图 6-32　高斯混合模型

高斯混合模型（GMMs）比 K-Means 给了我们更多的灵活性。对于 GMMs，我们假设数据点是高斯分布的，相对于使用均值假设它们是圆形的，这是一个限制较少的假设。这样，我们有两个参数来描述簇的形状：均值和标准差。以二维为例，这意味着，这些簇可以采取任何类型的椭圆形（因为我们在 x 和 y 方向都有标准差）。因此，每个高斯分布被分配给单个簇。为了找到每个簇的高斯参数（例如均值和标准差），我们将用一个叫作最大期望（EM）的优化算法。请看图 6-33 的图表，这是一个高斯适用于簇的例子。然后我们可以使用 GMMs 继续进行最大期望聚类的过程。

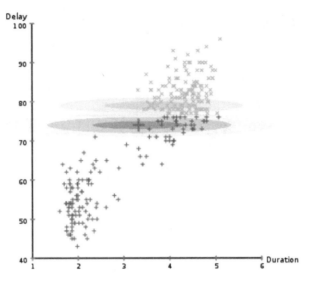

图 6-33　使用 GMMs 的 EM 聚类

我们首先选择簇的数量（如 K-Means 所做的），并随机初始化每个簇的高斯分布参数。也可以通过快速查看数据来尝试为初始参数提供一个好的猜测。但是请注意，正如图 6-33 中所看到的，这不是 100% 必要的。给定每个簇的高斯分布，计算每个数据点属于一个特定簇的概率。一个点越靠近高斯的中心，它就越可能属于该簇。这应该是很直观的，因为对于高斯分布，我们假设大部分数据更靠近簇的中心。基于这些概率，计算一组新的高斯分布参数，使得簇内的数据点的概率最大化。我们使用数据点位置的加权和来计算这些新参数，其中权重是数据点属于该特定簇的概率。为了用可视化的方式解释它，我们可以看一下图 6-33，特别是黄色的簇，以此为例。分布在第一次迭代时随即开始，我们可以看到大部分黄点都分布在右侧。当我们计算一个概率加权和时，即使中心附近有一些点，但它们大部分都在右侧。因此，分布的均值自然会接近这些点。我们也可以看到大部分点分布在"从右上到左下"。因此改变标准差来创建更适合这些点的椭圆，以便最大化概率加权和。

重复步骤直到收敛，其中分布在迭代中的变化不大。

使用 GMMs 有两个关键的优势。首先，GMMs 比 K-Means 在簇协方差方面更灵活，因为标准差参数，簇可以呈现任何椭圆形状，而不是被限制为圆形。K-Means 实际上是 GMMs 的一个特殊情况，这种情况下，每个簇的协方差在所有维度都接近 0。其次，因为 GMMs 使用概率，所以每个数据点可以有很多簇。因此，如果一个数据点在两个重叠的簇的中间，我们可以简单地通过说它百分之 X 属于类 1，百分之 Y 属于类 2 来定义它的类，即 GMMs 支持混合资格。

6.7.5　凝聚层次聚类

层次聚类算法实际上分为两类：自上而下或自下而上。自下而上的算法首先将每个数据点视为一个单一的簇，然后连续地合并（或聚合）两个簇，直到所有的簇都合并成一个包含所有数据点的簇。因此，自下而上层次聚类被称为凝聚式层次聚类或 HAC。这个簇的层次用树（或树状图）表示。树的根是收集所有样本的唯一簇，叶是仅仅具有一个样本的簇。在进入算法步骤前，请看图 6-34 的例子。

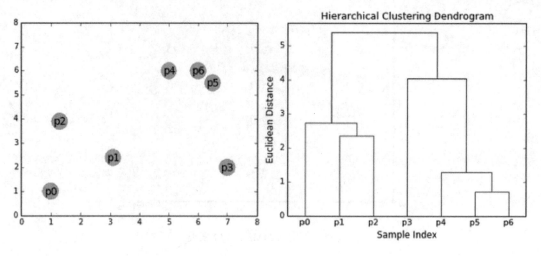

图 6-34　凝聚式层次聚类

我们首先将每个数据点视为一个单一的簇，即如果我们的数据集中有 X 个数据点，那么我们就有 X 个簇。然后，选择一个测量两个簇之间距离的距离度量标准。作为例子，我们将用 Average Linkage，它将两个簇之间的距离定义为第一个簇中的数据点与第二个簇中的数据点之间的平均距离。在每次迭代中，我们将两个簇合并成一个。这两个要合并的簇应具有最小的 Average Linkage。即根据我们选择的距离度量标准，这两个簇之间的距离最小，因此是最相似的，应该合并在一起。重复步骤，直到到达树根，即我们只有一个包含所有数据点的簇。这样，只需要选择何时停止合并簇，即何时停止构建树，来选择最终需要多少个簇。

层次聚类不需要我们指定簇的数量，甚至可以选择哪个数量的簇看起来最好，因为我们正在构建一棵树。另外，该算法对于距离度量标准的选择并不敏感，它们都同样表现得很好，而对于其他聚类算法，距离度量标准的选择是至关重要的。层次聚类方法的一个特别好的例子是，当基础数据具有层次结构，并且想要恢复层次时，其他聚类算法不能做到这一点。与 K-Means 和 GMMs 的线性复杂度不同，层次聚类的这些优点是以较低的效率为代价的，因为它具有 O(n³) 的时间复杂度。

6.7.6　图团体检测

当数据可以被表示为一个网络或图（Graph）时，我们可以使用图团体检测（Graph Community Detection）方法完成聚类。在这个算法中，图团体（Graph Community）通常被定义为一种顶点（Vertice）的子集，其中的顶点相对于网络的其他部分要连接得更加紧密。

也许最直观的案例就是社交网络。其中的顶点表示人，连接顶点的边表示他们是朋友或互粉的用户。但是，若要将一个系统建模成一个网络，我们就必须要找到一种有效连接各个不同组件的方式。将图论用于聚类的一些创新应用包括：对图像数据的特征提取、分析基因调控网络（Gene Regulatory Networks，GRNs）等。图 6-35 展示了最近浏览过的 8 个网站，根据它们在维基百科页面中的链接进行了连接。

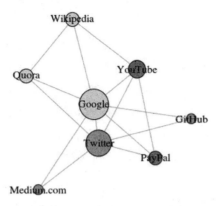

图 6-35　图团体检测（颜色参见下载包中的相关文件）

这些顶点的颜色表示它们的团体关系，大小是根据它们的中心度（Centrality）确定的。这些聚类在现实生活中也很有意义，其中黄色顶点通常是参考/搜索网站，蓝色顶点全部是在线发布网站（文章、微博或代码）。假设我们已经将该网络聚类成了一些团体，就可以使用该模块性分数来评估聚类的质量。分数更高表示我们将该网络分割成了"准确的"团体，而低分则表示我们的聚类更接近随机，如图 6-36 所示。

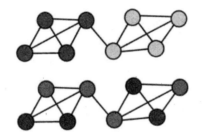

图 6-36　模块性（上面一组为高模块性，下面一组为低模块性）

模块性可以使用以下公式进行计算：

$$M = \frac{1}{2L} \sum_{i,j=1}^{N} \left(A_{ij} - \frac{k_i k_j}{2L} \right) \delta c_i, c_j$$

其中 L 代表网络中边的数量，k_i 和 k_j 是指各个顶点的度数（Degree），可以通过将每一行和每一列的项加起来而得到。两者相乘再除以 2L 表示当该网络是随机分配的时候，顶点 i 和 j 之间的预期边数。整体而言，括号中的项表示该网络的真实结构和随机组合时的预期结构之间的差。研究它的值可以发现，当 $A_{ij}=1$ 且 $(k_i k_j)/2L$ 很小时，其返回的值最高。这意味着，当在定点 i 和 j 之间存在一个"非预期"的边时，得到的值更高。最后的 δc_i、c_j 就是大名鼎鼎的克罗内克 δ 函数（Kronecker-Delta Function）。下面是其 Python 解释。

```
def Kronecker_Delta(ci, cj):
    if ci == cj:
        return 1
```

```
        else:
            return 0

Kronecker_Delta("A","A")      #returns 1
Kronecker_Delta("A","B")      #returns 0
```

通过以上公式可以计算图的模块性，且模块性越高，该网络聚类成不同团体的程度就越好。因此，通过最优化方法寻找最大模块性就能发现聚类该网络的最佳方法。

组合学（Combinatorics）告诉我们，对于一个仅有 8 个顶点的网络，存在 4140 种不同的聚类方式。16 个顶点的网络的聚类方式将超过 100 亿种。32 个顶点的网络的可能聚类方式更是将超过 128 septillion（10^{21}）种。如果你的网络有 80 个顶点，那么其可聚类的方式的数量已经超过了可观测宇宙中的原子数量。

因此，我们必须求助于一种启发式的方法，该方法在评估可以产生最高模块性分数的聚类上效果良好，而且并不需要尝试每一种可能性。这是一种被称为 Fast-Greedy Modularity-Maximization（快速贪婪模块性最大化，Mod-Max）的算法，这种算法在一定程度上类似于前面描述的 Agglomerative Hierarchical Clustering Algorithm（集聚层次聚类算法）。只是 Mod-Max 并不根据距离（Distance）来融合团体，而是根据模块性的改变来对团体进行融合。下面介绍其工作方式。首先初始分配每个顶点到其自己的团体，然后计算整个网络的模块性 M。

（1）要求每个团体对（Community Pair）至少被一条单边链接，如果有两个团体融合到了一起，该算法就计算由此造成的模块性改变 ΔM。

（2）取 ΔM 出现了最大增长的团体对，然后融合。然后为这个聚类计算新的模块性 M，并记录下来。

重复（1）和（2）。每次都融合团体对，这样最后可以得到 ΔM 的最大增益，然后记录新的聚类模式及其相应的模块性分数 M。当所有的顶点都被分组成一个巨型聚类时，就可以停止了。然后该算法会检查这个过程中的记录，找到其中返回最高 M 值的聚类模式。这就是返回的团体结构。

团体检测是现在图论中一个热门的研究领域，它的局限性主要体现在会忽略一些小的集群，且只适用于结构化的图模型。但这一类算法在典型的结构化数据中和现实网状数据中都有非常好的性能。

6.8 机器学习算法总结

机器学习领域有一条"没有免费的午餐"的定理。简单解释一下，就是没有任何一种算法能够适用于所有问题，特别是在监督式学习中。例如，你不能说神经网络就一定比决策树好，反之亦然。要判断算法的优劣，数据集的大小和结构等众多因素都至关重要。所以，你应该针对问题尝试不同的算法。然后使用保留的测试集对性能进行评估，以选出较好的算法。

第 7 章
深度学习

2017 年 5 月，谷歌用深度学习算法再次引起了全世界对人工智能的关注。在与谷歌开发的围棋程序的对弈中，柯洁以 0:3 完败。这个胜利的背后是包括谷歌在内的科技巨头近年来在深度学习领域的大力投入。深度学习近年来取得了前所未有的突破，由此掀起了人工智能新一轮的发展热潮。深度学习本质上就是用深度神经网络处理海量数据。深度神经网络有卷积神经网络（Convolutional Neural Networks，CNN）和循环神经网络（Recurrent Neural Networks，RNN）两种典型的结构。

神经网络始于 20 世纪 40 年代，其构想来源于对人类大脑的理解，它试图模仿人类大脑神经元之间的传递来处理信息。早期的浅层神经网络很难刻画出数据之间的复杂关系，20 世纪 80 年代兴起的深度神经网络又由于各种原因一直无法对数据进行有效训练。直到 2006 年，Geottrey Hinton 等人给出了训练深度神经网络的新思路，之后的短短几年时间，深度学习颠覆了语音识别、图像识别、文本理解等众多领域的算法设计思路。再加上用于训练神经网络的芯片性能得到了极大提升以及互联网时代爆炸的数据量，才有了深度神经网络在训练效果上的极大提升，深度学习技术才有如今被大规模商业化的可能。

7.1 走进深度学习

如图 7-1 所示，传统的机器学习方式是先把数据预处理成各种特征，然后对特征进行分类，分类的效果高度取决于特征选取的好坏，因此把大部分时间花在寻找合适的特征上。而深度学习是把大量数据输入一个非常复杂的模型，让模型自己探索有意义的中间表达。深度学习的优势在于让神经网络自己学习如何抓取特征，因此可以把它看作是一个特征学习器。值得注意的是，深度学习需要海量的数据"喂养"，如果训练数据少，深度学习的性能并不见得就比传统的机器学习方法好。

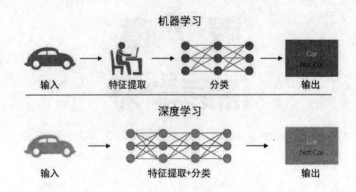

图 7-1　机器学习和深度学习的区别

7.1.1　深度学习为何崛起

深度学习并不是新兴理论，早在几十年前，深度学习和神经网络的基本理念就已经比较完备了。关于深度学习之所以现在才开始流行的原因，我们先来看图 7-2。

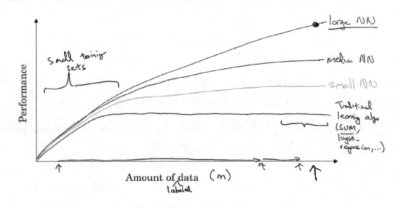

图 7-2　数据量驱动深度学习发展

模型能达到好的效果，背后是数据、计算力和算法在支持。深度学习之所以最近火起来，数据量的增加、计算力的提升和算法的进步都为之做出了贡献。但从图 7-2 可以看出，数据量的增加是最主要的因素。模型的表现力随着数据量的增加而提升，这是毋庸置疑的。但在数据量比较少的时候，神经网络模型相比传统的学习算法没有明显的优势，只有当训练集很大时，神经网络的效果才会比传统算法更好。所以，随着近些年数据接触量爆炸式增加，深度学习的优势越来越明显。

7.1.2　从逻辑回归到浅层神经网络

我们知道，深度学习主要指多层神经网络，让我们先来了解一下什么是神经网络。神经网络并没有听起来那么高深，其本质上也属于机器学习的一种模型，就像前几章介绍的常见模型一样。

还记得逻辑回归模型吗？这是我们在第 6 章介绍过的一种分类器。逻辑回归模型将输入变量按一定权重线性组合求和，然后对得到的值施加一个名为 Sigmoid 的函数变换，即 g(z) =

$1/(1+e^{-z})$。这个过程可以用图 7-3 表示，其中 x_1、x_2、x_3 为输入变量，也是我们数据集中的特征，将它们线性组合得到一个数值，再对这个数值进行 Sigmoid 函数变换，得到 yhat，从而可以预测实际的 y。

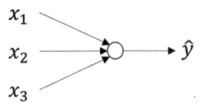

图 7-3　逻辑回归模型

逻辑回归模型本质上是一个浅层神经网络（Shallow Neural Networks）。这里它只有输入层和输出层。输入层经过线性组合，然后被施加一个函数，这里把这个函数叫作激活函数（Activation Function，或称为激励函数），随后得到输出层的结果。我们把它暂时称为"简单结构"。如果我们在输入层和输出层之间加入中间层，那么一个严格意义的神经网络就形成了，如图 7-4 所示。

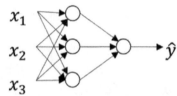

图 7-4　带隐藏层的逻辑回归模型

这个模型与图 7-3 相比，在输入层和输出层之间多了一个隐藏层（Hidden Layer），这个隐藏层有三个神经元，它们在结构图中作为节点与前一层（输入层）的节点（x_1, x_2, x_3）通过有向线段两两相连。听起来复杂，如果我们把中间三个神经元分开来看，每一个神经元与上一层都有如图 7-5 所示的关系。

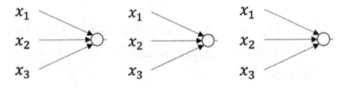

图 7-5　每一个神经元与上一层的关系

这三张图的形式与逻辑回归模型图的形式完全相同。x_1、x_2、x_3 通过一定的权重比例线性组合，得到一个新的数，然后这个新的数被施加一个激活函数，得到一个输出值（虽然图中没有表现出施加函数的过程，但实际上是有的）。中间层实际上就是三个"简单结构"并行运行出来的结果，并将得到的三个结果存储在中间层神经元中，然后作为新的输入变量传给下一层。这里三个"简单结构"并行运行，并不是把一个过程重复三次。虽然数据变量都是一样的，但每个结构中线性组合的权重（也就是参数）是不一定相同的。因此，三个神经元的数值是不一样的。将得到的三个数值作为输入变量传递给下一层，这个过程如图 7-6 所示。

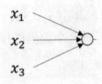

图 7-6　将三个数值作为输入变量传递给下一层

于是在第二层将中间层计算的结果当作输入变量，重新进行"线性组合+激活函数"的操作，最终得到输出值。这样一个 2 层的神经网络的计算过程就完成了。

7.1.3　深度神经网络

神经网络可以有多个隐藏层，当我们使用更多的层数时，实际上就是在构造所谓的深度神经网络。在实际应用中，我们会使用几十个甚至几百个隐藏层。并且事实证明，让网络变得更深层确实会提高模型的准确率。几百层的结构的确会比简单的几层网络表现得更优秀。

我们再来看深度神经网络的结构。每个隐藏层可以有任意数量的神经元，可以大于、小于或等于输入层变量个数，但一般至少要有 2 个，每层的数量也可以各不相等。图 7-7 是一个 2 个隐藏层的神经网络案例。在每一层一般使用同一个激活函数，不同层之间的激活函数可以不相同。

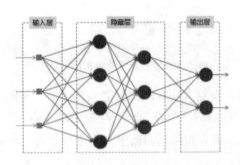

图 7-7　带有 2 个隐藏层的神经网络

在介绍神经网络的训练前，我们要先弄明白一件事。前面所提到的神经网络的层数、每层的神经元节点数以及每个地方激活函数的选择都是预先指定的，而不是被训练的，也就是说，它们是神经网络模型的超参数。

神经网络由神经元、网状结构和激活函数构成。图 7-7 中的每一个节点都是一个神经元，神经网络通过网状结构将每一层的信息传递给下一层。而信息传递的方式正是前文描述的通过线性组合生成新的神经元的形式。神经网络看似复杂，但简单来说，其实只干了三件事：

（1）对输入变量施加线性组合。

（2）套用激活函数。

（3）重复前两步。

7.1.4 正向传播

前文中反复提到两个关键词："线性组合"和"激活函数"，就是神经网络的两大"法宝"。很多人喜欢把神经网络看成一个黑匣子，认为从输入到输出之间经过了复杂的计算程序。不过看清这个计算过程之后，其实整个流程很简单，就是不断重复"线性组合"和"激活"的过程：

输入→线性组合→激活→线性组合→激活→······→线性组合→激活→输出

像这样从输入端 $x_1, x_2, \ldots$ 到输出端生成 y 的计算过程叫作正向传播（Forward Propagation）。上述步骤正是正向传播的步骤。在给定各层权重参数的情况下，我们可以通过正向传播由已知 x，计算出 y。至此，我们知道了神经网络是如何从输入计算到输出的。

7.1.5 激活函数

神经网络的核心在于激活函数。激活函数的存在使得神经网络由线性变为非线性。如果使不使用激活函数都不能达到这个目的，那么就可能是因为线性组合的线性组合仍然是原变量的线性组合。激活函数通常有 ReLU、Sigmoid、Tanh 等。读者在没有具体的想法时，不妨尝试使用以上几种主流的选择，特别是 ReLU。这个函数虽然简单，但随着时间的推移，人们发现这个激活函数不仅会给运算上带来方便，效果在很多实际问题中也是最好的。早期一些学者的论文中使用 Sigmoid 以及其他激活函数的地方在如今的应用中都被换成了 ReLU。

7.2 神经网络的训练

7.2.1 神经网络的参数

要使神经网络模型具有预测能力，我们必须要让输入和输出之间的道路"畅通"。要达到这一点，我们需要训练神经网络中的参数。那么神经网络的参数究竟有哪些呢？读者可以试着想一下，图 7-8 中的神经网络包含多少个参数。

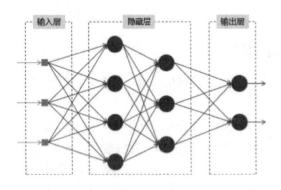

图 7-8　神经网络实例

我们知道神经网络计算主要包括线性组合和激活函数。激活函数在模型训练之前是定死的，不存在参数。神经网络的所有参数都集中在线性组合器的权重系数上。所以，这里的参数就是指权重系数。

在这个例子中，第一个隐藏层有 4 个节点，也就是有 4 个并行的线性组合器结构。对于每个线性组合器，因为输入变量有 3 个，将它们线性组合需要 3+1 = 4 个参数（包括常数项）。因此，这一层一共需要 4×4 = 16 个参数。第二层有 3 个线性组合器结构，但此时输入变量变为 4 个，所以每个组合器需要 4+1 = 5 个参数，本层一共包含 5×3 = 15 个参数。同理，可计算出输出层包括（3+1）× 2 = 8 个参数。整个神经网络包含 16 + 15 + 8 = 39 个参数。

7.2.2　向量化

神经网络的参数数量庞大。上述例子只是一个简单的 3 层网络，就有 39 个参数。在人们通常使用的网络模型中，拥有成千上万个参数是非常正常的。这还是最简单的普通网络模型，后文要叙述的卷积神经网络的参数数量甚至可以达到数十万个到数百万个。为了方便，我们需要借助向量和矩阵来表示这些参数以及中间运算的结果，这样不仅表示起来更加清晰简单，编写代码时也能充分利用矩阵化计算的优势，省去一些循环，从而使运算速度大幅提升。

7.2.3　代价函数

要找到最合适的参数，首先我们要确定一个优化目标，也就是要定义一个代价函数（Cost Function，也称为成本函数）。代价函数衡量的是模型预测值和真实值之间的偏离程度。我们要设法让预测值和真实值之间尽可能接近，可以按如下方式定义代价函数。

首先，代价函数是所有样本损失函数的叠加。损失函数（Loss Function）是定义在一条样本数据上的。为了定量刻画某一条样本记录预测值与真实值的差异，在神经网络中可以使用交叉熵来定义损失函数：

$$J(x, y)=L(y, yhat)$$

计算每一个样本的损失函数，然后遍历整个样本，取均值后即可得到代价函数：

$$C(x, y)=1/m * sigma(J(x, y))$$

7.2.4　梯度下降和反向传播

在介绍反向传播前，我们先来了解梯度下降。首先，梯度下降是一种优化方法，是用来找函数最优值的一种思路。

反向传播是为了优化代价函数，修正神经网络中参数的过程。反向传播是神经网络的核心理念。简单来说，我们训练神经网络的目标和所有机器学习模型一样，是为了找到模型的参数。这里用"找到"这个词比"计算"或者"求解"更为恰当。因为计算机是通过将初始化的参数一次次修正最终得到结果，这个过程是一步步探索的过程。随着计算机一次次地迭代，参数在不断朝着最优的结果去修正，从而越来越接近最优值。这个过程的核心就是在贯彻梯度下降思想。梯度下降的目的是找到当前状态下使得待优化函数下降最快的点。

正向传播的目标是计算损失函数，而反向传播的目的是修正参数。在实际应用中，通常我们会在编程环境中记录代价函数值并观察其变化。我们会在第 10 章详细介绍正向/反向传播算法。

7.3 神经网络的优化和改进

7.3.1 神经网络的优化策略

优化的目的是让算法能更快收敛，使得训练速度加快。优化是神经网络建模中极其重要的环节，它直接决定了模型的训练时间和投入产出的性价比。在神经网络模型搭建中，优化包括任何可以使算法更快收敛、模型训练加快的手段。下面让我们来看一些常见的优化策略。

1. Mini-Batch

为了加快训练速度，我们先不说算法，首先从读取数据"开刀"。传统的训练过程中的一个最大痛点是在漫长的迭代过程中，每一次都要读入整个样本集数据。样本量非常大的时候会成为限制运算速度的主要因素。为了让一次迭代数据缩短，我们是否可以考虑在一次迭代中仅使用部分样本数据？答案是可以的。Mini-Batch（小批次）的原理是分批次读入样本数据，从而缩短一次迭代的运算时间。

为了充分利用样本集，我们将样本随机分成若干组（Batch），使得每一组有 N 个样本。假设共有 m 个样本，那么一共分成 m/N 个组（若 N 取值不能整除 m，则进行取整，整除多出来的样本单独作为一组）。通常 N 取值为 2 的整数次方，比如 128、256 等。

N 通常被称为 Mini-Batch Size（小批次的量），属于超参数之一。假设我们有 m=2000 条样本，Mini-Batch Size N = 256，那么第一次读取的是第 1~256 个样本（样本顺序已随机打乱），进行一次迭代（正向传播和反向传播）后，在第二次迭代时读取第 257~512 个样本，以此类推……第 7 次迭代读取第 1537~1792 个样本，第 8 次迭代读取第 1793~2000 个样本（本次样本量小于 256）。在 8 次迭代后，整个样本进行了一次遍历。我们把到此为止的整个过程称为一个世代（epoch，注：表示整个样本集通过神经网络模型一次，即训练一个轮次，正向传播和反向传播各通过一次）。在此之后重新开始下一个世代（epoch），整个样本集重新洗牌，随机分成 8 个组，然后重复类似上一个世代（epoch）的操作，如此往复。

由此可见，Mini-Batch 和常规算法的最大区别就是，每次迭代时，读取的样本是不一样的。每一次训练过程是在样本集的一个随机子集上进行的，而不是整个样本集。这样一来大大缩短了一次迭代的运算时间，从而使得训练时间大大缩短。

有的读者会想，这样做是否会影响收敛的轨迹呢？每次样本不一样，在整个训练过程刚开始的时候，参数的行进轨迹的确会显得不太规律，但经过一段时间后会步入正轨，最终逐渐向最优值靠拢。通常 Mini-Batch 只会缩短训练时间，不会给训练带来任何负面影响。所以在实际应用中，当样本量很大的时候，几乎总是会用到 Mini-Batch。

2. 输入数据标准化

了解 Mini-Batch 之后，我们把目光投向标准化。标准化指的是将所有数据减去其均值，再除以标准差的过程。标准化后的样本点在每个维度上分散程度更加均衡，也就是说每个特征的波动区间更加接近。设想一组包含 100 个记录的样本，每个样本有 2 个特征 x_1 和 x_2。x_1 分布在 0~100，而 x_2 分布在 0~1。这种情况下，我们非常有必要对数据进行标准化处理的，如图 7-9 所示。

```
X = [x1 x2]
X = X - Xmean   其中 Xmean = 1/m * sigma(X(i))
X = X / std     其中 std^2 = 1/m * sigma(X(i) ^ 2)
```

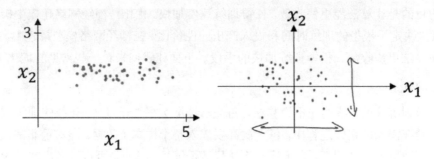

图 7-9　标准化处理

经过标准化处理后，样本在每一个分量的波动幅度相当。为什么要这样做呢？因为这样一来代价函数曲线将变得更加均匀、圆滑，而不是呈现扁平状。而后者会导致参数的行进轨迹呈现"锯齿形"，最终花更长的时间才能抵达最优点，如图 7-10 所示。

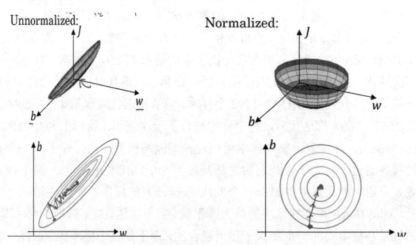

图 7-10　代价函数曲线

像图 7-10 左图中出现的情况就是样本特征之间相差的量级太大的结果。特征之间差距的量级太大直接导致参数（w, b）在各个维度之间量级的不均衡，最终的结果就是让左图的代价函数曲线呈现扁平形状，而代价函数曲线的切面（左图下面的图），也就是等高线呈现椭圆形。在这样一个"扭曲"的椭圆中，每个点的梯度方向和指向中心的方向会有很大的偏差，所以梯度会出现"锯齿形"行进的轨迹。当我们对训练集的样本做了标准化处理后,在验证集和测试集上不要忘了对样本做相同的处理。

3. 动量方法(Momentum)

动量方法(Momentum)的出发点和标准化有些类似,也是为了让梯度轨迹在迭代中能够不走弯路,不过动量方法是从算法下手去改进的。梯度轨迹出现"锯齿形"是学习过程中非常常见的情况。事实上,即使进行了标准化处理,代价函数曲线经常不是完美的"圆形",图 7-10右图只是非常理想化的情况。一般情况下,梯度曲线都是很难轻易地"径直"走向终点的。

动量方法的思想是将过去几次梯度进行平均作为当前的梯度。英文 Momentum 在物理学中就是"动量"的意思,实际上这种方法借用了物理学的思想,动量对应于空间中的概念是质量和速度的乘积。我们换个角度看这个算法,动量方法的思想是,与其每一次去试图修正"位移",不如去修正"速度"。

7.3.2　正则化方法

正则化的目的是防止模型过度拟合。在神经网络中,通常有 L1/L2 正则化、Dropout(随机失活)两种方式。

1. L1/L2 正则化

这种方法很简单,与之前在逻辑回归中介绍的技巧类似,是在模型的代价函数的基础上加上一个惩罚项。

```
J(w,b) = 1/m * sigma(L(yhat, y)) + lamda/2m * ||w||2,2   #L2 正则化
J(w,b) = 1/m * sigma(L(yhat, y)) + lamda/2m * ||w||2,1   #L1 正则化
```

由于代价函数的变化,反向传播的计算也会相应地改变,但不用担心,我们完全不用推翻原来的反向传播计算过程,只需要在原来的基础上稍作改变。由于新的 J(w, b)为两项求和的形式,在求梯度之后仍为两项求和,因此计算的第一步只需在原来的基础上添加一项,即lamda/2m * ||w||2,2 对 w 的导数。

```
dw[l] = ...(原本的式子) + lamda/m * w[l]
w[l] = w[l] - alpha * dw[l]
```

后续计算与正常情况类似。

2. Dropout(随机失活)

另一种有效的正则化技巧是 Dropout(随机失活)。Dropout 的原理是在每次迭代过程中,随机让一部分神经元"失效"。这个过程可以这样理解,假设图 7-11 是一个过度拟合的网络,现在我们在每个神经元上安装一个"开关"。在每次迭代中,随机关闭其中一部分。每个神经元被关闭的概率都是相同的,等于预设值,比如 0.5(实际上每一层的预设概率值可以有差异,但通常被设成同一个值。在实际操作中,绝大多数情况都只设一个通用的概率值,所以后文假设每一层概率都相同)。

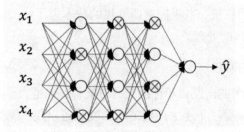

图 7-11　过度拟合的例子

结果在第一批样本进来后，图 7-11 中标记的神经元被关闭，在这次传播过程中，神经网络实际上变成了图 7-12 的样子，一个被压缩的神经网络。

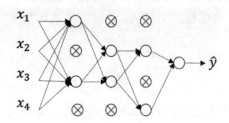

图 7-12　被压缩的神经网络

这个缩小的网络适用且仅适用于这一批样本，包括正向传播与反向传播。在这次反向传播后，只有这个小网络对应的权重参数被修正。在下一批样本进来后，将所有开关打开，然后重新执行随机关闭的过程，以此类推。因此，在每次迭代中，我们在使用一个随机的、缩小的网络在训练，每次训练模型都不一样。

在实际编程操作中，每一层的"开关"是通过引入一个布尔向量 d[l] 实现的（维度与该层输出值 a[l] 相同，每个维度为 0 或 1，表示关闭或打开），让 d[l] 与 a[l] 相乘，被关闭的神经元的输出值变为 0，而未关闭的神经元保留原来 a[l] 的数值，然后将得到的值作为新的、被修正的 a[l]，并当作输入变量传递给下一层。

值得注意的是，在正向传播中，每一层神经元在计算后通常要进行数值修正。第 1 层的激活函数计算得到的数值 a[l] 要除以预设值概率 p，这里的 p 是指开关为开启的概率（如此定义便于运算）。比如 p=0.7，就意味着每个神经元被关闭的概率是 30%，开启的概率是 70%。这样做是为了保持 a[l] 的后续运算单元的期望值不变。因为在 Dropout（随机失活）之后，神经元减少，传递给下一层被修正的 a[l] 的所有维度中，只有 p*n[l] 的维度为非空值。为了让 z[l+1] 从数值上期望不变，会在 a[l] 进行 Dropout 修正之后，再进行一个数值修正 a[l] = a[l] / p，这样 z[l+1] 的数值就不会因为 Dropout 而"萎缩"了。这通常被称为反向随机失活（Inverted Dropout）。

Dropout 只用在训练过程中，一旦参数被训练好后，在测试集计算中不使用 Dropout，也就是说要开启所有神经元。另外要注意的是，要记住 Dropout 是一种正则化方法，只有当模型确实出现过度拟合时才使用，否则无须使用。

7.4 卷积神经网络

7.4.1 卷积运算

卷积运算是卷积神经网络（Convolutional Neural Networks，CNN）中的核心演算步骤。卷积运算是将一个矩阵和另一个"矩阵乘子"通过特定规则计算出一个新的矩阵的过程。这个"矩阵乘子"叫作卷积核（Convolution Kernel）。比如一个 5*5 的矩阵和一个 3*3 的卷积核进行卷积，可以得到一个 3*3 的矩阵，如图 7-13 所示。

3	3	0	-1	-2
5	2	2	-1	-2
2	2	0	-1	-3
1	3	0	-2	-3
2	0	1	-2	-4

*  =

图 7-13　卷积运算的例子一

卷积运算按照下述方式进行：首先，根据卷积核的规格，对应原矩阵左上角的矩阵。在这个例子中，是如图 7-14 所示的 3*3 的矩阵。

3	3	0	-1	-2
5	2	2	-1	-2
2	2	0	-1	-3
1	3	0	-2	-3
2	0	1	-2	-4

1	1	0
2	0	-1
-2	1	3

图 7-14　对应的矩阵

将选中的矩阵和卷积核矩阵"相乘"。这里的"乘"指的是对应元素相乘，然后求和，将得到的数放入矩阵的左上角，如图 7-15 所示。

3*1 + 3*1 + 0*0 + 5*2 +2*0 + 2*（-1）+ 2*（-2）+ 2*1 + 0*3 =12

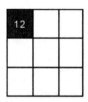

图 7-15　矩阵和卷积核矩阵"相乘"的结果

这样我们就得到了卷积矩阵中的一个元素。然后将原矩阵的选定区域平移，放到如图 7-16 所示的位置。

3	3	0	-1	-2
5	2	2	-1	-2
2	2	0	-1	-3
1	3	0	-2	-3
2	0	1	-2	-4

*

图 7-16　将选定区域平移

将当前选定的矩阵与卷积核矩阵对应元素相乘，得到 1，将其填入第 2 个格中，图 7-17 所示。

图 7-17　当前选定的矩阵与卷积核矩阵对应元素相乘

以此类推，第二行第一个方格通过原矩阵第 2 到 4 行、第 1 到 3 列围成的区域与卷积核相乘得到。第三行第三个方格由原矩阵右下角的方阵与卷积核相乘所得。最终即可得到结果。

7.4.2　卷积层

通过上面的介绍，我们知道了一个方阵可以和一个卷积核（同样为一个方阵）进行卷积运算，得到一个新的方阵。假设输入矩阵为 h*w（h 为长度，w 为宽度，通常 h 与 w 相等，即为方形矩阵），卷积核为 f*f，那么得到的输出矩阵的长度和宽度为 h-f+1 和 w-f+1。通常 f 的值不大，一定小于 h 和 w，3*3、5*5、7*7 的卷积核是比较常见的。

这只是卷积运算最"标准"的情况。要了解卷积神经网络中卷积运算的实际操作，我们还需要了解 Padding（填充）和 Stride（步长）的概念。事实上，我们可以通过 Padding 和 Stride 得到尺寸和上述计算中不一样的矩阵。Padding 和 Stride 也是卷积运算中极为重要的概念，可以通过调节它们改变我们想要的输出矩阵的格式。

● Padding（填充）

Padding（填充）指的是对输入矩阵的尺寸进行"扩展"，在矩阵外围增加一个"套环"（通常由 0 来填充）。比如，一个 3*3 的矩阵通过 Padding 得到了一个 5*5 的矩阵。Padding 的参数 p 是在进行一次卷积运算中可以控制的参数。通过设置参数 p，我们可以控制输出层想要得到的矩阵的尺寸。

● 从二维到三维

我们知道，卷积神经网络在计算机视觉领域被广泛应用。在图像处理中，我们的输入数据不止停留在二维。二维像素点矩阵只能描述黑白图片，绝大多数图片是彩色的，是由像素点矩阵组成的，每个像素点具有 3 个颜色通道（通常为 R、G、B 三原色），所以具有 3 个维度。

假设我们有一个 32*32*3 格式的图片，将这个图片与一个 5*5 的卷积核进行卷积，可以得到一个 28*28 的矩阵。这里输入数据中的第三个维度，也就是颜色值，在卷积过程中求和，所以输出数据的第三个维度为 1，而不是 3。

卷积层是卷积神经网络的重要组成部分。卷积层顾名思义是对上一层的输入数据进行卷积运算，将得到的结果传递给下一层。那么卷积层有什么作用呢？卷积运算的目的是提取输入的不同特征，第一层卷积层可能只能提取一些低级的特征，如边缘、线条和角等层级，更多层的网络能从低级特征中迭代提取更复杂的特征。卷积神经网络由多个上述这样结构的卷积层组成。除了卷积层之外，还包括池化（Pooling）层和全连接（Full Connection）层。

池化层实际上是一种形式的向下采样。有多种不同形式的非线性池化函数，而其中最大池化（Max Pooling）和平均采样是最为常见的。池化层相当于把一张分辨率较高的图片转化为分辨率较低的图片。池化层可进一步缩小最后全连接层中节点的个数，从而达到减少整个神经网络中参数的目的。全连接层使用与普通神经网络一样的连接方式，一般都在最后几层。

7.4.3　卷积神经网络（CNN）实例

我们的任务是从几万张带标签的手写数字图片中训练一个分类器，来正确识别图片所写的数字。数据集由阿拉伯数字 0~9 组成。该数据集来自经典的手写体图片数据库 MINST，用于设计算法和模型，被称为计算机视觉领域的"Hello World"，如图 7-18 所示。

图 7-18　手写图片库

这个数据集中，每个样本代表一个数字图片，图片全部是黑白的。在这个案例中，我们会用到卷积神经网络（CNN）作为分类器，具体会用到 LeNet-5 神经网络结构。LeNet-5 是一种经典的卷积神经网络结构，由 Yann LeCun 发明，专业用于识别手写体和印刷体文字，并且表现得十分出色。我们以这个任务为情景，以 LeNet-5 为分类器模型，来介绍 TensorFlow 是如何完成卷积神经网络的识别任务的（TensorFlow 会在后面三章中详细讲解）。识别过程如图 7-19 所示。

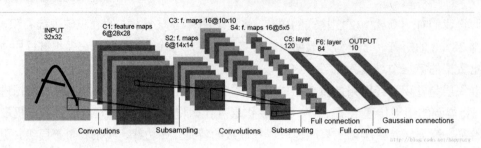

图 7-19　识别过程

1. 载入和预处理数据

首先打开 Python，导入 TensorFlow 和其他需要的基本程序包。

```
In [1]:  import numpy as np
         import pandas as pd
         import matplotlib.pyplot as plt
         import tensorflow as tf
```

读取数据。我们的数据源来自 Kaggle 竞赛数据集，包括 train 和 test 两个 CSV 文件：

```
In [2]:  train_org = pd.read_csv('C:\\Users\\Liangyue\Desktop\\train.csv')
         test_org = pd.read_csv('C:\\Users\\Liangyue\Desktop\\test.csv')
```

和上一个案例一样，我们先来了解原始数据集的大致情况。通过下面几个 shells 可以看出：

- 训练数据集和测试数据集分别包含 42000 和 28000 个样本。
- 训练数据包括 785 个变量，其中 1 个为标签数据（变量名为 label）。
- 测试数据集需要我们提交预测结果上传到比赛网站，只有 784 个变量，没有标签。
- 特征有 784 个，每一个代表图片中的一个像素点。图片由 28*28 个像素点排列而成。

```
In [4]:  train_org.shape
Out[4]:  (42000, 785)

In [5]:  train_org.columns
Out[5]:  Index(['label', 'pixel0', 'pixel1', 'pixel2', 'pixel3', 'pixel4', 'pixel5',
                'pixel6', 'pixel7', 'pixel8',
                ...
                'pixel774', 'pixel775', 'pixel776', 'pixel777', 'pixel778', 'pixel779',
                'pixel780', 'pixel781', 'pixel782', 'pixel783'],
               dtype='object', length=785)

In [6]:  test_org.shape
Out[6]:  (28000, 784)

In [7]:  test_org.columns
Out[7]:  Index(['pixel0', 'pixel1', 'pixel2', 'pixel3', 'pixel4', 'pixel5', 'pixel6',
                'pixel7', 'pixel8', 'pixel9',
                ...
                'pixel774', 'pixel775', 'pixel776', 'pixel777', 'pixel778', 'pixel779',
                'pixel780', 'pixel781', 'pixel782', 'pixel783'],
               dtype='object', length=784)
```

将标签数据分离作为 y，其余作为特征集 X（同时，这里将原先的 dataframe 数据格式转换为仅保留数据的矩阵形式，以方便计算处理）：

```
In [8]: X_train = train_org.drop('label',axis=1).values.astype('float32')
        y_train = train_org['label'].values.astype('int32')
        X_test = test_org.values.astype('float32')
```

我们来观察特征 X 的情况。根据下面几个 shells 可以看出：

● 像素点数值绝大多数为 0，这是因为一张图片除了中间区域之外都是空白。
● 数值最小为 0，最大为 255。

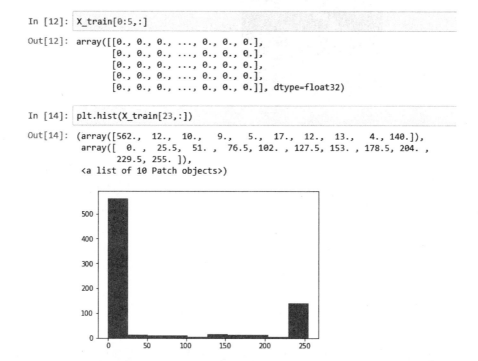

```
In [12]: X_train[0:5,:]
Out[12]: array([[0., 0., 0., ..., 0., 0., 0.],
                [0., 0., 0., ..., 0., 0., 0.],
                [0., 0., 0., ..., 0., 0., 0.],
                [0., 0., 0., ..., 0., 0., 0.],
                [0., 0., 0., ..., 0., 0., 0.]], dtype=float32)

In [14]: plt.hist(X_train[23,:])
Out[14]: (array([562., 12., 10., 9., 5., 17., 12., 13., 4., 140.]),
          array([ 0. , 25.5, 51. , 76.5, 102. , 127.5, 153. , 178.5, 204. ,
                229.5, 255. ]),
          <a list of 10 Patch objects>)
```

```
In [16]: print("min is %d, max is %d" %(X_train[23,:].min(), X_train[23,:].max()))
         min is 0, max is 255
```

y 的前几个观测值数据如下，分别代表数字 1、0、1、4、0。

```
In [18]: y_train[0:5]
Out[18]: array([1, 0, 1, 4, 0])
```

现在我们将 X 展开成 28×28 的形式。此时，可以观察每个观测值的样子，通过图片的形式呈现。Matplotlib 提供了将像素点数值转换成图片的接口：imshow 函数。

```
In [43]: X_train = X_train.reshape(X_train.shape[0],28,28)
         X_test = X_test.reshape(X_test.shape[0],28,28)
```

```
In [44]: X_train.shape
```
```
Out[44]: (42000, 28, 28)
```

```
In [49]: plt.imshow(X_train[46,:],cmap='gray')
```
```
Out[49]: <matplotlib.image.AxesImage at 0x23280198780>
```

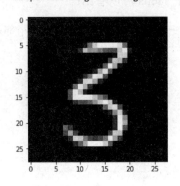

```
In [50]: y_train[46]
```
```
Out[50]: 3
```

要使用卷积神经网络，我们还需要进一步将 X 的每一条记录展开成 28×28×1 的形式（图片为黑白色，所以只有 1 个颜色通道）。这时 X 变成了四维（样本数为第一个维度，每一个样本是 28×28×1 的三维数据）。

```
In [23]: X_train = X_train.reshape(X_train.shape[0],28,28,1)
         X_test = X_test.reshape(X_test.shape[0],28,28,1)
```

```
In [24]: X_train.shape
```
```
Out[24]: (42000, 28, 28, 1)
```

然后对输入数据 X 进行标准化处理。这里输入数据的数字全部处于 0~255 之间，因此我们将其除以 255，使数字落在 0~1 之间：

```
In [51]: def standardize(x):
             return x/255
         X_train = standardize(X_train)
         X_test = standardize(X_test)
         print("min is %d, max is %d" %(X_train[46,:].min(), X_train[46,:].max()))

         min is 0, max is 1
```

除了 X 之外，这里还需要对标签值 Y 进行处理，Y 的范围为数字 0~9，属于多分类，需要对其进行独热编码（One-Hot Encoding）。这是将多类别数值转化为 0 或 1 数值的操作，方便处理。读者可以发现，经过这个处理后，长度为 42000 的向量 y_train 变成了 42000×10 的矩阵（称为大写的 Y_train）。原先 y 的每个数值被对应为一个维度为 10 的向量。Y 等于几，这个向量的第几个维度就等于 1，其他均为 0。

```
In [52]: from sklearn.preprocessing import label_binarize
         Y_train = label_binarize(y_train, classes = [0,1,2,3,4,5,6,7,8,9])
```

```
In [53]: Y_train.shape
```

```
Out[53]: (42000, 10)
```

```
In [54]: Y_train[46]
```

```
Out[54]: array([0, 0, 0, 1, 0, 0, 0, 0, 0, 0])
```

```
In [55]: Y_train[0:5]
```

```
Out[55]: array([[0, 1, 0, 0, 0, 0, 0, 0, 0, 0],
               [1, 0, 0, 0, 0, 0, 0, 0, 0, 0],
               [0, 1, 0, 0, 0, 0, 0, 0, 0, 0],
               [0, 0, 0, 0, 1, 0, 0, 0, 0, 0],
               [1, 0, 0, 0, 0, 0, 0, 0, 0, 0]])
```

2. 构建 graph

现在可以开始构建图（Graph）了。这里我们先将构建图需要的组件以函数的形式写出来，后面组合这些组件，只需调用这些函数即可。这样可以使代码的结构清晰，以方便后期调整参数，调试模型。

首先建立占位符（Placeholder），用来存储输入数据 X 和 Y，以及在优化中会用到的 Dropout 参数 keep_prob。这些占位符可以在执行会话（Session）时再输入具体信息，在后期留有调整的余地。

```
In [56]: def create_placeholders(n_H0, n_W0, n_C0, n_y):
             X = tf.placeholder(tf.float32, shape = (None, n_H0, n_W0, n_C0))
             Y = tf.placeholder(tf.float32, shape = (None, n_y))
             keep_prob = tf.placeholder(tf.float32)
             return X,Y,keep_prob
```

LeNet5 模型的结构如下：

```
LeNet5: input -> conv2d(1) -> ReLU -> maxpool(1) -> ReLU ->
    conv2d(2) -> ReLU -> maxpool(2) -> Flatten -> FC(1) -> ReLU ->
    FC(2) -> ReLU -> FC(3) -> softmax -> output
input     : shape(N, 28, 28, 1)
conv2d(1) : 28*28*6              W1: (5,5,1,6)       p=2    s=1
maxpool(1): 14*14*6             f=2  s=2
conv2d(2) : 10*10*16             W2: (5,5,6,16)      p=0    s=1
maxpool(2): 5*5*16              f=2  s=2
Flatten   : 400
FC(1)     : 120                 W3: (120,400)
FC(2)     : 84                  W4: (84,120)
OUTPUT    : 10                  W5: (10,84)
'''
```

在构建网络前，先初始化参数（LeNet5 中的参数存在于两个 conv2d 层和 3 个全连接层，这里只需初始化 W1 和 W2，全连接层的参数会在运算时自动被建立和初始化；另外，偏置参数 b 也无须初始化）：

```
In [57]: def initialize_parameters():
             W1 = tf.get_variable("W1", [5,5,1,6], initializer = tf.contrib.layers.xavier_initializer(seed = 0))
             W2 = tf.get_variable("W2", [5,5,6,16], initializer = tf.contrib.layers.xavier_initializer(seed = 0))
             parameters = {"W1": W1,
                           "W2": W2}
             return parameters
```

根据上述结构完成神经网络模型的代码:

```
In [58]: def forward_propagation(X, parameters, keep_prob):
             #读取之前初始化好的参数
             W1 = parameters['W1']
             W2 = parameters['W2']
             # CONV2D: filters W1, stride 1, padding 'SAME' (相当于p=2的padding)
             Z1 = tf.nn.conv2d(X, W1, strides = [1,1,1,1], padding = "SAME")
             # RELU
             A1 = tf.nn.relu(Z1)
             # MAXPOOL: window 2x2, sride 2, padding 'VALID'(无padding)
             P1 = tf.nn.max_pool(A1, ksize = [1,2,2,1], strides = [1,2,2,1], padding = "VALID")
             # CONV2D: filters W2, stride 1, padding 'VALID'
             Z2 = tf.nn.conv2d(P1, W2, strides = [1,1,1,1], padding = "VALID")
             # RELU
             A2 = tf.nn.relu(Z2)
             # MAXPOOL: window 4x4, stride 4, padding 'VALID'
             P2 = tf.nn.max_pool(A2, ksize = [1,2,2,1], strides = [1,2,2,1], padding = "VALID")
             # FLATTEN
             P2 = tf.contrib.layers.flatten(P2)
             # FULLY-CONNECTED Layer1
             Z3 = tf.contrib.layers.fully_connected(P2, 120, activation_fn = tf.nn.relu)
             Z3 = tf.nn.dropout(Z3, keep_prob = keep_prob)
             # FULLY-CONNECTED Layer2
             Z4 = tf.contrib.layers.fully_connected(Z3, 84, activation_fn = tf.nn.relu)
             Z4 = tf.nn.dropout(Z4, keep_prob = keep_prob)
             # OUTPUT Layer
             Z5 = tf.contrib.layers.fully_connected(Z4, 10, activation_fn = None)
             return Z5
```

计算损失函数:

```
In [59]: def compute_cost(Z5, Y):
             cost = tf.reduce_mean(tf.nn.softmax_cross_entropy_with_logits(logits=Z5, labels=Y))
             return cost
```

7.5 深度学习的优势

在对深度学习的神经网络结构和原理有大致认识后,我们来分析一下这个结构为深度学习带来了什么优势。

深度学习最大的一个优势在于,它整合了特征提取的过程,可以自动学习数据集的特征。我们在前文中提到,特征工程是机器学习极其重要的一个环节,需要我们在使用机器学习模型之前建立合适的特征集。但复杂、多层的神经网络具有自主学习原始特征并进行特征工程的能力,这让我们在一定条件下可以省去手动进行特征工程这一步骤,因为深度学习模型本身可以帮我们做到。

这个结果对我们来说是相当诱人的。特征工程在人工进行的情况下耗时耗力,需要用统计方法研究特征的分布和相关性等特点进行构建、筛选、整合和重组。追求一个好的特征集能让我们的模型表现显著提升,但完美的特征集是可遇不可求的,因为特征集选取的可能性非常多,甚至是无限的。为了得到一个"最优"的特征集,我们经常要经过特征选择→模型评估→重新选择特征的反复循环过程。

深度学习之所以能从原始数据中学习特征,其背后的原理大致可以这样解释:深度学习模仿了生物学神经元传递的过程,这一过程与人脑的工作原理十分相似。

值得指出的是，深度学习并非万能，只是为人工智能选择合适的机器学习方法。深度学习也有缺点，绝不是万能的方法。比如，关于如何进行深层神经网络的内部设计，目前还没有人能够提出一个明确的设计指南。所以，人类应该发挥的第一个作用就是选择合适的机器学习方法。除了深度学习之外，机器学习的方法还有很多。对于很多企业来说，与其一下子就尝试难以驾驭的深度学习，不如引入现有的机器学习方法更具实际意义。

7.6 深度学习的实现框架

下面介绍深度学习的常见框架。

- TensorFlow 平台

笔者最初接触 AI 时，最先听说的框架就是谷歌的 TensorFlow。TensorFlow 是一个使用数据流程图进行数值计算的开源软件。这个不错的框架因其架构而闻名，它允许在任何 CPU 或 GPU 上进行计算，无论是桌面、服务器，还是移动设备。它可在 Python 编程语言中使用。TensorFlow 的优点是，使用简单易学的语言，如 Python；使用计算图进行抽象；可以使用 TensorBoard 获得可视化。

- Caffe

Caffe 是一个强大的深度学习框架。它对于深入学习的研究而言，是非常快速和有效的。使用 Caffe 可以轻易地构建一个用于图像分类的卷积神经网络。它在 GPU 上运行良好，运行速度非常快。如图 7-20 所示是 Caffe 的主类。

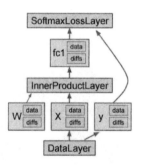

图 7-20　Caffe 的主类

Caffe 的优点是可以与 Python 和 MATLAB 绑定使用，高性能，无须编写代码，即可训练模型；缺点是对递归网络支持不好。

- Keras

Keras 是一个用 Python 编写的开源神经网络库。不似 TensorFlow、CNTK、Theano 这种端到端（End-to-End）的机器学习框架，相反，它是一个接口，提供了高层次的抽象，使得神经网络的配置变得更加简单，而不必考虑所在的框架。谷歌的 TensorFlow 目前支持 Keras 作为后端，而微软的 CNTK 也将在短时间内获得支持。

Keras 的优点是对用户友好，易于上手，高度拓展，可以在 CPU 或 GPU 上无缝运行，完美兼容 Theano 和 TensorFlow；缺点是不能有效地作为一个独立的框架使用。

● CNTK

微软的 CNTK（计算网络工具包）是一个用来增强模块化和保持计算网络分离的库，提供学习算法和模型描述。在需要大量服务器进行计算的情况下，CNTK 可以同时利用多台服务器。据说 CNTK 在功能上接近谷歌的 TensorFlow，但速度比对方要快一些。

CNTK 的优点是高度灵活，允许分布式训练，支持 C++、C#、Java 和 Python；缺点是由一种新的语言——NDL（网络描述语言）实现，缺乏可视化。

第 8 章
TensorFlow

谷歌的 TensorFlow 是一个可用于构建机器学习模型的平台，是一种基于图的通用计算框架。

8.1 TensorFlow 工具包

TensorFlow.org 上提供了完整的 API 列表。如图 8-1 所示，TensorFlow 架构分为几层，底层 API 提供内核和通用程序包，最上层是 TensorFlow 社区添加的，可以让我们轻松地使用预先定义好的高级框架。我们最频繁使用的是 TensorFlow Estimator API，此 API 极大地简化了神经网络模型的构建过程。

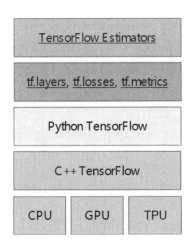

图 8-1　TensorFlow 工具包层次架构

表 8-1 总结了 TensorFlow 不同层的用途。

表 8-1　TensorFlow 不同层的用途

工具包	说明
Estimator (tf.estimator)	面向对象的高级 API
tf.layers/tf.losses/tf.metrics	用于常见模型组件的程序包
TensorFlow	底层 API

应该尽可能使用最高层级的 API。较高级别的 API 更易于使用，虽然不如底层 API 那么灵活。建议先从最高级 API 入手，让所有组件正常运作起来。如果你希望在某些特定的建模方面更加灵活一些，则可以选择下一个级别。每个级别都是使用低级 API 构建的，因此降低层级是没问题的。

TensorFlow 由以下两个组件组成：

● 图协议（Graph Protocol）缓冲区。

● 执行（分布式）图的运行环境（Runtime）。

这两个组件类似于 Python 代码和 Python 编译器。正如在多个平台上实现了 Python 编译器，从而可以执行 Python 代码，TensorFlow 可以在不同的硬件平台（TPU、CPU 和 GPU）上运行图。

8.1.1 tf.estimator API

tf.estimator 是最常用的 API。我们可以使用它来完成机器学习中的大部分任务。当然，我们也可以使用较低层级（原生）的 TensorFlow API，但使用 tf.estimator 会大大减少代码量。tf.estimator 与 scikit-learn API 兼容。正如前面提到的，scikit-learn 是热门的开源机器学习程序包，它是基于 Python 的。目前全球有超过 10 万名用户在使用 scikit-learn。以下是用 tf.estimator 实现的线性分类程序（伪代码）：

```
import tensorflow as tf

# 设置一个线性分类器
classifier = tf.estimator.LinearClassifier(feature_columns)
# 使用样本数据训练模型
classifier.train(input_fn=train_input_fn, steps=2000)
# 训练后，可以用作预测了
predictions = classifier.predict(input_fn=predict_input_fn)
```

8.1.2 Pandas 速成

Pandas 是 Python 的一个开源数据分析的程序包，它广泛用在 TensorFlow 代码中。Pandas 提供的数据结构 Series 和 DataFrame 极大地简化了数据分析过程中的一些烦琐操作。Series 是一维数组，比如我们先导入 Pandas API 库，然后创建一个 Series 对象：

```
import pandas as pd
pd.Series(['San Francisco', 'San Jose', 'Sacramento'])
```

Series 就是一个一维数组，每个数据对应一个索引值。上述例子的索引值和数据就是：

```
0    San Francisco
1        San Jose
2       Sacramento
dtype: object
```

　　DataFrame 是二维数据结构，即数据是以行和列的表格方式排列，就像数据库中的表（Table）。可以将 DataFrame 理解为由一个个 Series 组成的，每个 Series 都有一个名字（也可以看作字典结构），比如：

```
city_names = pd.Series(['San Francisco', 'San Jose', 'Sacramento'])
population = pd.Series([852469, 1015785, 485199])

pd.DataFrame({ 'City name': city_names, 'Population': population })
```

　　结果如下，索引是从 0 开始的整数。可以比作数据库表中的行号。

```
City name               Population
0    San Francisco      852469
1    San Jose           1015785
2    Sacramento         485199
```

　　我们也可以直接把一个 CSV 文件中的数据导入数据帧中。CSV 是一种通用的、相对简单的文件格式，在表格类型的数据中用途很广泛，很多关系型数据库都支持这种类型文件的导入导出，Excel 也能和 CSV 文件之间转换。CSV 是 Comma-Separated Values（逗号分隔值）的简称，有时也称为字符分隔值，因为分隔字符也可以不是逗号。其文件是以纯文本形式存储表格数据的。CSV 文件由任意数目的记录组成，记录间以某种换行符分隔。每条记录由字段组成，字段间的分隔符是其他字符或字符串，最常见的是逗号或制表符。下面这个例子就是把一个包含部分加州房屋数据的 CSV 文件装载到一个数据帧对象上：

```
california_housing_dataframe =
pd.read_csv("https://storage.googleapis.com/mledu-datasets/california_housing_
train.csv", sep=",")
california_housing_dataframe.describe()
```

　　上面的 describe()函数用来显示 DataFrame 对象的统计信息，比如：

	longitude	latitude	housing_median_age	total_rooms	total_bedrooms	population	households	median_income	median_house_value
count	17000.000000	17000.000000	17000.000000	17000.000000	17000.000000	17000.000000	17000.000000	17000.000000	17000.000000
mean	-119.562108	35.625225	28.589353	2643.664412	539.410824	1429.573941	501.221941	3.883578	207300.912353
std	2.005166	2.137340	12.586937	2179.947071	421.499452	1147.852959	384.520841	1.908157	115983.764387
min	-124.350000	32.540000	1.000000	2.000000	1.000000	3.000000	1.000000	0.499900	14999.000000
25%	-121.790000	33.930000	18.000000	1462.000000	297.000000	790.000000	282.000000	2.566375	119400.000000
50%	-118.490000	34.250000	29.000000	2127.000000	434.000000	1167.000000	409.000000	3.544600	180400.000000
75%	-118.000000	37.720000	37.000000	3151.250000	648.250000	1721.000000	605.250000	4.767000	265000.000000
max	-114.310000	41.950000	52.000000	37937.000000	6445.000000	35682.000000	6082.000000	15.000100	500001.000000

　　该函数给出了最小值、最大值、平均值、标准差等值。如果我们只想显示前面几行数据，则可以使用 head()函数。head(n)返回前 n 行。若没指定，则要显示的元素的默认数量为 5：

```
california_housing_dataframe.head()
```

　　结果为：

	longitude	latitude	housing_median_age	total_rooms	total_bedrooms	population	households	median_income	median_house_value
0	-114.31	34.19	15.0	5612.0	1283.0	1015.0	472.0	1.4936	66900.0
1	-114.47	34.40	19.0	7650.0	1901.0	1129.0	463.0	1.8200	80100.0
2	-114.56	33.69	17.0	720.0	174.0	333.0	117.0	1.6509	85700.0
3	-114.57	33.64	14.0	1501.0	337.0	515.0	226.0	3.1917	73400.0
4	-114.57	33.57	20.0	1454.0	326.0	624.0	262.0	1.9250	65500.0

Pandas 有强大的绘图功能。比如，我们可以使用 hist() 方法绘制直方图，用于分析某列的值的分布。

```
california_housing_dataframe.hist('housing_median_age')
```

图 8-2 显示了房屋中位价的情况。

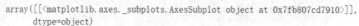

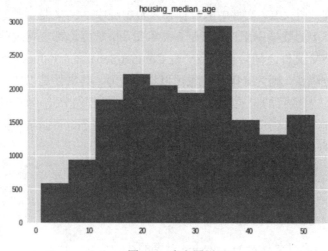

图 8-2　直方图展示

8.1.3　必要的 Python 知识

你有两种方法进行 TensorFlow 编码。一种是使用谷歌公司的在线环境（Colaboratory 平台）。针对在线环境，我们只需要编写代码和执行即可，本章中的代码和结果都来自谷歌公司的在线开发环境。另一种是安装 TensorFlow 的本地开发环境。无论是哪种环境，对于 TensorFlow 编码，你都需要掌握一些 Python 知识。本节阐述怎么安装 Python 和 TensorFlow 本地开发环境，然后对 Python 语法做一些简述，以方便读者阅读本书的代码。

1. 本地安装

在百度上搜索"Anaconda 官网下载"，打开下载地址 https://www.anaconda.com/download/，如图 8-3 所示。

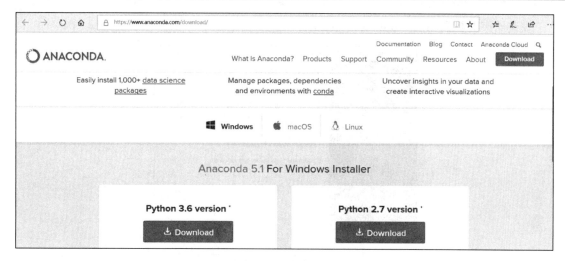

图 8-3　寻找安装包

下载后，执行 EXE 程序，就可以开始安装了，如图 8-4 所示。

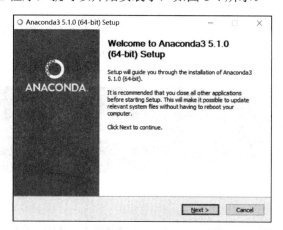

图 8-4　开始安装

单击 Next 按钮后，就正式进入了安装过程，如图 8-5 所示。

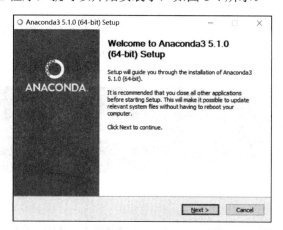

图 8-5　安装中

安装结束的界面如图 8-6 所示。

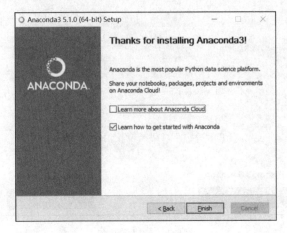

图 8-6　安装结束

2. 安装 TensorFlow

在开始菜单中找到 Anaconda，单击 Anaconda Prompt 进入控制台（见图 8-7），输入 conda install tensorflow 下载和安装 TensorFlow，如图 8-8 所示。

图 8-7　Anaconda Prompt 界面

```
absl-py:            0.2.0-py36_0
astor:              0.6.2-py36_0
gast:               0.2.0-py36_0
grpcio:             1.11.0-py36he025d50_0
libprotobuf:        3.5.2-he0781b1_0
markdown:           2.6.11-py36_0
protobuf:           3.5.2-py36h6538335_0
tensorboard:        1.8.0-py36he025d50_0
tensorflow:         1.8.0-0
tensorflow-base:    1.8.0-py36h1a1b453_0
termcolor:          1.1.0-py36_1

The following packages will be REMOVED:

anaconda:           5.1.0-py36_2

The following packages will be UPDATED:

ca-certificates:    2017.08.26-h94faf87_0  --> 2018.03.07-0
certifi:            2018.1.18-py36_0       --> 2018.4.16-py36_0
openssl:            1.0.2n-h74b6da3_0      --> 1.0.2o-h8ea7d77_0

The following packages will be DOWNGRADED:

bleach:             2.1.2-py36_0           --> 1.5.0-py36_0
html5lib:           1.0.1-py36h047fa9f_0   --> 0.9999999-py36_0

Proceed ([y]/n)?
```

图 8-8　安装组件

输入 y 来安装，并下载安装包，如图 8-9 所示。

图 8-9　开始安装 TensorFlow

最后完成整个安装。输入 conda list 验证 TensorFlow 已经安装上了，如图 8-10 所示。

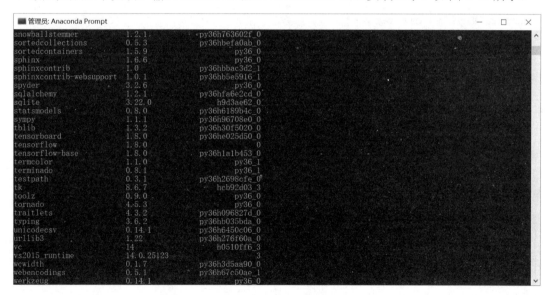

图 8-10　安装验证

8.2　第一个 TensorFlow 程序

下面我们来看第一个 TensorFlow 程序。"#"部分是程序的注释，说明该部分程序的功能。为了方便读者查看中间代码的输出结果，我们把输出结果直接放在该代码的后面。

第一个 TensorFlow 代码的功能是使用加州 1990 年的房屋销售数据来训练一个线性回归模型，从而可以预测房屋中位价。

```
#导入各类程序包
import math

from IPython import display
from matplotlib import cm
from matplotlib import gridspec
from matplotlib import pyplot as plt
import numpy as np
import pandas as pd
from sklearn import metrics
import tensorflow as tf
from tensorflow.python.data import Dataset

tf.logging.set_verbosity(tf.logging.ERROR)
pd.options.display.max_rows = 10
pd.options.display.float_format = '{:.1f}'.format
```

8.2.1 加载数据

加载数据代码如下：

```
#装载数据集
california_housing_dataframe =
pd.read_csv("https://storage.googleapis.com/mledu-datasets/california_housing_train.csv", sep=",")

#因为要使用随机梯度下降法，所以先用 reindex() 把数据打乱，免得影响随机的效果
california_housing_dataframe = california_housing_dataframe.reindex(
np.random.permutation(california_housing_dataframe.index))
#设置价格的单位为千元，方便步长的设置
california_housing_dataframe["median_house_value"] /= 1000.0
#展示数据集的部分内容
california_housing_dataframe
```

结果如图 8-11 所示。

	longitude	latitude	housing_median_age	total_rooms	total_bedrooms	population	households	median_income	median_house_value
16978	-124.2	40.8	39.0	1836.0	352.0	883.0	337.0	1.7	70.5
6506	-118.3	34.0	38.0	977.0	295.0	1073.0	292.0	1.0	86.4
6835	-118.3	34.0	31.0	1933.0	478.0	1522.0	423.0	1.6	119.3
939	-117.1	33.0	16.0	2175.0	327.0	1037.0	326.0	5.2	201.4
3332	-117.9	33.7	13.0	1087.0	340.0	817.0	342.0	3.5	262.5
...	...	...	...	...	...	...	...	...	...
13804	-122.0	37.3	22.0	2038.0	260.0	773.0	281.0	9.2	500.0
8669	-118.5	34.0	41.0	1482.0	239.0	617.0	242.0	8.9	500.0
14856	-122.2	37.9	21.0	7099.0	1106.0	2401.0	1138.0	8.3	358.5
11507	-121.3	38.1	10.0	3371.0	665.0	1823.0	654.0	3.5	116.8
3906	-118.0	33.7	26.0	1787.0	227.0	639.0	224.0	6.8	329.8

17000 rows × 9 columns

图 8-11　数据集部分内容

8.2.2　探索数据

在训练模型之前，对数据进行一些探索性分析。

```
#获取数据集的一些统计信息，比如行数、最大值、最小值、均值等
california_housing_dataframe.describe()
```

结果如图 8-12 所示。

	longitude	latitude	housing_median_age	total_rooms	total_bedrooms	population	households	median_income	median_house_value
count	17000.0	17000.0	17000.0	17000.0	17000.0	17000.0	17000.0	17000.0	17000.0
mean	-119.6	35.6	28.6	2643.7	539.4	1429.6	501.2	3.9	207.3
std	2.0	2.1	12.6	2179.9	421.5	1147.9	384.5	1.9	116.0
min	-124.3	32.5	1.0	2.0	1.0	3.0	1.0	0.5	15.0
25%	-121.8	33.9	18.0	1462.0	297.0	790.0	282.0	2.6	119.4
50%	-118.5	34.2	29.0	2127.0	434.0	1167.0	409.0	3.5	180.4
75%	-118.0	37.7	37.0	3151.2	648.2	1721.0	605.2	4.8	265.0
max	-114.3	42.0	52.0	37937.0	6445.0	35682.0	6082.0	15.0	500.0

图 8-12　数据探索性分析结果

8.2.3　训练模型

我们使用 TensorFlow Estimator API 的 LinearRegressor（线性回归）线性模型。这个 API 完成模型的训练、评估和预测。

```
#定义输入特征：total_rooms （各个街区的房间数。本例样本数据是以街区为单位采集的）
my_feature = california_housing_dataframe[["total_rooms"]]
#上面的代码从 california_housing_dataframe 中摘出 total_rooms 列数据。下面打印来验证
#打印结果就是每个街区的房间数，是一个一维数组
print(my_feature)
```

结果如图 8-13 所示。

```
       total_rooms
11312      4956.0
8788       3268.0
9984       3237.0
7067       2473.0
11022      1493.0
...           ...
3097       1982.0
10017      2260.0
2746       2678.0
9227       2693.0
12436      2873.0

[17000 rows x 1 columns]
```

图 8-13　列数据结果

在 TensorFlow 中需指定特征数据的类型，主要分为 2 种：Categorical 和 Numerical。

```
# Categorical 指文本数据，Numerical 指数字数据
#在 TensorFlow 中使用 feature_column 结构来指定特征的数据类型（numeric）
feature_columns = [tf.feature_column.numeric_column("total_rooms")]
```

```
#定义标签，即房屋中位价，这是我们要预测的目标
targets = california_housing_dataframe["median_house_value"]
#打印标签数据
print(targets)
```

结果如图 8-14 所示。

```
11312    139.0
8788     308.3
9984     101.1
7067     162.5
11022     97.4
          ...
3097     327.5
10017     68.3
2746      70.2
9227      71.0
12436    264.7
Name: median_house_value, Length: 17000, dtype: float64
```

图 8-14 标签数据结果

```
#使用梯度下降法来训练模型，设置梯度下降的步长为 0.0000001
# GradientDescentOptimizer 实现了小批量随机梯度下降法
my_optimizer=tf.train.GradientDescentOptimizer(learning_rate=0.0000001)
#下面设置梯度裁剪（Gradient Clipping），防止梯度爆炸问题
my_optimizer = tf.contrib.estimator.clip_gradients_by_norm(my_optimizer, 5.0)

# 使用线性回归模型指定特征列和优化器
linear_regressor = tf.estimator.LinearRegressor(
    feature_columns=feature_columns,
    optimizer=my_optimizer
)
```

为了让测试数据导入 TensorFlow 的 LinearRegressor，下面我们定义一个输入函数，这个函数把 Pandas 特征数据转换为一个 NumPy 数组字典，然后基于这些数据使用 TensorFlow 的 Dataset API 来构建一个数据集。在输入函数中还指定了在模型训练时的批处理大小、是否预先打乱数据、重复的次数等。最后，这个输入函数为这个数据集构建一个迭代，并返回下一批的数据给 LinearRegressor。输入函数代码如下：

```
def my_input_fn(features, targets, batch_size=1, shuffle=True, num_epochs=None):
    """训练带一个特征变量的线性回归模型.

    参数:
      features: 特征, pandas DataFrame 类型
      targets: 目标（标签）, pandas DataFrame 类型
      batch_size: 批处理大小, 即: 传递给模型的批的大小
      shuffle: True or False. 是否打乱数据
      num_epochs: 重复次数. None = 无限重复
    返回值:
      下一批数据, 即: (features, labels)元组
    """
```

```
#把pandas数据转换为a dict of NumPy 数组
features = {key:np.array(value) for key,value in dict(features).items()}
#从上述数据构建一个数据集
ds = Dataset.from_tensor_slices((features,targets)) # warning: 2GB limit
#设置数据处理的批处理大小和重复次数
ds = ds.batch(batch_size).repeat(num_epochs)

#是否需要打乱数据？如果需要，则打乱
if shuffle:
  ds = ds.shuffle(buffer_size=10000)

#返回下一批数据
features, labels = ds.make_one_shot_iterator().get_next()
return features, labels
```

下面调用 linear_regressor 的 train()函数来训练模型。训练步骤为 100 步：

```
_ = linear_regressor.train(
  input_fn = lambda:my_input_fn(my_feature, targets),
  steps=100
)
```

上面的 Lambda 作为一个表达式，封装了 my_input_fn()。

在上面的例子中，出现了 2 个超参数。

- steps: 训练迭代的个数。每一步计算一批数据的误差，基于这个误差来修改模型的权重值（修改一次）。
- batch_size: 一步中所使用的样本数量（样本的选择是随机的），比如随机梯度下降（SGD）批处理大小为 1。

简单来说，上述两个数字的乘积是已训练样本的总数。

8.2.4 评估模型

在模型训练后，我们就可以使用一些数据来评估这个模型。下面定义一个预测函数：

```
#创建一个用于预测的输入函数
prediction_input_fn =lambda: my_input_fn(my_feature, targets, num_epochs=1,
shuffle=False)
#调用 linear_regressor 的 predict()函数来进行预测
predictions = linear_regressor.predict(input_fn=prediction_input_fn)
#把预测结果放到一个 NumPy 数组中（为了后面的误差分析用）
predictions = np.array([item['predictions'][0] for item in predictions])
#计算和打印均方误差（Mean Squared Error）和均方根误差（Root Mean Squared Error）
mean_squared_error = metrics.mean_squared_error(predictions, targets)
root_mean_squared_error = math.sqrt(mean_squared_error)
print "Mean Squared Error (on training data): %0.3f" % mean_squared_error
  print "Root Mean Squared Error (on training data):%0.3f" % root_mean_squared_error
```

结果如图 8-15 所示。

```
Mean Squared Error (on training data): 56308.998
Root Mean Squared Error (on training data): 237.295
```

图 8-15　均方误差和均方根误差

```
#计算目标（标签）的最小值和最大值，两者的差额
min_house_value = california_housing_dataframe["median_house_value"].min()
max_house_value = california_housing_dataframe["median_house_value"].max()
min_max_difference = max_house_value - min_house_value
#打印出来
print "Min. Median House Value: %0.3f" % min_house_value
print "Max. Median House Value: %0.3f" % max_house_value
print "Difference between Min. and Max.: %0.3f" % min_max_difference
print "Root Mean Squared Error: %0.3f" % root_mean_squared_error
```

结果如图 8-16 所示。

```
Min. Median House Value: 14.999
Max. Median House Value: 500.001
Difference between Min. and Max.: 485.002
Root Mean Squared Error: 237.417
```

图 8-16　目标最大值、最小值及两者的差额

从上面的数据可以看出，均方根误差（RMSE）大概在目标的最小值和最大值之间。能否把误差缩小呢？我们首先来比较一下模型的预测值和目标值之间的区别：

```
calibration_data = pd.DataFrame()
calibration_data["predictions"] = pd.Series(predictions)
calibration_data["targets"] = pd.Series(targets)
calibration_data.describe()
```

结果如图 8-17 所示。

	predictions	targets
count	17000.0	17000.0
mean	0.1	207.3
std	0.1	116.0
min	0.0	15.0
25%	0.1	119.4
50%	0.1	180.4
75%	0.2	265.0
max	1.9	500.0

图 8-17　预测值与目标值

注意，图 8-17 中，predictions 列的值的单位是 1000。所以，均值（mean）为 0.1，相当于 100。有时候，图表是一种展示数据的更直接的方式：

```
#随机获取一些样本数据
```

```
sample = california_housing_dataframe.sample(n=300)
# 开始画图(线性回归的那条线，特征值和目标值所对应的点)
# 获取 total_rooms 最大/最小值
x_0 = sample["total_rooms"].min()
x_1 = sample["total_rooms"].max()
#训练后的最终权重和偏差（对应线性回归上的权重-X 轴和偏差-Y 轴）
weight =
linear_regressor.get_variable_value('linear/linear_model/total_rooms/weights')
[0]
bias = linear_regressor.get_variable_value('linear/linear_model/bias_weights')
# 对于 total_rooms 的最小/最大值，获取相应的预测值
y_0 = weight * x_0 + bias
y_1 = weight * x_1 + bias
# 画线性回归线，从点(x_0, y_0)到点(x_1, y_1)
plt.plot([x_0, x_1], [y_0, y_1], c='r')
#标示 X 和 Y 轴的识别符
plt.ylabel("median_house_value")
plt.xlabel("total_rooms")
# 标示样本数据，每个房间数、中位价，标示一个圆点
plt.scatter(sample["total_rooms"], sample["median_house_value"])
# 显示图形
plt.show()
```

结果如图 8-18 所示。

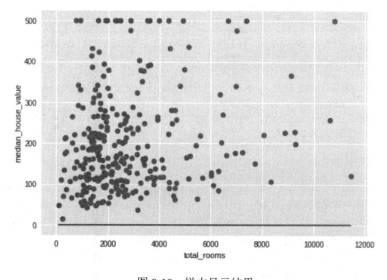

图 8-18　样本显示结果

上图显示的线性回归线显然有一些问题，不能很好地预测房屋中位价。下面我们尝试优化模型。

8.2.5　优化模型

为了方便优化，我们首先定义一个模型训练函数。通过变换函数的参数，可以看到不同的

效果。下面这个代码把整个执行过程分成 10 个平均分割的期间（periods），这样就可以让我们看到每个期间的模型优化情况。在图上展示每个时期的误差，从而帮助我们判断是否收敛，或者需要更多迭代。比如，periods=7 和 steps=70，那么，每 10 步就会输出误差值。值得注意的是，periods 不是超参数（而 steps 是），所以，修改 periods 不会影响模型训练本身。

```python
def train_model(learning_rate, steps, batch_size, input_feature="total_rooms"):
  """Trains a linear regression model of one feature.

  Args:
    learning_rate: A `float`, the learning rate.
    steps: A non-zero `int`, the total number of training steps. A training step
      consists of a forward and backward pass using a single batch.
    batch_size: A non-zero `int`, the batch size.
    input_feature: A `string` specifying a column from
`california_housing_dataframe`
      to use as input feature.
  """

  periods = 10
  steps_per_period = steps / periods

  my_feature = input_feature
  my_feature_data = california_housing_dataframe[[my_feature]]
  my_label = "median_house_value"
  targets = california_housing_dataframe[my_label]

  # 创建特征列
  feature_columns = [tf.feature_column.numeric_column(my_feature)]

  # 创建输入函数
  training_input_fn = lambda:my_input_fn(my_feature_data, targets,
batch_size=batch_size)
  prediction_input_fn = lambda: my_input_fn(my_feature_data, targets,
num_epochs=1, shuffle=False)

  # 创建一个线性回归对象
  my_optimizer = tf.train.GradientDescentOptimizer(learning_rate=learning_rate)
  my_optimizer = tf.contrib.estimator.clip_gradients_by_norm(my_optimizer, 5.0)
  linear_regressor = tf.estimator.LinearRegressor(
      feature_columns=feature_columns,
      optimizer=my_optimizer
  )

  # 设置每个期间（period）画模型线的状态
  plt.figure(figsize=(15, 6))
  plt.subplot(1, 2, 1)
  plt.title("Learned Line by Period")
  plt.ylabel(my_label)
  plt.xlabel(my_feature)
  sample = california_housing_dataframe.sample(n=300)
  plt.scatter(sample[my_feature], sample[my_label])
  colors = [cm.coolwarm(x) for x in np.linspace(-1, 1, periods)]

  # 训练模型，每个期间展示误差指标
```

```
print "Training model..."
print "RMSE (on training data):"
root_mean_squared_errors = []
for period in range (0, periods):
  # Train the model, starting from the prior state.
  linear_regressor.train(
      input_fn=training_input_fn,
      steps=steps_per_period
  )
  # 计算预期
  predictions = linear_regressor.predict(input_fn=prediction_input_fn)
  predictions = np.array([item['predictions'][0] for item in predictions])

  # 计算误差
  root_mean_squared_error = math.sqrt(
      metrics.mean_squared_error(predictions, targets))
  # Occasionally print the current loss.
  print "  period %02d : %0.2f" % (period, root_mean_squared_error)
  # Add the loss metrics from this period to our list.
  root_mean_squared_errors.append(root_mean_squared_error)
  # Finally, track the weights and biases over time.
  # Apply some math to ensure that the data and line are plotted neatly.
  y_extents = np.array([0, sample[my_label].max()])

  weight =
linear_regressor.get_variable_value('linear/linear_model/%s/weights' %
input_feature)[0]
  bias =
linear_regressor.get_variable_value('linear/linear_model/bias_weights')

  x_extents = (y_extents - bias) / weight
  x_extents = np.maximum(np.minimum(x_extents,
                                   sample[my_feature].max()),
                        sample[my_feature].min())
  y_extents = weight * x_extents + bias
  plt.plot(x_extents, y_extents, color=colors[period])
print "Model training finished."

# Output a graph of loss metrics over periods.
plt.subplot(1, 2, 2)
plt.ylabel('RMSE')
plt.xlabel('Periods')
plt.title("Root Mean Squared Error vs. Periods")
plt.tight_layout()
plt.plot(root_mean_squared_errors)

# Output a table with calibration data.
calibration_data = pd.DataFrame()
calibration_data["predictions"] = pd.Series(predictions)
calibration_data["targets"] = pd.Series(targets)
display.display(calibration_data.describe())

print "Final RMSE (on training data): %0.2f" % root_mean_squared_error
```

下面训练一次模型：

```
train_model(
    learning_rate=0.00001,
    steps=100,
    batch_size=1
)
```

相关数据如图 8-19、图 8-20 所示。

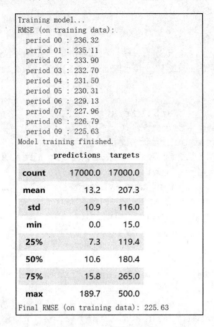

```
Training model...
RMSE (on training data):
  period 00 : 236.32
  period 01 : 235.11
  period 02 : 233.90
  period 03 : 232.70
  period 04 : 231.50
  period 05 : 230.31
  period 06 : 229.13
  period 07 : 227.96
  period 08 : 226.79
  period 09 : 225.63
Model training finished.
```

	predictions	targets
count	17000.0	17000.0
mean	13.2	207.3
std	10.9	116.0
min	0.0	15.0
25%	7.3	119.4
50%	10.6	180.4
75%	15.8	265.0
max	189.7	500.0

```
Final RMSE (on training data): 225.63
```

图 8-19　训练数据

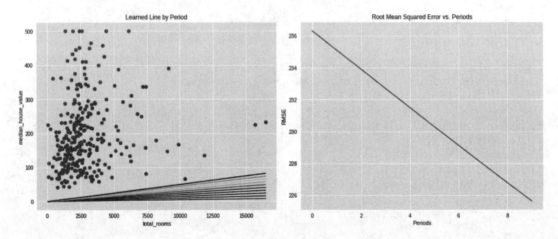

图 8-20　训练结果

我们更改这些超参数的值，看看误差是否有改善：

```
train_model(
    learning_rate=0.00002,
    steps=500,
    batch_size=5
)
```

228

相关数据如图 8-21、图 8-22 所示。

```
Training model...
RMSE (on training data):
  period 00 : 225.63
  period 01 : 214.42
  period 02 : 204.04
  period 03 : 194.62
  period 04 : 186.92
  period 05 : 180.00
  period 06 : 175.22
  period 07 : 172.08
  period 08 : 169.33
  period 09 : 167.53
Model training finished.
```

	predictions	targets
count	17000.0	17000.0
mean	115.3	207.3
std	95.0	116.0
min	0.1	15.0
25%	63.7	119.4
50%	92.7	180.4
75%	137.4	265.0
max	1654.1	500.0

```
Final RMSE (on training data): 167.53
```

图 8-21　训练数据

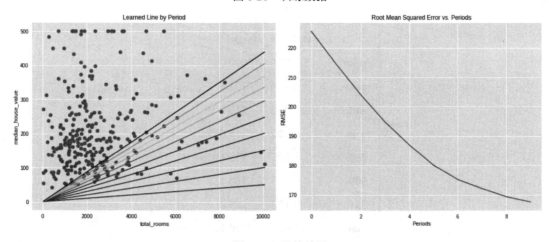

图 8-22　训练结果

从上面两个例子看出，不同的配置参数，预测的效果很不一样。至于哪些配置参数的预测效果好，其实也与数据集相关，多试几次。下面是优化的一些基本原则。

- 训练误差应该持续减小，这个误差曲线开始时可能比较陡，但是最终平稳（这时训练收敛）。

- 如果训练没有收敛，训练时间可以更长一点。

- 如果训练误差下降得很慢，可以尝试加大步长。但要注意，有时步长过大，会有反作用。

- 如果训练误差上下起伏很大，可以尝试减少步长。除了减少步长外，还要增加步数和批处理大小。

- 小的批处理有时会不太稳定。可以先尝试 100 或 1000，然后逐步减少，直到看到降级。

有时，我们也可以变换特征参数，比如：

```
train_model(
    learning_rate=0.00002,
    steps=1000,
    batch_size=5,
    input_feature="population"
)
```

相关数据如图 8-23、图 8-24 所示。

```
Training model...
RMSE (on training data):
  period 00 : 225.63
  period 01 : 214.62
  period 02 : 204.67
  period 03 : 196.26
  period 04 : 189.39
  period 05 : 184.02
  period 06 : 180.18
  period 07 : 178.01
  period 08 : 176.84
  period 09 : 176.06
Model training finished.
```

	predictions	targets
count	17000.0	17000.0
mean	118.9	207.3
std	95.5	116.0
min	0.2	15.0
25%	65.7	119.4
50%	97.1	180.4
75%	143.2	265.0
max	2968.7	500.0

```
Final RMSE (on training data): 176.06
```

图 8-23　训练数据

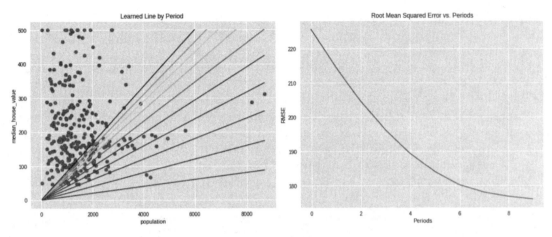

图 8-24　训练结果

8.2.6　合成特征

合成特征（Synthetic Feature）是一种特征，不在输入特征之列，而是从一个或多个输入特征衍生而来。在本节中，我们需要修改一下模型训练函数：

```
def train_model(learning_rate, steps, batch_size, input_feature):
  """Trains a linear regression model.

  Args:
    learning_rate: A `float`, the learning rate.
    steps: A non-zero `int`, the total number of training steps. A training step
      consists of a forward and backward pass using a single batch.
    batch_size: A non-zero `int`, the batch size.
    input_feature: A `string` specifying a column from
`california_housing_dataframe`
      to use as input feature.

  Returns:
    A Pandas `DataFrame` containing targets and the corresponding predictions done
    after training the model.
  """

  periods = 10
  steps_per_period = steps / periods

  my_feature = input_feature
  my_feature_data = california_housing_dataframe[[my_feature]].astype('float32')
  my_label = "median_house_value"
  targets = california_housing_dataframe[my_label].astype('float32')

  # Create input functions.
  training_input_fn = lambda: my_input_fn(my_feature_data, targets,
batch_size=batch_size)
  predict_training_input_fn = lambda: my_input_fn(my_feature_data, targets,
```

```
num_epochs=1, shuffle=False)

  # Create feature columns.
  feature_columns = [tf.feature_column.numeric_column(my_feature)]

  # Create a linear regressor object.
  my_optimizer = tf.train.GradientDescentOptimizer(learning_rate=learning_rate)
  my_optimizer = tf.contrib.estimator.clip_gradients_by_norm(my_optimizer, 5.0)
  linear_regressor = tf.estimator.LinearRegressor(
      feature_columns=feature_columns,
      optimizer=my_optimizer
  )

  # Set up to plot the state of our model's line each period.
  plt.figure(figsize=(15, 6))
  plt.subplot(1, 2, 1)
  plt.title("Learned Line by Period")
  plt.ylabel(my_label)
  plt.xlabel(my_feature)
  sample = california_housing_dataframe.sample(n=300)
  plt.scatter(sample[my_feature], sample[my_label])
  colors = [cm.coolwarm(x) for x in np.linspace(-1, 1, periods)]

  # Train the model, but do so inside a loop so that we can periodically assess
  # loss metrics.
  print "Training model..."
  print "RMSE (on training data):"
  root_mean_squared_errors = []
  for period in range (0, periods):
    # Train the model, starting from the prior state.
    linear_regressor.train(
        input_fn=training_input_fn,
        steps=steps_per_period,
    )
    # Take a break and compute predictions.
    predictions = linear_regressor.predict(input_fn=predict_training_input_fn)
    predictions = np.array([item['predictions'][0] for item in predictions])

    # Compute loss.
    root_mean_squared_error = math.sqrt(
      metrics.mean_squared_error(predictions, targets))
    # Occasionally print the current loss.
    print "  period %02d : %0.2f" % (period, root_mean_squared_error)
    # Add the loss metrics from this period to our list.
    root_mean_squared_errors.append(root_mean_squared_error)
    # Finally, track the weights and biases over time.
    # Apply some math to ensure that the data and line are plotted neatly.
    y_extents = np.array([0, sample[my_label].max()])

    weight =
linear_regressor.get_variable_value('linear/linear_model/%s/weights' %
```

```
input_feature)[0]
   bias =
linear_regressor.get_variable_value('linear/linear_model/bias_weights')

   x_extents = (y_extents - bias) / weight
   x_extents = np.maximum(np.minimum(x_extents,
                               sample[my_feature].max()),
                     sample[my_feature].min())
   y_extents = weight * x_extents + bias
   plt.plot(x_extents, y_extents, color=colors[period])
 print "Model training finished."

# Output a graph of loss metrics over periods.
plt.subplot(1, 2, 2)
plt.ylabel('RMSE')
plt.xlabel('Periods')
plt.title("Root Mean Squared Error vs. Periods")
plt.tight_layout()
plt.plot(root_mean_squared_errors)

# Create a table with calibration data.
calibration_data = pd.DataFrame()
calibration_data["predictions"] = pd.Series(predictions)
calibration_data["targets"] = pd.Series(targets)
display.display(calibration_data.describe())

print "Final RMSE (on training data): %0.2f" % root_mean_squared_error

 return calibration_data
```

对于一个城市街区，房价可能与 total_rooms 和 population 两个特征相关，即人口密度与房价有关。在下面的代码中创建一个合成特征：rooms_per_person，记录每人所分到的房间数。然后把这个合成特征作为模型训练函数的输入特征。其代码如下：

```
california_housing_dataframe["rooms_per_person"] = (
   california_housing_dataframe["total_rooms"] /
california_housing_dataframe["population"])

calibration_data = train_model(
   learning_rate=0.05,
   steps=500,
   batch_size=5,
   input_feature="rooms_per_person")
```

相关数据如图 8-25、图 8-26 所示。

```
Training model...
RMSE (on training data):
  period 00 : 213.66
  period 01 : 191.32
  period 02 : 171.10
  period 03 : 153.37
  period 04 : 141.15
  period 05 : 133.91
  period 06 : 130.99
  period 07 : 130.91
  period 08 : 131.63
  period 09 : 132.81
Model training finished.
```

	predictions	targets
count	17000.0	17000.0
mean	202.1	207.3
std	92.8	116.0
min	46.2	15.0
25%	165.6	119.4
50%	198.9	180.4
75%	227.2	265.0
max	4428.9	500.0

```
Final RMSE (on training data): 132.81
```

图 8-25　训练数据

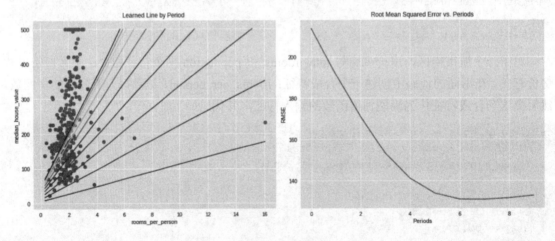

图 8-26　训练结果

8.2.7　离群值处理

正如 4.3.2 节中所阐述的，数据集总会有一些离群值（Outlier）。执行下面的代码来查看一下这些离群值。下面的代码是用直方图画出 rooms_per_person 特征值（如图 8-27 所示）。

```
plt.subplot(1, 2, 2)
_ = california_housing_dataframe["rooms_per_person"].hist()
```

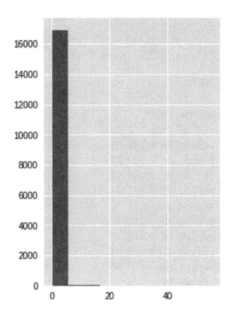

图 8-27　rooms_per_person 特征值

从上图看出，大多数 rooms_per_person 是小于 5 的。对于超过 5 的数据，修剪（Clip）为 5，代码如下：

```
california_housing_dataframe["rooms_per_person"] = (
    california_housing_dataframe["rooms_per_person"]).apply(lambda x: min(x, 5))
#显示直方图
_ = california_housing_dataframe["rooms_per_person"].hist()
```

结果如图 8-28 所示。

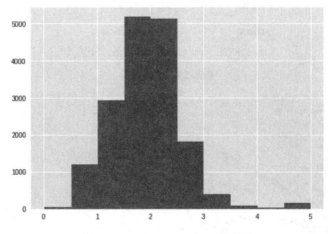

图 8-28　rooms_per_person 特征值

下面我们再次训练数据：

```
calibration_data = train_model(
    learning_rate=0.05,
```

```
steps=500,
batch_size=5,
input_feature="rooms_per_person")
```

相关数据如图 8-29、图 8-30 所示。

```
Training model...
RMSE (on training data):
  period 00 : 212.81
  period 01 : 189.04
  period 02 : 167.04
  period 03 : 147.44
  period 04 : 131.69
  period 05 : 118.80
  period 06 : 112.42
  period 07 : 109.28
  period 08 : 108.53
  period 09 : 108.10
Model training finished.
```

	predictions	targets
count	17000.0	17000.0
mean	197.8	207.3
std	52.5	116.0
min	43.9	15.0
25%	164.3	119.4
50%	197.8	180.4
75%	226.3	265.0
max	442.6	500.0

```
Final RMSE (on training data): 108.10
```

图 8-29 训练数据

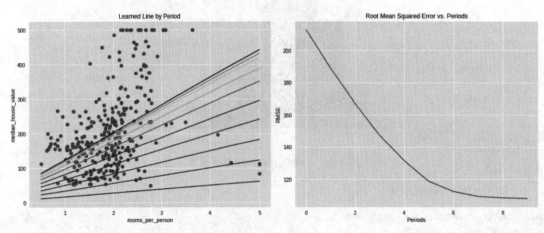

图 8-30 训练结果

8.3　过度拟合处理

我们在第 5 章中讲到了一个过度拟合的例子。在如图 8-31 所示的分类问题中，我们的目标是找到一个分类器，分割两种标签的数据。用肉眼不难看出，蓝色标签的点（圆圈）集中在图的右上区域，中间的图是最为合适的分类器。左图用一条直线分割平面，模型过于简单，对直线右侧的红色标签数据（叉叉）刻画较差，属于欠拟合；而右图则用了比较复杂的模型，把样本集的数据全部照顾到，属于过度拟合。

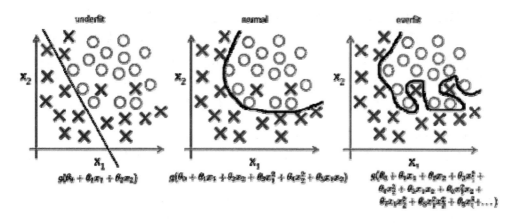

图 8-31　过度拟合的例子一

虽然所有训练样本在图 8-31 右图上都已完全正确分类，但是这时候会有过度拟合的问题。问题就是，如果加入新的样本，会怎么样？最终可能会遇到一些新样本，对于这些样本，模型无法很好地进行预测。从某种意义上讲，这个模型最初可能过度拟合了训练数据，而无法很好地对之前未出现的新数据进行分类。所以，如果模型过于复杂，那么过度拟合真的会成为问题。我们再来看一个例子，如图 8-32 所示。

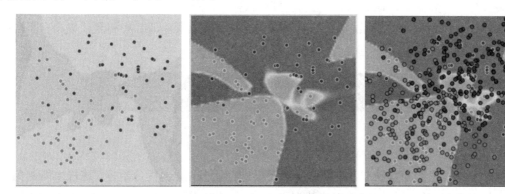

图 8-32　过度拟合的例子二

图 8-32 的左图上有蓝色（集中在右上）和黄色（集中在左下）两种点。这可能代表两个类别，比如健康和不健康。中图是某一种模型，看上去误差很小，虽然这个模型有点复杂，但

237

是在中图上有效地区分了这两类点。右图上加入了更多的测试数据，我们发现，这个模型对不少新数据的分类是错误的。对于这个模型，我们认为它过度拟合了。这个过度拟合模型在训练时的误差小，但是在预测新数据时误差大。

8.3.1　训练集和测试集

如何才能确保在实践中模型不会过度拟合呢？在理想情况下，我们希望能够对数据样本进行训练，然后知道这个模型会很好地预测新样本。简单来说，一个好的模型应尽可能简单。这个称为"泛化（Generalization）理论"。过度拟合往往是模型太复杂造成的。一个基本原则是拟合数据刚刚好，而且尽量简单。在机器学习中，我们利用的是经验。我们的策略是，使用测试集。我们从整个数据集中抽取一批数据，对这些数据进行训练，这就是训练集（Training Set）。我们再从同一个数据集中另外抽取一批数据，称为测试集（Test Set），如果测试集的预测效果好，即预测测试集和预测训练集的效果一样好，我们就可以满意地确定，模型可以很好地泛化到未来的新数据。在这里，要注意以下事项（这也是机器学习的一些细则）：

- 我们要以独立且一致（Independently and Identically）的方式从整个数据集抽取样本，不以任何方式主动产生偏差。训练集和测试集应该是随机抽取的，而不是相同的数据子集。同时测试集要足够大。
- 整个数据集是平稳的（Stationary），不会随时间发生变化。
- 训练集和测试集始终从同一个数据集中提取样本，在当中不会从其他数据集中提取样本。

以上是一些非常关键的假设，我们在监督式机器学习中，所做的许多工作都是以这些假设为基础的。但是在实践中，有时会违反这些假设。比如，我们有时可能会违反平稳性假设，例如用户的购物行为在节假日或夏季是不同的。如果我们只是用节假日数据建立了模型，那么该模型可能对夏季数据是不准的。因此，我们必须密切关注各项指标，在违反上述假设时，就能立即知晓。

如果只有一个数据集，该怎么办？我们可以将这个大型数据集分成两个小数据集：一个用于训练；另一个用于测试。测试集数据要能够代表整个数据集，训练集和测试集具有相同的特性，如图 8-33 所示。

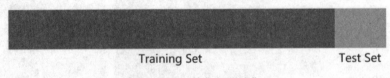

Training Set　　　　　　　　Test Set

图 8-33　训练集与测试集

这两个数据集需要相互独立。我们可能需要先进行随机化，再拆分数据。这样才能避免发生诸如意外将全部节假日数据归入训练数据集，而将全部夏季数据归入测试数据集之类的糟糕情况。那么我们该怎么拆分一个数据集呢？有两点需要注意：

- 训练集规模越大，模型的学习效果就越好。
- 测试集规模越大，我们对于评估指标的信心越充足，置信区间就越窄。

如果数据集规模非常大,这是好事。如果我们有十亿样本,可以使用其中的 10%~15%进行测试,置信区间(Confidence Interval)依然会很窄。如果数据集规模很小,我们可能需要执行诸如交叉验证之类较为复杂的操作。一个典型的错误是,测试集中的数据也在训练集中,即对测试数据进行训练。这会让你发现测试数据的准确率达到100%。这时,请反复检查自己有没有意外地对测试数据进行了训练。一个原因可能是整个数据集中有重复的数据,这些重复的数据分别分到了测试集和训练集。这样就是在一些测试数据上训练,当使用测试集测试模型时,就无法正确评估模型了。

8.3.2　验证集

8.3.1 节阐述了测试集和训练集的用法。我们用训练数据训练一种模型,然后使用测试数据对模型进行测试并观察其指标。如图 8-34 所示,如果把训练和测试做成迭代,每次迭代调整一些设置,比如步长(或学习速率),然后重新尝试前面的操作(训练和测试),看看能否提高测试集的准确率。我们可能会添加一些特征,也可能会去除一些特征,并继续迭代,直到根据测试集指标找出最佳模型为止。这样有问题吗?有的,那就是针对测试数据的特性进行了过度拟合。

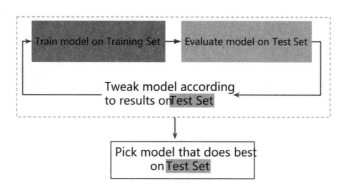

图 8-34　迭代过程

如图 8-35 所示,我们可以使用另一种方法来解决这个问题:除了训练集和测试集外,分出一些数据来创建第三个数据集,即验证集。

图 8-35　训练集、测试集与验证集

如图 8-36 所示,我们使用一种增幅小的新迭代方法对训练数据进行迭代训练,然后仅基于验证数据进行评估。始终将测试数据搁置一旁,完全不使用测试数据。我们将不断迭代、调整各种参数或对模型进行任何更改,直到根据验证数据得出比较理想的结果。只有这时,我们才会拿测试数据测试模型。我们要确保测试数据集得出的结果符合验证数据集得出的结果。如果不符合,那么我们可能对验证集进行了过度拟合。

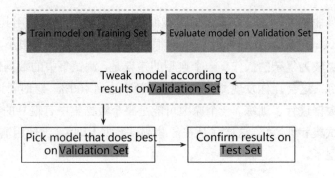

图 8-36　新迭代方法

8.3.3　过度拟合实例

在这个例子中，我们使用多个特征变量来提升模型的效率，并使用测试集来检查模型是否过度拟合验证数据。

```
import math
from IPython import display
from matplotlib import cm
from matplotlib import gridspec
from matplotlib import pyplot as plt
import numpy as np
import pandas as pd
from sklearn import metrics
import tensorflow as tf
from tensorflow.python.data import Dataset
tf.logging.set_verbosity(tf.logging.ERROR)
pd.options.display.max_rows = 10
pd.options.display.float_format = '{:.1f}'.format
# 加载数据
california_housing_dataframe =
pd.read_csv("https://storage.googleapis.com/mledu-datasets/california_housing_
train.csv", sep=",")

# california_housing_dataframe = california_housing_dataframe.reindex(
#    np.random.permutation(california_housing_dataframe.index))

# 预处理多种特征数据
def preprocess_features(california_housing_dataframe):
  """Prepares input features from California housing data set.

  Args:
    california_housing_dataframe: A Pandas DataFrame expected to contain data
      from the California housing data set.
  Returns:
    A DataFrame that contains the features to be used for the model, including
    synthetic features.
  """
  selected_features = california_housing_dataframe[
```

```
    ["latitude",
     "longitude",
     "housing_median_age",
     "total_rooms",
     "total_bedrooms",
     "population",
     "households",
     "median_income"]]
  processed_features = selected_features.copy()
  # Create a synthetic feature.
  processed_features["rooms_per_person"] = (
    california_housing_dataframe["total_rooms"] /
    california_housing_dataframe["population"])
  return processed_features

def preprocess_targets(california_housing_dataframe):
  """Prepares target features (i.e., labels) from California housing data set.

  Args:
    california_housing_dataframe: A Pandas DataFrame expected to contain data
      from the California housing data set.
  Returns:
    A DataFrame that contains the target feature.
  """
  output_targets = pd.DataFrame()
  # Scale the target to be in units of thousands of dollars.
  output_targets["median_house_value"] = (
    california_housing_dataframe["median_house_value"] / 1000.0)
  return output_targets
```

下面创建训练集和验证集。整个数据集为 17000 个样本。训练集来自数据集的前面 12000 个样本，而验证集来自数据集的后面 5000 个样本。

```
training_examples =
preprocess_features(california_housing_dataframe.head(12000))
training_examples.describe()
```

训练集如图 8-37 所示。

	latitude	longitude	housing_median_age	total_rooms	total_bedrooms	population	households	median_income	rooms_per_person
count	12000.0	12000.0	12000.0	12000.0	12000.0	12000.0	12000.0	12000.0	12000.0
mean	34.6	-118.5	27.5	2655.7	547.1	1476.0	505.4	3.8	1.9
std	1.6	1.2	12.1	2258.1	434.3	1174.3	391.7	1.9	1.3
min	32.5	-121.4	1.0	2.0	2.0	3.0	2.0	0.5	0.0
25%	33.8	-118.9	17.0	1451.8	299.0	815.0	283.0	2.5	1.4
50%	34.0	-118.2	28.0	2113.5	438.0	1207.0	411.0	3.5	1.9
75%	34.4	-117.8	36.0	3146.0	653.0	1777.0	606.0	4.6	2.3
max	41.8	-114.3	52.0	37937.0	5471.0	35682.0	5189.0	15.0	55.2

图 8-37　训练集

```
training_targets = preprocess_targets(california_housing_dataframe.head(12000))
training_targets.describe()
```

训练集样本数据如图 8-38 所示。

	median_house_value
count	12000.0
mean	198.0
std	111.9
min	15.0
25%	117.1
50%	170.5
75%	244.4
max	500.0

图 8-38　训练集样本数据

```
validation_examples =
preprocess_features(california_housing_dataframe.tail(5000))
validation_examples.describe()
```

验证集如图 8-39 所示。

	latitude	longitude	housing_median_age	total_rooms	total_bedrooms	population	households	median_income	rooms_per_person
count	5000.0	5000.0	5000.0	5000.0	5000.0	5000.0	5000.0	5000.0	5000.0
mean	38.1	-122.2	31.3	2614.8	521.1	1318.1	491.2	4.1	2.1
std	0.9	0.5	13.4	1979.6	388.5	1073.7	366.5	2.0	0.6
min	36.1	-124.3	1.0	8.0	1.0	8.0	1.0	0.5	0.1
25%	37.5	-122.4	20.0	1481.0	292.0	731.0	278.0	2.7	1.7
50%	37.8	-122.1	31.0	2164.0	424.0	1074.0	403.0	3.7	2.1
75%	38.4	-121.9	42.0	3161.2	635.0	1590.2	603.0	5.1	2.4
max	42.0	-121.4	52.0	32627.0	6445.0	28566.0	6082.0	15.0	18.3

图 8-39　验证集

从上面的结果看出，我们有 9 个可用的输入特征变量。

```
alidation_targets = preprocess_targets(california_housing_dataframe.tail(5000))
validation_targets.describe()
```

验证集数据如图 8-40 所示。

	median_house_value
count	5000.0
mean	229.5
std	122.5
min	15.0
25%	130.4
50%	213.0
75%	303.2
max	500.0

图 8-40　验证集数据

在上面 9 个输入特征变量中，有两个关于房屋街区的地理坐标：Latitude 和 Longitude。如果按照经纬度来画点，那么应该组合成一个加州地图。然后使用不同颜色标示房屋中位价（红色为高价区）。其代码如下：

```
plt.figure(figsize=(13, 8))

ax = plt.subplot(1, 2, 1)
ax.set_title("Validation Data")

ax.set_autoscaley_on(False)
ax.set_ylim([32, 43])
ax.set_autoscalex_on(False)
ax.set_xlim([-126, -112])
plt.scatter(validation_examples["longitude"],
          validation_examples["latitude"],
          cmap="coolwarm",
          c=validation_targets["median_house_value"] /
validation_targets["median_house_value"].max())

ax = plt.subplot(1,2,2)
ax.set_title("Training Data")

ax.set_autoscaley_on(False)
ax.set_ylim([32, 43])
ax.set_autoscalex_on(False)
ax.set_xlim([-126, -112])
plt.scatter(training_examples["longitude"],
          training_examples["latitude"],
          cmap="coolwarm",
          c=training_targets["median_house_value"] /
training_targets["median_house_value"].max())
_ = plt.plot()
```

结果如图 8-41 所示。我们发现，训练数据的图形看上去像个加州地图（这是 1990 年的房屋销售价格数据，当年洛杉矶附近和旧金山比较高，硅谷还没起来），但是验证数据的图形不太像。所以，验证数据有一些问题。也就是说，在把整个数据集分割为训练数据子集和验证数据子集时出现了一些问题，数据分布得不均匀。一般而言，机器学习中的调试主要是数据的调试，而不是代码的调试。如果数据有问题，那么，再先进的机器学习也没用。

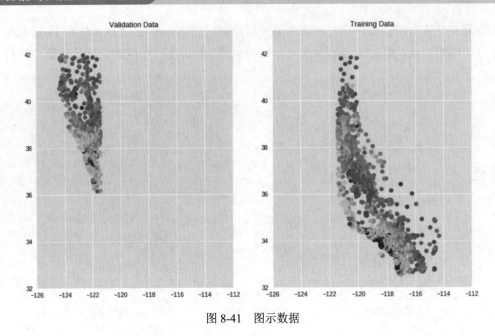

图 8-41　图示数据

解决数据不均匀的方法就是在创建训练集和验证集之前，先把数据打乱（在数据预处理阶段）。这就防止了源数据集可能有序排列而造成的问题。把上述代码中的这两行注释去掉，然后依次运行代码。

```
# california_housing_dataframe = california_housing_dataframe.reindex(
#     np.random.permutation(california_housing_dataframe.index))
```

最后结果如图 8-42 所示。验证数据也看上去像个加州地图了。数据预处理和数据集分割看上去合理了。

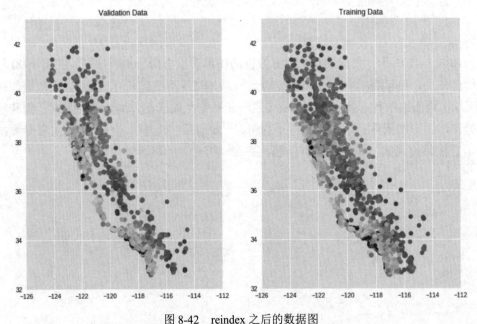

图 8-42　reindex 之后的数据图

下面我们使用所有特征变量来训练线性回归模型。输入函数如下，把数据集的数据导入 TensorFlow 模型中。

```python
def my_input_fn(features, targets, batch_size=1, shuffle=True, num_epochs=None):
    """Trains a linear regression model of multiple features.

    Args:
      features: pandas DataFrame of features
      targets: pandas DataFrame of targets
      batch_size: Size of batches to be passed to the model
      shuffle: True or False. Whether to shuffle the data.
      num_epochs: Number of epochs for which data should be repeated. None = repeat
indefinitely
    Returns:
      Tuple of (features, labels) for next data batch
    """

    # Convert pandas data into a dict of np arrays.
    features = {key:np.array(value) for key,value in dict(features).items()}

    # Construct a dataset, and configure batching/repeating.
    ds = Dataset.from_tensor_slices((features,targets)) # warning: 2GB limit
    ds = ds.batch(batch_size).repeat(num_epochs)

    # Shuffle the data, if specified.
    if shuffle:
      ds = ds.shuffle(10000)

    # Return the next batch of data.
    features, labels = ds.make_one_shot_iterator().get_next()
    return features, labels
```

下面的代码配置所有的特征列为一个单独的函数：

```python
def construct_feature_columns(input_features):
  """Construct the TensorFlow Feature Columns.

  Args:
    input_features: The names of the numerical input features to use.
  Returns:
    A set of feature columns
  """
  return set([tf.feature_column.numeric_column(my_feature)
            for my_feature in input_features])
```

下面是模型训练函数：

```python
def train_model(
    learning_rate,
    steps,
    batch_size,
    training_examples,
```

```
      training_targets,
      validation_examples,
      validation_targets):
  """Trains a linear regression model of multiple features.

  In addition to training, this function also prints training progress information,
  as well as a plot of the training and validation loss over time.

  Args:
    learning_rate: A `float`, the learning rate.
    steps: A non-zero `int`, the total number of training steps. A training step
      consists of a forward and backward pass using a single batch.
    batch_size: A non-zero `int`, the batch size.
    training_examples: A `DataFrame` containing one or more columns from
      `california_housing_dataframe` to use as input features for training.
    training_targets: A `DataFrame` containing exactly one column from
      `california_housing_dataframe` to use as target for training.
    validation_examples: A `DataFrame` containing one or more columns from
      `california_housing_dataframe` to use as input features for validation.
    validation_targets: A `DataFrame` containing exactly one column from
      `california_housing_dataframe` to use as target for validation.

  Returns:
    A `LinearRegressor` object trained on the training data.
  """

  periods = 10
  steps_per_period = steps / periods

  # Create a linear regressor object.
  my_optimizer = tf.train.GradientDescentOptimizer(learning_rate=learning_rate)
  my_optimizer = tf.contrib.estimator.clip_gradients_by_norm(my_optimizer, 5.0)
  linear_regressor = tf.estimator.LinearRegressor(
      feature_columns=construct_feature_columns(training_examples),
      optimizer=my_optimizer
  )

  # Create input functions.
  training_input_fn = lambda: my_input_fn(
      training_examples,
      training_targets["median_house_value"],
      batch_size=batch_size)
  predict_training_input_fn = lambda: my_input_fn(
      training_examples,
      training_targets["median_house_value"],
      num_epochs=1,
      shuffle=False)
  predict_validation_input_fn = lambda: my_input_fn(
      validation_examples, validation_targets["median_house_value"],
      num_epochs=1,
      shuffle=False)
```

```
# Train the model, but do so inside a loop so that we can periodically assess
# loss metrics.
print "Training model..."
print "RMSE (on training data):"
training_rmse = []
validation_rmse = []
for period in range (0, periods):
  # Train the model, starting from the prior state.
  linear_regressor.train(
      input_fn=training_input_fn,
      steps=steps_per_period,
  )
  # Take a break and compute predictions.
  training_predictions =
linear_regressor.predict(input_fn=predict_training_input_fn)
  training_predictions = np.array([item['predictions'][0] for item in
training_predictions])

  validation_predictions =
linear_regressor.predict(input_fn=predict_validation_input_fn)
  validation_predictions = np.array([item['predictions'][0] for item in
validation_predictions])


  # Compute training and validation loss.
  training_root_mean_squared_error = math.sqrt(
      metrics.mean_squared_error(training_predictions, training_targets))
  validation_root_mean_squared_error = math.sqrt(
      metrics.mean_squared_error(validation_predictions, validation_targets))
  # Occasionally print the current loss.
  print "  period %02d : %0.2f" % (period, training_root_mean_squared_error)
  # Add the loss metrics from this period to our list.
  training_rmse.append(training_root_mean_squared_error)
  validation_rmse.append(validation_root_mean_squared_error)
print "Model training finished."

# Output a graph of loss metrics over periods.
plt.ylabel("RMSE")
plt.xlabel("Periods")
plt.title("Root Mean Squared Error vs. Periods")
plt.tight_layout()
plt.plot(training_rmse, label="training")
plt.plot(validation_rmse, label="validation")
plt.legend()

return linear_regressor
```

开始训练一个模型：

```
linear_regressor = train_model(
```

```
learning_rate=0.00003,
steps=500,
batch_size=5,
training_examples=training_examples,
training_targets=training_targets,
validation_examples=validation_examples,
validation_targets=validation_targets)
```

相关结果如图 8-43、图 8-44 所示。

```
Training model...
RMSE (on training data):
  period 00 : 218.00
  period 01 : 200.49
  period 02 : 186.94
  period 03 : 178.77
  period 04 : 172.01
  period 05 : 168.97
  period 06 : 167.58
  period 07 : 168.04
  period 08 : 168.78
  period 09 : 170.06
Model training finished.
```

图 8-43　训练数据

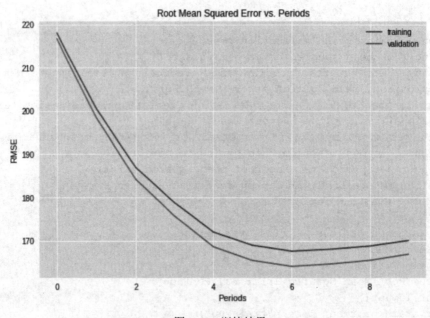

图 8-44　训练结果

在结果图上，比较了训练数据和验证数据的根均方误差（Root Mean Squared Error，RMSE）。下面我们来看一下在测试数据集上的模型的表现：

```
california_housing_test_data =
pd.read_csv("https://storage.googleapis.com/mledu-datasets/california_housing_
test.csv", sep=",")
```

```
test_examples = preprocess_features(california_housing_test_data)
test_targets = preprocess_targets(california_housing_test_data)

predict_test_input_fn = lambda: my_input_fn(
    test_examples,
    test_targets["median_house_value"],
    num_epochs=1,
    shuffle=False)

test_predictions = linear_regressor.predict(input_fn=predict_test_input_fn)
test_predictions = np.array([item['predictions'][0] for item in test_predictions])

root_mean_squared_error = math.sqrt(
    metrics.mean_squared_error(test_predictions, test_targets))

print "Final RMSE (on test data): %0.2f" % root_mean_squared_error
```

测试数据验证结果如图 8-45 所示。

```
Final RMSE (on test data): 162.45
```

图 8-45　测试数据验证结果

8.4　特征工程

在现实世界中，我们拿到的数据可能是数据库记录、文本文件或其他形式。我们必须从各种各样的数据源中提取数据，然后根据这些数据创建特征向量。从原始数据中提取特征的过程称为特征工程。从事机器学习的专业人员将花费超过一半的时间在特征工程方面。

8.4.1　数值型数据

接下来，我们了解一下特征工程是如何发生的，也就是说，怎么从原始数据（Raw Data）中提取特征。如果某个记录本来就是一个数字，例如房子的房间数量，我们可以直接把这个值对应到一个特征向量（Feature Vector）中，如图 8-46 所示。

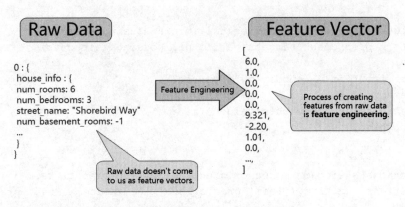

图 8-46　房间数量对应到一个特征向量中

8.4.2　字符串数据和独热编码（One-Hot Encoding）

机器学习模型是针对数值型数据进行训练，但是模型不能从字符串数据中学习。如果我们面对的是一个字符串，比如地址中的街名（长安街），那么我们该怎么办呢？这时候就需要特征工程把字符串数据转化为数值型数据。如果见到的是字符串值，我们通常可以使用独热编码（One-Hot Encoding），将其转化为特征向量。独热编码针对我们可能见到的每个字符串都提供了一个唯一的数字。例如"长安街"，我们就指定为 1，其他就为 0。我们可以将这个独热编码用作表示字符串的特征向量。独热编码要求：只有一个字符串值为 1，其他都为 0。

8.4.3　枚举数据（分类数据）

分类（Categorical）特征具有一些枚举数据，即一个离散数据的集合。比如，一个性别的特征可能只包含三个值：{"男"，"女"，"未知"}。我们可能想到把这些数据编码为 0、1、2。但是，在机器学习模型中，一般情况下，把每个分类数据表示为一个单独的布尔值。在上面的性别例子中，模型可能使用 3 个不同的布尔特征。

- x_1：是男的？
- x_2：是女的？
- x_3：未知？

8.4.4　好特征

那么，什么样的特征才是好特征呢？首先，一个特征应具有非零值，并且特征值在数据集中至少出现 5 次或更多次。这样模型才能了解这个特征值和标签之间的关系。如果一个特征在具有非零值的情况下出现的次数十分少，或仅出现过一次，恐怕就不是一个值得使用的好特征，应该在预处理步骤中过滤掉。比如，房屋类型特征变量，针对某个具体的房屋类型，样本数据有很多。那么，房屋类型特征可能是一个好的特征。再比如，房屋编号可能是一个差的特征，因为每个房屋编号可能只有一个样本数据，那么模型就无法从房屋编号上学到什么东西。

其次，特征应具有清晰明显（直接）的意义。这样一来，我们就可以方便地进行有效的检查。例如，以年为单位来计算一座房子的年龄要远远好于以秒为单位来计算。这方便以后排除错误和进行推理。例如，我们定义一个特征，作用是告诉我们一座房子上市了多少天才出售。有些工程师喜欢用特殊值-1 来表示这座房子从未上市出售过。对于机器学习来说，这不是一个好的设计。好的主意是定义一个指示型特征，让这个特征采用布尔值，以便表示是否已定义"上市出售天数"特征。借助这种方式，原来的特征"上市出售天数"可以保持 0~n 的自然单位。

还有，特征值不应随时间发生变化。这一点回到了数据的平稳性这一概念。

8.4.5　数据清洗

对于机器学习而言,预先了解源数据是至关重要的。我们不能将机器学习当作一个黑盒子,把数据丢进去,却不检查数据,就盼着能够获得好结果,这种做法并不妥当。有时,我们要监控一段时间内的数据。数据源昨天情况很好,并不意味着明天情况也会很好。有时,数据集中的有些数据可能并不可靠。因此,我们能做的就是,使用直方图或散点图以及各种排名指标将数据直观地显示出来,查看数据的统计信息（如最大/最小值、均值等）。我们写一些代码查找重复值和缺失值,查找不正确的标签数据和特征值,然后将它们清除出数据集。

在选取特征时应考虑排除离群值。例如，在加利福尼亚州的住房数据中，如果我们创建一个合成特征，例如人均房间数，即房间总数除以人口总数，那么对于大多数城市街区，我们都会得到介于每人 0 到 3 或 4 个房间的相对合理的值。如果出现高达 50 的值，这样的值就太不正常了，是一个离群值。再比如，年龄数据为 200，这个可能是一个离群值。此时，我们或许可以为特征设置上限或转换特征，以便去掉这些不理性的离群值。这就是数据清洗的工作。还有一种数据清洗的标准化方法是将特征数据（比如 1000 到 8000）缩放（Scale）至给定的最小值与最大值之间，通常是 0 与 1 之间。

我们来看一个具体的例子。图 8-47 的左图描述了 roomsPerPerson 特征的数据分布。roomsPerPerson 指一个区域内每人所占用的房间数。大多数特征数据集中在 1 和 2 之间，看上去比较合理。但是也有 50 的数据。为了减少离群值的影响，我们使用 log 函数把特征值缩放了，如图 8-47 的右图所示。

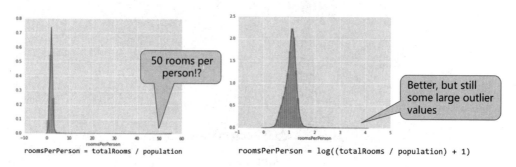

图 8-47　离群值实例

虽然 log 缩放函数帮了一些忙，但是还有离群值。我们修剪最大值到 4，如图 8-48 所示。

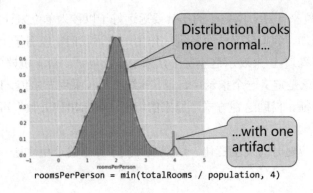

roomsPerPerson = min(totalRooms / population, 4)

图 8-48　数据修剪

"修剪最大值到 4"的意思是所有超过 4 的值都变成 4（不是把这些数据扔掉）。可以看到图 8-48 在 4 那里有一个突起。尽管如此，缩小的特征数据集更好了。

8.4.6　分箱（分桶）技术

我们还可以考虑另一种技术，那就是分箱（Bin，也叫分桶）技术。如果要探讨纬度对加利福尼亚州住房价格的影响，我们发现并不存在由北向南的可直接映射到住房价格上的线性关系（见图 8-49）。在维度 34 附近是洛杉矶，在维度 38 附近是旧金山。但是在某个特定纬度范围内，却往往存在很强的关联。因此，我们能做的就是，将由北向南的纬度划分成 11 个不同的小分箱（见图 8-50），每个小分箱可以是一个布尔特征。针对这些小分箱，每个维度数值都会变成一个布尔值，此时我们就可以使用独热编码。现在，如果映射到洛杉矶附近的特定分箱中，那么基本上会得到一个 1，或者映射到旧金山的特定分箱中，也会得到一个 1；而在其他任何地区，都会得到一个 0。使用 11 个特征有点复杂，所以我们可以使用一个 11 元素的向量。比如，维度 37.4 附近就是[0, 0, 0, 0, 0, 1, 0, 0, 0, 0, 0]。借助这种方式，我们的模型可以将部分非线性关系映射到模型中。

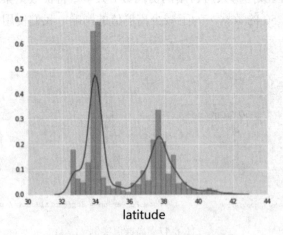

图 8-49　加州的纬度和房价关系图

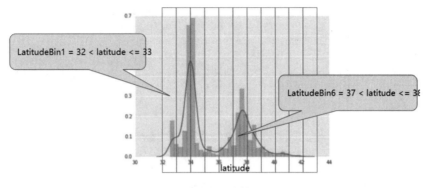

图 8-50　分箱

8.4.7　特征工程实例

在前面一节中,我们在例子代码中用到了所有的特征变量。本节将尝试使用尽可能少的特征变量来达到一样的效果。特征变量少,用的系统资源也少,系统代码也易于维护。下面的代码首先加载样本数据:

```
import math
from IPython import display
from matplotlib import cm
from matplotlib import gridspec
from matplotlib import pyplot as plt
import numpy as np
import pandas as pd
from sklearn import metrics
import tensorflow as tf
from tensorflow.python.data import Dataset

tf.logging.set_verbosity(tf.logging.ERROR)
pd.options.display.max_rows = 10
pd.options.display.float_format = '{:.1f}'.format

california_housing_dataframe =
pd.read_csv("https://storage.googleapis.com/mledu-datasets/california_housing_
train.csv", sep=",")
california_housing_dataframe = california_housing_dataframe.reindex(
    np.random.permutation(california_housing_dataframe.index))
```

定义了 2 个预处理函数,一个是预处理特征数据;另一个是预处理标签数据:

```
def preprocess_features(california_housing_dataframe):
  """Prepares input features from California housing data set.

  Args:
    california_housing_dataframe: A Pandas DataFrame expected to contain data
      from the California housing data set.
  Returns:
    A DataFrame that contains the features to be used for the model, including
```

```
  synthetic features.
  """
  selected_features = california_housing_dataframe[
    ["latitude",
     "longitude",
     "housing_median_age",
     "total_rooms",
     "total_bedrooms",
     "population",
     "households",
     "median_income"]]
  processed_features = selected_features.copy()
  # Create a synthetic feature.
  processed_features["rooms_per_person"] = (
    california_housing_dataframe["total_rooms"] /
    california_housing_dataframe["population"])
  return processed_features

def preprocess_targets(california_housing_dataframe):
  """Prepares target features (i.e., labels) from California housing data set.

  Args:
    california_housing_dataframe: A Pandas DataFrame expected to contain data
      from the California housing data set.
  Returns:
    A DataFrame that contains the target feature.
  """
  output_targets = pd.DataFrame()
  # Scale the target to be in units of thousands of dollars.
  output_targets["median_house_value"] = (
    california_housing_dataframe["median_house_value"] / 1000.0)
  return output_targets
```

抽取前面 12000 个样本数据为训练集，最后 5000 个样本数据为验证集：

```
# Choose the first 12000 (out of 17000) examples for training.
training_examples =
preprocess_features(california_housing_dataframe.head(12000))
training_targets = preprocess_targets(california_housing_dataframe.head(12000))

# Choose the last 5000 (out of 17000) examples for validation.
validation_examples =
preprocess_features(california_housing_dataframe.tail(5000))
validation_targets =
preprocess_targets(california_housing_dataframe.tail(5000))
```

下面打印各个数据集的统计信息：

```
# Double-check that we've done the right thing.
print "Training examples summary:"
display.display(training_examples.describe())
```

结果如图 8-51 所示。

Training examples summary:

	latitude	longitude	housing_median_age	total_rooms	total_bedrooms	population	households	median_income	rooms_per_person
count	12000.0	12000.0	12000.0	12000.0	12000.0	12000.0	12000.0	12000.0	12000.0
mean	35.6	-119.6	28.6	2642.5	539.9	1430.6	502.0	3.9	2.0
std	2.1	2.0	12.6	2182.8	423.6	1149.9	386.6	1.9	1.2
min	32.5	-124.3	1.0	2.0	1.0	3.0	1.0	0.5	0.1
25%	33.9	-121.8	18.0	1463.0	297.0	789.0	281.0	2.6	1.5
50%	34.2	-118.5	29.0	2127.0	432.0	1169.0	409.0	3.6	1.9
75%	37.7	-118.0	37.0	3153.0	649.0	1719.2	605.0	4.8	2.3
max	42.0	-114.3	52.0	37937.0	5471.0	35682.0	5189.0	15.0	55.2

图 8-51　各数据集的统计信息

```
print "Validation examples summary:"
display.display(validation_examples.describe())
```

结果如图 8-52 所示。

Validation examples summary:

	latitude	longitude	housing_median_age	total_rooms	total_bedrooms	population	households	median_income	rooms_per_person
count	5000.0	5000.0	5000.0	5000.0	5000.0	5000.0	5000.0	5000.0	5000.0
mean	35.6	-119.6	28.6	2646.4	538.2	1427.1	499.3	3.9	2.0
std	2.1	2.0	12.6	2173.3	416.5	1143.1	379.4	1.9	1.2
min	32.6	-124.3	1.0	11.0	3.0	9.0	2.0	0.5	0.0
25%	33.9	-121.8	18.0	1457.8	296.0	791.0	282.0	2.5	1.5
50%	34.3	-118.5	29.0	2128.0	438.0	1161.0	409.0	3.5	2.0
75%	37.7	-118.0	37.0	3148.5	648.0	1725.2	607.0	4.7	2.3
max	42.0	-114.5	52.0	32627.0	6445.0	28566.0	6082.0	15.0	41.3

图 8-52　有效数据概况

```
print "Training targets summary:"
display.display(training_targets.describe())
```

结果如图 8-53 所示。

Training targets summary:

	median_house_value
count	12000.0
mean	207.2
std	115.6
min	15.0
25%	120.8
50%	179.9
75%	264.3
max	500.0

图 8-53　训练目标概况

```
print "Validation targets summary:"
display.display(validation_targets.describe())
```

结果如图 8-54 所示。

Validation targets summary:	
	median_house_value
count	5000.0
mean	207.5
std	116.8
min	15.0
25%	117.6
50%	181.3
75%	266.9
max	500.0

图 8-54 有效目标概况

在讲到相关性度量的时候，有一个系数用来度量相似性（距离），这个系数叫作皮尔逊系数，在统计学中学过，只是当时不知道还能用到机器学习中来（这更加让笔者觉得机器学习离不开统计学）。皮尔逊相关系数（Pearson Correlation Coefficient）用于度量两个变量之间的相关性，其值介于-1 与 1 之间，值越大则说明相关性越强。两个变量之间的皮尔逊相关系数定义为两个变量之间的协方差和标准差的商。比如，各个特征之间，或者各个特征与标签之间。它的值的意思如下。

- -1.0: 完全负相关。
- 0.0: 不相关。
- 1.0: 完全正相关。

下面让我们来看一下样本数据的相关性：

```
correlation_dataframe = training_examples.copy()
correlation_dataframe["target"] = training_targets["median_house_value"]
correlation_dataframe.corr()
```

结果如图 8-55 所示。

	latitude	longitude	housing_median_age	total_rooms	total_bedrooms	population	households	median_income	rooms_per_person	target
latitude	1.0	-0.9	0.0	-0.0	-0.1	-0.1	-0.1	-0.1	0.1	-0.1
longitude	-0.9	1.0	-0.1	0.0	0.1	0.1	0.1	-0.0	-0.1	-0.1
housing_median_age	0.0	-0.1	1.0	-0.4	-0.3	-0.3	-0.3	-0.1	-0.1	0.1
total_rooms	-0.0	0.0	-0.4	1.0	0.9	0.9	0.9	0.2	0.1	0.1
total_bedrooms	-0.1	0.1	-0.3	0.9	1.0	0.9	1.0	-0.0	0.0	0.0
population	-0.1	0.1	-0.3	0.9	0.9	1.0	0.9	-0.0	-0.1	-0.0
households	-0.1	0.1	-0.3	0.9	1.0	0.9	1.0	0.0	-0.0	0.1
median_income	-0.1	-0.0	-0.1	0.2	-0.0	-0.0	0.0	1.0	0.2	0.7
rooms_per_person	0.1	-0.1	-0.1	0.1	0.0	-0.1	-0.0	0.2	1.0	0.2
target	-0.1	-0.1	0.1	0.1	0.0	-0.0	0.1	0.7	0.2	1.0

图 8-55 样本数据的相关性

理想情况下，我们选取那些与标签具有强相关性的特征，同时特征之间尽量不具有强相关性（即都是尽量独立的信息）。

我们定义一个特征列结构：

```
def construct_feature_columns(input_features):
  """Construct the TensorFlow Feature Columns.

  Args:
    input_features: The names of the numerical input features to use.
  Returns:
    A set of feature columns
  """
  return set([tf.feature_column.numeric_column(my_feature)
              for my_feature in input_features])
```

定义一个输入函数：

```
def my_input_fn(features, targets, batch_size=1, shuffle=True, num_epochs=None):
    """Trains a linear regression model.

    Args:
      features: pandas DataFrame of features
      targets: pandas DataFrame of targets
      batch_size: Size of batches to be passed to the model
      shuffle: True or False. Whether to shuffle the data.
      num_epochs: Number of epochs for which data should be repeated. None = repeat
indefinitely
    Returns:
      Tuple of (features, labels) for next data batch
    """

    # Convert pandas data into a dict of np arrays.
    features = {key:np.array(value) for key,value in dict(features).items()}

    # Construct a dataset, and configure batching/repeating.
    ds = Dataset.from_tensor_slices((features,targets)) # warning: 2GB limit
    ds = ds.batch(batch_size).repeat(num_epochs)

    # Shuffle the data, if specified.
    if shuffle:
      ds = ds.shuffle(10000)

    # Return the next batch of data.
    features, labels = ds.make_one_shot_iterator().get_next()
    return features, labels
```

定义一个模型训练函数：

```
def train_model(
    learning_rate,
    steps,
```

```
    batch_size,
    training_examples,
    training_targets,
    validation_examples,
    validation_targets):
"""Trains a linear regression model.

In addition to training, this function also prints training progress information,
as well as a plot of the training and validation loss over time.

Args:
    learning_rate: A `float`, the learning rate.
    steps: A non-zero `int`, the total number of training steps. A training step
        consists of a forward and backward pass using a single batch.
    batch_size: A non-zero `int`, the batch size.
    training_examples: A `DataFrame` containing one or more columns from
        `california_housing_dataframe` to use as input features for training.
    training_targets: A `DataFrame` containing exactly one column from
        `california_housing_dataframe` to use as target for training.
    validation_examples: A `DataFrame` containing one or more columns from
        `california_housing_dataframe` to use as input features for validation.
    validation_targets: A `DataFrame` containing exactly one column from
        `california_housing_dataframe` to use as target for validation.

Returns:
    A `LinearRegressor` object trained on the training data.
"""

periods = 10
steps_per_period = steps / periods

# Create a linear regressor object.
my_optimizer = tf.train.GradientDescentOptimizer(learning_rate=learning_rate)
my_optimizer = tf.contrib.estimator.clip_gradients_by_norm(my_optimizer, 5.0)
linear_regressor = tf.estimator.LinearRegressor(
    feature_columns=construct_feature_columns(training_examples),
    optimizer=my_optimizer
)

# Create input functions.
training_input_fn = lambda: my_input_fn(training_examples,
                                training_targets["median_house_value"],
                                batch_size=batch_size)
predict_training_input_fn = lambda: my_input_fn(training_examples,

training_targets["median_house_value"],
                                        num_epochs=1,
                                        shuffle=False)
predict_validation_input_fn = lambda: my_input_fn(validation_examples,

validation_targets["median_house_value"],
```

```
                                        num_epochs=1,
                                        shuffle=False)

  # Train the model, but do so inside a loop so that we can periodically assess
  # loss metrics.
  print "Training model..."
  print "RMSE (on training data):"
  training_rmse = []
  validation_rmse = []
  for period in range (0, periods):
    # Train the model, starting from the prior state.
    linear_regressor.train(
        input_fn=training_input_fn,
        steps=steps_per_period,
    )
    # Take a break and compute predictions.
    training_predictions =
linear_regressor.predict(input_fn=predict_training_input_fn)
    training_predictions = np.array([item['predictions'][0] for item in
training_predictions])

    validation_predictions =
linear_regressor.predict(input_fn=predict_validation_input_fn)
    validation_predictions = np.array([item['predictions'][0] for item in
validation_predictions])

    # Compute training and validation loss.
    training_root_mean_squared_error = math.sqrt(
        metrics.mean_squared_error(training_predictions, training_targets))
    validation_root_mean_squared_error = math.sqrt(
        metrics.mean_squared_error(validation_predictions, validation_targets))
    # Occasionally print the current loss.
    print "  period %02d : %0.2f" % (period, training_root_mean_squared_error)
    # Add the loss metrics from this period to our list.
    training_rmse.append(training_root_mean_squared_error)
    validation_rmse.append(validation_root_mean_squared_error)
  print "Model training finished."

  # Output a graph of loss metrics over periods.
  plt.ylabel("RMSE")
  plt.xlabel("Periods")
  plt.title("Root Mean Squared Error vs. Periods")
  plt.tight_layout()
  plt.plot(training_rmse, label="training")
  plt.plot(validation_rmse, label="validation")
  plt.legend()

  return linear_regressor
```

我们选取了收入和维度作为特征变量，获取相关的训练集和验证集，然后训练模型：

```
minimal_features = [
  "median_income",
  "latitude",
]

minimal_training_examples = training_examples[minimal_features]
minimal_validation_examples = validation_examples[minimal_features]

_ = train_model(
  learning_rate=0.01,
  steps=500,
  batch_size=5,
  training_examples=minimal_training_examples,
  training_targets=training_targets,
  validation_examples=minimal_validation_examples,
  validation_targets=validation_targets)
```

训练结果如图 8-56、图 8-57 所示。

```
Training model...
RMSE (on training data):
  period 00 : 165.29
  period 01 : 123.02
  period 02 : 116.80
  period 03 : 116.04
  period 04 : 115.14
  period 05 : 116.23
  period 06 : 114.02
  period 07 : 113.71
  period 08 : 112.88
  period 09 : 112.43
Model training finished.
```

图 8-56　训练数据

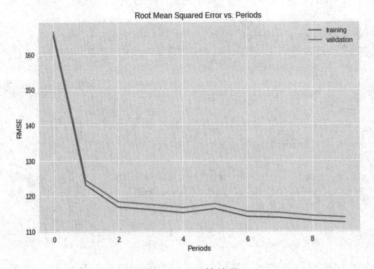

图 8-57　训练结果

正如前面所讨论的，latitude 和 median_house_value 并不是线性关系，而是在洛杉矶和旧金山附近有两个突起。执行下面的代码来查看：

```
plt.scatter(training_examples["latitude"],
training_targets["median_house_value"])
```

结果如图 8-58 所示。

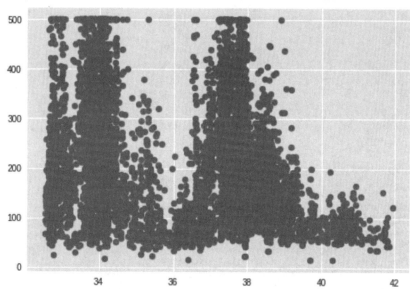

⟨matplotlib.collections.PathCollection at 0x7fb98d870a50⟩

图 8-58　latitude 和 median_house_value 无线性关系

下面我们采用分箱技术来更好地使用维度特征：

```
LATITUDE_RANGES = zip(xrange(32, 44), xrange(33, 45))

def select_and_transform_features(source_df):
  selected_examples = pd.DataFrame()
  selected_examples["median_income"] = source_df["median_income"]
  for r in LATITUDE_RANGES:
    selected_examples["latitude_%d_to_%d" % r] = source_df["latitude"].apply(
      lambda l: 1.0 if l >= r[0] and l < r[1] else 0.0)
  return selected_examples

selected_training_examples = select_and_transform_features(training_examples)
selected_validation_examples =
select_and_transform_features(validation_examples)
```

开始训练模型：

```
_ = train_model(
  learning_rate=0.01,
  steps=500,
  batch_size=5,
```

```
training_examples=selected_training_examples,
training_targets=training_targets,
validation_examples=selected_validation_examples,
validation_targets=validation_targets)
```

结果如图 8-59、图 8-60 所示。

```
Training model...
RMSE (on training data):
  period 00 : 227.05
  period 01 : 216.86
  period 02 : 206.77
  period 03 : 196.81
  period 04 : 186.92
  period 05 : 177.17
  period 06 : 167.59
  period 07 : 158.18
  period 08 : 149.00
  period 09 : 140.08
Model training finished.
```

图 8-59　训练数据

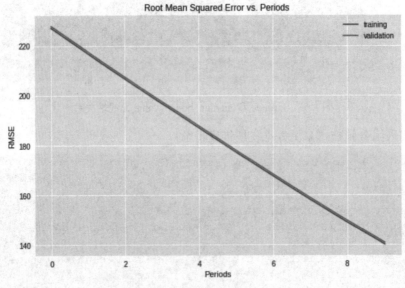

图 8-60　训练结果

第 9 章
TensorFlow高级知识

本章是第 8 章内容的延续，主要阐述几个高级主题，包括特征交叉、正则化、逻辑回归和分类。

9.1 特征交叉

特征交叉（Feature Crosses）是通过将单独的特征进行组合（相乘或求笛卡尔积）而形成的合成特征。特征交叉有助于把非线性关系表示为线性关系。比如，对于如图 9-1 所示的非线性问题，我们无法画任何一条线来分开蓝色（深色）和黄色（浅色）的点（它们可能代表健康和不健康）。

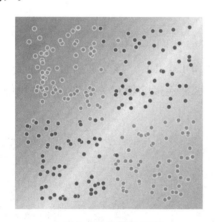 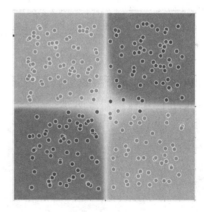

图 9-1　非线性问题　　　　　　　　图 9-2　特征交叉

9.1.1　什么是特征交叉

要解决图 9-1 所示的非线性问题，我们可以创建一个特征交叉（见图 9-2）。特征交叉是指通过将两个或多个输入特征相乘来对特征空间中的非线性规律进行编码的合成特征。Cross（交叉）这一术语来自 Cross Product（叉乘或向量积）。我们通过将 x_1 与 x_2 交叉组合来创建一个名为 x_3 的特征交叉：$x_3=x_1x_2$。像处理任何其他特征一样来处理这个新建的 x_3 特征交叉。线性公式变为：$y=b+w_1x_1+w_2x_2+w_3x_3$。这样就可以使用线性算法了。虽然 w_3 编码了非线性信息，但我们不需要改变线性模型的训练方式就能确定 w_3 的值。

我们可以创建很多不同种类的特征交叉，例如：

- [A × B]：将两个特征的值相乘形成的特征交叉。
- [A × B × C × D × E]：将 5 个特征的值相乘形成的特征交叉。
- [A × A]：对单个特征的值求平方形成的特征交叉。

通过采用随机梯度下降法可以有效地训练线性模型。因此，在使用扩展的线性模型时辅以特征交叉一直都是训练大规模数据集的有效方法。在实际工作中，机器学习模型很少会交叉具有连续值的特征。机器学习模型却经常交叉独热（One Hot）特征向量，将独热特征向量的特征交叉视为逻辑连接。例如，假设具有两个特征：国家和语言。对每个特征进行独热编码会生成具有二元特征的向量，这些二元特征可解读为 country=USA、country=France 或 language=English、language=Spanish。然后，如果你对这些独热编码进行特征交叉，就会得到可解读为逻辑连接的二元特征，如下所示：

```
country:usa AND language:spanish
```

再举一个例子，假设你对纬度和经度进行分箱，获得单独的独热 5 元素特征向量。例如，一个特定的纬度和经度可以表示如下：

```
binned_latitude = [0, 0, 0, 1, 0]
binned_longitude = [0, 1, 0, 0, 0]
```

假设我们创建了这两个特征向量的特征交叉：

```
 binned_latitude X binned_longitude
```

此特征交叉是一个 25 元素独热向量（24 个 0 和 1 个 1）。该交叉组合中的唯一一个 1 表示纬度与经度的连接。然后，我们就可以了解有关这种连接的特定关联性。假设我们更粗略地对纬度和经度进行分箱，如下所示：

```
binned_latitude(lat) = [
  0 < lat <= 10
 10 < lat <= 20
 20 < lat <= 30
]

binned_longitude(lon) = [
  0 < lon <= 15
 15 < lon <= 30
]
```

针对上述这些分箱创建特征交叉会生成具有以下含义的合成特征：

```
binned_latitude_X_longitude(lat, lon) = [
  0 < lat <= 10 AND 0 < lon <= 15
  0 < lat <= 10 AND 15 < lon <= 30
 10 < lat <= 20 AND 0 < lon <= 15
 10 < lat <= 20 AND 15 < lon <= 30
```

```
20 < lat <= 30 AND 0  < lon <= 15
20 < lat <= 30 AND 15 < lon <= 30
]
```

现在，假设我们的模型需要根据以下两个特征来预测狗主人对狗的满意程度：

```
behavior type（吠叫、叫、偎依等）
Time of day（时段）
```

如果我们根据这两个特征构建以下特征交叉：

```
[behavior type X time of day]
```

最终获得的预测能力将远远超过任一特征单独的预测能力。例如，如果狗在下午 5 点主人下班回来时（快乐地）叫喊，我们可以预测主人满意度是很正面的。如果狗在凌晨 3 点主人熟睡时（也许痛苦地）哀嚎，我们可以预测主人满意度是很负面的。

总之，线性学习器可以很好地扩展到海量数据。在大规模数据集上使用特征交叉是学习高度复杂模型的一种有效策略。神经网络可提供另一种策略。

9.1.2　FTRL 实践

我们还是使用加州房价这个样本数据集。加载数据和创建训练集/验证集的代码与 8.4.7 节一样。在下面的代码中，我们将原来的随机梯度下降（Stochastic Gradient Descent，SGD）训练学习器换成了 FTRL（Follow-The-Regularized-Leader）训练学习器。

FTRL 是对每一维分开训练更新的，每一维使用的是不同的学习速率（步长）。与所有特征维度使用统一的学习速率相比，这种方法考虑了训练样本本身在不同特征上分布的不均匀性，如果某一个维度特征的训练样本很少，每一个样本都很珍贵，那么该特征维度对应的训练速率可以独自保持比较大的值，每来一个包含该特征的样本，就可以在该样本的梯度上前进一大步，而不需要与其他特征维度的前进步调强行保持一致。

训练模型代码如下，要注意的是，我们在使用 FtrlOptimizer：

```
def train_model(
    learning_rate,
    steps,
    batch_size,
    feature_columns,
    training_examples,
    training_targets,
    validation_examples,
    validation_targets):
  """Trains a linear regression model.

  In addition to training, this function also prints training progress information,
  as well as a plot of the training and validation loss over time.

  Args:
    learning_rate: A `float`, the learning rate.
```

```
    steps: A non-zero `int`, the total number of training steps. A training step
        consists of a forward and backward pass using a single batch.
    feature_columns: A `set` specifying the input feature columns to use.
    training_examples: A `DataFrame` containing one or more columns from
        `california_housing_dataframe` to use as input features for training.
    training_targets: A `DataFrame` containing exactly one column from
        `california_housing_dataframe` to use as target for training.
    validation_examples: A `DataFrame` containing one or more columns from
        `california_housing_dataframe` to use as input features for validation.
    validation_targets: A `DataFrame` containing exactly one column from
        `california_housing_dataframe` to use as target for validation.

Returns:
    A `LinearRegressor` object trained on the training data.
"""

periods = 10
steps_per_period = steps / periods

# Create a linear regressor object.
my_optimizer = tf.train.FtrlOptimizer(learning_rate=learning_rate)
my_optimizer = tf.contrib.estimator.clip_gradients_by_norm(my_optimizer, 5.0)
linear_regressor = tf.estimator.LinearRegressor(
    feature_columns=feature_columns,
    optimizer=my_optimizer
)

training_input_fn = lambda: my_input_fn(training_examples,
                                training_targets["median_house_value"],
                                batch_size=batch_size)
predict_training_input_fn = lambda: my_input_fn(training_examples,

training_targets["median_house_value"],
                                                num_epochs=1,
                                                shuffle=False)
predict_validation_input_fn = lambda: my_input_fn(validation_examples,

validation_targets["median_house_value"],
                                                num_epochs=1,
                                                shuffle=False)

# Train the model, but do so inside a loop so that we can periodically assess
# loss metrics.
print "Training model..."
print "RMSE (on training data):"
training_rmse = []
validation_rmse = []
for period in range (0, periods):
    # Train the model, starting from the prior state.
    linear_regressor.train(
        input_fn=training_input_fn,
```

```
        steps=steps_per_period
    )
    # Take a break and compute predictions.
    training_predictions =
linear_regressor.predict(input_fn=predict_training_input_fn)
    training_predictions = np.array([item['predictions'][0] for item in
training_predictions])
    validation_predictions =
linear_regressor.predict(input_fn=predict_validation_input_fn)
    validation_predictions = np.array([item['predictions'][0] for item in
validation_predictions])

    # Compute training and validation loss.
    training_root_mean_squared_error = math.sqrt(
        metrics.mean_squared_error(training_predictions, training_targets))
    validation_root_mean_squared_error = math.sqrt(
        metrics.mean_squared_error(validation_predictions, validation_targets))
    # Occasionally print the current loss.
    print " period %02d : %0.2f" % (period, training_root_mean_squared_error)
    # Add the loss metrics from this period to our list.
    training_rmse.append(training_root_mean_squared_error)
    validation_rmse.append(validation_root_mean_squared_error)
  print "Model training finished."


  # Output a graph of loss metrics over periods.
  plt.ylabel("RMSE")
  plt.xlabel("Periods")
  plt.title("Root Mean Squared Error vs. Periods")
  plt.tight_layout()
  plt.plot(training_rmse, label="training")
  plt.plot(validation_rmse, label="validation")
  plt.legend()

  return linear_regressor
```

下面我们进行训练:

```
_ = train_model(
  learning_rate=1.0,
  steps=500,
  batch_size=100,
  feature_columns=construct_feature_columns(training_examples),
  training_examples=training_examples,
  training_targets=training_targets,
  validation_examples=validation_examples,
  validation_targets=validation_targets)
```

结果如图 9-3、图 9-4 所示。

```
Training model...
RMSE (on training data):
  period 00 : 139.43
  period 01 : 114.77
  period 02 : 187.46
  period 03 : 174.08
  period 04 : 138.04
  period 05 : 151.82
  period 06 : 125.63
  period 07 : 129.71
  period 08 : 117.78
  period 09 : 139.91
Model training finished.
```

图 9-3   训练数据

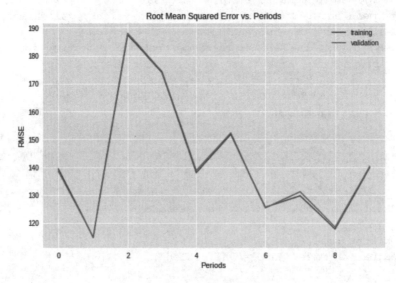

图 9-4   训练结果

9.1.3 分箱（分桶）代码实例

分箱也称为分桶。例如，我们可以将 population 分为以下 3 个分箱。

● bucket_0 (< 5000)：对应于人口分布较少的街区。

● bucket_1 (5000 - 25000)：对应于人口分布适中的街区。

● bucket_2 (> 25000)：对应于人口分布较多的街区。

根据前面的分箱定义，以下 population 向量：

```
[[10001], [42004], [2500], [18000]]
```

将变成以下经过分箱的特征向量：

```
[[1], [2], [0], [1]]
```

　　这些特征值现在是分箱索引。请注意，这些索引被视为离散特征。通常情况下，这些特征将被进一步转换为独热编码表示，但这是以透明方式实现的。要为分箱特征定义特征列，我们可以使用 bucketized_column（而不是使用 numeric_column），bucketized_column 将数字列作为输入，并使用 boundaries 参数中指定的分箱边界将其转换为分箱特征。以下代码为 households 和 longitude 定义了分箱特征列。get_quantile_based_boundaries 函数会根据分位数（quantile）计算边界（boundaries），以便每个分箱包含相同数量的元素。

```
def get_quantile_based_boundaries(feature_values, num_buckets):
  boundaries = np.arange(1.0, num_buckets) / num_buckets
  quantiles = feature_values.quantile(boundaries)
  return [quantiles[q] for q in quantiles.keys()]

# Divide households into 7 buckets.
households = tf.feature_column.numeric_column("households")
bucketized_households = tf.feature_column.bucketized_column(
  households, boundaries=get_quantile_based_boundaries(
    california_housing_dataframe["households"], 7))

# Divide longitude into 10 buckets.
longitude = tf.feature_column.numeric_column("longitude")
bucketized_longitude = tf.feature_column.bucketized_column(
  longitude, boundaries=get_quantile_based_boundaries(
    california_housing_dataframe["longitude"], 10))
```

　　在前面的代码段中，两个实值列（即 households 和 longitude）已被转换为分箱特征列。剩下的任务是对其余的列进行分箱，然后运行代码来训练模型。我们使用了分位数技巧，通过这种方式选择分箱边界后，每个分箱将包含相同数量的样本。

```
def construct_feature_columns():
  """Construct the TensorFlow Feature Columns.

  Returns:
    A set of feature columns
  """
  households = tf.feature_column.numeric_column("households")
  longitude = tf.feature_column.numeric_column("longitude")
  latitude = tf.feature_column.numeric_column("latitude")
  housing_median_age = tf.feature_column.numeric_column("housing_median_age")
  median_income = tf.feature_column.numeric_column("median_income")
  rooms_per_person = tf.feature_column.numeric_column("rooms_per_person")

  # Divide households into 7 buckets.
  bucketized_households = tf.feature_column.bucketized_column(
    households, boundaries=get_quantile_based_boundaries(
      training_examples["households"], 7))

  # Divide longitude into 10 buckets.
  bucketized_longitude = tf.feature_column.bucketized_column(
    longitude, boundaries=get_quantile_based_boundaries(
```

```
    training_examples["longitude"], 10))

# Divide latitude into 10 buckets.
bucketized_latitude = tf.feature_column.bucketized_column(
  latitude, boundaries=get_quantile_based_boundaries(
    training_examples["latitude"], 10))

# Divide housing_median_age into 7 buckets.
bucketized_housing_median_age = tf.feature_column.bucketized_column(
  housing_median_age, boundaries=get_quantile_based_boundaries(
    training_examples["housing_median_age"], 7))

# Divide median_income into 7 buckets.
bucketized_median_income = tf.feature_column.bucketized_column(
  median_income, boundaries=get_quantile_based_boundaries(
    training_examples["median_income"], 7))

# Divide rooms_per_person into 7 buckets.
bucketized_rooms_per_person = tf.feature_column.bucketized_column(
  rooms_per_person, boundaries=get_quantile_based_boundaries(
    training_examples["rooms_per_person"], 7))

feature_columns = set([
  bucketized_longitude,
  bucketized_latitude,
  bucketized_housing_median_age,
  bucketized_households,
  bucketized_median_income,
  bucketized_rooms_per_person])

return feature_columns
```

分箱后，开始训练模型：

```
_ = train_model(
  learning_rate=1.0,
  steps=500,
  batch_size=100,
  feature_columns=construct_feature_columns(),
  training_examples=training_examples,
  training_targets=training_targets,
  validation_examples=validation_examples,
  validation_targets=validation_targets)
```

运行结果如图 9-5、图 9-6 所示。

```
Training model...
RMSE (on training data):
  period 00 : 169.90
  period 01 : 143.48
  period 02 : 126.97
  period 03 : 115.86
  period 04 : 108.04
  period 05 : 102.22
  period 06 : 97.78
  period 07 : 94.34
  period 08 : 91.42
  period 09 : 89.05
Model training finished.
```

图 9-5　训练数据

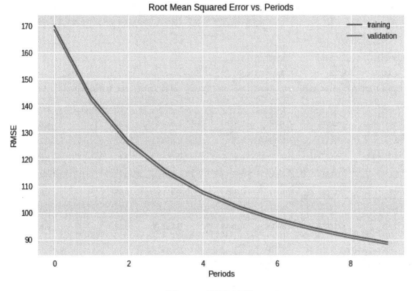

图 9-6　训练结果

9.1.4　特征交叉代码实例

交叉组合的两个（或更多个）特征是使用线性模型来学习非线性关系的一种聪明做法。在我们的例子中，如果只使用 latitude 特征进行学习，那么该模型可能会发现在一个特定纬度（或在一个特定纬度范围内，因为我们已经将其分箱）的城市街区更可能比其他街区住房成本高昂。longitude 特征的情况与此类似。但是，如果我们将 longitude 与 latitude 交叉组合，那么产生的交叉组合特征则代表一个明确的城市街区。如果模型发现某些城市街区（位于特定纬度和经度范围内）更可能比其他街区住房成本高昂，那么就是比单独使用两个特征更合适。

目前，特征列 API 仅支持交叉组合离散特征。如果要组合两个连续的值（比如 latitude 或 longitude），我们可以对其进行分箱。如果交叉组合 latitude 和 longitude 特征（例如，longitude 被分到 2 个分箱中，而 latitude 有 3 个分箱），那么我们实际上会得到 6 个交叉组合的二值特征（Binary Feature）。当我们训练模型时，每个特征都会分别获得自己的权重。

下面在模型中添加 longitude 与 latitude 的特征组合，训练模型，然后确定结果是否有所改善。我们使用 TensorFlow API 的 crossed_column()来交叉组合构建特征列。hash_bucket_size 设为 1000。

```
def construct_feature_columns():
  """Construct the TensorFlow Feature Columns.

  Returns:
    A set of feature columns
  """
  households = tf.feature_column.numeric_column("households")
  longitude = tf.feature_column.numeric_column("longitude")
  latitude = tf.feature_column.numeric_column("latitude")
  housing_median_age = tf.feature_column.numeric_column("housing_median_age")
  median_income = tf.feature_column.numeric_column("median_income")
  rooms_per_person = tf.feature_column.numeric_column("rooms_per_person")

  # Divide households into 7 buckets.
  bucketized_households = tf.feature_column.bucketized_column(
    households, boundaries=get_quantile_based_boundaries(
      training_examples["households"], 7))

  # Divide longitude into 10 buckets.
  bucketized_longitude = tf.feature_column.bucketized_column(
    longitude, boundaries=get_quantile_based_boundaries(
      training_examples["longitude"], 10))

  # Divide latitude into 10 buckets.
  bucketized_latitude = tf.feature_column.bucketized_column(
    latitude, boundaries=get_quantile_based_boundaries(
      training_examples["latitude"], 10))

  # Divide housing_median_age into 7 buckets.
  bucketized_housing_median_age = tf.feature_column.bucketized_column(
    housing_median_age, boundaries=get_quantile_based_boundaries(
      training_examples["housing_median_age"], 7))

  # Divide median_income into 7 buckets.
  bucketized_median_income = tf.feature_column.bucketized_column(
    median_income, boundaries=get_quantile_based_boundaries(
      training_examples["median_income"], 7))

  # Divide rooms_per_person into 7 buckets.
  bucketized_rooms_per_person = tf.feature_column.bucketized_column(
    rooms_per_person, boundaries=get_quantile_based_boundaries(
      training_examples["rooms_per_person"], 7))

  # Make a feature column for the long_x_lat feature cross
  long_x_lat = tf.feature_column.crossed_column(
  set([bucketized_longitude, bucketized_latitude]), hash_bucket_size=1000)
```

```
feature_columns = set([
  bucketized_longitude,
  bucketized_latitude,
  bucketized_housing_median_age,
  bucketized_households,
  bucketized_median_income,
  bucketized_rooms_per_person,
  long_x_lat])

return feature_columns
```

开始训练模型：

```
_ = train_model(
  learning_rate=1.0,
  steps=500,
  batch_size=100,
  feature_columns=construct_feature_columns(),
  training_examples=training_examples,
  training_targets=training_targets,
  validation_examples=validation_examples,
  validation_targets=validation_targets)
```

结果如图 9-7、图 9-8 所示。

```
Training model...
RMSE (on training data):
  period 00 : 162.70
  period 01 : 134.54
  period 02 : 117.50
  period 03 : 106.27
  period 04 : 98.40
  period 05 : 92.55
  period 06 : 88.21
  period 07 : 84.75
  period 08 : 82.01
  period 09 : 79.73
Model training finished.
```

图 9-7　训练数据

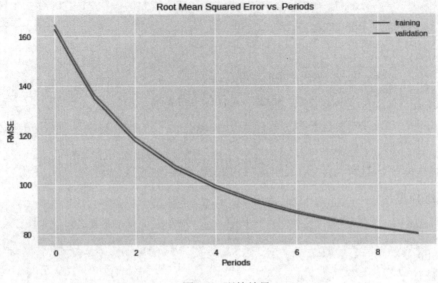

图 9-8　训练结果

9.2 L2 正则化

正则化在机器学习领域很重要，主要是针对模型过度拟合问题而提出来的。在前面的章节中，我们一直在探讨如何让训练误差降至最低。对于正则化，简单来说，就是不要过于信赖训练样本。如图 9-9 所示，从过度拟合曲线可以看出：随着进行越来越多次迭代，训练误差会减少，越来越少，并一直减少。

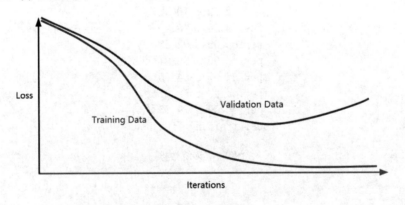

图 9-9　迭代示例

训练数据（Training Data）曲线会不断下降，最终它会在某种程度上收敛于底端。但实际上验证数据（Validation Data）曲线开始上升。验证数据是我们真正要关注的。尽管我们在对训练样本进行训练，但想要泛化到新的样本，也就是测试样本。我们希望将样本的损失控制在较低的范围。那么如何抑制验证数据曲线上升呢？这表示什么情况呢？首先说明出现了过度拟合。我们在处理训练数据样本方面做得很好，开始在某种程度上过度拟合训练数据样本的一些独特数据。

那么该如何处理过度拟合呢？我们可以通过正则化来避免过度拟合。正则化有很多不同的策略。其中一种策略是"早停法"，也就是在训练数据的效果实际收敛前停止训练。尽量抵达验证数据曲线的底端，这是一种常用策略，但实际操作起来可能有些困难。其他正则化策略包括尝试添加模型复杂度惩罚项。我们可以在模型训练期间添加模型复杂度惩罚项。

在这之前，我们的训练仅专注于一个重要方面，也就是获取正确的训练样本，最大程度地减少经验风险，即经验风险最小化：

$$minimize(Loss(Data|Model))$$

现在引入第二项以对模型复杂度进行惩罚：

$$minimize(Loss(Data|Model) + complexity(Model))$$

这称为结构风险最小化（Structural Risk Minimization）。我们要平衡这两个关键因素（误差和复杂度），确保获取正确的训练数据，但又不过度信赖训练数据以免使模型过于复杂。那么，如何定义模型复杂度呢？我们可以采用多种方法。一种常见的策略是定义一个基于所有特征权重的函数。这个方法是尽量选择较小的权重，也就是使参数尽可能小，同时仍能获取正确的训练样本。换句话说，权重越高，复杂度越高。

我们使用 L2 正则化公式来量化模型的复杂度：

$$L_2 \text{ regularization term} = ||\boldsymbol{w}||_2^2 = w_1^2 + w_2^2 + \ldots + w_n^2$$

上面定义了一个正则项（Regularization Term），它是所有权重的平方和，用于衡量模型复杂度。在上面的公式中，如果权重非常小（比如趋近于 0），那么对复杂度的影响很小。离群值（Outlier）的权重一般对复杂度影响大。假定我们有以下权重的线性模型：

$$\{w_1 = 0.2, w_2 = 0.5, w_3 = 5, w_4 = 1, w_5 = 0.25, w_6 = 0.75\}$$

那么：

$$\omega_1^2 + \omega_2^2 + \omega_3^2 + \omega_4^2 + \omega_5^2 + \omega_6^2$$
$$= 0.2^2 + 0.5^2 + 5^2 + 1^2 + 0.25^2 + 0.75^2$$
$$= 0.04 + 0.25 + 25 + 1 + 0.0625 + 0.5625$$
$$= 26.915$$

所以，L2 正则化项为 26.915。在上面的贡献度上，我们发现 w_3 是 25，基本上贡献了最多的复杂度。目前，我们在训练优化方面添加了两项：第一项是训练误差，取决于训练数据；第二项是模型复杂度。第二项与数据无关，只是要简化模型。在实际使用中，我们把这两项通过 Lambda 实现了平衡，公式如下：

$$minimize(Loss(Data|Model) + \lambda \, complexity(Model))$$

Lambda 是一个系数，也叫 Regularization Rate（正则率）。这代表我们对获取正确样本（越正确，训练误差越小，越拟合）与简化模型的关注程度之比，增加 Lambda 值则会加强正则化效果。一般而言，如果我们有大量的训练数据，训练数据和测试数据看起来一致，并且统计情况呈现独立同分布，那么可能不需要进行多少正则化。如果训练数据不多，或者训练数据与测试数据有所不同，那么可能需要进行大量正则化。我们可能需要利用交叉验证，或使用单独的测试集进行调整。

如果 Lambda 过高，那么模型相对简单，这时会发生欠拟合数据的风险。如果 Lambda 过低，那么模型可能变得过于复杂，这时会发生过度拟合数据的风险。这时，模型过于拟合训练数据，但不能泛化到新的数据上。最理想的 Lambda 的值是使得模型能够良好地泛化到新数据上。当然，理想值是依赖于数据的，需要多次调试来获得。总之，正则化主要是用来降低过度拟合的，减少过度拟合的其他方法有增加训练集数量等。对于数据集有限的情况，防止过度拟合就是降低模型的复杂度，这就是正则化。

9.3 逻辑回归

逻辑回归（Logistic Regression，LR）模型其实仅在线性回归的基础上套用了一个逻辑函数，但也由于这个逻辑函数，使得逻辑回归模型成为机器学习领域一颗耀眼的明星。在回归模型中，y 是一个定性变量，比如 y=0 或 1，逻辑回归主要应用于研究某些事件发生的概率。比如，如何预测硬币抛出后硬币正面朝上的概率？概率为 0 到 1 之间的值。这就是逻辑回归。这是一种非常实用的预测方法，我们经常将这种方法映射到分类任务上，比如想确定某封电子邮件是否是垃圾邮件。总的来说，逻辑回归的用途如下。

- 预测：根据模型，预测在不同自变量的情况下，发生某种疾病或某种情况的概率有多大。
- 判别：实际上与预测有些类似，也是根据模型，判断某人属于某种疾病或属于某种情况的概率有多大，也就是看一下这个人有多大的可能性属于某种疾病或某种情况。

逻辑回归分析非常有用。以胃癌病情分析为例，选择两组人群，一组是胃癌组，另一组是非胃癌组，两组人群必定具有不同的体征与生活方式等。因此，因变量就为是否患有胃癌，值为"是"或"否"，自变量就可以包括很多了，如年龄、性别、饮食习惯、幽门螺杆菌感染等。自变量既可以是连续的，也可以是分类的。然后通过逻辑回归分析，可以得到自变量的权重，从而可以大致了解到底哪些因素是导致胃癌的危险因素。同时，通过该权值可以根据危险因素预测一个人患癌症的可能性。

逻辑回归中的逻辑函数（或称为 Sigmoid 函数）的形式为：

$$y = \frac{1}{1 + e^{-z}}$$

它对应的图形如图 9-10 所示。

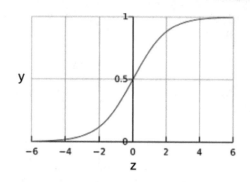

图 9-10　Sigmoid 函数的图形一

上述函数可以提供 0~1 的有界值，两边有渐近线。其中，$z=b+w_1x_1+w_2x_2+...+w_Nx_N$。w 是模型权重，b 是偏差，x 是特征变量。所以，图 9-10 也可以描述为如图 9-11 所示的曲线。

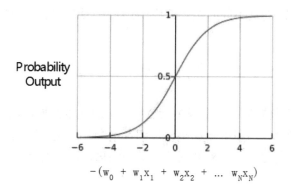

图 9-11　Sigmoid 函数的图形二

从数学的角度，我们还可以得出如下公式：

$$z = log(\frac{y}{1-y})$$

下面我们来看一个例子。假定有一个逻辑回归模型，它有三个特征变量，权重和偏差是 $b=1$，$w_1=2$，$w_2=-1$，$w_3=5$。假定我们有一个样本数据进来：$x_1=0$，$x_2=10$，$x_3=2$。那么，我们可以计算出 $z=(1) + (2)(0) + (-1)(10) + (5)(2) = 1$。

$$y' = \frac{1}{1+e^{-(1)}} = 0.731$$

所以，概率为 73.1%，如图 9-12 所示。

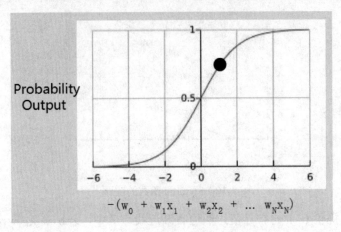

图 9-12　概率为 73.1%

在训练时，我们使用的是不同的误差函数。线性回归用的是平方损失。而逻辑回归使用的是对数误差函数：

$$\text{Log Loss} = \sum_{(x,y) \in D} -y \log(y') - (1-y) \log(1-y')$$

其中，（x,y）属于数据集，包含很多已经标签了的样本数据，y 是标签，0 或 1。对于给定的 x，y' 是预测值，在 0 和 1 之间。如果你仔细看这个公式就会发现，它看起来很像 Shannon（香农）信息论中的熵测量。上述对数误差函数的图形如图 9-13 所示（如果不好理解这个数学公式，看懂图就行了）。

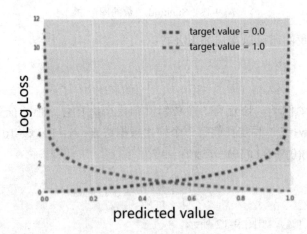

图 9-13　对数误差函数

图 9-13 表示，越接近其中一个条线，误差就会变得越大，而且变化速度也非常惊人。我们看到了渐近线的作用。由于这些渐近线的存在，我们需要将正则化纳入机器学习中。否则，在指定的数据集上，模型可能会尽量更紧密地拟合数据，努力让这些误差接近 0。L2 正则化在这里会非常有用，它可以确保权重不会严重失衡。

线性逻辑回归很流行，它的速度非常快，能够非常高效地进行训练和预测。因此，如果我们需要一种方法来很好地扩展到海量的数据，或者需要将某种方法用于延迟时间极短的预测，那么线性逻辑回归可谓是理想之选。如果我们需要使用非线性逻辑回归，则可以通过添加特征交叉乘积来实现。

9.4　分类

分类（Classification）是一种重要的数据挖掘算法。分类的目的是构造一个分类函数或分类模型（即分类器），通过分类器将数据对象映射到某一个给定的类别中。分类器的主要评价指标有精确率（Precision）、召回率（Recall）、准确率（Accuracy）、ROC、AOC 等。

我们想利用机器学习模型进行分类，比如邮件是不是垃圾邮件。在 9.3 节中，我们可以将逻辑回归用作分类的基础。例如，邮件为垃圾邮件的概率超过 0.8，我们可能就会将其标记为垃圾邮件。0.8 就是分类阈值（Classification Threshold）。那么，选定分类阈值之后，如何评估相应模型的质量呢？

评估分类效果的一种传统方式是使用准确率，它指的是正确结果数除以总数，就是正确结果所占的百分比。值得注意的是，虽然准确率是一种非常直观且广泛使用的指标，但它也有一些重大缺陷。如果问题中存在类别不平衡的情况，那么准确率指标的效果就会大打折扣。假设有一个用于展示广告的广告点击率的预测模型，我们要尝试使用准确率指标来评估此模型的质量。对于展示广告，点击率通常为千分之一、万分之一，甚至更低。因此，可能存在这样一个模型，这个模型只有一个始终预测"假"的偏差特征。这个始终预测"假"的模型预测的准确率为 99.999%，但这毫无意义。显然，准确率并不适用于这种情况。

我们再看一个例子，虽然准确率确实是一个很好、很直观的评价指标，但是有时候准确率高并不能代表一个算法就好。比如某个地区某天地震的预测，假设有一堆的特征作为地震分类的属性，类别只有两个，即 0：不发生地震；1：发生地震。一个不加思考的分类器，对每一个测试用例都将类别划分为 0，那么它就可能达到 99% 的准确率，但真的地震来临时，这个分类器毫无察觉，这个分类带来的损失是巨大的。为什么 99% 准确率的分类器却不是我们想要的，因为这里数据的分布不均衡，类别 1 的数据太少，完全错分类别 1 依然可以达到很高的准确率，却忽视了我们关注的东西。接下来详细介绍一下分类算法的评价指标。

9.4.1　评价指标——准确率

我们首先介绍几个常见的模型评价术语。假设我们的分类目标只有两类，即正例（Positive）和负例（Negative），分别如下。

- True Positives（TP，真正例）：被正确地划分为正例的个数，即实际为正例且被分类器划分为正例的实例数（样本数）。

- False Positives（FP，假正例）：被错误地划分为正例的个数，即实际为负例但被分类器划分为正例的实例数。

- False Negatives（FN，假负例）：被错误地划分为负例的个数，即实际为正例但被分类器划分为负例的实例数。
- True Negatives（TN，正负例）：被正确地划分为负例的个数，即实际为负例且被分类器划分为负例的实例数。

这里只要记住 True、False 描述的是分类器是否判断正确，Positive、Negative 是分类器的分类结果。为了帮助大家理解，我们使用"狼来了"这则故事。假定"狼来了"是正类（Positive Class），那么"狼没来"就是负类（Negative Class）。小男孩是一个牧童，狼来到镇上，如果他正确地指出来，就是真正例。他看到了狼并说"狼来了"。真正例对应的结果是小镇的羊得救，这很好。假正例则是小男孩说"狼来了"，但其实并没有狼。这就是假正例，这会令所有人非常恼火。假负例的后果可能更严重。假负例对应的情形是，狼来了而小男孩睡着了或没看到，狼进入镇子并吃掉了所有的羊。这可真的太惨了。真负例对应的情形是小男孩没喊"狼来了"，狼也确实没出现，一切安好。以上可以总结为如图 9-14 所示的 4 种情况。

真正例 (TP)：
- 真实情况：受到狼的威胁。
- 牧童说："狼来了。"
- 结果：牧童是个英雄。

假正例 (FP)：
- 真实情况：没受到狼的威胁。
- 牧童说："狼来了。"
- 结果：村民们因牧童吵醒他们而感到非常生气。

假负例 (FN)：
- 真实情况：受到狼的威胁。
- 牧童说："没有狼"。
- 结果：狼吃掉了所有的羊。

真负例 (TN)：
- 真实情况：没受到狼的威胁。
- 牧童说："没有狼"。
- 结果：大家都没事。

图 9-14　"狼来了"模型的 4 种情况

我们可以将这些预期情况组合成几个不同的指标。准确率（Accuracy）是我们最常见的评价指标，Accuracy =（TP+TN）/ 所有样本数，这个很容易理解，就是被分对的样本数除以所有的样本数。通常来说，准确率越高，分类器越好。所有样本数 = TP + FP + FN + TN。下面试着计算一下图 9-15 中模型的准确率，该模型将 100 个肿瘤分为恶性 （正类别）或良性（负类别）。

真正例 (TP)：
- 真实情况：恶性
- 机器学习模型预测的结果：恶性
- TP 结果数：1

假正例 (FP)：
- 真实情况：良性
- 机器学习模型预测的结果：恶性
- FP 结果数：1

假负例 (FN)：
- 真实情况：恶性
- 机器学习模型预测的结果：良性
- FN 结果数：8

真负例 (TN)：
- 真实情况：良性
- 机器学习模型预测的结果：良性
- TN 结果数：90

图 9-15　肿瘤模型的 4 种情况

$$Accuracy = \frac{TP + TN}{TP + TN + FP + FN} = \frac{1 + 90}{1 + 90 + 1 + 8} = 0.91$$

准确率为 0.91，即 91%（总共 100 个样本中有 91 个预测正确）。这表示肿瘤分类器在识别恶性肿瘤方面表现得非常出色，对吗？实际上，只要我们仔细分析一下正类别和负类别，就可以更好地了解模型的效果。在 100 个肿瘤样本中，91 个为良性（90 个 TN 和 1 个 FP），9 个为恶性（1 个 TP 和 8 个 FN）。在 91 个良性肿瘤中，该模型将 90 个正确识别为良性。这很好。不过，在 9 个恶性肿瘤中，该模型仅将 1 个正确识别为恶性。这是多么可怕的结果！9 个恶性肿瘤中有 8 个未被诊断出来！

虽然 91% 的准确率可能乍一看还不错，但如果另一个肿瘤分类器模型总是预测良性，那么这个模型使用我们的样本进行预测也会实现相同的准确率（100 个中有 91 个预测正确）。换言之，我们的模型与那些没有预测能力来区分恶性肿瘤和良性肿瘤的模型差不多。

当我们使用分类不平衡的数据集（比如正类别标签和负类别标签的数量之间存在明显差异）时，单靠准确率一项并不能反映全面情况。所以，我们需要两个能够更好地评估分类不平衡问题的指标：精确率和召回率。

9.4.2　评价指标——精确率

精确率（Precision）指标尝试回答以下问题：在被识别为正类别的样本中，确实为正类别的比例是多少？以前面的狼来了例子为例，这个参数的意思是我们是否说"狼来了"太多了。在小男孩说"狼来了"的情况中，有多少次是对的？他说"狼来了"的精确率如何？

精确率的定义如下：

$$\text{Precision} = \frac{TP}{TP + FP}$$

从上面公式看出，如果模型的预测结果中没有假正例，则模型的精确率为 1.0。让我们来计算一下上一部分中用于分析肿瘤的机器学习模型的精确率：

$$\text{精确率} = \frac{TP}{TP + FP} = \frac{1}{1 + 1} = 0.5$$

该模型的精确率为 0.5，也就是说，该模型在预测恶性肿瘤方面的精确率是 50%。

9.4.3　指标——召回率

回答问题：在所有正类别样本中，被正确识别为正类别的比例是多少？以前面的"狼来了"为例，这个参数的意思是我们错过了多少"狼来了"。召回率指标则是指在所有试图进入村庄的狼中，我们发现了多少头？从数学上讲，召回率的定义如下：

$$\text{召回率} = \frac{TP}{TP + FN}$$

从上面的公式看出，如果模型的预测结果中没有假负例，则模型的召回率为 1.0。让我们计算一下肿瘤分类器的召回率：

$$召回率 = \frac{TP}{TP + FN} = \frac{1}{1 + 8} = 0.11$$

该模型的召回率是 0.11，也就是说，该模型能够正确识别出所有恶性肿瘤的百分比是 11%。

比如前面讲的地震预测，没有谁能准确预测地震的发生，但我们能容忍一定程度的误报，假设 1000 次预测中，有 5 次预测为发现地震，其中一次真的发生了地震，而其他 4 次为误报，那么准确率从原来的 999/1000×100% = 99.9%下降到 996/1000×100% = 99.6%，但召回率从 0/1×100% = 0%上升为 1/1×100% = 100%，这样虽然谎报了几次地震，但真的地震来临时，我们没有错过，这样的分类器才是我们想要的，在一定准确率的前提下，我们要求分类器的召回率尽可能高。

9.4.4 评价指标之综合考虑

要全面评估模型的有效性，必须同时检查精确率和召回率。遗憾的是，精确率和召回率往往是此消彼长的情况。也就是说，提高精确率通常会降低召回率。这是因为，如果我们希望在召回率方面做得更好，那么即使只是听到灌木丛中传出一点点声响，小孩也说"狼来了"。但是，如果我们希望非常精确，那么正确的做法是只在完全确定时才说"狼来了"。前一种做法会降低分类阈值，后一种做法会提高分类阈值。怎么在这两个方面都做好非常重要。这也意味着，每当有人告诉你精确率是多少时，还需要问召回率是多少，然后才能评价模型的优劣。我们再来看几个例子。图 9-16 显示了电子邮件分类模型做出的 30 项预测。分类阈值右侧的被归类为"垃圾邮件"，左侧的则被归类为"非垃圾邮件"。我们选择特定的分类阈值后，精确率和召回率值便都可以确定。

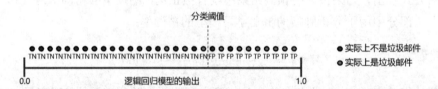

图 9-16 电子邮件分类模型的 30 项预测（见下载资源）

根据图 9-16 所示的结果来计算精确率和召回率，4 种情况如图 9-17 所示。

真正例 (TP): 8	假正例 (FP): 2
假负例 (FN): 3	真负例 (TN): 17

图 9-17 四种情况

精确率指的是被标记为垃圾邮件的电子邮件中正确分类的电子邮件所占的百分比，即图中阈值线右侧的绿点所占的百分比：

$$\text{Precision} = \frac{TP}{TP + FP} = \frac{8}{8 + 2} = 0.8$$

召回率指的是实际垃圾邮件中正确分类的电子邮件所占的百分比,即图中阈值线右侧的绿点所占的百分比:

$$\text{Recall} = \frac{TP}{TP + FN} = \frac{8}{8 + 3} = 0.73$$

下面我们提高分类阈值，看看产生什么样的效果，如图 9-18 所示。

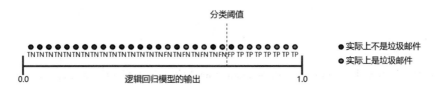

图 9-18　提高分类阈后的效果

假正例数量会减少，但假负例数量会相应地增加。结果，精确率有所提高，而召回率则有所降低，4 种情况如图 9-19 所示。

真正例 (TP): 7	假正例 (FP): 1
假负例 (FN): 4	真负例 (TN): 18

图 9-19　4 种情况

$$\text{Precision} = \frac{TP}{TP + FP} = \frac{7}{7 + 1} = 0.88$$

$$\text{Recall} = \frac{TP}{TP + FN} = \frac{7}{7 + 4} = 0.64$$

如果我们降低分类阈值（从最初始位置开始），那么产生的效果是什么样的呢？如图 9-20 所示。

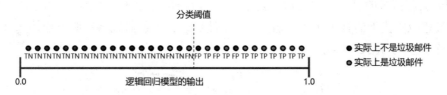

图 9-20　降低分类阈值后的效果

假正例数量会增加，而假负例数量会减少。结果这一次，精确率有所降低，而召回率则有所提高，4 种情况如图 9-21 所示。

真正例 (TP): 9	假正例 (FP): 3
假负例 (FN): 2	真负例 (TN): 16

图 9-21　4 种情况

$$Precision = \frac{TP}{TP + FP} = \frac{9}{9 + 3} = 0.75$$

$$Recall = \frac{TP}{TP + FN} = \frac{9}{9 + 2} = 0.82$$

我们可能无法事先得知最合适的分类阈值，合理的做法是尝试使用许多不同的分类阈值来评估我们的模型。另外，有一个指标可以衡量模型在所有可能的分类阈值下的效果。该指标称为 ROC 曲线，即"接受者操作特征曲线"。

9.4.5 ROC 曲线

ROC 曲线（接受者操作特征曲线）是一种显示分类模型在所有分类阈值下的效果的图表。该曲线绘制了以下两个参数：

● 真正例率。
● 假正例率。

真正例率（TPR）是召回率的同义词，因此定义如下：

$$TPR = \frac{TP}{TP + FN}$$

TRP 也叫灵敏度，表示所有正例中被分对的比例，衡量了分类器对正例的识别能力。假正例率（FPR）的定义如下：

$$FPR = \frac{FP}{FP + TN}$$

假正例率计算的是分类器错认为正类的负实例占所有负实例的比例。

ROC 曲线由两个变量绘制。横坐标是假正例率，纵坐标是真正例率。ROC 曲线用于绘制采用不同分类阈值时的真正例率与假正例率。具体做法是：我们对每个可能的分类阈值进行评估，并观察相应阈值下的真正例率和假正例率。然后绘制一条曲线将这些点连接起来。图 9-22 显示了一个典型的 ROC 曲线。

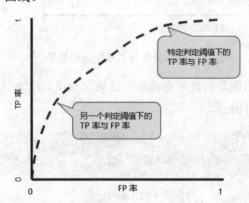

图 9-22 不同分类阈值下的真正例率与假正例率

降低分类阈值会导致将更多样本归为正类别,从而增加假正例和真正例的个数。我们在上面提到,为了计算 ROC 曲线上的点,可以使用不同的分类阈值多次评估逻辑回归模型,但这样做效率非常低。幸运的是,有一种基于排序的高效算法可以为我们提供此类信息,这种算法称为曲线下面积。曲线下面积表示"ROC 曲线下面积(Area Under the ROC Curve,AUC)"。也就是说,曲线下面积测量的是从(0,0)到(1,1)整个 ROC 曲线以下的整个二维面积。

借助曲线下面积,我们可以有效解读概率。如果要拿一个随机正分类样本,闭上眼睛从分布区域中拿起一个,再拿起一个随机负分类样本,则模型正确地将较高分数分配给正分类样本而非负分类样本的概率是多少?在某种意义上,出现配对顺序不正确的概率是多少?结果表明,这个概率正好等于 ROC 曲线下面积代表的概率值。因此,如果看到 ROC 曲线下面积的值是 0.9,那么这就是得出正确的配对比较结果的概率。

9.4.6　预测偏差

预测偏差是通过将我们预测的所有项的总和与观察到的所有项的总和进行比较来定义的。总的来说,我们希望预测的预期值与观察到的值相等。如果不相等,则称模型存在一定的偏差。偏差为 0 表示预测值的总和与观察值的总和相等。

逻辑回归预测应当无偏差,即"预测平均值"应当约等于"观察平均值"。预测偏差指的是这两个平均值之间的差值,即预测偏差 =(预测平均值 - 数据集中相应标签的平均值)。如果出现非常高的非零预测偏差,则说明模型某处存在错误,因为这表明模型对正类别标签的出现频率预测有误。例如,假设所有电子邮件中平均有 1% 的邮件是垃圾邮件。一个出色的垃圾邮件模型应该预测到电子邮件平均有 1% 的可能性是垃圾邮件(换言之,如果我们计算单个电子邮件是垃圾邮件的预测可能性的平均值,则结果应该是 1%)。然而,如果该模型预测电子邮件是垃圾邮件的平均可能性为 20%,那么我们可以得出结论,该模型出现了预测偏差。如果某个模型偏差不为零,则意味着可能存在问题,告知我们需要探究某些方面来调试模型。

逻辑回归可预测 0~1 的值。不过,所有带标签样本都正好是 0(例如,0 表示"非垃圾邮件")或 1(例如,1 表示"垃圾邮件")。因此,在检查预测偏差时,无法仅根据一个样本准确地确定预测偏差,必须在"一大桶"样本中检查预测偏差。也就是说,只有将足够的样本组合在一起,以便能够比较预测值(例如 0.392)与观察值(例如 0.394),逻辑回归的预测偏差才有意义。所以,我们通过以下方式构建分箱:

- 以线性方式分解目标预测。
- 构建分位数。

请看以下某个特定模型的校准曲线(见图 9-23)。每个点表示包含 1000 个值的分箱。两个轴具有以下含义:

- x 轴表示模型针对该箱预测的平均值。
- y 轴表示该箱的数据集中的实际平均值。

两个轴均采用对数尺度。

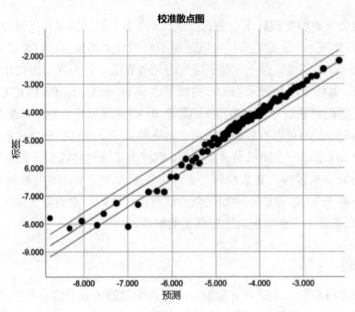

图 9-23　预测偏差曲线（对数尺度）

　　在上面的例子中，对于校准曲线，我们采集多组数据，将数据分箱处理，然后比较相应箱中各项数据的平均预测值与平均观察值。显然，我们需要大量分箱数据才能使校准有意义。

9.4.7　分类代码实例

　　在前面的例子中，房屋中位价 median_house_value 是一个数字特征，包含连续的数字。下面使用分类阈值（比如 75%）把连续值变成布尔值，所有超过阈值的就被标记为 1，其他的就是 0。我们的模型要预测某一个城市街区是否是高房价街区。

　　我们先加载数据集：

```
import math

from IPython import display
from matplotlib import cm
from matplotlib import gridspec
from matplotlib import pyplot as plt
import numpy as np
import pandas as pd
from sklearn import metrics
import tensorflow as tf
from tensorflow.python.data import Dataset

tf.logging.set_verbosity(tf.logging.ERROR)
pd.options.display.max_rows = 10
pd.options.display.float_format = '{:.1f}'.format

california_housing_dataframe =
pd.read_csv("https://storage.googleapis.com/mledu-datasets/california_housing_
```

```
train.csv", sep=",")
california_housing_dataframe = california_housing_dataframe.reindex(
    np.random.permutation(california_housing_dataframe.index))
```

分类阈值 75%所对应的房价大概是 265000。下面的代码用于创建一个二元标签 median_house_value_is_high 来判断是否为高价房。

```
def preprocess_features(california_housing_dataframe):
  """Prepares input features from California housing data set.

  Args:
    california_housing_dataframe: A Pandas DataFrame expected to contain data
      from the California housing data set.
  Returns:
    A DataFrame that contains the features to be used for the model, including
    synthetic features.
  """
  selected_features = california_housing_dataframe[
    ["latitude",
     "longitude",
     "housing_median_age",
     "total_rooms",
     "total_bedrooms",
     "population",
     "households",
     "median_income"]]
  processed_features = selected_features.copy()
  # Create a synthetic feature.
  processed_features["rooms_per_person"] = (
    california_housing_dataframe["total_rooms"] /
    california_housing_dataframe["population"])
  return processed_features

def preprocess_targets(california_housing_dataframe):
  """Prepares target features (i.e., labels) from California housing data set.

  Args:
    california_housing_dataframe: A Pandas DataFrame expected to contain data
      from the California housing data set.
  Returns:
    A DataFrame that contains the target feature.
  """
  output_targets = pd.DataFrame()
  # Create a boolean categorical feature representing whether the
  # median_house_value is above a set threshold.
  output_targets["median_house_value_is_high"] = (
    california_housing_dataframe["median_house_value"] > 265000).astype(float)
  return output_targets
```

创建训练数据集和评估数据集如下：

```
# Choose the first 12000 (out of 17000) examples for training.
training_examples =
preprocess_features(california_housing_dataframe.head(12000))
training_targets = preprocess_targets(california_housing_dataframe.head(12000))

# Choose the last 5000 (out of 17000) examples for validation.
validation_examples =
preprocess_features(california_housing_dataframe.tail(5000))
validation_targets =
preprocess_targets(california_housing_dataframe.tail(5000))

# Double-check that we've done the right thing.
print "Training examples summary:"
display.display(training_examples.describe())
print "Validation examples summary:"
display.display(validation_examples.describe())

print "Training targets summary:"
display.display(training_targets.describe())
print "Validation targets summary:"
display.display(validation_targets.describe())
```

结果如图 9-24~图 9-27 所示。

Training examples summary:

	latitude	longitude	housing_median_age	total_rooms	total_bedrooms	population	households	median_income	rooms_per_person
count	12000.0	12000.0	12000.0	12000.0	12000.0	12000.0	12000.0	12000.0	12000.0
mean	35.6	-119.6	28.6	2636.4	536.3	1420.0	498.8	3.9	2.0
std	2.1	2.0	12.6	2181.1	419.0	1095.7	381.7	1.9	1.1
min	32.5	-124.3	1.0	2.0	2.0	6.0	2.0	0.5	0.1
25%	33.9	-121.8	18.0	1458.0	295.0	790.8	280.0	2.6	1.5
50%	34.2	-118.5	29.0	2119.5	430.0	1160.0	406.0	3.5	1.9
75%	37.7	-118.0	37.0	3127.2	647.0	1710.2	603.0	4.8	2.3
max	42.0	-114.3	52.0	32054.0	5290.0	15507.0	5050.0	15.0	52.0

图 9-24　训练示例概括

Validation examples summary:

	latitude	longitude	housing_median_age	total_rooms	total_bedrooms	population	households	median_income	rooms_per_person
count	5000.0	5000.0	5000.0	5000.0	5000.0	5000.0	5000.0	5000.0	5000.0
mean	35.6	-119.6	28.6	2661.0	546.8	1452.5	507.1	3.9	2.0
std	2.1	2.0	12.6	2177.3	427.5	1264.2	391.2	1.9	1.2
min	32.5	-124.2	2.0	8.0	1.0	3.0	1.0	0.5	0.0
25%	33.9	-121.8	18.0	1469.8	300.8	787.8	284.0	2.6	1.5
50%	34.3	-118.5	28.0	2145.0	444.0	1183.0	416.0	3.5	1.9
75%	37.7	-118.0	37.0	3190.2	652.0	1758.5	608.0	4.7	2.3
max	41.9	-114.5	52.0	37937.0	6445.0	35682.0	6082.0	15.0	55.2

图 9-25　验证示例概括

Training targets summary:	
	median_house_value_is_high
count	12000.0
mean	0.2
std	0.4
min	0.0
25%	0.0
50%	0.0
75%	0.0
max	1.0

图 9-26 训练目标概括

Validation targets summary:	
	median_house_value_is_high
count	5000.0
mean	0.3
std	0.4
min	0.0
25%	0.0
50%	0.0
75%	1.0
max	1.0

图 9-27 验证目标概括

下面比较线性回归和逻辑回归的效果。下面的代码是训练基于线性回归的模型。这个模型使用值为{0，1}的标签，然后预测连续值。

```python
def construct_feature_columns(input_features):
  """Construct the TensorFlow Feature Columns.

  Args:
    input_features: The names of the numerical input features to use.
  Returns:
    A set of feature columns
  """
  return set([tf.feature_column.numeric_column(my_feature)
          for my_feature in input_features])

def my_input_fn(features, targets, batch_size=1, shuffle=True, num_epochs=None):
    """Trains a linear regression model.

    Args:
      features: pandas DataFrame of features
      targets: pandas DataFrame of targets
      batch_size: Size of batches to be passed to the model
      shuffle: True or False. Whether to shuffle the data.
      num_epochs: Number of epochs for which data should be repeated. None = repeat
indefinitely
    Returns:
      Tuple of (features, labels) for next data batch
    """

    # Convert pandas data into a dict of np arrays.
    features = {key:np.array(value) for key,value in dict(features).items()}

    # Construct a dataset, and configure batching/repeating.
    ds = Dataset.from_tensor_slices((features,targets)) # warning: 2GB limit
    ds = ds.batch(batch_size).repeat(num_epochs)

    # Shuffle the data, if specified.
    if shuffle:
      ds = ds.shuffle(10000)
```

```
    # Return the next batch of data.
    features, labels = ds.make_one_shot_iterator().get_next()
    return features, labels

def train_linear_regressor_model(
    learning_rate,
    steps,
    batch_size,
    training_examples,
    training_targets,
    validation_examples,
    validation_targets):
  """Trains a linear regression model.

  In addition to training, this function also prints training progress information,
  as well as a plot of the training and validation loss over time.

  Args:
    learning_rate: A `float`, the learning rate.
    steps: A non-zero `int`, the total number of training steps. A training step
      consists of a forward and backward pass using a single batch.
    batch_size: A non-zero `int`, the batch size.
    training_examples: A `DataFrame` containing one or more columns from
      `california_housing_dataframe` to use as input features for training.
    training_targets: A `DataFrame` containing exactly one column from
      `california_housing_dataframe` to use as target for training.
    validation_examples: A `DataFrame` containing one or more columns from
      `california_housing_dataframe` to use as input features for validation.
    validation_targets: A `DataFrame` containing exactly one column from
      `california_housing_dataframe` to use as target for validation.

  Returns:
    A `LinearRegressor` object trained on the training data.
  """

  periods = 10
  steps_per_period = steps / periods

  # Create a linear regressor object.
  my_optimizer = tf.train.GradientDescentOptimizer(learning_rate=learning_rate)
  my_optimizer = tf.contrib.estimator.clip_gradients_by_norm(my_optimizer, 5.0)
  linear_regressor = tf.estimator.LinearRegressor(
      feature_columns=construct_feature_columns(training_examples),
      optimizer=my_optimizer
  )

  # Create input functions.
  training_input_fn = lambda: my_input_fn(training_examples,
training_targets["median_house_value_is_high"],
                                          batch_size=batch_size)
  predict_training_input_fn = lambda: my_input_fn(training_examples,
training_targets["median_house_value_is_high"],
                                                  num_epochs=1,
```

```
                                                shuffle=False)
  predict_validation_input_fn = lambda: my_input_fn(validation_examples,

validation_targets["median_house_value_is_high"],
                                        num_epochs=1,
                                        shuffle=False)

  # Train the model, but do so inside a loop so that we can periodically assess
  # loss metrics.
  print "Training model..."
  print "RMSE (on training data):"
  training_rmse = []
  validation_rmse = []
  for period in range (0, periods):
    # Train the model, starting from the prior state.
    linear_regressor.train(
      input_fn=training_input_fn,
      steps=steps_per_period
    )

    # Take a break and compute predictions.
    training_predictions =
linear_regressor.predict(input_fn=predict_training_input_fn)
    training_predictions = np.array([item['predictions'][0] for item in
training_predictions])

    validation_predictions =
linear_regressor.predict(input_fn=predict_validation_input_fn)
    validation_predictions = np.array([item['predictions'][0] for item in
validation_predictions])

    # Compute training and validation loss.
    training_root_mean_squared_error = math.sqrt(
      metrics.mean_squared_error(training_predictions, training_targets))
    validation_root_mean_squared_error = math.sqrt(
      metrics.mean_squared_error(validation_predictions, validation_targets))
    # Occasionally print the current loss.
    print " period %02d : %0.2f" % (period, training_root_mean_squared_error)
    # Add the loss metrics from this period to our list.
    training_rmse.append(training_root_mean_squared_error)
    validation_rmse.append(validation_root_mean_squared_error)
  print "Model training finished."

  # Output a graph of loss metrics over periods.
  plt.ylabel("RMSE")
  plt.xlabel("Periods")
  plt.title("Root Mean Squared Error vs. Periods")
  plt.tight_layout()
  plt.plot(training_rmse, label="training")
  plt.plot(validation_rmse, label="validation")
  plt.legend()

  return linear_regressor
```

```
linear_regressor = train_linear_regressor_model(
    learning_rate=0.000001,
    steps=200,
    batch_size=20,
    training_examples=training_examples,
    training_targets=training_targets,
    validation_examples=validation_examples,
    validation_targets=validation_targets)
```

结果如图 9-28、图 9-29 所示。

```
Training model...
RMSE (on training data):
  period 00 : 0.45
  period 01 : 0.45
  period 02 : 0.44
  period 03 : 0.44
  period 04 : 0.44
  period 05 : 0.44
  period 06 : 0.44
  period 07 : 0.44
  period 08 : 0.44
  period 09 : 0.44
Model training finished.
```

图 9-28　训练数据

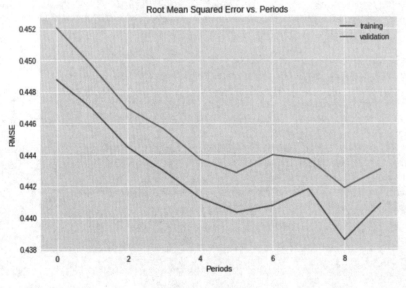

图 9-29　训练结果

　　线性回归使用 L2 误差。当把输出结果转化为概率时，它不能很好地惩罚分类错误的情况。比如，如果把一个负例分类为正例，那么 0.9 的概率和 0.9999 的概率应该有很大的区别。但是，L2 误差无法很强地区分这两种情况。如果我们使用 LogLoss，那么会对分类错误产生更重的惩罚：

$$LogLoss = \sum_{(x,y) \in D} -y \cdot log(y_{pred}) - (1 - y) \cdot log(1 - y_{pred})$$

下面我们使用 LinearRegressor.predict 来获得预测值，然后使用这个值和标签值来计算 LogLoss。其代码如下：

```
predict_validation_input_fn = lambda: my_input_fn(validation_examples,

validation_targets["median_house_value_is_high"],
                                     num_epochs=1,
                                     shuffle=False)

validation_predictions =
linear_regressor.predict(input_fn=predict_validation_input_fn)
validation_predictions = np.array([item['predictions'][0] for item in
validation_predictions])

_ = plt.hist(validation_predictions)
```

结果如图 9-30 所示。

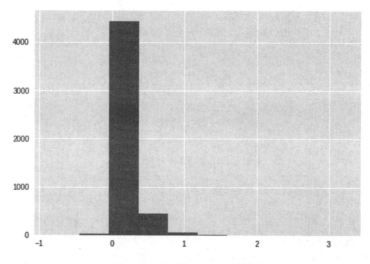

图 9-30　计算 LogLoss 的结果

下面使用逻辑回归。我们将 LinearRegressor 替换为 LinearClassifier。当在 LinearClassifier 模型上运行 train()和 predict()时，predictions["probabilities"]的 probabilities 键是预测的概率值。我们还使用 Sklearn 的 log_loss 函数来计算这些概率的 LogLoss，代码如下：

```
def train_linear_classifier_model(
    learning_rate,
    steps,
    batch_size,
    training_examples,
    training_targets,
    validation_examples,
```

```
    validation_targets):
  """Trains a linear classification model.

  In addition to training, this function also prints training progress information,
  as well as a plot of the training and validation loss over time.

  Args:
    learning_rate: A `float`, the learning rate.
    steps: A non-zero `int`, the total number of training steps. A training step
      consists of a forward and backward pass using a single batch.
    batch_size: A non-zero `int`, the batch size.
    training_examples: A `DataFrame` containing one or more columns from
      `california_housing_dataframe` to use as input features for training.
    training_targets: A `DataFrame` containing exactly one column from
      `california_housing_dataframe` to use as target for training.
    validation_examples: A `DataFrame` containing one or more columns from
      `california_housing_dataframe` to use as input features for validation.
    validation_targets: A `DataFrame` containing exactly one column from
      `california_housing_dataframe` to use as target for validation.

  Returns:
    A `LinearClassifier` object trained on the training data.
  """

  periods = 10
  steps_per_period = steps / periods

  # Create a linear classifier object.
  my_optimizer = tf.train.GradientDescentOptimizer(learning_rate=learning_rate)
  my_optimizer = tf.contrib.estimator.clip_gradients_by_norm(my_optimizer, 5.0)
  linear_classifier = tf.estimator.LinearClassifier(
      feature_columns=construct_feature_columns(training_examples),
      optimizer=my_optimizer
  )

  # Create input functions.
  training_input_fn = lambda: my_input_fn(training_examples,
  training_targets["median_house_value_is_high"],
                                          batch_size=batch_size)
  predict_training_input_fn = lambda: my_input_fn(training_examples,
  training_targets["median_house_value_is_high"],
                                                  num_epochs=1,
                                                  shuffle=False)
  predict_validation_input_fn = lambda: my_input_fn(validation_examples,
  validation_targets["median_house_value_is_high"],
                                                    num_epochs=1,
                                                    shuffle=False)
```

```
# Train the model, but do so inside a loop so that we can periodically assess
# loss metrics.
print "Training model..."
print "LogLoss (on training data):"
training_log_losses = []
validation_log_losses = []
for period in range (0, periods):
  # Train the model, starting from the prior state.
  linear_classifier.train(
      input_fn=training_input_fn,
      steps=steps_per_period
  )
  # Take a break and compute predictions.
  training_probabilities =
linear_classifier.predict(input_fn=predict_training_input_fn)
  training_probabilities = np.array([item['probabilities'] for item in
training_probabilities])

  validation_probabilities =
linear_classifier.predict(input_fn=predict_validation_input_fn)
  validation_probabilities = np.array([item['probabilities'] for item in
validation_probabilities])

  training_log_loss = metrics.log_loss(training_targets,
training_probabilities)
  validation_log_loss = metrics.log_loss(validation_targets,
validation_probabilities)
  # Occasionally print the current loss.
  print " period %02d : %0.2f" % (period, training_log_loss)
  # Add the loss metrics from this period to our list.
  training_log_losses.append(training_log_loss)
  validation_log_losses.append(validation_log_loss)
print "Model training finished."

# Output a graph of loss metrics over periods.
plt.ylabel("LogLoss")
plt.xlabel("Periods")
plt.title("LogLoss vs. Periods")
plt.tight_layout()
plt.plot(training_log_losses, label="training")
plt.plot(validation_log_losses, label="validation")
plt.legend()

return linear_classifier
```

开始训练：

```
linear_classifier = train_linear_classifier_model(
    learning_rate=0.000005,
    steps=500,
    batch_size=20,
```

```
training_examples=training_examples,
training_targets=training_targets,
validation_examples=validation_examples,
validation_targets=validation_targets)
```

结果如图 9-31、图 9-32 所示。

```
Training model...
LogLoss (on training data):
  period 00 : 0.62
  period 01 : 0.58
  period 02 : 0.58
  period 03 : 0.56
  period 04 : 0.55
  period 05 : 0.53
  period 06 : 0.53
  period 07 : 0.53
  period 08 : 0.52
  period 09 : 0.52
Model training finished.
```

图 9-31　训练数据

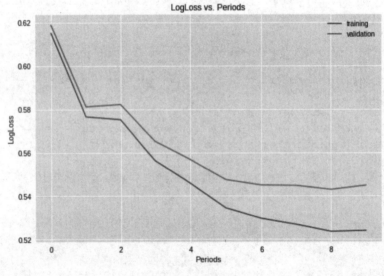

图 9-32　训练结果

分类的几个评价指标有准确率、ROC 曲线、AUC（ROC 曲线下面积）等。下面的代码使用 LinearClassifier.evaluate 来计算一些指标值：

```
evaluation_metrics =
linear_classifier.evaluate(input_fn=predict_validation_input_fn)
print "AUC on the validation set: %0.2f" % evaluation_metrics['auc']
print "Accuracy on the validation set: %0.2f" % evaluation_metrics['accuracy']
```

结果如图 9-33 所示。

```
AUC on the validation set: 0.72
Accuracy on the validation set: 0.75
```

图 9-33   一些指标值的计算结果

为了画出 ROC 曲线，我们使用 sklearn 的 roc_curve 来获得真正例和假正例的比率。其代码如下：

```
validation_probabilities =
linear_classifier.predict(input_fn=predict_validation_input_fn)
# Get just the probabilities for the positive class.
validation_probabilities = np.array([item['probabilities'][1] for item in
validation_probabilities])

false_positive_rate, true_positive_rate, thresholds = metrics.roc_curve(
    validation_targets, validation_probabilities)
plt.plot(false_positive_rate, true_positive_rate, label="our model")
plt.plot([0, 1], [0, 1], label="random classifier")
_ = plt.legend(loc=2)
```

结果如图 9-34 所示。

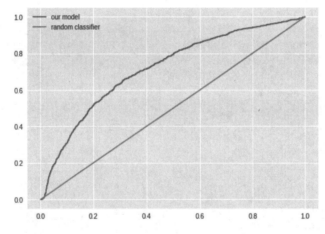

图 9-34   获得真正例和假正例的比率

下面调整一些参数，看看能否改进 AUC。一种方法是增加迭代的次数；另一种方法是加大批处理大小。

```
linear_classifier = train_linear_classifier_model(
    learning_rate=0.000003,
    steps=20000,
    batch_size=500,
    training_examples=training_examples,
    training_targets=training_targets,
    validation_examples=validation_examples,
    validation_targets=validation_targets)

evaluation_metrics =
linear_classifier.evaluate(input_fn=predict_validation_input_fn)
```

```
print "AUC on the validation set: %0.2f" % evaluation_metrics['auc']
print "Accuracy on the validation set: %0.2f" % evaluation_metrics['accuracy']
```

结果如图 9-35、图 9-36 所示。

```
Training model...
LogLoss (on training data):
  period 00 : 0.49
  period 01 : 0.47
  period 02 : 0.47
  period 03 : 0.46
  period 04 : 0.46
  period 05 : 0.46
  period 06 : 0.46
  period 07 : 0.46
  period 08 : 0.46
  period 09 : 0.46
Model training finished.
AUC on the validation set: 0.80
Accuracy on the validation set: 0.78
```

图 9-35   训练数据

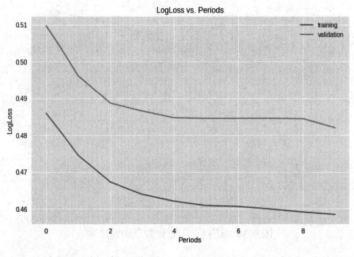

图 9-36   训练结果

9.5 L1 正则化

我们再来研究一下特征交叉组合（Feature Cross）。特征交叉组合很有用，但也可能会带来一些问题，尤其是将稀疏特征交叉组合起来的时候。稀疏向量通常包含许多维度，创建特征交叉组合会导致包含更多维度。由于使用此类高维度特征向量，因此模型可能会非常庞大，并且需要大量的内存。在高维度稀疏向量中，最好尽可能使权重正好降至 0。正好为 0 的权重基本上会使相应特征从模型中移除。将特征权重设为 0 可节省内存空间，且可以减少模型中的噪点。例如，以一个涵盖全世界（不只是涵盖加州）的住房数据集为例。如果按维度的分（每度为 60 分）对全球纬度进行分箱，则在一次稀疏编码过程中会产生大约 1 万个维度；如果按维度的分对全球经度进行分箱，则在一次稀疏编码过程中会产生大约 2 万个维度。这两种特征的特征交叉组合会产生大约 2 亿个维度。这 2 亿个维度中，很多维度代表非常有限的居住区域（例如海洋里），因而很难使用这些数据进行有效泛化。如果为这些不需要的维度浪费内存，就太不值得了。因此，最好使无意义维度的权重正好降至 0。

从上面的例子可以看出，即便我们拥有大量的训练数据，但其中仍有许多组合会非常罕见，因此我们最终可能会得到一些噪声系数，并可能遇到过度拟合问题。可想而知，如果遇到过度拟合问题，我们就要进行正则化。遗憾的是，L2 正则化不能完成此任务。L2 正则化可以使权重变小，但是并不能使它们正好为 0。

那么，能不能以特定方式进行正则化，既能缩减模型大小，又能降低内存使用量呢？我们要做的就是将部分权重设为 0，这样就不必处理其中的一些特定组合了。这样既节省了内存，还有可能帮助我们解决过度拟合问题。不过必须小心一点，因为我们只想去掉那些额外的噪音系数，而不想失去正确的系数。所以要做的就是明确地将一些权重设为 0，也就是所谓的 L0 正则化，它对不是 0 的权重进行惩罚。但是，它没有凸性（Convex），难以优化。因此，L0 正则化这种想法在实践中并不是一种有效的方法。

如果我们将条件放宽至 L1 正则化，只对权重的绝对值总和进行处罚，那么仍可以促使模型变得非常稀疏。这也会让其中的许多系数归零。这种正则化与 L2 正则化略有不同（因为 L2 也会尝试设置较小的权重，但实际上并不会让权重归零）。

在线性回归模型中，一个权重为 0 的特征等同于不用这个特征。为了减少模型复杂性，一种方法是使用正则函数来鼓励一些权重为 0。除了避免过度拟合外，这种做法也会更有效。下面我们通过一些代码实例来体会。

先加载数据集：

```
import math

from IPython import display
from matplotlib import cm
from matplotlib import gridspec
from matplotlib import pyplot as plt
import numpy as np
import pandas as pd
from sklearn import metrics
import tensorflow as tf
from tensorflow.python.data import Dataset

tf.logging.set_verbosity(tf.logging.ERROR)
pd.options.display.max_rows = 10
pd.options.display.float_format = '{:.1f}'.format

california_housing_dataframe =
pd.read_csv("https://storage.googleapis.com/mledu-datasets/california_housing_
```

```
train.csv", sep=",")

california_housing_dataframe = california_housing_dataframe.reindex(
    np.random.permutation(california_housing_dataframe.index))
```

定义特征预处理函数:

```
def preprocess_features(california_housing_dataframe):
  """Prepares input features from California housing data set.

  Args:
    california_housing_dataframe: A Pandas DataFrame expected to contain data
      from the California housing data set.
  Returns:
    A DataFrame that contains the features to be used for the model, including
    synthetic features.
  """
  selected_features = california_housing_dataframe[
    ["latitude",
     "longitude",
     "housing_median_age",
     "total_rooms",
     "total_bedrooms",
     "population",
     "households",
     "median_income"]]
  processed_features = selected_features.copy()
  # Create a synthetic feature.
  processed_features["rooms_per_person"] = (
    california_housing_dataframe["total_rooms"] /
    california_housing_dataframe["population"])
  return processed_features

def preprocess_targets(california_housing_dataframe):
  """Prepares target features (i.e., labels) from California housing data set.

  Args:
    california_housing_dataframe: A Pandas DataFrame expected to contain data
      from the California housing data set.
  Returns:
    A DataFrame that contains the target feature.
  """
  output_targets = pd.DataFrame()
  # Create a boolean categorical feature representing whether the
  # median_house_value is above a set threshold.
  output_targets["median_house_value_is_high"] = (
    california_housing_dataframe["median_house_value"] > 265000).astype(float)
  return output_targets
```

定义训练集和评估集:

```
# Choose the first 12000 (out of 17000) examples for training.
```

```
training_examples =
preprocess_features(california_housing_dataframe.head(12000))
training_targets = preprocess_targets(california_housing_dataframe.head(12000))

# Choose the last 5000 (out of 17000) examples for validation.
validation_examples =
preprocess_features(california_housing_dataframe.tail(5000))
validation_targets =
preprocess_targets(california_housing_dataframe.tail(5000))

# Double-check that we've done the right thing.
print "Training examples summary:"
display.display(training_examples.describe())
print "Validation examples summary:"
display.display(validation_examples.describe())

print "Training targets summary:"
display.display(training_targets.describe())
print "Validation targets summary:"
display.display(validation_targets.describe())
```

结果如图 9-37~图 9-40 所示。

Training examples summary:

	latitude	longitude	housing_median_age	total_rooms	total_bedrooms	population	households	median_income	rooms_per_person
count	12000.0	12000.0	12000.0	12000.0	12000.0	12000.0	12000.0	12000.0	12000.0
mean	35.6	-119.6	28.5	2643.6	539.9	1429.9	501.9	3.9	2.0
std	2.1	2.0	12.5	2149.5	416.9	1154.5	381.5	1.9	1.2
min	32.5	-124.3	1.0	12.0	3.0	8.0	3.0	0.5	0.0
25%	33.9	-121.8	18.0	1471.8	298.0	791.0	282.0	2.6	1.5
50%	34.2	-118.5	29.0	2136.0	437.0	1170.0	410.0	3.6	1.9
75%	37.7	-118.0	37.0	3164.2	651.0	1726.0	607.0	4.8	2.3
max	42.0	-114.3	52.0	32627.0	6445.0	35682.0	6082.0	15.0	55.2

图 9-37　训练示例概括

Validation examples summary:

	latitude	longitude	housing_median_age	total_rooms	total_bedrooms	population	households	median_income	rooms_per_person
count	5000.0	5000.0	5000.0	5000.0	5000.0	5000.0	5000.0	5000.0	5000.0
mean	35.6	-119.6	28.7	2643.7	538.4	1428.7	499.6	3.9	2.0
std	2.1	2.0	12.8	2251.5	432.4	1131.9	391.7	1.9	0.9
min	32.5	-124.3	1.0	2.0	1.0	3.0	1.0	0.5	0.1
25%	33.9	-121.8	18.0	1433.8	294.8	788.0	279.8	2.5	1.5
50%	34.3	-118.5	29.0	2112.0	429.0	1159.0	405.0	3.5	1.9
75%	37.7	-118.0	37.0	3112.0	643.0	1707.0	597.0	4.7	2.3
max	41.8	-114.6	52.0	37937.0	5471.0	16122.0	5189.0	15.0	29.4

图 9-38　验证示例概括

Training targets summary:	
	median_house_value_is_high
count	12000.0
mean	0.3
std	0.4
min	0.0
25%	0.0
50%	0.0
75%	1.0
max	1.0

Validation targets summary:	
	median_house_value_is_high
count	5000.0
mean	0.2
std	0.4
min	0.0
25%	0.0
50%	0.0
75%	0.0
max	1.0

图 9-39　训练目标概括　　　　　　　图 9-40　验证目标概括

定义输入函数：

```python
def my_input_fn(features, targets, batch_size=1, shuffle=True, num_epochs=None):
    """Trains a linear regression model.

    Args:
      features: pandas DataFrame of features
      targets: pandas DataFrame of targets
      batch_size: Size of batches to be passed to the model
      shuffle: True or False. Whether to shuffle the data.
      num_epochs: Number of epochs for which data should be repeated. None = repeat
indefinitely
    Returns:
      Tuple of (features, labels) for next data batch
    """

    # Convert pandas data into a dict of np arrays.
    features = {key:np.array(value) for key,value in dict(features).items()}

    # Construct a dataset, and configure batching/repeating.
    ds = Dataset.from_tensor_slices((features,targets)) # warning: 2GB limit
    ds = ds.batch(batch_size).repeat(num_epochs)

    # Shuffle the data, if specified.
    if shuffle:
      ds = ds.shuffle(10000)

    # Return the next batch of data.
    features, labels = ds.make_one_shot_iterator().get_next()
    return features, labels
```

```python
def get_quantile_based_buckets(feature_values, num_buckets):
  quantiles = feature_values.quantile(
    [(i+1.)/(num_buckets + 1.) for i in xrange(num_buckets)])
```

```
  return [quantiles[q] for q in quantiles.keys()]
def construct_feature_columns():
 """Construct the TensorFlow Feature Columns.

 Returns:
   A set of feature columns
 """

 bucketized_households = tf.feature_column.bucketized_column(
   tf.feature_column.numeric_column("households"),
   boundaries=get_quantile_based_buckets(training_examples["households"], 10))
 bucketized_longitude = tf.feature_column.bucketized_column(
   tf.feature_column.numeric_column("longitude"),
   boundaries=get_quantile_based_buckets(training_examples["longitude"], 50))
 bucketized_latitude = tf.feature_column.bucketized_column(
   tf.feature_column.numeric_column("latitude"),
   boundaries=get_quantile_based_buckets(training_examples["latitude"], 50))
 bucketized_housing_median_age = tf.feature_column.bucketized_column(
   tf.feature_column.numeric_column("housing_median_age"),
   boundaries=get_quantile_based_buckets(
     training_examples["housing_median_age"], 10))
 bucketized_total_rooms = tf.feature_column.bucketized_column(
   tf.feature_column.numeric_column("total_rooms"),
   boundaries=get_quantile_based_buckets(training_examples["total_rooms"],
10))
 bucketized_total_bedrooms = tf.feature_column.bucketized_column(
   tf.feature_column.numeric_column("total_bedrooms"),
   boundaries=get_quantile_based_buckets(training_examples["total_bedrooms"],
10))
 bucketized_population = tf.feature_column.bucketized_column(
   tf.feature_column.numeric_column("population"),
   boundaries=get_quantile_based_buckets(training_examples["population"], 10))
 bucketized_median_income = tf.feature_column.bucketized_column(
   tf.feature_column.numeric_column("median_income"),
   boundaries=get_quantile_based_buckets(training_examples["median_income"],
10))
 bucketized_rooms_per_person = tf.feature_column.bucketized_column(
   tf.feature_column.numeric_column("rooms_per_person"),
   boundaries=get_quantile_based_buckets(
     training_examples["rooms_per_person"], 10))

 long_x_lat = tf.feature_column.crossed_column(
   set([bucketized_longitude, bucketized_latitude]), hash_bucket_size=1000)

 feature_columns = set([
   long_x_lat,
   bucketized_longitude,
   bucketized_latitude,
   bucketized_housing_median_age,
   bucketized_total_rooms,
   bucketized_total_bedrooms,
```

```
  bucketized_population,
  bucketized_households,
  bucketized_median_income,
  bucketized_rooms_per_person])

return feature_columns
```

下面使用 Estimators API 来计算模型大小（为了简单起见，就是计算不是 0 的参数的个数）：

```
def model_size(estimator):
variables = estimator.get_variable_names()
size = 0
for variable in variables:
  if not any(x in variable
          for x in ['global_step',
                    'centered_bias_weight',
                    'bias_weight',
                    'Ftrl']
        ):
    size += np.count_nonzero(estimator.get_variable_value(variable))
return size
```

下面使用 L1 正则化来减少模型大小（600），并确保在验证集上的 log-loss 小于 0.35：

```
def train_linear_classifier_model(
    learning_rate,
    regularization_strength,
    steps,
    batch_size,
    feature_columns,
    training_examples,
    training_targets,
    validation_examples,
    validation_targets):
"""Trains a linear regression model.

In addition to training, this function also prints training progress information,
as well as a plot of the training and validation loss over time.

Args:
  learning_rate: A `float`, the learning rate.
  regularization_strength: A `float` that indicates the strength of the L1
    regularization. A value of `0.0` means no regularization.
  steps: A non-zero `int`, the total number of training steps. A training step
    consists of a forward and backward pass using a single batch.
  feature_columns: A `set` specifying the input feature columns to use.
  training_examples: A `DataFrame` containing one or more columns from
    `california_housing_dataframe` to use as input features for training.
  training_targets: A `DataFrame` containing exactly one column from
    `california_housing_dataframe` to use as target for training.
  validation_examples: A `DataFrame` containing one or more columns from
    `california_housing_dataframe` to use as input features for validation.
  validation_targets: A `DataFrame` containing exactly one column from
    `california_housing_dataframe` to use as target for validation.
```

```
Returns:
  A `LinearClassifier` object trained on the training data.
"""

periods = 7
steps_per_period = steps / periods

# Create a linear classifier object.
my_optimizer = tf.train.FtrlOptimizer(learning_rate=learning_rate,
l1_regularization_strength=regularization_strength)
my_optimizer = tf.contrib.estimator.clip_gradients_by_norm(my_optimizer, 5.0)
linear_classifier = tf.estimator.LinearClassifier(
    feature_columns=feature_columns,
    optimizer=my_optimizer
)

# Create input functions.
training_input_fn = lambda: my_input_fn(training_examples,

training_targets["median_house_value_is_high"],
                                  batch_size=batch_size)
predict_training_input_fn = lambda: my_input_fn(training_examples,

training_targets["median_house_value_is_high"],
                                        num_epochs=1,
                                        shuffle=False)
predict_validation_input_fn = lambda: my_input_fn(validation_examples,

validation_targets["median_house_value_is_high"],
                                        num_epochs=1,
                                        shuffle=False)

# Train the model, but do so inside a loop so that we can periodically assess
# loss metrics.
print "Training model..."
print "LogLoss (on validation data):"
training_log_losses = []
validation_log_losses = []
for period in range (0, periods):
  # Train the model, starting from the prior state.
  linear_classifier.train(
      input_fn=training_input_fn,
      steps=steps_per_period
  )
  # Take a break and compute predictions.
  training_probabilities =
linear_classifier.predict(input_fn=predict_training_input_fn)
  training_probabilities = np.array([item['probabilities'] for item in
training_probabilities])

  validation_probabilities =
linear_classifier.predict(input_fn=predict_validation_input_fn)
  validation_probabilities = np.array([item['probabilities'] for item in
validation_probabilities])
```

```
    # Compute training and validation loss.
    training_log_loss = metrics.log_loss(training_targets,
training_probabilities)
    validation_log_loss = metrics.log_loss(validation_targets,
validation_probabilities)
    # Occasionally print the current loss.
    print " period %02d : %0.2f" % (period, validation_log_loss)
    # Add the loss metrics from this period to our list.
    training_log_losses.append(training_log_loss)
    validation_log_losses.append(validation_log_loss)
  print "Model training finished."

  # Output a graph of loss metrics over periods.
  plt.ylabel("LogLoss")
  plt.xlabel("Periods")
  plt.title("LogLoss vs. Periods")
  plt.tight_layout()
  plt.plot(training_log_losses, label="training")
  plt.plot(validation_log_losses, label="validation")
  plt.legend()

  return linear_classifier
```

使用 regularization strength=0.1 开始训练：

```
linear_classifier = train_linear_classifier_model(
    learning_rate=0.1,
    regularization_strength=0.1,
    steps=300,
    batch_size=100,
    feature_columns=construct_feature_columns(),
    training_examples=training_examples,
    training_targets=training_targets,
    validation_examples=validation_examples,
    validation_targets=validation_targets)
print "Model size:", model_size(linear_classifier)
```

结果如图 9-41、图 9-42 所示。

```
Training model...
LogLoss (on validation data):
  period 00 : 0.31
  period 01 : 0.28
  period 02 : 0.27
  period 03 : 0.26
  period 04 : 0.25
  period 05 : 0.25
  period 06 : 0.24
Model training finished.
Model size: 762
```

图 9-41　训练数据

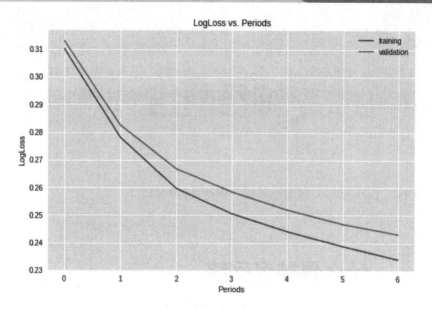

图 9-42 训练结果

要注意的是，正则化越强，模型越小，但是会影响分类误差。

第 10 章
神经网络

本章，我们以 TensorFlow 环境为基础，阐述神经网络。

10.1 什么是神经网络

我们在 9.1 节中提到如图 10-1 所示的分类问题属于非线性问题。

"非线性"意味着你无法使用形式为 $b+w_1x_1+w_2x_2$ 的模型准确预测标签。我们采用特征交叉对非线性问题进行建模，从而解决了如图 10-1 所示的问题。但是，如果数据集如图 10-2 所示，那么会怎么样呢？

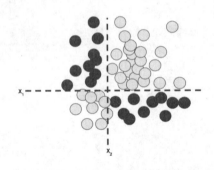

图 10-1 非线性分类问题   图 10-2 更难的非线性分类问题

图 10-2 所示的数据集问题是一个互相交错的螺旋组合，无法用线性模型解决。我们可以考虑如何添加正确的特征交叉乘积来解决。但很显然，我们的数据集可能会越来越复杂。最终还是希望通过某种方式让模型自行学习非线性规律，而不用我们手动为它们指定参数。这可以通过深度神经网络来实现。深度神经网络可以非常出色地处理复杂数据，例如图片数据、音频数据以及视频数据等。我们将在本章详细了解神经网络。

10.1.1 隐藏层

我们希望模型能够自行学习非线性规律，而不用手动为它们指定参数。这需要神经网络来帮助解决这类非线性问题。那么，什么是神经网络呢？首先用图表呈现一个线性模型，如图 10-3 所示。

该模型中有一些输入，每个输入都具有一个权重，这些权重以线性方式结合到一起产生输出。每个蓝色圆圈（最下面一层）均表示一个输入特征，绿色圆圈（最上面一层）表示各个输入的加权和。为了提高此模型处理非线性问题的能力，我们可以如何更改它？

在图 10-4（颜色请参看下载包中的相关文件）所示的模型中，我们添加了一个表示中间值的"隐藏层"。隐藏层中的每个黄色节点（中间层）均是蓝色输入节点（最下面一层）值的加权和。输出的是黄色节点（中间层）的加权和。

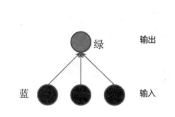

图 10-3　用图表呈现的线性模型

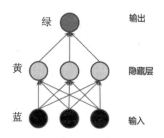

图 10-4　两层模型的图表

此模型是线性的，因为其输出仍是其输入的线性组合。在图 10-5 所示的模型中，我们又添加了一个表示加权和的"隐藏层"。

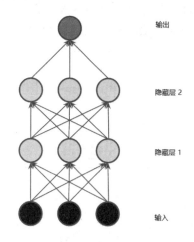

图 10-5　三层模型的图表

此模型仍是线性的。当你将输出表示为输入的函数并进行简化时，只是获得输入的另一个加权和而已。该加权和无法对图 10-2 中的非线性问题进行有效建模。因为即便我们添加任意多的分层，所有线性函数的组合依然是线性函数。因此，我们要从其他方面着手。所谓的从其他方面着手，也就是说，我们需要添加非线性函数。

10.1.2　激活函数

要对非线性问题进行建模，我们可以直接引入非线性函数。这种非线性函数可位于任何小的隐藏式节点的输出中。我们可以用非线性函数将每个隐藏层节点像管道一样连接起来。在图 10-6 所示的模型中，在"隐藏层 1"中的各个节点的值传递到下一层进行加权求和之前，我们采用一个非线性函数对其进行了转换。这种非线性函数称为激活函数。

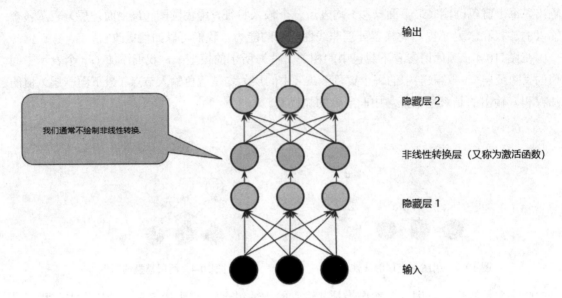

图 10-6 包含激活函数的三层模型的图表

通过在非线性上堆叠非线性，我们能够对输入和预测输出之间极其复杂的关系进行建模。下面我们来看一些常见的激活函数。S 型激活函数将"加权和"转换为介于 0 和 1 之间的值。

$$F(x) = \frac{1}{1 + e^{-x}}$$

曲线图如图 10-7 所示。

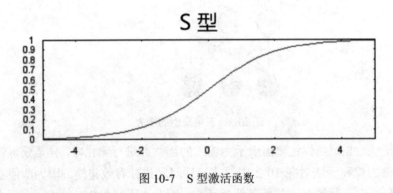

图 10-7 S 型激活函数

10.1.3 ReLU

相较于 S 型函数等平滑函数，以下修正线性单元激活函数（ReLU）的效果通常要好一点，同时还非常易于计算。

$$F(x) = max(0, x)$$

ReLU 是一种常用的非线性激活函数。如图 10-8 所示，它会接受线性函数，并在零值处将其截断。若返回值在零值以上，则为线性函数。若函数返回值小于零，则输出为零。这是一种最简单的非线性函数，我们可以使用该函数来创建非线性模型。ReLU 的优势在于操作起来非常简单，拥有更实用的响应范围。

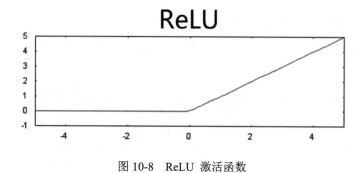

图 10-8　ReLU 激活函数

实际上，所有数学函数均可作为激活函数。假设 σ 表示激活函数（ReLU、S 型函数等），网络中节点的值由以下公式指定：

$$\sigma(\boldsymbol{w} \cdot \boldsymbol{x} + b)$$

TensorFlow 为各种激活函数提供"开箱即用型"支持。但是，我们仍然建议从 ReLU 着手。然后，可以将这些层级堆叠起来，并创建任意复杂程度的神经网络。总之，我们的模型拥有了人们通常所说的"神经网络"所有标准组件：

● 一组节点，类似于神经元，位于层中。

● 一组权重，表示每个神经网络层与其下方的层之间的关系。下方的层可能是另一个神经网络层，也可能是其他类型的层。

● 一组偏差，每个节点一个偏差。

● 一个激活函数，对层中每个节点的输出进行转换。不同的层可能拥有不同的激活函数。

还需要注意的是，神经网络不一定始终比特征组合好，但它确实适用于特征组合很难处理的场景。

10.1.4　实例代码

下面我们用 TensorFlow 的 DNNRegressor 类来定义一个神经网络（Neural Network，NN）和它的隐藏层。然后训练一个神经网络来学习数据集中的非线性，并展示神经网络比一个线性回归模型能获得更好的性能。我们先加载数据：

```
import math

from IPython import display
from matplotlib import cm
from matplotlib import gridspec
from matplotlib import pyplot as plt
import numpy as np
import pandas as pd
```

```
from sklearn import metrics
import tensorflow as tf
from tensorflow.python.data import Dataset

tf.logging.set_verbosity(tf.logging.ERROR)
pd.options.display.max_rows = 10
pd.options.display.float_format = '{:.1f}'.format

california_housing_dataframe =
pd.read_csv("https://storage.googleapis.com/mledu-datasets/california_housing_
train.csv", sep=",")

california_housing_dataframe = california_housing_dataframe.reindex(
    np.random.permutation(california_housing_dataframe.index))
```

然后预处理数据：

```
def preprocess_features(california_housing_dataframe):
  """Prepares input features from California housing data set.

  Args:
    california_housing_dataframe: A Pandas DataFrame expected to contain data
      from the California housing data set.
  Returns:
    A DataFrame that contains the features to be used for the model, including
    synthetic features.
  """
  selected_features = california_housing_dataframe[
    ["latitude",
     "longitude",
     "housing_median_age",
     "total_rooms",
     "total_bedrooms",
     "population",
     "households",
     "median_income"]]
  processed_features = selected_features.copy()
  # Create a synthetic feature.
  processed_features["rooms_per_person"] = (
    california_housing_dataframe["total_rooms"] /
    california_housing_dataframe["population"])
  return processed_features

def preprocess_targets(california_housing_dataframe):
  """Prepares target features (i.e., labels) from California housing data set.

  Args:
    california_housing_dataframe: A Pandas DataFrame expected to contain data
      from the California housing data set.
  Returns:
    A DataFrame that contains the target feature.
```

```
"""
output_targets = pd.DataFrame()
# Scale the target to be in units of thousands of dollars.
output_targets["median_house_value"] = (
  california_housing_dataframe["median_house_value"] / 1000.0)
return output_targets
```

创建训练集和验证集：

```
# Choose the first 12000 (out of 17000) examples for training.
training_examples =
preprocess_features(california_housing_dataframe.head(12000))
training_targets = preprocess_targets(california_housing_dataframe.head(12000))

# Choose the last 5000 (out of 17000) examples for validation.
validation_examples =
preprocess_features(california_housing_dataframe.tail(5000))
validation_targets =
preprocess_targets(california_housing_dataframe.tail(5000))

# Double-check that we've done the right thing.
print "Training examples summary:"
display.display(training_examples.describe())
print "Validation examples summary:"
display.display(validation_examples.describe())

print "Training targets summary:"
display.display(training_targets.describe())
print "Validation targets summary:"
display.display(validation_targets.describe())
```

结果如图 10-9~图 10-12 所示。

Training examples summary:

	latitude	longitude	housing_median_age	total_rooms	total_bedrooms	population	households	median_income	rooms_per_person
count	12000.0	12000.0	12000.0	12000.0	12000.0	12000.0	12000.0	12000.0	12000.0
mean	35.6	-119.6	28.6	2644.9	539.5	1432.0	501.4	3.9	2.0
std	2.1	2.0	12.6	2186.6	421.8	1168.0	384.9	1.9	1.0
min	32.5	-124.3	1.0	2.0	1.0	3.0	1.0	0.5	0.0
25%	33.9	-121.8	18.0	1468.0	298.0	791.0	282.0	2.6	1.5
50%	34.2	-118.5	29.0	2140.0	434.5	1168.0	409.0	3.5	1.9
75%	37.7	-118.0	37.0	3156.5	650.0	1720.0	607.0	4.8	2.3
max	42.0	-114.3	52.0	32627.0	6445.0	35682.0	6082.0	15.0	34.2

图 10-9　训练示例概括

```
Validation examples summary:
```

	latitude	longitude	housing_median_age	total_rooms	total_bedrooms	population	households	median_income	rooms_per_person
count	5000.0	5000.0	5000.0	5000.0	5000.0	5000.0	5000.0	5000.0	5000.0
mean	35.6	-119.5	28.6	2640.7	539.2	1423.8	500.8	3.9	2.0
std	2.1	2.0	12.5	2164.2	420.9	1098.1	383.6	1.9	1.5
min	32.5	-124.3	1.0	18.0	4.0	8.0	4.0	0.5	0.1
25%	33.9	-121.8	18.0	1448.8	294.0	786.8	280.0	2.5	1.5
50%	34.2	-118.5	29.0	2112.5	432.0	1165.0	408.0	3.5	1.9
75%	37.7	-118.0	37.0	3129.5	646.0	1724.2	601.0	4.7	2.3
max	42.0	-114.6	52.0	37937.0	5471.0	16122.0	5189.0	15.0	55.2

图 10-10　验证示例概括

Training targets summary:

	median_house_value
count	12000.0
mean	208.4
std	116.2
min	15.0
25%	120.8
50%	181.6
75%	266.3
max	500.0

图 10-11　训练目标概括

Validation targets summary:

	median_house_value
count	5000.0
mean	204.7
std	115.4
min	22.5
25%	117.4
50%	176.9
75%	261.1
max	500.0

图 10-12　验证示例概括

下面来创建一个神经网络，通过 DNNRegressor 类来完成。我们使用 hidden_units 来定义神经网络的结构。hidden_units 提供了一个整数列表，每个整数对应一个隐藏层，代表隐藏层中节点的个数，比如：

```
hidden_units=[3,10]
```

上面指定了包含 2 个隐藏层的神经网络。第一个隐藏层包含 3 个节点，第二个隐藏层包含 10 个节点。如果我们想添加更多的层，就可以添加更多的整数到列表中。比如，hidden_units=[10,20,30,40]将创建 4 层，分别包含 10、20、30 和 40 个节点。默认情况下，所有隐藏层使用 ReLU 激活函数，并完全连接。

定义特征列和输入函数：

```
def construct_feature_columns(input_features):
  """Construct the TensorFlow Feature Columns.

  Args:
    input_features: The names of the numerical input features to use.
  Returns:
    A set of feature columns
  """
  return set([tf.feature_column.numeric_column(my_feature)
```

```
                for my_feature in input_features])
def my_input_fn(features, targets, batch_size=1, shuffle=True, num_epochs=None):
    """Trains a neural net regression model.

    Args:
      features: pandas DataFrame of features
      targets: pandas DataFrame of targets
      batch_size: Size of batches to be passed to the model
      shuffle: True or False. Whether to shuffle the data.
      num_epochs: Number of epochs for which data should be repeated. None = repeat
indefinitely
    Returns:
      Tuple of (features, labels) for next data batch
    """

    # Convert pandas data into a dict of np arrays.
    features = {key:np.array(value) for key,value in dict(features).items()}

    # Construct a dataset, and configure batching/repeating.
    ds = Dataset.from_tensor_slices((features,targets)) # warning: 2GB limit
    ds = ds.batch(batch_size).repeat(num_epochs)

    # Shuffle the data, if specified.
    if shuffle:
      ds = ds.shuffle(10000)

    # Return the next batch of data.
    features, labels = ds.make_one_shot_iterator().get_next()
    return features, labels
```

定义神经网络：

```
def train_nn_regression_model(
    learning_rate,
    steps,
    batch_size,
    hidden_units,
    training_examples,
    training_targets,
    validation_examples,
    validation_targets):
  """Trains a neural network regression model.

  In addition to training, this function also prints training progress information,
  as well as a plot of the training and validation loss over time.

  Args:
    learning_rate: A `float`, the learning rate.
    steps: A non-zero `int`, the total number of training steps. A training step
      consists of a forward and backward pass using a single batch.
```

```
   batch_size: A non-zero `int`, the batch size.
   hidden_units: A `list` of int values, specifying the number of neurons in each
layer.
   training_examples: A `DataFrame` containing one or more columns from
     `california_housing_dataframe` to use as input features for training.
   training_targets: A `DataFrame` containing exactly one column from
     `california_housing_dataframe` to use as target for training.
   validation_examples: A `DataFrame` containing one or more columns from
     `california_housing_dataframe` to use as input features for validation.
   validation_targets: A `DataFrame` containing exactly one column from
     `california_housing_dataframe` to use as target for validation.

 Returns:
   A `DNNRegressor` object trained on the training data.
 """

 periods = 10
 steps_per_period = steps / periods

 # Create a DNNRegressor object.
 my_optimizer = tf.train.GradientDescentOptimizer(learning_rate=learning_rate)
 my_optimizer = tf.contrib.estimator.clip_gradients_by_norm(my_optimizer, 5.0)
 dnn_regressor = tf.estimator.DNNRegressor(
     feature_columns=construct_feature_columns(training_examples),
     hidden_units=hidden_units,
     optimizer=my_optimizer,
 )

 # Create input functions.
 training_input_fn = lambda: my_input_fn(training_examples,
                                 training_targets["median_house_value"],
                                 batch_size=batch_size)
 predict_training_input_fn = lambda: my_input_fn(training_examples,
training_targets["median_house_value"],
                                         num_epochs=1,
                                         shuffle=False)
 predict_validation_input_fn = lambda: my_input_fn(validation_examples,
validation_targets["median_house_value"],
                                         num_epochs=1,
                                         shuffle=False)

 # Train the model, but do so inside a loop so that we can periodically assess
 # loss metrics.
 print "Training model..."
 print "RMSE (on training data):"
 training_rmse = []
 validation_rmse = []
 for period in range (0, periods):
   # Train the model, starting from the prior state.
```

316

```
    dnn_regressor.train(
        input_fn=training_input_fn,
        steps=steps_per_period
    )
    # Take a break and compute predictions.
    training_predictions =
dnn_regressor.predict(input_fn=predict_training_input_fn)
    training_predictions = np.array([item['predictions'][0] for item in
training_predictions])

    validation_predictions =
dnn_regressor.predict(input_fn=predict_validation_input_fn)
    validation_predictions = np.array([item['predictions'][0] for item in
validation_predictions])

    # Compute training and validation loss.
    training_root_mean_squared_error = math.sqrt(
        metrics.mean_squared_error(training_predictions, training_targets))
    validation_root_mean_squared_error = math.sqrt(
        metrics.mean_squared_error(validation_predictions, validation_targets))
    # Occasionally print the current loss.
    print " period %02d : %0.2f" % (period, training_root_mean_squared_error)
    # Add the loss metrics from this period to our list.
    training_rmse.append(training_root_mean_squared_error)
    validation_rmse.append(validation_root_mean_squared_error)
  print "Model training finished."

  # Output a graph of loss metrics over periods.
  plt.ylabel("RMSE")
  plt.xlabel("Periods")
  plt.title("Root Mean Squared Error vs. Periods")
  plt.tight_layout()
  plt.plot(training_rmse, label="training")
  plt.plot(validation_rmse, label="validation")
  plt.legend()

  print "Final RMSE (on training data):   %0.2f" % training_root_mean_squared_error
  print "Final RMSE (on validation data): %0.2f" %
validation_root_mean_squared_error

  return dnn_regressor
```

　　下面我们训练一个神经网络模型。调整一些超参数，把 RMSE 降低到 110 以下（在前面的线性回归例子中，我们认为 RMSE 110 是一个不错的结果）。尝试修改各个设置来提高验证集上的准确率。

　　对于神经网络而言，过度拟合是一个潜在风险。通过检查训练数据上的误差和验证数据上的误差之间的差额，我们可以判断是否开始过度拟合了。如果差额开始增加，通常是一个过度拟合的信号。

　　尝试多种不同的设置。读者可记录这些设置和结果，并进行分析。当你获得一个好的设置时，可以尝试多运行几次，看看能否重现结果。一般而言，可以先使用小的神经网络权重开始，然后逐步加大，查看效果。

　　开始训练：

```
dnn_regressor = train_nn_regression_model(
    learning_rate=0.01,
    steps=500,
    batch_size=10,
    hidden_units=[10, 2],
    training_examples=training_examples,
    training_targets=training_targets,
    validation_examples=validation_examples,
    validation_targets=validation_targets)
```

　　结果如图 10-13、图 10-14 所示。

```
Training model...
RMSE (on training data):
  period 00 : 236.44
  period 01 : 234.27
  period 02 : 232.10
  period 03 : 229.94
  period 04 : 227.78
  period 05 : 225.64
  period 06 : 223.50
  period 07 : 221.37
  period 08 : 219.24
  period 09 : 217.13
Model training finished.
Final RMSE (on training data):   217.13
Final RMSE (on validation data): 213.50
```

图 10-13　训练数据

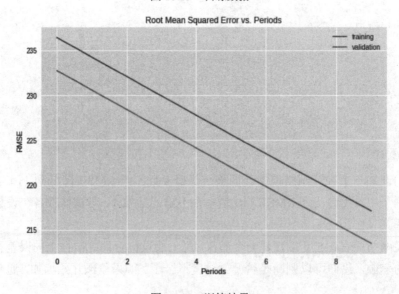

图 10-14　训练结果

下面我们尝试不同的参数：

```
dnn_regressor = train_nn_regression_model(
    learning_rate=0.001,
    steps=2000,
    batch_size=100,
    hidden_units=[10, 10],
    training_examples=training_examples,
    training_targets=training_targets,
    validation_examples=validation_examples,
    validation_targets=validation_targets)
```

结果如图 10-15、图 10-16 所示。

```
Training model...
RMSE (on training data):
  period 00 : 171.73
  period 01 : 167.63
  period 02 : 166.95
  period 03 : 161.48
  period 04 : 157.08
  period 05 : 151.31
  period 06 : 144.11
  period 07 : 136.45
  period 08 : 127.93
  period 09 : 119.20
Model training finished.
Final RMSE (on training data):    119.20
Final RMSE (on validation data): 115.42
```

图 10-15　训练数据

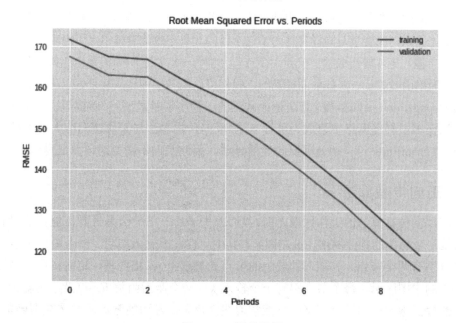

图 10-16　训练结果

一旦满意在验证集上的结果，接下来就可以在测试集上进行测试。在下面的代码中，加载测试数据，预处理这些数据，然后调用预测函数。最后计算根均方值：

```
california_housing_test_data =
pd.read_csv("https://storage.googleapis.com/mledu-datasets/california_housing_
test.csv", sep=",")
test_examples = preprocess_features(california_housing_test_data)
test_targets = preprocess_targets(california_housing_test_data)

predict_testing_input_fn = lambda: my_input_fn(test_examples,
                                               test_targets["median_house_value"],
                                               num_epochs=1,
                                               shuffle=False)
test_predictions = dnn_regressor.predict(input_fn=predict_testing_input_fn)
test_predictions = np.array([item['predictions'][0] for item in test_predictions])
root_mean_squared_error = math.sqrt(
    metrics.mean_squared_error(test_predictions, test_targets))

print "Final RMSE (on test data): %0.2f" % root_mean_squared_error
```

结果如下：

```
Final RMSE (on test data): 116.12
```

10.2 训练神经网络

机器学习的常见任务就是拟合，也就是给定一些样本点，用合适的曲线揭示这些样本点随着自变量的变化关系。深度学习同样也是为了这个目的，只不过此时样本点不再限定为(x, y)点对，而可以是由向量、矩阵等组成的广义点对(X,Y)。此时，(X,Y)之间的关系也变得十分复杂，不太可能用一个简单函数表示。正如前面提到的，我们可以用多层神经网络来表示这样的关系。

Backpropagation（反向传播）算法是最常见的一种多层神经网络训练算法。借助这种算法，梯度下降法在多层神经网络中将成为可行方法。反向传播算法对于快速训练大型神经网络来说至关重要。TensorFlow 可自动处理反向传播算法，因此我们不需要对该算法做深入研究。

10.2.1 正向传播算法

在学习反向传播算法的工作原理之前，我们首先了解一下什么是正向传播算法。如图 10-17 所示，这是一个简单的神经网络（见左图），其中包含一个输入节点、一个输出节点以及两个隐藏层（分别有两个节点）。相邻的层中的节点通过权重 w_{ij} 相关联，这些权重是网络参数。如图 10-17 的中图所示，每个节点都有一个输入 x、一个激活函数 f(x)以及一个输出 y=f(x)，必须是非线性函数，否则神经网络就只能学习线性模型。常用的激活函数是 S 型函数，比如：

$$f(x) = \frac{1}{1+e^{-x}}$$

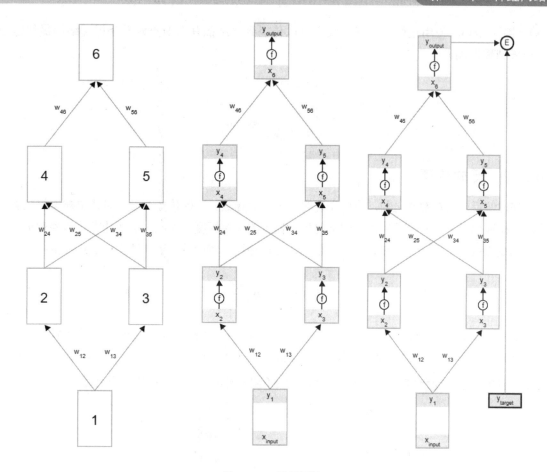

图 10-17 神经网络

如图 10-17 右图所示，根据数据自动学习网络的权重，以便让所有输入 $\boldsymbol{x_{input}}$ 的预测输出 $\boldsymbol{y_{output}}$ 接近目标 $\boldsymbol{y_{target}}$。为了衡量与该目标的差距，我们使用了一个误差函数 E（见图 10-17 右图的右上端）。常用的误差函数是：

$$E(y_{output}, y_{target}) = \frac{1}{2}(y_{output} - y_{target})^2$$

针对图 10-17，我们首先看一下什么是正向传播（即从图的底部往上看）。取一个输入样本 (x_{input}, y_{target})，并更新网络的输入层。为了保持一致性，我们将输入视为与其他任何节点相同，但不具有激活函数，所以：

$$y_1 = x_{input}$$

然后，更新第一个隐藏层。我们取上一层节点的输出 y，并使用权重来计算下一层节点的输入 x，即：

$$x_j = \sum_{i \in in(j)} w_{ij} y_i + b_j$$

有了上面公式中的 x 值之后，更新第一个隐藏层中节点的输出。为此，我们使用激活函数

f(x)，即 y=f(x)。使用这两个公式，我们可以传播到网络的其余节点，并获得网络的最终输出（一直到最顶端）。

$$y = f(x)$$

$$x_j = \sum_{i \in in(j)} w_{ij} y_i + b_j$$

10.2.2 反向传播算法

在讲解反向传播算法之前，我们先说明一下误差导数。反向传播算法会对特定样本的预测输出和理想输出进行比较，然后确定网络的每个权重的更新幅度。为此，需要计算误差相对于每个权重的变化情况（$\frac{dE}{dw_{ij}}$）。获得误差导数后，可以使用一种简单的更新法则来更新权重：

$$w_{ij} = w_{ij} - \alpha \frac{dE}{dw_{ij}}$$

其中，α 是一个正常量，称为"学习速率"，我们需要根据经验对该常量进行微调。该更新法则非常简单：如果在权重提高后误差降低了（$\frac{dE}{dw_{ij}} < 0$），则提高权重；如果在权重提高后误差也提高了（$\frac{dE}{dw_{ij}} > 0$），则降低权重。如图 10-18 所示，每个权重的连线上都加了误差导数。

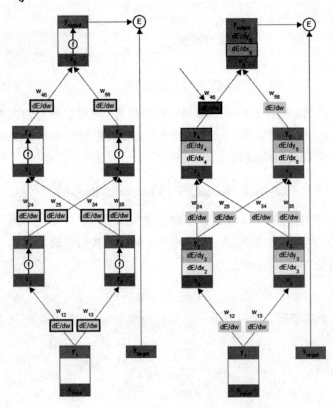

图 10-18　带误差导数的神经网络

为了帮助计算 $\frac{dE}{dw_{ij}}$，我们还为每个节点分别存储了两个导数：节点 dE/dx 的输入以及节点 dE/dy 的输出（见图 10-18 的右图，比较左图和右图）。

如图 10-18 右图所示（见图上箭头），下面开始反向传播误差导数。由于我们拥有此特定输入样本的预测输出，因此可以计算误差随该输出的变化情况。根据误差函数：

$$E = \frac{1}{2}\left(y_{output} - y_{target}\right)^2$$

可以得出：

$$\frac{\partial E}{\partial y_{output}} = y_{output} - y_{target}$$

有了 dE/dy，接下来便可以根据链式法则得出 dE/dx（见图 10-18，从顶端往下走）。

$$\frac{\partial E}{\partial x} = \frac{dy}{dx}\frac{\partial E}{\partial y} = \frac{d}{dx}f(x)\frac{\partial E}{\partial y}$$

其中，当 f(x)是 S 型激活函数时：

$$\frac{d}{dx}f(x) = f(x)(1-f(x))$$

一旦得出相对于某节点的总输入的误差导数，我们便可以得出相对于进入该节点的权重的误差导数：

$$\frac{\partial E}{\partial w_{ij}} = \frac{\partial x_j}{\partial w_{ij}}\frac{\partial E}{\partial x_j} = y_i\frac{\partial E}{\partial x_j}$$

根据链式法则，我们还可以根据上一层得出 dE/dy。此时，形成了一个完整的循环。

$$\frac{\partial E}{\partial y_i} = \sum_{j\in out(i)} \frac{\partial x_j}{\partial y_i}\frac{\partial E}{\partial x_j} = \sum_{j\in out(i)} w_{ij}\frac{\partial E}{\partial x_j}$$

接下来，只需重复前面的几个公式，直到计算出所有误差导数即可。反向传播完成。

值得注意的是，很多常见情况都会导致反向传播算法出错。

● 梯度消失

反向传播依赖于梯度。较低层（更接近输入）的梯度可能会变得非常小。在深度网络中，计算这些梯度时，可能涉及许多小项的乘积。当较低层的梯度逐渐消失到 0 时，这些层的训练速度会非常缓慢，甚至不再训练。ReLU 激活函数有助于防止梯度消失。一般来讲，我们尽量将模型的深度限制为最小的有效深度。

● 梯度爆炸

如果网络中的权重过大，那么较低层的梯度会涉及许多大项的乘积。在这种情况下，梯度就会爆炸：梯度过大导致难以收敛。批标准化可以降低学习速率，因而有助于防止梯度爆炸。

如果学习速率太高，就会出现极不稳定的情况，模型中就可能出现 NaN。在这种情况下，就要以较低的学习速率再试一次。

● ReLU 单元消失

一旦 ReLU 单元的加权和低于 0，ReLU 单元就可能会停滞。它会输出对网络输出没有任何贡献的 0 激活，而梯度在反向传播算法期间将无法再从中流过。如果最终所有内容都低于 0 值，梯度就无法反向传播，由于梯度的来源被切断，ReLU 的输入可能无法做出足够的改变来使加权和恢复到 0 以上。降低学习速率有助于防止 ReLU 单元消失。

10.2.3　归一化特征值

训练时，如果特征值在输入时就已经归一化（Normalize，或称为标准化），通常会对我们非常有用。如果范围大致相同，就有助于提高神经网络的转化速度。虽然范围实际值并不重要，但是我们通常推荐的大致范围是-1~+1。正因为如此，标准化特征值也就叫作"归一化"特征值。它是为了加快训练网络的收敛性，避免空值。

由于采集的各数据单位不一致，因而需对数据进行[-1, 1]归一化处理，归一化的具体作用是归纳统一样本的统计分布性。归一化在 0 和 1 之间是统计的概率分布，归一化在-1 和+1 之间是统计的坐标分布。无论是为了建模还是为了计算，首先基本度量单位要统一，神经网络是以样本在事件中的统计概率来进行训练（概率计算）和预测的，归一化是统一在 0 和 1 之间的统计概率分布。

当所有样本的输入信号都为正值时，与第一隐含层神经元相连的权重值只能同时增加或减小，从而导致学习速度很慢。为了避免出现这种情况，加快网络学习速度，可以对输入信号进行归一化，使得所有样本的输入信号的均值接近于 0 或与其均方差相比很小。

10.2.4　随机失活正则化

在训练深度网络时还有一个很有用的技巧，即正则化的另一种形式，叫作随机失活（Dropout），可用于神经网络。其工作原理是，在梯度下降法的每一步中随机让一些网络单元失去作用（失活）。失活的单元得越多，正则化效果就越强：

● 0.0 = 无随机失活的正则化。
● 1.0 = 失活所有内容。模型学不到任何规律。
● 0.0 和 1.0 之间的值更有用。

若一个网络单元都不失活（即失效），则模型便具备完整的复杂性；若在训练过程中的某个位置进行随机失活，则相当于在这个位置应用了某种有效的正则化。随机失活的目的也是用来减少过度拟合。而和 L1、L2 正则化不同的是，随机失活是改变神经网络本身的结构。假设有一个神经网络，按照前面的方法，根据输入 X，先正向更新神经网络，得到输出值，然后根据 Backpropagation 算法反向来更新权重和偏向（偏置或偏差）。而随机失活不同的是：

（1）开始时随机让隐藏层一半的神经元失活。

（2）然后，在剩下一半神经元中正向和反向更新权重和偏向。

（3）再恢复之前失活的神经元，重新随机失活一半的神经元，正向和反向更新 w 和 b。

（4）重复上述过程。

最后，学习出来的神经网络中的每个神经元都是在只有一半神经元的基础上学习的，因为更新次数减半，学习的权重会偏大，所以当所有神经元被恢复后（上述步骤（2）），把得到的隐藏层的权重减半。

随机失活为什么可以减少过度拟合？原因为：一般情况下，对于同一组训练数据，利用不同的神经网络训练之后，求其输出的平均值可以减少过度拟合。随机失活（Dropout）就是利用这个原理，每次失活一半的隐藏层神经元，相当于在不同的神经网络上进行训练，这样就减少了神经元之间的依赖性，即每个神经元不能依赖于某几个其他的神经元（是指层与层之间相连接的神经元），使神经网络更加能学习到与其他神经元之间的更加健壮的特征。随机失活不仅减少过度拟合，还能提高准确率。

10.2.5　代码实例

本节通过将特征标准化并应用各种优化算法来提高神经网络的性能。我们首先来装载数据：

```
import math

from IPython import display
from matplotlib import cm
from matplotlib import gridspec
from matplotlib import pyplot as plt
import numpy as np
import pandas as pd
from sklearn import metrics
import tensorflow as tf
from tensorflow.python.data import Dataset

tf.logging.set_verbosity(tf.logging.ERROR)
pd.options.display.max_rows = 10
pd.options.display.float_format = '{:.1f}'.format

california_housing_dataframe =
pd.read_csv("https://storage.googleapis.com/mledu-datasets/california_housing_
train.csv", sep=",")

california_housing_dataframe = california_housing_dataframe.reindex(
    np.random.permutation(california_housing_dataframe.index))
```

定义预处理函数：

```
def preprocess_features(california_housing_dataframe):
  """Prepares input features from California housing data set.
```

```
  Args:
    california_housing_dataframe: A Pandas DataFrame expected to contain data
      from the California housing data set.
  Returns:
    A DataFrame that contains the features to be used for the model, including
    synthetic features.
  """
  selected_features = california_housing_dataframe[
    ["latitude",
     "longitude",
     "housing_median_age",
     "total_rooms",
     "total_bedrooms",
     "population",
     "households",
     "median_income"]]
  processed_features = selected_features.copy()
  # Create a synthetic feature.
  processed_features["rooms_per_person"] = (
    california_housing_dataframe["total_rooms"] /
    california_housing_dataframe["population"])
  return processed_features

def preprocess_targets(california_housing_dataframe):
  """Prepares target features (i.e., labels) from California housing data set.

  Args:
    california_housing_dataframe: A Pandas DataFrame expected to contain data
      from the California housing data set.
  Returns:
    A DataFrame that contains the target feature.
  """
  output_targets = pd.DataFrame()
  # Scale the target to be in units of thousands of dollars.
  output_targets["median_house_value"] = (
    california_housing_dataframe["median_house_value"] / 1000.0)
  return output_targets
```

创建训练集和验证集：

```
# Choose the first 12000 (out of 17000) examples for training.
training_examples =
preprocess_features(california_housing_dataframe.head(12000))
training_targets = preprocess_targets(california_housing_dataframe.head(12000))

# Choose the last 5000 (out of 17000) examples for validation.
validation_examples =
preprocess_features(california_housing_dataframe.tail(5000))
validation_targets =
preprocess_targets(california_housing_dataframe.tail(5000))

# Double-check that we've done the right thing.
print "Training examples summary:"
display.display(training_examples.describe())
print "Validation examples summary:"
```

```
display.display(validation_examples.describe())

print "Training targets summary:"
display.display(training_targets.describe())
print "Validation targets summary:"
display.display(validation_targets.describe())
```

结果如图 10-19~图 10-22 所示。

Training examples summary:

	latitude	longitude	housing_median_age	total_rooms	total_bedrooms	population	households	median_income	rooms_per_person
count	12000.0	12000.0	12000.0	12000.0	12000.0	12000.0	12000.0	12000.0	12000.0
mean	35.6	-119.6	28.6	2639.6	537.6	1422.6	499.5	3.9	2.0
std	2.1	2.0	12.6	2175.5	419.9	1124.6	382.3	1.9	1.2
min	32.5	-124.3	1.0	2.0	1.0	3.0	1.0	0.5	0.1
25%	33.9	-121.8	18.0	1454.8	295.0	784.0	281.0	2.6	1.5
50%	34.2	-118.5	29.0	2122.0	432.0	1161.0	408.0	3.5	1.9
75%	37.7	-118.0	37.0	3148.0	650.0	1718.0	603.0	4.8	2.3
max	42.0	-114.3	52.0	37937.0	6445.0	28566.0	6082.0	15.0	55.2

图 10-19　训练示例概括

Validation examples summary:

	latitude	longitude	housing_median_age	total_rooms	total_bedrooms	population	households	median_income	rooms_per_person
count	5000.0	5000.0	5000.0	5000.0	5000.0	5000.0	5000.0	5000.0	5000.0
mean	35.6	-119.6	28.5	2653.5	543.8	1446.4	505.5	3.9	2.0
std	2.1	2.0	12.5	2190.7	425.4	1201.9	389.9	1.9	1.0
min	32.5	-124.2	2.0	20.0	4.0	17.0	4.0	0.5	0.0
25%	33.9	-121.8	18.0	1472.8	302.0	801.0	283.0	2.6	1.5
50%	34.3	-118.5	29.0	2143.5	439.5	1180.0	412.0	3.5	1.9
75%	37.7	-118.0	37.0	3154.5	647.0	1730.0	609.0	4.7	2.3
max	41.9	-114.6	52.0	32054.0	5290.0	35682.0	5050.0	15.0	26.5

图 10-20　验证示例概括

Training targets summary:

	median_house_value
count	12000.0
mean	207.3
std	116.0
min	15.0
25%	119.1
50%	180.5
75%	265.2
max	500.0

图 10-21　训练目标概括

Validation targets summary:

	median_house_value
count	5000.0
mean	207.4
std	115.9
min	15.0
25%	120.2
50%	179.8
75%	264.2
max	500.0

图 10-22　验证目标概括

接下来，我们将训练神经网络。定义特征列结构和输入函数：

```
def construct_feature_columns(input_features):
```

```
    """Construct the TensorFlow Feature Columns.

    Args:
      input_features: The names of the numerical input features to use.
    Returns:
      A set of feature columns
    """
    return set([tf.feature_column.numeric_column(my_feature)
              for my_feature in input_features])

def my_input_fn(features, targets, batch_size=1, shuffle=True, num_epochs=None):
    """Trains a linear regression model of one feature.

    Args:
      features: pandas DataFrame of features
      targets: pandas DataFrame of targets
      batch_size: Size of batches to be passed to the model
      shuffle: True or False. Whether to shuffle the data.
      num_epochs: Number of epochs for which data should be repeated. None = repeat
indefinitely
    Returns:
      Tuple of (features, labels) for next data batch
    """

    # Convert pandas data into a dict of np arrays.
    features = {key:np.array(value) for key,value in dict(features).items()}

    # Construct a dataset, and configure batching/repeating
    ds = Dataset.from_tensor_slices((features,targets)) # warning: 2GB limit
    ds = ds.batch(batch_size).repeat(num_epochs)

    # Shuffle the data, if specified
    if shuffle:
      ds = ds.shuffle(10000)

    # Return the next batch of data
    features, labels = ds.make_one_shot_iterator().get_next()
    return features, labels
```

定义神经网络模型:

```
def train_nn_regression_model(
    my_optimizer,
    steps,
    batch_size,
    hidden_units,
    training_examples,
    training_targets,
    validation_examples,
    validation_targets):
  """Trains a neural network regression model.
```

328

In addition to training, this function also prints training progress information,
as well as a plot of the training and validation loss over time.

```
  Args:
    my_optimizer: An instance of `tf.train.Optimizer`, the optimizer to use.
    steps: A non-zero `int`, the total number of training steps. A training step
      consists of a forward and backward pass using a single batch.
    batch_size: A non-zero `int`, the batch size.
    hidden_units: A `list` of int values, specifying the number of neurons in each
layer.
      training_examples: A `DataFrame` containing one or more columns from
        `california_housing_dataframe` to use as input features for training.
      training_targets: A `DataFrame` containing exactly one column from
        `california_housing_dataframe` to use as target for training.
      validation_examples: A `DataFrame` containing one or more columns from
        `california_housing_dataframe` to use as input features for validation.
      validation_targets: A `DataFrame` containing exactly one column from
        `california_housing_dataframe` to use as target for validation.

  Returns:
    A tuple `(estimator, training_losses, validation_losses)`:
      estimator: the trained `DNNRegressor` object.
      training_losses: a `list` containing the training loss values taken during
training.
      validation_losses: a `list` containing the validation loss values taken during
training.
    """

  periods = 10
  steps_per_period = steps / periods

  # Create a linear regressor object.
  my_optimizer = tf.contrib.estimator.clip_gradients_by_norm(my_optimizer, 5.0)
  dnn_regressor = tf.estimator.DNNRegressor(
      feature_columns=construct_feature_columns(training_examples),
      hidden_units=hidden_units,
      optimizer=my_optimizer
  )

  # Create input functions
  training_input_fn = lambda: my_input_fn(training_examples,
                                  training_targets["median_house_value"],
                                  batch_size=batch_size)
  predict_training_input_fn = lambda: my_input_fn(training_examples,

training_targets["median_house_value"],
                                  num_epochs=1,
                                  shuffle=False)
  predict_validation_input_fn = lambda: my_input_fn(validation_examples,
```

```
validation_targets["median_house_value"],
                                          num_epochs=1,
                                          shuffle=False)

  # Train the model, but do so inside a loop so that we can periodically assess
  # loss metrics.
  print "Training model..."
  print "RMSE (on training data):"
  training_rmse = []
  validation_rmse = []
  for period in range (0, periods):
    # Train the model, starting from the prior state.
    dnn_regressor.train(
        input_fn=training_input_fn,
        steps=steps_per_period
    )
    # Take a break and compute predictions.
    training_predictions =
dnn_regressor.predict(input_fn=predict_training_input_fn)
    training_predictions = np.array([item['predictions'][0] for item in
training_predictions])

    validation_predictions =
dnn_regressor.predict(input_fn=predict_validation_input_fn)
    validation_predictions = np.array([item['predictions'][0] for item in
validation_predictions])

    # Compute training and validation loss.
    training_root_mean_squared_error = math.sqrt(
        metrics.mean_squared_error(training_predictions, training_targets))
    validation_root_mean_squared_error = math.sqrt(
        metrics.mean_squared_error(validation_predictions, validation_targets))
    # Occasionally print the current loss.
    print "  period %02d : %0.2f" % (period, training_root_mean_squared_error)
    # Add the loss metrics from this period to our list.
    training_rmse.append(training_root_mean_squared_error)
    validation_rmse.append(validation_root_mean_squared_error)
  print "Model training finished."

  # Output a graph of loss metrics over periods.
  plt.ylabel("RMSE")
  plt.xlabel("Periods")
  plt.title("Root Mean Squared Error vs. Periods")
  plt.tight_layout()
  plt.plot(training_rmse, label="training")
  plt.plot(validation_rmse, label="validation")
  plt.legend()

  print "Final RMSE (on training data):   %0.2f" % training_root_mean_squared_error
  print "Final RMSE (on validation data): %0.2f" %
validation_root_mean_squared_error
```

```
return dnn_regressor, training_rmse, validation_rmse
```

开始训练：

```
_ = train_nn_regression_model(
  my_optimizer=tf.train.GradientDescentOptimizer(learning_rate=0.0007),
  steps=5000,
  batch_size=70,
  hidden_units=[10, 10],
  training_examples=training_examples,
  training_targets=training_targets,
  validation_examples=validation_examples,
  validation_targets=validation_targets)
```

结果如图 10-23 和图 10-24 所示。

```
Training model...
RMSE (on training data):
  period 00 : 154.53
  period 01 : 140.22
  period 02 : 125.73
  period 03 : 112.86
  period 04 : 108.60
  period 05 : 109.13
  period 06 : 106.49
  period 07 : 106.29
  period 08 : 107.11
  period 09 : 104.40
Model training finished.
Final RMSE (on training data):   104.40
Final RMSE (on validation data): 104.71
```

图 10-23　训练数据

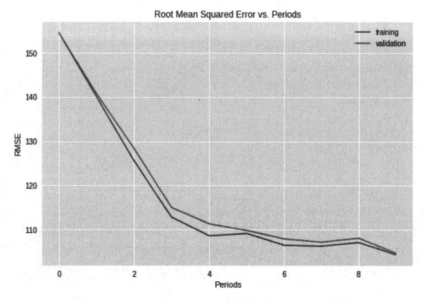

图 10-24　训练结果

下面进行线性缩放，即将输入归一化，以使其位于 (-1, 1) 范围内，这可能是一种良好的标准做法。这样一来，SGD 在一个维度中采用很大步长（或者在另一个维度中采用很小步长）时不会受阻。这种做法与使用预调节器（Preconditioner）的想法是有联系的。其代码如下：

```python
def linear_scale(series):
 min_val = series.min()
 max_val = series.max()
 scale = (max_val - min_val) / 2.0
 return series.apply(lambda x:((x - min_val) / scale) - 1.0)
```

下面我们使用线性缩放将特征归一化，即将输入归一化到 (-1, 1) 范围内。一般来说，当输入特征大致位于相同范围时，神经网络的训练效果最好。由于归一化会使用最小值和最大值，我们必须确保在整个数据集中一次性完成该操作。我们之所以可以这样做，是因为所有的数据都在一个 DataFrame 中。如果我们有多个数据集，那么最好从训练集中导出归一化参数，然后以相同的方式将其应用于测试集。其代码如下：

```python
def normalize_linear_scale(examples_dataframe):
 """Returns a version of the input `DataFrame` that has all its features normalized
linearly."""
 processed_features = pd.DataFrame()
 processed_features["latitude"] = linear_scale(examples_dataframe["latitude"])
 processed_features["longitude"] =
linear_scale(examples_dataframe["longitude"])
 processed_features["housing_median_age"] =
linear_scale(examples_dataframe["housing_median_age"])
 processed_features["total_rooms"] =
linear_scale(examples_dataframe["total_rooms"])
 processed_features["total_bedrooms"] =
linear_scale(examples_dataframe["total_bedrooms"])
 processed_features["population"] =
linear_scale(examples_dataframe["population"])
 processed_features["households"] =
linear_scale(examples_dataframe["households"])
 processed_features["median_income"] =
linear_scale(examples_dataframe["median_income"])
 processed_features["rooms_per_person"] =
linear_scale(examples_dataframe["rooms_per_person"])
 return processed_features

normalized_dataframe =
normalize_linear_scale(preprocess_features(california_housing_dataframe))
normalized_training_examples = normalized_dataframe.head(12000)
normalized_validation_examples = normalized_dataframe.tail(5000)

_ = train_nn_regression_model(
   my_optimizer=tf.train.GradientDescentOptimizer(learning_rate=0.005),
   steps=2000,
   batch_size=50,
   hidden_units=[10, 10],
```

```
training_examples=normalized_training_examples,
training_targets=training_targets,
validation_examples=normalized_validation_examples,
validation_targets=validation_targets)
```

结果如图 10-25、图 10-26 所示。

```
Training model...
RMSE (on training data):
  period 00 : 186.42
  period 01 : 116.82
  period 02 : 106.83
  period 03 : 92.03
  period 04 : 79.42
  period 05 : 75.53
  period 06 : 73.90
  period 07 : 72.93
  period 08 : 71.98
  period 09 : 72.10
Model training finished.
Final RMSE (on training data):    72.10
Final RMSE (on validation data): 72.88
```

图 10-25　训练数据

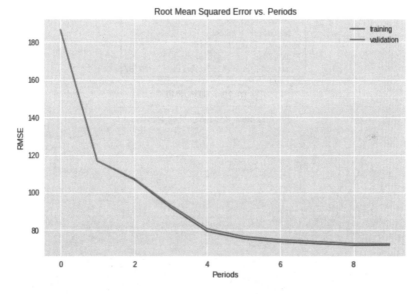

图 10-26　训练结果

下面我们尝试其他优化器，使用 AdaGrad 和 Adam 优化器并对比其效果。AdaGrad 的核心是灵活地修改模型中每个系数的学习率。该优化器对于凸优化问题非常有效，但不一定适合非凸优化问题的神经网络训练。通过指定 AdagradOptimizer（而不是 GradientDescentOptimizer）来使用 AdaGrad。对于 AdaGrad，可能需要使用较大的学习率。

对于非凸优化问题，Adam 有时比 AdaGrad 更有效。要使用 Adam，可调用 tf.train.AdamOptimizer 方法。此方法将几个可选超参数作为参数，但解决方案仅指定其中一个（learning_rate）。在应用设置中，我们应该谨慎指定和调整可选超参数。

首先，我们来尝试 AdaGrad：

```
_, adagrad_training_losses, adagrad_validation_losses =
train_nn_regression_model(
    my_optimizer=tf.train.AdagradOptimizer(learning_rate=0.5),
    steps=500,
    batch_size=100,
    hidden_units=[10, 10],
    training_examples=normalized_training_examples,
    training_targets=training_targets,
    validation_examples=normalized_validation_examples,
    validation_targets=validation_targets)
```

结果如图 10-27、图 10-28 所示。

```
Training model...
RMSE (on training data):
  period 00 : 80.95
  period 01 : 76.47
  period 02 : 72.89
  period 03 : 72.58
  period 04 : 69.52
  period 05 : 69.38
  period 06 : 70.13
  period 07 : 73.93
  period 08 : 69.11
  period 09 : 68.99
Model training finished.
Final RMSE (on training data):   68.99
Final RMSE (on validation data): 69.82
```

图 10-27　训练数据

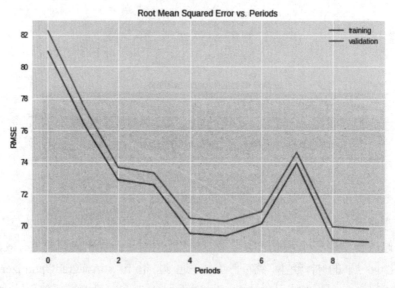

图 10-28　训练结果

现在，我们来尝试 Adam：

```
_, adam_training_losses, adam_validation_losses = train_nn_regression_model(
    my_optimizer=tf.train.AdamOptimizer(learning_rate=0.009),
```

```
steps=500,
batch_size=100,
hidden_units=[10, 10],
training_examples=normalized_training_examples,
training_targets=training_targets,
validation_examples=normalized_validation_examples,
validation_targets=validation_targets)
```

结果如图 10-29、图 10-30 所示。

```
Training model...
RMSE (on training data):
  period 00 : 187.01
  period 01 : 119.20
  period 02 : 109.66
  period 03 : 100.04
  period 04 : 83.90
  period 05 : 74.35
  period 06 : 72.02
  period 07 : 70.80
  period 08 : 70.40
  period 09 : 69.65
Model training finished.
Final RMSE (on training data):    69.65
Final RMSE (on validation data): 70.49
```

图 10-29　训练数据

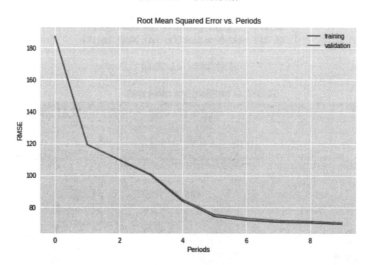

图 10-30　训练结果

并输出损失指标的图表：

```
plt.ylabel("RMSE")
plt.xlabel("Periods")
plt.title("Root Mean Squared Error vs. Periods")
plt.plot(adagrad_training_losses, label='Adagrad training')
plt.plot(adagrad_validation_losses, label='Adagrad validation')
plt.plot(adam_training_losses, label='Adam training')
plt.plot(adam_validation_losses, label='Adam validation')
_ = plt.legend()
```

结果如图 10-31 所示。

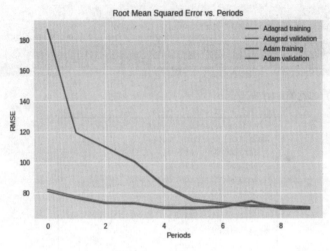

图 10-31　训练结果

我们还可以尝试对各种特征使用其他归一化方法，以进一步提高性能。如果仔细查看转换后数据的汇总统计信息，可能会注意到，对某些特征进行线性缩放会使其聚集到接近 -1 的位置。例如，很多特征的中位数约为 -0.8，而不是 0.0。

```
_ = training_examples.hist(bins=20, figsize=(18, 12), xlabelsize=2)
```

结果如图 10-32 所示。

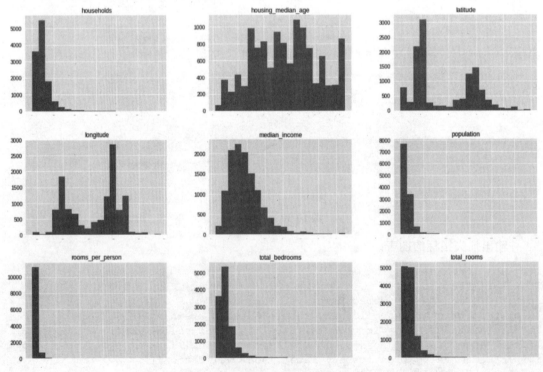

图 10-32　很多特征的中位数约为-0.8

通过选择其他方式来转换这些特征，可能会获得更好的效果。例如，对数缩放可能对某些特征有帮助。或者，截取极端值可能会使剩余部分的信息更加丰富。

```
def log_normalize(series):
  return series.apply(lambda x:math.log(x+1.0))

def clip(series, clip_to_min, clip_to_max):
  return series.apply(lambda x:(
    min(max(x, clip_to_min), clip_to_max)))

def z_score_normalize(series):
  mean = series.mean()
  std_dv = series.std()
  return series.apply(lambda x:(x - mean) / std_dv)

def binary_threshold(series, threshold):
  return series.apply(lambda x:(1 if x > threshold else 0))
```

上述代码包含一些额外的归一化函数。我们可尝试其中的某些函数，或添加自己的函数。要注意的是，若将目标归一化，则需要将网络的预测结果非归一化，以便比较损失函数的值。以上这些只是我们能想到的处理数据的几种方法，其他转换方式可能会更好。households、median_income 和 total_bedrooms 在对数空间内均呈正态分布。如果 latitude、longitude 和 housing_median_age 像之前一样进行线性缩放，效果可能会更好。population、total_rooms 和 rooms_per_person 具有几个极端离群值。这些值似乎过于极端，以至于我们无法利用对数归一化处理这些离群值。因此，我们直接截取掉这些值。

```
def normalize(examples_dataframe):
  """Returns a version of the input `DataFrame` that has all its features
normalized."""
  processed_features = pd.DataFrame()

  processed_features["households"] =
log_normalize(examples_dataframe["households"])
  processed_features["median_income"] =
log_normalize(examples_dataframe["median_income"])
  processed_features["total_bedrooms"] =
log_normalize(examples_dataframe["total_bedrooms"])

  processed_features["latitude"] = linear_scale(examples_dataframe["latitude"])
  processed_features["longitude"] =
linear_scale(examples_dataframe["longitude"])
  processed_features["housing_median_age"] =
linear_scale(examples_dataframe["housing_median_age"])

  processed_features["population"] =
linear_scale(clip(examples_dataframe["population"], 0, 5000))
  processed_features["rooms_per_person"] =
linear_scale(clip(examples_dataframe["rooms_per_person"], 0, 5))
  processed_features["total_rooms"] =
```

```
linear_scale(clip(examples_dataframe["total_rooms"], 0, 10000))

  return processed_features

normalized_dataframe =
normalize_linear_scale(preprocess_features(california_housing_dataframe))
normalized_training_examples = normalized_dataframe.head(12000)
normalized_validation_examples = normalized_dataframe.tail(5000)

_ = train_nn_regression_model(
  my_optimizer=tf.train.AdagradOptimizer(learning_rate=0.15),
  steps=1000,
  batch_size=50,
  hidden_units=[10, 10],
  training_examples=normalized_training_examples,
  training_targets=training_targets,
  validation_examples=normalized_validation_examples,
  validation_targets=validation_targets)
```

结果如图 10-33、图 10-34 所示。

```
Training model...
RMSE (on training data):
  period 00 : 95.24
  period 01 : 72.65
  period 02 : 71.14
  period 03 : 70.45
  period 04 : 70.75
  period 05 : 69.88
  period 06 : 69.98
  period 07 : 69.62
  period 08 : 70.02
  period 09 : 69.22
Model training finished.
Final RMSE (on training data):    69.22
Final RMSE (on validation data): 69.97
```

图 10-33　训练数据

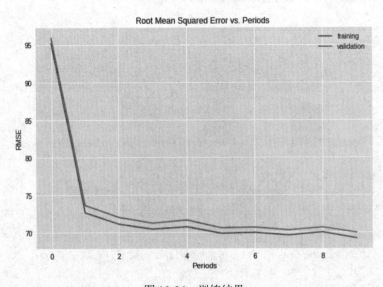

图 10-34　训练结果

下面我们训练仅使用纬度和经度作为特征的神经网络模型。房地产商喜欢说，地段是房价的唯一重要特征。我们来看看能否通过训练仅使用纬度和经度作为特征的模型来证实这一点。只有神经网络模型可以从纬度和经度中学会复杂的非线性规律，才能达到我们想要的效果。注意：我们可能需要一个网络结构，其层数比之前在练习中使用的要多。

```
def location_location_location(examples_dataframe):
  """Returns a version of the input `DataFrame` that keeps only the latitude and
longitude."""
  processed_features = pd.DataFrame()
  processed_features["latitude"] = linear_scale(examples_dataframe["latitude"])
  processed_features["longitude"] =
linear_scale(examples_dataframe["longitude"])
  return processed_features


lll_dataframe =
location_location_location(preprocess_features(california_housing_dataframe))
lll_training_examples = lll_dataframe.head(12000)
lll_validation_examples = lll_dataframe.tail(5000)

_ = train_nn_regression_model(
  my_optimizer=tf.train.AdagradOptimizer(learning_rate=0.05),
  steps=500,
  batch_size=50,
  hidden_units=[10, 10, 5, 5, 5],
  training_examples=lll_training_examples,
  training_targets=training_targets,
  validation_examples=lll_validation_examples,
  validation_targets=validation_targets)
```

结果如图 10-35、图 10-36 所示。

```
Training model...
RMSE (on training data):
  period 00 : 108.62
  period 01 : 105.26
  period 02 : 102.90
  period 03 : 101.41
  period 04 : 100.59
  period 05 : 100.35
  period 06 : 100.45
  period 07 : 99.57
  period 08 : 99.20
  period 09 : 98.91
Model training finished.
Final RMSE (on training data):   98.91
Final RMSE (on validation data): 98.99
```

图 10-35　训练数据

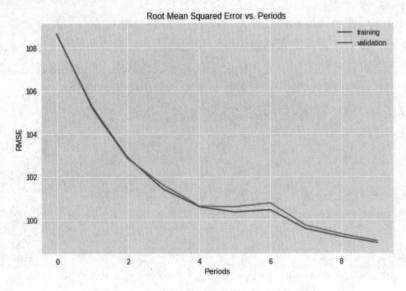

图 10-36　训练结果

可以看到，对于只有两个特征的模型，结果并不算太糟。当然，地产价值在短距离内仍然可能有较大差异。

10.3　多类别神经网络

在前面的章节中，我们讲解了二元分类模型，该模型可从两个可能的选项中选择其一。例如，特定电子邮件是垃圾邮件还是非垃圾邮件，特定肿瘤是恶性肿瘤还是良性肿瘤。设有分类阈值的逻辑回归就非常适合用来处理这类二元类别分类问题。但是在现实世界中，我们通常不仅仅在两个类别之间做出选择，有时需要从一系列类别中的某个类别内选择一个标签，例如：

- 那架飞机是波音 747、空中客车 320、波音 777 还是直升机？
- 这是一张苹果、熊、糖果、狗还是鸡蛋的图片？

现实世界中的一些多类别问题需要从数百万个类别中进行选择。例如，一个几乎能够识别任何事物图片的多类别分类模型。本节将研究多类别分类。

10.3.1　一对多方法

我们可以借助二元分类开发出一些新技术，比如一对多的多类别分类。我们将模型中的一个逻辑回归输出节点用于每个可能的类别（见图 10-37）。因此，一个节点可能会识别"这是苹果吗？"，是/不是。另一个节点可能会识别"这是熊的照片吗？"，是/不是。第三个节点可能会识别"这是糖果吗？"，是/不是。我们将一个输出节点用于所观察的每个可能的类别，同时对这些节点进行训练，便可以在深度网络中做到这一点。

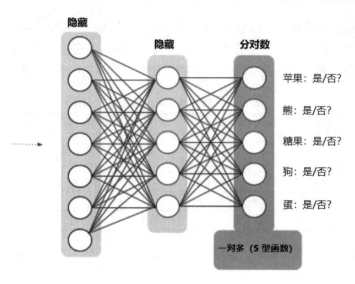

图 10-37　一对多神经网络

一对多提供了一种利用二元分类的方法。鉴于一个分类问题会有 N 个可行的解决方案，一对多解决方案包括 N 个单独的二元分类器，每个可能的结果对应一个二元分类器。在训练期间，模型会训练一系列二元分类器，使每个分类器都能回答单独的分类问题。以一张狗的照片为例，可能需要训练 5 个不同的识别器，其中 4 个将图片看作负样本（不是狗），1 个将图片看作正样本（是狗），即：

这是一张苹果的图片吗？不是。

这是一张熊的图片吗？不是。

这是一张糖果的图片吗？不是。

这是一张狗的图片吗？是。

这是一张鸡蛋的图片吗？不是。

当类别总数较少时，这种方法比较合理，但随着类别数量的增加，其效率会变得越来越低。我们可以借助深度神经网络（在该网络中，每个输出节点表示一个不同的类别）创建明显更加高效的一对多模型。

10.3.2　Softmax

在某些问题中，我们知道示例一次只属于一个类别。例如，一种指定的水果要么是香蕉，要么是梨，要么是苹果。在这种情况下，我们希望所有输出节点的概率总和正好是 1。要实现这一点，可以使用一种名为 Softmax 的函数。

我们已经知道，逻辑回归可生成介于 0 和 1.0 之间的小数。例如，某电子邮件分类器的逻辑回归输出值为 0.8，表明电子邮件是垃圾邮件的概率为 80%，不是垃圾邮件的概率为 20%。很明显，一封电子邮件是垃圾邮件或非垃圾邮件的概率之和为 1.0。Softmax 将这一想法延伸到多类别领域。也就是说，在多类别问题中，Softmax 会为每个类别分配一个用小数表示的概率。这些用小数表示的概率相加之和必须是 1.0。与其他方式相比，这种附加限制有助于让训练过程更快速地收敛。Softmax 本质上是对我们所使用的这种逻辑回归的泛化，只不过泛化成了多个类别。在遇到单一标签的多类别分类问题时，我们会使用 Softmax。

以某图片分析为例，Softmax 可能会得出图片属于某一特定类别的概率，如表 10-1 所示。

表 10-1　图片属于某一特定类别的概率

类别	概率
苹果	0.001
熊	0.04
糖果	0.008
狗	0.95
鸡蛋	0.001

Softmax 层是紧挨着输出层，并在输出层之前的神经网络层。Softmax 层必须和输出层拥有一样的节点数（见图 10-38）。

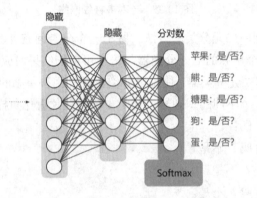

图 10-38　神经网络中的 Softmax 层

Softmax 方程式如下：

$$p(y = j | \mathbf{x}) = \frac{e^{(\mathbf{w}_j^T \mathbf{x} + b_j)}}{\sum_{k \in K} e^{(\mathbf{w}_k^T \mathbf{x} + b_k)}}$$

此公式本质上是将逻辑回归公式延伸到了多类别。以下是 Softmax 的变体：

● 完整 Softmax 是我们一直以来讨论的 Softmax，也就是说，Softmax 针对每个可能的类别计算概率。

● 候选采样指 Softmax 针对所有正类别标签计算概率，但仅针对负类别标签的随机样本计算概率。例如，如果想要确定某张输入图片是波音 737 飞机还是波音 747 飞机的图片，就不必针对每个非飞机样本提供概率。类别数量较少时，完整 Softmax 代价很小，但随着类别数量的增加，代价会变得极其高昂。候选采样可以提高处理具有大量类别问题的效率。

● Softmax 假设每个样本只是一个类别的成员。但是，一些样本可以同时是多个类别的成员。对于此类示例：

➤ 不能使用 Softmax。

➤ 必须依赖多个逻辑回归。

例如，假设样本是只包含一项内容（一块水果）的图片。Softmax 可以确定该内容是梨、橙子、苹果等的概率。如果样本是包含各种各样内容（几碗不同种类的水果）的图片，那么必须改用多个逻辑回归。

总之，在训练多类别分类时，我们有几个选项可以选择。一个是使用完整 Softmax， 此时训练成本相对昂贵。想象一下，如果有一百万个类别，那么基本上需要为每个示例分别训练一百万个输出节点。我们可以通过进行"候选采样"来提高一点效率。

10.3.3　代码实例

本节对手写数字进行分类。我们训练线性模型和神经网络，对传统 MNIST 数据集中的手写数字进行分类，并比较线性分类模型和神经网络分类模型的效果，最后可视化神经网络隐藏层的权重。我们的目标是将每个输入图片与正确的数字相对应。我们会创建一个包含几个隐藏层的神经网络，并在顶部放置一个归一化指数层，以选出最合适的类别。下面来看一下代码。

首先，下载数据集，导入 TensorFlow 和其他实用工具，并将数据加载到 Pandas DataFrame。此数据是原始 MNIST 训练数据的样本，我们随机选择了 10000 行。

```
!wget https://storage.googleapis.com/mledu-datasets/mnist_train_small.csv -O
/tmp/mnist_train_small.csv
```

结果如图 10-39 所示。

```
--2018-06-05 06:05:27--  https://storage.googleapis.com/mledu-datasets/mnist_train_small.csv
Resolving storage.googleapis.com (storage.googleapis.com)... 74.125.199.128, 2607:f8b0:400e:c04::80
Connecting to storage.googleapis.com (storage.googleapis.com)|74.125.199.128|:443... connected.
HTTP request sent, awaiting response... 200 OK
Length: 36523880 (35M) [application/octet-stream]
Saving to: '/tmp/mnist_train_small.csv'

/tmp/mnist_train_sm 100%[===================>]  34.83M   125MB/s    in 0.3s

2018-06-05 06:05:27 (125 MB/s) - '/tmp/mnist_train_small.csv' saved [36523880/36523880]
```

图 10-39　训练结果

对这 10000 行数据进行训练：

```
import glob
import io
import math
import os

from IPython import display
from matplotlib import cm
from matplotlib import gridspec
from matplotlib import pyplot as plt
import numpy as np
import pandas as pd
import seaborn as sns
```

```
from sklearn import metrics
import tensorflow as tf
from tensorflow.python.data import Dataset

tf.logging.set_verbosity(tf.logging.ERROR)
pd.options.display.max_rows = 10
pd.options.display.float_format = '{:.1f}'.format

mnist_dataframe = pd.read_csv(
  io.open("/tmp/mnist_train_small.csv", "r"),
  sep=",",
  header=None)

# Use just the first 10,000 records for training/validation
mnist_dataframe = mnist_dataframe.head(10000)
mnist_dataframe =
mnist_dataframe.reindex(np.random.permutation(mnist_dataframe.index))
mnist_dataframe.head()
```

结果如图 10-40 所示。

	0	1	2	3	4	5	6	7	8	9	...	775	776	777	778	779	780	781	782	783	784
3128	8	0	0	0	0	0	0	0	0	0	...	0	0	0	0	0	0	0	0	0	0
284	4	0	0	0	0	0	0	0	0	0	...	0	0	0	0	0	0	0	0	0	0
3861	3	0	0	0	0	0	0	0	0	0	...	0	0	0	0	0	0	0	0	0	0
6946	1	0	0	0	0	0	0	0	0	0	...	0	0	0	0	0	0	0	0	0	0
6586	5	0	0	0	0	0	0	0	0	0	...	0	0	0	0	0	0	0	0	0	0

5 rows × 785 columns

图 10-40　10000 行数据执行结果

如图 10-40 所示，第一列中包含类别标签。其余列中包含特征值，每个像素对应一个特征值，有 $28 \times 28 = 784$ 个像素值，其中大部分像素值为零。

如图 10-41 所示，这些样本都是分辨率相对较低、对比度相对较高的手写数字图片。0~9这十个数字中的每个可能出现的数字均由唯一的类别标签表示。因此，这是一个具有 10 个类别的多类别分类问题。现在，我们解析一下标签和特征，并查看几个样本（注意 loc 的使用，借助 loc，我们能够基于原来的位置抽出各列，因为此数据集中没有标题行）。

 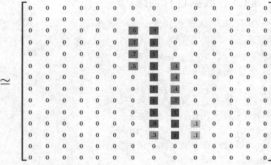

图 10-41　手写数字

```
def parse_labels_and_features(dataset):
  """Extracts labels and features.

  This is a good place to scale or transform the features if needed.

  Args:
    dataset: A Pandas `Dataframe`, containing the label on the first column and
      monochrome pixel values on the remaining columns, in row major order.
  Returns:
    A `tuple` `(labels, features)`:
      labels: A Pandas `Series`.
      features: A Pandas `DataFrame`.
  """
  labels = dataset[0]

  # DataFrame.loc index ranges are inclusive at both ends.
  features = dataset.loc[:,1:784]
  # Scale the data to [0, 1] by dividing out the max value, 255.
  features = features / 255

  return labels, features
```

训练数据集代码如下：

```
training_targets, training_examples =
parse_labels_and_features(mnist_dataframe[:7500])
training_examples.describe()
```

训练数据集的结果如图 10-42 所示。

	1	2	3	4	5	6	7	8	9	10	...	775	776	777	778	779	780	781	782	783	784
count	7500.0	7500.0	7500.0	7500.0	7500.0	7500.0	7500.0	7500.0	7500.0	7500.0	...	7500.0	7500.0	7500.0	7500.0	7500.0	7500.0	7500.0	7500.0	7500.0	7500.0
mean	0.0	0.0	0.0	0.0	0.0	0.0	0.0	0.0	0.0	0.0	...	0.0	0.0	0.0	0.0	0.0	0.0	0.0	0.0	0.0	0.0
std	0.0	0.0	0.0	0.0	0.0	0.0	0.0	0.0	0.0	0.0	...	0.0	0.0	0.0	0.0	0.0	0.0	0.0	0.0	0.0	0.0
min	0.0	0.0	0.0	0.0	0.0	0.0	0.0	0.0	0.0	0.0	...	0.0	0.0	0.0	0.0	0.0	0.0	0.0	0.0	0.0	0.0
25%	0.0	0.0	0.0	0.0	0.0	0.0	0.0	0.0	0.0	0.0	...	0.0	0.0	0.0	0.0	0.0	0.0	0.0	0.0	0.0	0.0
50%	0.0	0.0	0.0	0.0	0.0	0.0	0.0	0.0	0.0	0.0	...	0.0	0.0	0.0	0.0	0.0	0.0	0.0	0.0	0.0	0.0
75%	0.0	0.0	0.0	0.0	0.0	0.0	0.0	0.0	0.0	0.0	...	0.0	0.0	0.0	0.0	0.0	0.0	0.0	0.0	0.0	0.0
max	0.0	0.0	0.0	0.0	0.0	0.0	0.0	0.0	0.0	0.0	...	1.0	1.0	0.3	0.0	0.0	0.0	0.0	0.0	0.0	0.0

8 rows × 784 columns

图 10-42　训练数据集的结果

验证数据集代码如下：

```
validation_targets, validation_examples =
parse_labels_and_features(mnist_dataframe[7500:10000])
validation_examples.describe()
```

验证数据集的结果如图 10-43 所示。

	1	2	3	4	5	6	7	8	9	10	...	775	776	777	778	779	780	781	782	783	784
count	2500.0	2500.0	2500.0	2500.0	2500.0	2500.0	2500.0	2500.0	2500.0	2500.0	...	2500.0	2500.0	2500.0	2500.0	2500.0	2500.0	2500.0	2500.0	2500.0	2500.0
mean	0.0	0.0	0.0	0.0	0.0	0.0	0.0	0.0	0.0	0.0	...	0.0	0.0	0.0	0.0	0.0	0.0	0.0	0.0	0.0	0.0
std	0.0	0.0	0.0	0.0	0.0	0.0	0.0	0.0	0.0	0.0	...	0.0	0.0	0.0	0.0	0.0	0.0	0.0	0.0	0.0	0.0
min	0.0	0.0	0.0	0.0	0.0	0.0	0.0	0.0	0.0	0.0	...	0.0	0.0	0.0	0.0	0.0	0.0	0.0	0.0	0.0	0.0
25%	0.0	0.0	0.0	0.0	0.0	0.0	0.0	0.0	0.0	0.0	...	0.0	0.0	0.0	0.0	0.0	0.0	0.0	0.0	0.0	0.0
50%	0.0	0.0	0.0	0.0	0.0	0.0	0.0	0.0	0.0	0.0	...	0.0	0.0	0.0	0.0	0.0	0.0	0.0	0.0	0.0	0.0
75%	0.0	0.0	0.0	0.0	0.0	0.0	0.0	0.0	0.0	0.0	...	0.0	0.0	0.0	0.0	0.0	0.0	0.0	0.0	0.0	0.0
max	0.0	0.0	0.0	0.0	0.0	0.0	0.0	0.0	0.0	0.0	...	1.0	1.0	0.8	0.2	1.0	0.2	0.0	0.0	0.0	0.0

8 rows × 784 columns

图 10-43　验证数据集的结果

下面显示一个随机样本及其对应的标签，代码如下：

```
rand_example = np.random.choice(training_examples.index)
_, ax = plt.subplots()
ax.matshow(training_examples.loc[rand_example].values.reshape(28, 28))
ax.set_title("Label: %i" % training_targets.loc[rand_example])
ax.grid(False)
```

结果如图 10-44 所示。

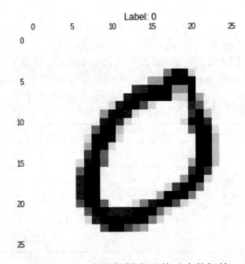

图 10-44　一个随机样本及其对应的标签

下面我们为 MNIST 构建线性模型。首先，创建一个基准模型，作为比较对象。LinearClassifier 可提供一组 k 类一对多分类器，每个类别（共 k 个）对应一个分类器。除了报告准确率和绘制对数损失函数随时间变化的曲线图之外，我们还展示了一个混淆矩阵。混淆矩阵会显示错误分类为其他类别的类别。另外，我们使用 log_loss 函数跟踪模型的错误。读者不应将此函数与用于训练的 LinearClassifier 内部损失函数相混淆。

```
def construct_feature_columns():
  """Construct the TensorFlow Feature Columns.

  Returns:
    A set of feature columns
  """
```

```
# There are 784 pixels in each image
return set([tf.feature_column.numeric_column('pixels', shape=784)])
```

接着，我们会对训练和预测使用单独的输入函数，并将这些函数分别嵌套在 create_training_input_fn() 和 create_predict_input_fn()中，这样一来，我们就可以调用这些函数，以返回相应的 _input_fn，并将其传递到 .train()和.predict()中调用。其代码如下：

```
def create_training_input_fn(features, labels, batch_size, num_epochs=None,
shuffle=True):
  """A custom input_fn for sending MNIST data to the estimator for training.

  Args:
    features: The training features.
    labels: The training labels.
    batch_size: Batch size to use during training.

  Returns:
    A function that returns batches of training features and labels during
    training.
  """
  def _input_fn(num_epochs=None, shuffle=True):
    # Input pipelines are reset with each call to .train(). To ensure model
    # gets a good sampling of data, even when steps is small, we
    # shuffle all the data before creating the Dataset object
    idx = np.random.permutation(features.index)
    raw_features = {"pixels":features.reindex(idx)}
    raw_targets = np.array(labels[idx])

    ds = Dataset.from_tensor_slices((raw_features,raw_targets)) # warning: 2GB
limit
    ds = ds.batch(batch_size).repeat(num_epochs)

    if shuffle:
      ds = ds.shuffle(10000)

    # Return the next batch of data
    feature_batch, label_batch = ds.make_one_shot_iterator().get_next()
    return feature_batch, label_batch

  return _input_fn
def create_predict_input_fn(features, labels, batch_size):
  """A custom input_fn for sending mnist data to the estimator for predictions.

  Args:
    features: The features to base predictions on.
    labels: The labels of the prediction examples.

  Returns:
    A function that returns features and labels for predictions.
```

```
  """
  def _input_fn():
    raw_features = {"pixels": features.values}
    raw_targets = np.array(labels)

    ds = Dataset.from_tensor_slices((raw_features, raw_targets)) # warning: 2GB
limit
    ds = ds.batch(batch_size)


    # Return the next batch of data
    feature_batch, label_batch = ds.make_one_shot_iterator().get_next()
    return feature_batch, label_batch

  return _input_fn

def train_linear_classification_model(
    learning_rate,
    steps,
    batch_size,
    training_examples,
    training_targets,
    validation_examples,
    validation_targets):
  """Trains a linear classification model for the MNIST digits dataset.

  In addition to training, this function also prints training progress information,
  a plot of the training and validation loss over time, and a confusion
  matrix.

  Args:
    learning_rate: An `int`, the learning rate to use.
    steps: A non-zero `int`, the total number of training steps. A training step
      consists of a forward and backward pass using a single batch.
    batch_size: A non-zero `int`, the batch size.
    training_examples: A `DataFrame` containing the training features.
    training_targets: A `DataFrame` containing the training labels.
    validation_examples: A `DataFrame` containing the validation features.
    validation_targets: A `DataFrame` containing the validation labels.

  Returns:
    The trained `LinearClassifier` object.
  """

  periods = 10

  steps_per_period = steps / periods
  # Create the input functions.
  predict_training_input_fn = create_predict_input_fn(
    training_examples, training_targets, batch_size)
  predict_validation_input_fn = create_predict_input_fn(
```

```
     validation_examples, validation_targets, batch_size)
  training_input_fn = create_training_input_fn(
    training_examples, training_targets, batch_size)

  # Create a LinearClassifier object.
  my_optimizer = tf.train.AdagradOptimizer(learning_rate=learning_rate)
  my_optimizer = tf.contrib.estimator.clip_gradients_by_norm(my_optimizer, 5.0)
  classifier = tf.estimator.LinearClassifier(
      feature_columns=construct_feature_columns(),
      n_classes=10,
      optimizer=my_optimizer,
      config=tf.estimator.RunConfig(keep_checkpoint_max=1)
  )

  # Train the model, but do so inside a loop so that we can periodically assess
  # loss metrics.
  print "Training model..."
  print "LogLoss error (on validation data):"
  training_errors = []
  validation_errors = []
  for period in range (0, periods):
    # Train the model, starting from the prior state.
    classifier.train(
        input_fn=training_input_fn,
        steps=steps_per_period
    )

    # Take a break and compute probabilities.
    training_predictions =
list(classifier.predict(input_fn=predict_training_input_fn))
    training_probabilities = np.array([item['probabilities'] for item in
training_predictions])
    training_pred_class_id = np.array([item['class_ids'][0] for item in
training_predictions])
    training_pred_one_hot =
tf.keras.utils.to_categorical(training_pred_class_id,10)

    validation_predictions =
list(classifier.predict(input_fn=predict_validation_input_fn))
    validation_probabilities = np.array([item['probabilities'] for item in
validation_predictions])
    validation_pred_class_id = np.array([item['class_ids'][0] for item in
validation_predictions])
    validation_pred_one_hot =
tf.keras.utils.to_categorical(validation_pred_class_id,10)

    # Compute training and validation errors.
    training_log_loss = metrics.log_loss(training_targets, training_pred_one_hot)
    validation_log_loss = metrics.log_loss(validation_targets,
validation_pred_one_hot)
    # Occasionally print the current loss.
```

```
    print " period %02d : %0.2f" % (period, validation_log_loss)
    # Add the loss metrics from this period to our list.
    training_errors.append(training_log_loss)
    validation_errors.append(validation_log_loss)
  print "Model training finished."
  # Remove event files to save disk space.
  _ = map(os.remove, glob.glob(os.path.join(classifier.model_dir,
'events.out.tfevents*')))

  # Calculate final predictions (not probabilities, as above).
  final_predictions = classifier.predict(input_fn=predict_validation_input_fn)
  final_predictions = np.array([item['class_ids'][0] for item in
final_predictions])


  accuracy = metrics.accuracy_score(validation_targets, final_predictions)
  print "Final accuracy (on validation data): %0.2f" % accuracy

  # Output a graph of loss metrics over periods.
  plt.ylabel("LogLoss")
  plt.xlabel("Periods")
  plt.title("LogLoss vs. Periods")
  plt.plot(training_errors, label="training")
  plt.plot(validation_errors, label="validation")
  plt.legend()
  plt.show()

  # Output a plot of the confusion matrix.
  cm = metrics.confusion_matrix(validation_targets, final_predictions)
  # Normalize the confusion matrix by row (i.e by the number of samples
  # in each class)
  cm_normalized = cm.astype("float") / cm.sum(axis=1)[:, np.newaxis]
  ax = sns.heatmap(cm_normalized, cmap="bone_r")
  ax.set_aspect(1)
  plt.title("Confusion matrix")
  plt.ylabel("True label")
  plt.xlabel("Predicted label")
  plt.show()

  return classifier
```

下面我们调试批量大小、学习速率和步数三个超参数进行试验。我们的目标是让准确率约为 0.9。其代码如下：

```
_ = train_linear_classification_model(
    learning_rate=0.03,
    steps=1000,
    batch_size=30,
    training_examples=training_examples,
    training_targets=training_targets,
    validation_examples=validation_examples,
```

```
validation_targets=validation_targets)
```

结果如图 10-45、图 10-46 所示。

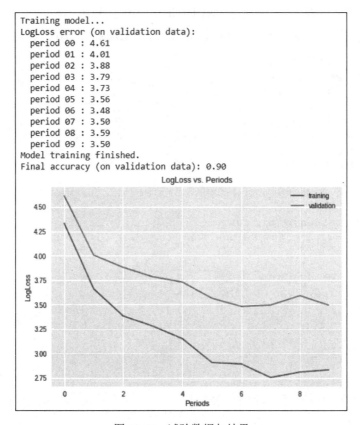

图 10-45　试验数据与结果

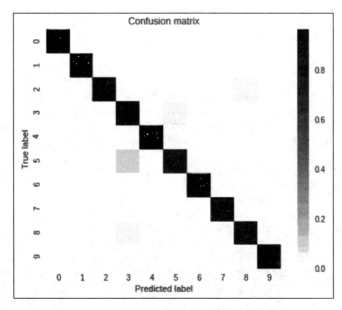

图 10-46　试验结果

下面使用神经网络替换线性分类器。使用 DNNClassifier 替换上面的 LinearClassifier，并查找可实现 0.95 或更高准确率的参数组合。我们也可以尝试随机失活（Dropout）等其他正则化方法。这些正则化方法已记录在 DNNClassifier 类的注释中。除了神经网络专用配置（例如隐藏单元的超参数）之外，以下代码与原始的 LinearClassifer 训练代码几乎完全相同。

```
def train_nn_classification_model(
    learning_rate,
    steps,
    batch_size,
    hidden_units,
    training_examples,
    training_targets,
    validation_examples,
    validation_targets):
  """Trains a neural network classification model for the MNIST digits dataset.

  In addition to training, this function also prints training progress information,
  a plot of the training and validation loss over time, as well as a confusion
  matrix.

  Args:
    learning_rate: An `int`, the learning rate to use.
    steps: A non-zero `int`, the total number of training steps. A training step
      consists of a forward and backward pass using a single batch.
    batch_size: A non-zero `int`, the batch size.
    hidden_units: A `list` of int values, specifying the number of neurons in each
layer.
    training_examples: A `DataFrame` containing the training features.
    training_targets: A `DataFrame` containing the training labels.
    validation_examples: A `DataFrame` containing the validation features.
    validation_targets: A `DataFrame` containing the validation labels.

  Returns:
    The trained `DNNClassifier` object.
  """

  periods = 10
  # Caution: input pipelines are reset with each call to train.
  # If the number of steps is small, your model may never see most of the data.
  # So with multiple `.train` calls like this you may want to control the length
  # of training with num_epochs passed to the input_fn. Or, you can do a really-big
shuffle,
  # or since it's in-memory data, shuffle all the data in the `input_fn`.
  steps_per_period = steps / periods
  # Create the input functions.
  predict_training_input_fn = create_predict_input_fn(
    training_examples, training_targets, batch_size)
  predict_validation_input_fn = create_predict_input_fn(
    validation_examples, validation_targets, batch_size)
  training_input_fn = create_training_input_fn(
    training_examples, training_targets, batch_size)

  # Create the input functions.
  predict_training_input_fn = create_predict_input_fn(
```

```
    training_examples, training_targets, batch_size)
  predict_validation_input_fn = create_predict_input_fn(
    validation_examples, validation_targets, batch_size)
  training_input_fn = create_training_input_fn(
    training_examples, training_targets, batch_size)

  # Create feature columns.
  feature_columns = [tf.feature_column.numeric_column('pixels', shape=784)]

  # Create a DNNClassifier object.
  my_optimizer = tf.train.AdagradOptimizer(learning_rate=learning_rate)
  my_optimizer = tf.contrib.estimator.clip_gradients_by_norm(my_optimizer, 5.0)
  classifier = tf.estimator.DNNClassifier(
      feature_columns=feature_columns,
      n_classes=10,
      hidden_units=hidden_units,
      optimizer=my_optimizer,
      config=tf.contrib.learn.RunConfig(keep_checkpoint_max=1)
  )

  # Train the model, but do so inside a loop so that we can periodically assess
  # loss metrics.
  print "Training model..."
  print "LogLoss error (on validation data):"
  training_errors = []
  validation_errors = []
  for period in range (0, periods):
    # Train the model, starting from the prior state.
    classifier.train(
        input_fn=training_input_fn,
        steps=steps_per_period
    )

    # Take a break and compute probabilities.
    training_predictions =
list(classifier.predict(input_fn=predict_training_input_fn))
    training_probabilities = np.array([item['probabilities'] for item in
training_predictions])
    training_pred_class_id = np.array([item['class_ids'][0] for item in
training_predictions])
    training_pred_one_hot =
tf.keras.utils.to_categorical(training_pred_class_id,10)

    validation_predictions =
list(classifier.predict(input_fn=predict_validation_input_fn))
    validation_probabilities = np.array([item['probabilities'] for item in
validation_predictions])
    validation_pred_class_id = np.array([item['class_ids'][0] for item in
validation_predictions])
    validation_pred_one_hot =
tf.keras.utils.to_categorical(validation_pred_class_id,10)

    # Compute training and validation errors.
    training_log_loss = metrics.log_loss(training_targets, training_pred_one_hot)
    validation_log_loss = metrics.log_loss(validation_targets,
```

```
validation_pred_one_hot)
    # Occasionally print the current loss.
    print " period %02d : %0.2f" % (period, validation_log_loss)
    # Add the loss metrics from this period to our list.
    training_errors.append(training_log_loss)
    validation_errors.append(validation_log_loss)
  print "Model training finished."
  # Remove event files to save disk space.
  _ = map(os.remove, glob.glob(os.path.join(classifier.model_dir,
'events.out.tfevents*')))

  # Calculate final predictions (not probabilities, as above).
  final_predictions = classifier.predict(input_fn=predict_validation_input_fn)
  final_predictions = np.array([item['class_ids'][0] for item in
final_predictions])


  accuracy = metrics.accuracy_score(validation_targets, final_predictions)
  print "Final accuracy (on validation data): %0.2f" % accuracy

  # Output a graph of loss metrics over periods.
  plt.ylabel("LogLoss")
  plt.xlabel("Periods")
  plt.title("LogLoss vs. Periods")
  plt.plot(training_errors, label="training")
  plt.plot(validation_errors, label="validation")
  plt.legend()
  plt.show()

  # Output a plot of the confusion matrix.
  cm = metrics.confusion_matrix(validation_targets, final_predictions)
  # Normalize the confusion matrix by row (i.e by the number of samples
  # in each class)
  cm_normalized = cm.astype("float") / cm.sum(axis=1)[:, np.newaxis]
  ax = sns.heatmap(cm_normalized, cmap="bone_r")
  ax.set_aspect(1)
  plt.title("Confusion matrix")
  plt.ylabel("True label")
  plt.xlabel("Predicted label")
  plt.show()

  return classifier
```

```
classifier = train_nn_classification_model(
    learning_rate=0.05,
    steps=1000,
    batch_size=30,
    hidden_units=[100, 100],
    training_examples=training_examples,
    training_targets=training_targets,
    validation_examples=validation_examples,
    validation_targets=validation_targets)
```

结果如图 10-47、图 10-48 所示。

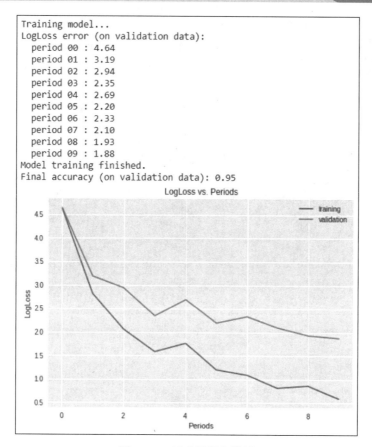

图 10-47　试验数据与结果

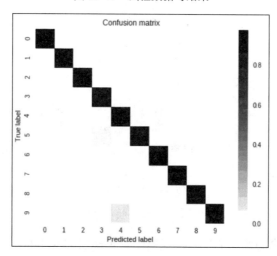

图 10-48　试验结果

接下来，我们来验证测试集的准确率。

```
!wget https://storage.googleapis.com/mledu-datasets/mnist_test.csv -O
/tmp/mnist_test.csv
```

执行过程与结果如图 10-49、图 10-50 所示。

```
--2018-06-05 07:15:02--  https://storage.googleapis.com/mledu-datasets/mnist_test.csv
Resolving storage.googleapis.com (storage.googleapis.com)... 74.125.28.128, 2607:f8b0:400e:c02::80
Connecting to storage.googleapis.com (storage.googleapis.com)|74.125.28.128|:443... connected.
HTTP request sent, awaiting response... 200 OK
Length: 18289443 (17M) [application/octet-stream]
Saving to: '/tmp/mnist_test.csv'

/tmp/mnist_test.csv 100%[===================>]  17.44M  --.-KB/s    in 0.09s

2018-06-05 07:15:02 (195 MB/s) - '/tmp/mnist_test.csv' saved [18289443/18289443]
```

图 10-49　验证测试集准确率的执行过程

```
mnist_test_dataframe = pd.read_csv(
  io.open("/tmp/mnist_test.csv", "r"),
  sep=",",
  header=None)

test_targets, test_examples = parse_labels_and_features(mnist_test_dataframe)
test_examples.describe()
```

	1	2	3	4	5	6	7	8	9	10	...	775	776	777	778	779	780	781	782	783	784
count	10000.0	10000.0	10000.0	10000.0	10000.0	10000.0	10000.0	10000.0	10000.0	10000.0	...	10000.0	10000.0	10000.0	10000.0	10000.0	10000.0	10000.0	10000.0	10000.0	10000.0
mean	0.0	0.0	0.0	0.0	0.0	0.0	0.0	0.0	0.0	0.0	...	0.0	0.0	0.0	0.0	0.0	0.0	0.0	0.0	0.0	0.0
std	0.0	0.0	0.0	0.0	0.0	0.0	0.0	0.0	0.0	0.0	...	0.0	0.0	0.0	0.0	0.0	0.0	0.0	0.0	0.0	0.0
min	0.0	0.0	0.0	0.0	0.0	0.0	0.0	0.0	0.0	0.0	...	0.0	0.0	0.0	0.0	0.0	0.0	0.0	0.0	0.0	0.0
25%	0.0	0.0	0.0	0.0	0.0	0.0	0.0	0.0	0.0	0.0	...	0.0	0.0	0.0	0.0	0.0	0.0	0.0	0.0	0.0	0.0
50%	0.0	0.0	0.0	0.0	0.0	0.0	0.0	0.0	0.0	0.0	...	0.0	0.0	0.0	0.0	0.0	0.0	0.0	0.0	0.0	0.0
75%	0.0	0.0	0.0	0.0	0.0	0.0	0.0	0.0	0.0	0.0	...	0.0	0.0	0.0	0.0	0.0	0.0	0.0	0.0	0.0	0.0
max	0.0	0.0	0.0	0.0	0.0	0.0	0.0	0.0	0.0	0.0	...	1.0	1.0	0.6	0.0	0.0	0.0	0.0	0.0	0.0	0.0

rows × 784 columns

图 10-50　验证测试集准确率的结果

```
predict_test_input_fn = create_predict_input_fn(
    test_examples, test_targets, batch_size=100)

test_predictions = classifier.predict(input_fn=predict_test_input_fn)
test_predictions = np.array([item['class_ids'][0] for item in test_predictions])

accuracy = metrics.accuracy_score(test_targets, test_predictions)
print "Accuracy on test data: %0.2f" % accuracy
```

结果如图 10-51 所示。

Accuracy on test data: 0.95

图 10-51　程序执行结果

最后，可视化第一个隐藏层的权重。我们先看看模型的 weights 属性，以深入探索神经网络，并了解它学到了哪些规律。模型的输入层有 784 个权重，对应于 28×28 像素的输入图片。第一个隐藏层将有 784×N 个权重，其中 N 指的是该层中的节点数。我们可以将这些权重重新变回 28×28 像素的图片，具体方法是将 N 个 1×784 权重的数组变形为 N 个 28×28 大小的数组。运行以下单元格，绘制权重曲线图。注意，此单元格要求名为 classifier 的 DNNClassifier 已经过训练。

```
print classifier.get_variable_names()

weights0 = classifier.get_variable_value("dnn/hiddenlayer_0/kernel")

print "weights0 shape:", weights0.shape

num_nodes = weights0.shape[1]
num_rows = int(math.ceil(num_nodes / 10.0))
fig, axes = plt.subplots(num_rows, 10, figsize=(20, 2 * num_rows))
for coef, ax in zip(weights0.T, axes.ravel()):
    # Weights in coef is reshaped from 1x784 to 28x28.
    ax.matshow(coef.reshape(28, 28), cmap=plt.cm.pink)
    ax.set_xticks(())
    ax.set_yticks(())

plt.show()
```

结果如图 10-52 所示。

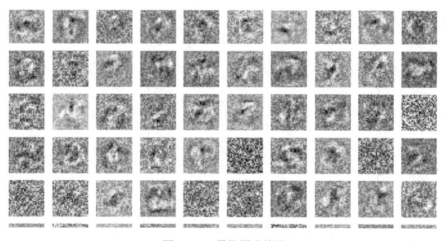

图 10-52　最终图片结果

　　神经网络的第一个隐藏层应该会对一些级别特别低的特征进行建模,因此可视化权重可能只显示一些模糊的区域,也可能只显示数字的某几个部分。此外,你可能还会看到一些基本上是噪点(这些噪点要么不收敛,要么被更高的层忽略)的神经元。在迭代不同的次数后,停止训练并查看效果,你可能会发现有趣的结果。建议读者分别用 10、100 和 1000 步训练分类器。然后重新运行此可视化代码。我们应该能看到不同级别的收敛之间有直观的差异。

10.4　嵌入

　　嵌入(Embedding)广泛应用于推荐系统中。嵌入是一种相对低维的空间,可以将高维向量映射到低维空间里。通过使用嵌入,可以使得在大型输入(比如代表字词的稀疏向量)上进行机器学习变得更加容易。在理想情况下，嵌入可以将语义上相似的不同输入映射到嵌入空间里的邻近处，以此来捕获输入的语义。一个模型学习到的嵌入也可以被其他模型重用。

10.4.1 协同过滤

假设我们是爱奇艺的开发小组，上面有一百万部电影和几十万用户，而且知道每个用户观看过哪些电影。我们的任务很简单：基于观看记录向用户推荐电影。比如，小李观看了一部电影，那么相似的其他电影也是一部值得推荐的好电影。在机器学习中，这叫协同过滤（Collaborative Filtering），这是一项可以预测用户兴趣（根据很多其他用户的兴趣）的任务。为了解决电影推荐的问题，我们必须首先能够判断哪些电影是相似的。那么，怎么设计电影的相似性呢？比如，是儿童动画片还是适合大人的电影，是否是卖座电影，是否是偏艺术类的电影，等等。如图 10-53 所示，我们可以将每个电影"嵌入"与用户偏爱相关的维度的空间中。我们将维度接近的电影放在相互邻近的位置，它们都是非常类似的电影。最后，需要很多维度，比如 20、50 甚至 100 个维度来进行嵌入。

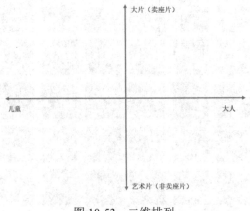

图 10-53 二维排列

我们先讨论二维，可以将二维模型画出来（见图 10-53），x 轴的左侧是比较适合儿童的电影，右侧则是比较适合大人的电影。y 轴的顶部是比较卖座的电影，底部则是偏艺术类（不太卖座）的电影。再向这个模型添加一些电影。这时，会看到位置相邻的电影比较类似，而这正是我们想要实现的目标。每部电影在这个二维空间中都只是单个点，我们使用 x 轴上的一个值和 y 轴上的一个值来表示这些点。现在可以通过这些点之间的距离来了解电影之间的相似性。显然，二维不足以表达电影与电影之间的相似性，在实际工作中，我们需要在 N 维空间中建模。比如，选择 N 个不同的方面，然后可以在 N 个维度中移动某个电影。使用这种方法将类似电影放在相互邻近的位置。现在，每部电影都只是 N 维中的一个点，我们能够以 N 维实值的形式记下每部电影。

在上面的例子中，我们所做的是将这些影片映射到一个嵌入空间，其中每部电影都由一组二维坐标来表示。通常情况下，在学习 N 维嵌入时，每部影片都由 N 个实值数字表示，其中每个数字都分别表示在一个维度中的坐标。在上面的示例中，我们为每个维度指定了名称。在学习嵌入时，每个维度的学习跟它们的名字无关。有时我们可以查看嵌入并为维度赋予语义，但有时则无法做到这一点。通常，每个此类维度都称为一个潜在维度（Latent Dimension），因为它代表的特征没有明确显示在数据中，而是要根据数据推断得出。最终，真正有意义的是嵌入空间中各个影片之间的距离，而不是单个影片在任意指定维度上的坐标。

10.4.2 稀疏数据

分类数据（Categorical Data）是指用于表示一组有限选项（比如 100 万部电影）中的一个或多个离散项（已经观看过的电影）的输入特征。例如，可以是某用户观看过的一部影片、某文档中使用的一系列单词或某人从事的职业。分类数据的表示方式是使用稀疏张量（Sparse Tensor，一种含有极少非零元素的张量）。例如，要构建一个影片推荐模型，可以为每部影片分配一个唯一 ID（ID 为 0、1、2、3、...、999999），然后通过用户已观看影片的稀疏张量来表示每个用户（看过的电影那里打勾），如图 10-54 所示。

图 10-54   电影观看记录

在图 10-54 的矩阵中，用一行表示一个用户，一列表示一部电影，打一个勾表示用户看过这部电影。那么，每一行都是一个显示用户的影片观看记录的样本。如果有一百万部电影，要列出一个用户没有看过的所有电影可不容易，所以，只是记下看过的电影会更高效。正是因为每个用户只会观看所有可能的影片中的极小部分，所以我们以稀疏张量的形式表示。根据影片图标上方所示的索引，最后一行对应于稀疏张量 [1, 3, 999999]，表示用户看过的 3 部电影的索引。

那么，对于机器学习中的输入数据，我们如何将电影表示为数字向量呢？最简单的方法是：定义一个巨型输入层，并在其中为 100 万部电影中的每部电影设定一个节点。因为 100 万部电影是独一无二的电影，所以使用长度为 100 万的向量来表示每部电影，并将每部电影分配到相应向量中对应的索引位置。如果为《教父》电影分配的索引是 1234，那么可以将第 1234 个输入节点设成 1，其余节点设成 0。这种表示法称为独热编码，因为只有一个索引具有非零值。上述方法得到的输入向量比较稀疏，即向量很大，但非零值相对较少。稀疏表示法存在多项问题，这些问题可能会致使模型很难高效地学习。

● 网络的规模

巨型输入向量意味着神经网络的对应权重数目会极其庞大。如果有 M 部电影，而神经网络输入层上方的第一层内有 N 个节点，则需要为该层训练 M×N 个权重。权重数目过大会进一步引发数据量（模型中的权重越多，高效训练所需的数据就越多）和计算量问题（权重越大，训练和使用模型所需的计算就越多，这很容易超出硬件的能力范围）。

● 向量之间缺乏有意义的联系

对于在索引 1234 处设为 1 以表示《教父》的向量而言，与在索引 238 处设为 1 以表示《红楼梦》的向量以及与在索引 50430 处设为 1 以表示《美国往事》的向量，看不出有什么"邻近"的意思。

上述问题的解决方案是使用嵌入，也就是将大型稀疏向量映射到一个保留语义关系的低维空间，将语义上相似的项归到一起，并将相异项分开。

10.4.3 获取嵌入

一般来说，当我们具有稀疏数据时，可以创建一个嵌入单元，这个嵌入单元其实是大小为 d 的一个特殊类型的隐藏单元。此嵌入层可与任何其他特征和隐藏层组合。和任何 DNN 中一样，最终层将是要进行优化的损失函数。例如，假设我们正在执行协同过滤，目标是根据其他用户的兴趣预测某位用户的兴趣。我们可以将这个问题作为监督式学习问题进行建模，具体做法是随机选取（或留出）用户观看过的一小部分影片作为正类别标签，再优化 Softmax 损失，如图 10-55 所示。

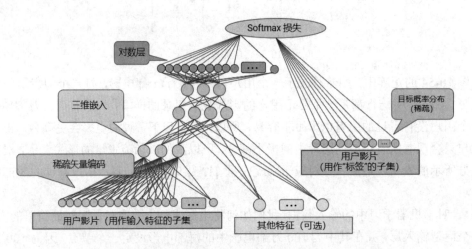

图 10-55　根据协同过滤数据学习影片嵌入的 DNN 架构示例

10.4.4 代码实例

在本节中，我们使用影评文本数据（来自 ACL 2011 IMDB 数据集）进行嵌入。这些数据已被处理成 tf.Example 格式。我们将影评字符串数据转换为稀疏特征向量，使用稀疏特征向量实现情感分析线性模型。我们通过将数据投射到二维空间的嵌入来实现情感分析深度神经网络（DNN）模型。将嵌入可视化，以便查看模型学到的词语之间的关系。

先导入依赖项，并下载训练数据和测试数据。tf.keras 中包含一个文件下载和缓存工具，我们可以用它来检索数据集。

```
import collections
import math

import matplotlib.pyplot as plt
import numpy as np
import pandas as pd
import tensorflow as tf
from IPython import display
from sklearn import metrics

tf.logging.set_verbosity(tf.logging.ERROR)
train_url =
'https://storage.googleapis.com/mledu-datasets/sparse-data-embedding/train.tfr
ecord'
train_path = tf.keras.utils.get_file(train_url.split('/')[-1], train_url)
test_url =
'https://storage.googleapis.com/mledu-datasets/sparse-data-embedding/test.tfre
cord'
test_path = tf.keras.utils.get_file(test_url.split('/')[-1], test_url)
```

结果如图 10-56 所示。

```
Downloading data from https://storage.googleapis.com/mledu-datasets/sparse-data-embedding/train.tfrecord
41631744/41625533 [==============================] - 0s 0us/step
41639936/41625533 [==============================] - 0s 0us/step
Downloading data from https://storage.googleapis.com/mledu-datasets/sparse-data-embedding/test.tfrecord
40689664/40688441 [==============================] - 0s 0us/step
40697856/40688441 [==============================] - 0s 0us/step
```

图 10-56　检索数据集结果

首先，我们来配置输入管道，将数据导入 TensorFlow 模型中。我们使用以下函数来解析训练数据和测试数据（格式为 TFRecord），然后返回一个由特征和相应标签组成的字典。

```
def _parse_function(record):
  """Extracts features and labels.

  Args:
    record: File path to a TFRecord file
  Returns:
    A `tuple` `(labels, features)`:
      features: A dict of tensors representing the features
      labels: A tensor with the corresponding labels.
  """
  features = {
    "terms": tf.VarLenFeature(dtype=tf.string), # terms are strings of varying
lengths
    "labels": tf.FixedLenFeature(shape=[1], dtype=tf.float32) # labels are 0 or 1
  }

  parsed_features = tf.parse_single_example(record, features)
```

```
terms = parsed_features['terms'].values
labels = parsed_features['labels']

return {'terms':terms}, labels
```

为了确认函数是否能正常运行，我们为训练数据构建一个 TFRecordDataset，并使用上述函数将数据映射到特征和标签：

```
# Create the Dataset object
ds = tf.data.TFRecordDataset(train_path)
# Map features and labels with the parse function
ds = ds.map(_parse_function)

ds
```

结果如图 10-57 所示。

```
<MapDataset shapes: ({terms: (?,)}, (1,)), types: ({terms: tf.string}, tf.float32)>
```

图 10-57　程序运行结果

运行以下单元，以从训练数据集中获取第一个样本：

```
n = ds.make_one_shot_iterator().get_next()
sess = tf.Session()
sess.run(n)
```

结果如图 10-58 所示。

```
({'terms': array(['but', 'it', 'does', 'have', 'some', 'good', 'action', 'and', 'a',
       'plot', 'that', 'is', 'somewhat', 'interesting', '.', 'nevsky',
       'acts', 'like', 'a', 'body', 'builder', 'and', 'he', 'isn', "'",
       't', 'all', 'that', 'attractive', ',', 'in', 'fact', ',', 'imo',
       ',', 'he', 'is', 'ugly', '.', '(', 'his', 'acting', 'skills',
       'lack', 'everything', '!', ')', 'sascha', 'is', 'played', 'very',
       'well', 'by', 'joanna', 'pacula', ',', 'but', 'she', 'needed',
       'more', 'lines', 'than', 'she', 'was', 'given', ',', 'her',
       'character', 'needed', 'to', 'be', 'developed', '.', 'there',
       'are', 'way', 'too', 'many', 'men', 'in', 'this', 'story', ',',
       'there', 'is', 'zero', 'romance', ',', 'too', 'much', 'action',
       ',', 'and', 'way', 'too', 'dumb', 'of', 'an', 'ending', '.', 'it',
       'is', 'very', 'violent', '.', 'i', 'did', 'however', 'love', 'the',
       'scenery', ',', 'this', 'movie', 'takes', 'you', 'all', 'over',
       'the', 'world', ',', 'and', 'that', 'is', 'a', 'bonus', '.', 'i',
       'also', 'liked', 'how', 'it', 'had', 'some', 'stuff', 'about',
       'the', 'mafia', 'in', 'it', ',', 'not', 'too', 'much', 'or', 'too',
       'little', ',', 'but', 'enough', 'that', 'it', 'got', 'my',
       'attention', '.', 'the', 'actors', 'needed', 'to', 'be', 'more',
       'handsome', '.', '.', '.', 'the', 'biggest', 'problem', 'i', 'had',
       'was', 'that', 'nevsky', 'was', 'just', 'too', 'normal', ',',
       'not', 'sexy', 'enough', '.', 'i', 'think', 'for', 'most', 'guys',
       ',', 'sascha', 'will', 'be', 'hot', 'enough', ',', 'but', 'for',
       'us', 'ladies', 'that', 'are', 'fans', 'of', 'action', ',',
       'nevsky', 'just', 'doesn', "'", 't', 'cut', 'it', '.', 'overall',
       ',', 'this', 'movie', 'was', 'fine', ',', 'i', 'didn', "'", 't',
       'love', 'it', 'nor', 'did', 'i', 'hate', 'it', ',', 'just',
       'found', 'it', 'to', 'be', 'another', 'normal', 'action', 'flick',
       '.'], dtype=object)}, array([0.], dtype=float32))
```

图 10-58　第一个样本

现在，我们构建一个正式的输入函数，可以将其传递给 TensorFlow Estimator 对象的 train() 方法。

```
# Create an input_fn that parses the tf.Examples from the given files,
# and split them into features and targets.
def _input_fn(input_filenames, num_epochs=None, shuffle=True):

  # Same code as above; create a dataset and map features and labels
  ds = tf.data.TFRecordDataset(input_filenames)
  ds = ds.map(_parse_function)

  if shuffle:
    ds = ds.shuffle(10000)

  # Our feature data is variable-length, so we pad and batch
  # each field of the dataset structure to whatever size is necessary
  ds = ds.padded_batch(25, ds.output_shapes)

  ds = ds.repeat(num_epochs)

  # Return the next batch of data
  features, labels = ds.make_one_shot_iterator().get_next()
  return features, labels
```

下面根据这些数据训练一个情感分析模型，以预测某条评价总体上是好评（标签为 1）还是差评（标签为 0）。为此，我们会使用词汇表，词汇表中的每个术语都与特征向量中的一个坐标相对应。为了将样本的字符串值 terms 转换为这种向量格式，我们按以下方式处理字符串值：若该术语没有出现在样本字符串中，则坐标值将为 0；若出现在样本字符串中，则坐标值为 1。未出现在该词汇表中的样本中的术语将被弃用。

1. 线性模型

对于第一个模型，我们将使用 54 个信息性术语来构建 LinearClassifier 模型。这是一个使用具有稀疏输入和显式词汇表的线性模型。以下代码将为我们的术语构建特征列。categorical_column_with_vocabulary_list 函数可使用"字符串-特征向量"映射来创建特征列。

```
# 54 informative terms that compose our model vocabulary
informative_terms = ("bad", "great", "best", "worst", "fun", "beautiful",
                "excellent", "poor", "boring", "awful", "terrible",
                "definitely", "perfect", "liked", "worse", "waste",
                "entertaining", "loved", "unfortunately", "amazing",
                "enjoyed", "favorite", "horrible", "brilliant", "highly",
                "simple", "annoying", "today", "hilarious", "enjoyable",
                "dull", "fantastic", "poorly", "fails", "disappointing",
                "disappointment", "not", "him", "her", "good", "time",
                "?", ".", "!", "movie", "film", "action", "comedy",
                "drama", "family", "man", "woman", "boy", "girl")

terms_feature_column =
tf.feature_column.categorical_column_with_vocabulary_list(key="terms",
vocabulary_list=informative_terms)
```

接下来，将构建 LinearClassifier，在训练集中训练该模型，并在评估集中对其进行评估。

```
my_optimizer = tf.train.AdagradOptimizer(learning_rate=0.1)
my_optimizer = tf.contrib.estimator.clip_gradients_by_norm(my_optimizer, 5.0)

feature_columns = [ terms_feature_column ]


classifier = tf.estimator.LinearClassifier(
  feature_columns=feature_columns,
  optimizer=my_optimizer,
)

classifier.train(
  input_fn=lambda: _input_fn([train_path]),
  steps=1000)

evaluation_metrics = classifier.evaluate(
  input_fn=lambda: _input_fn([train_path]),
  steps=1000)
print "Training set metrics:"
for m in evaluation_metrics:
  print m, evaluation_metrics[m]
print "---"

evaluation_metrics = classifier.evaluate(
  input_fn=lambda: _input_fn([test_path]),
  steps=1000)

print "Test set metrics:"
for m in evaluation_metrics:
  print m, evaluation_metrics[m]
print "---"
```

结果如图 10-59 所示。

```
Training set metrics:
loss 11.239931
accuracy_baseline 0.5
global_step 1000
recall 0.8228
auc 0.8730114
prediction/mean 0.49008918
precision 0.7721471
label/mean 0.5
average_loss 0.44959724
auc_precision_recall 0.86528635
accuracy 0.79
---
Test set metrics:
loss 11.246915
accuracy_baseline 0.5
global_step 1000
recall 0.81688
auc 0.8713611
prediction/mean 0.48949802
precision 0.7691902
label/mean 0.5
average_loss 0.4498766
auc_precision_recall 0.8629097
accuracy 0.78588
---
```

图 10-59　在训练集中训练该模型并做评估

2. 深度神经网络（DNN）模型

上述模型是一个线性模型，效果不错。我们可以使用 DNN 模型实现更好的效果吗？将 LinearClassifier 切换为 DNNClassifier，检验一下 DNN 模型的效果。

```
###################### Here's what we changed ############################
classifier = tf.estimator.DNNClassifier(                                   #
  feature_columns=[tf.feature_column.indicator_column(terms_feature_column)],
#
  hidden_units=[20,20],                                                    #
  optimizer=my_optimizer,                                                  #
)                                                                          #
##########################################################################
#

try:
  classifier.train(
    input_fn=lambda: _input_fn([train_path]),
    steps=1000)

  evaluation_metrics = classifier.evaluate(
    input_fn=lambda: _input_fn([train_path]),
    steps=1)
  print "Training set metrics:"
  for m in evaluation_metrics:
    print m, evaluation_metrics[m]
  print "---"

  evaluation_metrics = classifier.evaluate(
    input_fn=lambda: _input_fn([test_path]),
    steps=1)

  print "Test set metrics:"
  for m in evaluation_metrics:
    print m, evaluation_metrics[m]
  print "---"
except ValueError as err:
  print err
```

结果如下：

```
Training set metrics:
loss 11.250758
accuracy_baseline 0.64
global_step 1000
recall 0.7777778
auc 0.8749999
prediction/mean 0.4213693
precision 0.7
label/mean 0.36
average_loss 0.45003033
```

```
auc_precision_recall 0.8206042
accuracy 0.8
---
Test set metrics:
loss 9.692427
accuracy_baseline 0.52
global_step 1000
recall 0.7692308
auc 0.8974359
prediction/mean 0.4718185
precision 0.90909094
label/mean 0.52
average_loss 0.38769707
auc_precision_recall 0.9224901
accuracy 0.84
---
```

3. 在 DNN 模型中使用嵌入

下面我们使用嵌入列来实现 DNN 模型。嵌入列会将稀疏数据作为输入，并返回一个低维度密集向量作为输出。从计算方面而言，embedding_column 通常用于在稀疏数据中训练模型最有效的选项。在下面的代码中，我们将数据投射到二维空间的 embedding_column 来为模型定义特征列，并定义符合以下规范的 DNNClassifier。

- 具有两个隐藏层，每个包含 20 个单元。
- 采用学习速率为 0.1 的 AdaGrad 优化方法。
- gradient_clip_norm 值为 5.0。

注意：在实际工作中，我们可能会将数据投射到 2 维以上（比如 50 或 100）的空间中。但就目前而言，2 维是比较容易可视化的维数。

```
###################### NEW CODE ##########################################
terms_embedding_column =
tf.feature_column.embedding_column(terms_feature_column, dimension=2)
feature_columns = [ terms_embedding_column ]

my_optimizer = tf.train.AdagradOptimizer(learning_rate=0.1)
my_optimizer = tf.contrib.estimator.clip_gradients_by_norm(my_optimizer, 5.0)

classifier = tf.estimator.DNNClassifier(
  feature_columns=feature_columns,
  hidden_units=[20,20],
  optimizer=my_optimizer
)
########################################################################

classifier.train(
  input_fn=lambda: _input_fn([train_path]),
  steps=1000)
```

```
evaluation_metrics = classifier.evaluate(
  input_fn=lambda: _input_fn([train_path]),
  steps=1000)
print "Training set metrics:"
for m in evaluation_metrics:
  print m, evaluation_metrics[m]
print "---"

evaluation_metrics = classifier.evaluate(
  input_fn=lambda: _input_fn([test_path]),
  steps=1000)

print "Test set metrics:"
for m in evaluation_metrics:
  print m, evaluation_metrics[m]
print "---"
```

结果如下:

```
Training set metrics:
loss 11.2814
accuracy_baseline 0.5
global_step 1000
recall 0.81336
auc 0.86951864
prediction/mean 0.49193195
precision 0.7733323
label/mean 0.5
average_loss 0.45125598
auc_precision_recall 0.8576003
accuracy 0.78748
---
Test set metrics:
loss 11.315074
accuracy_baseline 0.5
global_step 1000
recall 0.8048
auc 0.8684447
prediction/mean 0.49131528
precision 0.7731919
label/mean 0.5
average_loss 0.45260298
auc_precision_recall 0.85577524
accuracy 0.78436
---
```

上述模型使用了 embedding_column，而且似乎很有效，但我们并不了解内部发生的情形。如何检查该模型确实在内部使用了嵌入呢？首先，我们来看看该模型中的张量:

```
classifier.get_variable_names()
```

结果如图 10-60 所示。

```
['dnn/hiddenlayer_0/bias',
 'dnn/hiddenlayer_0/bias/t_0/Adagrad',
 'dnn/hiddenlayer_0/kernel',
 'dnn/hiddenlayer_0/kernel/t_0/Adagrad',
 'dnn/hiddenlayer_1/bias',
 'dnn/hiddenlayer_1/bias/t_0/Adagrad',
 'dnn/hiddenlayer_1/kernel',
 'dnn/hiddenlayer_1/kernel/t_0/Adagrad',
 'dnn/input_from_feature_columns/input_layer/terms_embedding/embedding_weights',
 'dnn/input_from_feature_columns/input_layer/terms_embedding/embedding_weights/t_0/Adagrad',
 'dnn/logits/bias',
 'dnn/logits/bias/t_0/Adagrad',
 'dnn/logits/kernel',
 'dnn/logits/kernel/t_0/Adagrad',
 'global_step']
```

图 10-60   该模型中的张量

从上面的结果中，我们可以看到这里有一个嵌入层：dnn/input_from_feature_columns/input_layer/terms_embedding/...。嵌入是一个矩阵，将一个 54 维向量投射到 2 维空间：

```
classifier.get_variable_value('dnn/input_from_feature_columns/input_layer/terms_embedding/embedding_weights').shape
```

结果为：

```
(50, 2)
```

现在，我们来看看实际嵌入空间。我们仅使用 10 步来重新训练该模型（这将产生一个糟糕的模型）。运行下面的嵌入可视化代码。

```python
import numpy as np
import matplotlib.pyplot as plt

embedding_matrix =
classifier.get_variable_value('dnn/input_from_feature_columns/input_layer/terms_embedding/embedding_weights')

for term_index in range(len(informative_terms)):
  # Create a one-hot encoding for our term. It has 0s everywhere, except for
  # a single 1 in the coordinate that corresponds to that term.
  term_vector = np.zeros(len(informative_terms))
  term_vector[term_index] = 1
  # We'll now project that one-hot vector into the embedding space.
  embedding_xy = np.matmul(term_vector, embedding_matrix)
  plt.text(embedding_xy[0],
           embedding_xy[1],
           informative_terms[term_index])

# Do a little setup to make sure the plot displays nicely.
plt.rcParams["figure.figsize"] = (15, 15)
plt.xlim(1.2 * embedding_matrix.min(), 1.2 * embedding_matrix.max())
plt.ylim(1.2 * embedding_matrix.min(), 1.2 * embedding_matrix.max())
plt.show()
```

结果如图 10-61 所示。

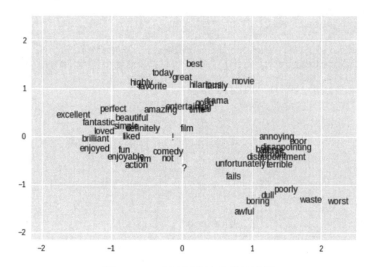

图 10-61　重新训练该模型的结果

　　下面看看能否优化该模型以改进其效果。我们可以更改超参数或使用其他优化工具，比如 Adam，也可以向 informative_terms 中添加其他术语。此数据集有一个完整的词汇表文件，其中包含 30716 个术语，该文件为 https://storage.googleapis.com/mledu-datasets/sparse-data-embedding/terms.txt，如图 10-62 所示。我们可以从该词汇表文件中挑选出其他术语，也可以通过 categorical_column_with_vocabulary_file 特征列使用整个词汇表文件。

```
!wget
https://storage.googleapis.com/mledu-datasets/sparse-data-embedding/terms.txt
-O /tmp/terms.txt
```

```
--2018-06-11 07:22:16--  https://storage.googleapis.com/mledu-datasets/sparse-data-embedding/terms.txt
Resolving storage.googleapis.com (storage.googleapis.com)... 74.125.141.128, 2607:f8b0:400c:c06::80
Connecting to storage.googleapis.com (storage.googleapis.com)|74.125.141.128|:443... connected.
HTTP request sent, awaiting response... 200 OK
Length: 253538 (248K) [text/plain]
Saving to: '/tmp/terms.txt'

/tmp/terms.txt      100%[===================>] 247.60K  --.-KB/s    in 0.01s

2018-06-11 07:22:16 (21.8 MB/s) - '/tmp/terms.txt' saved [253538/253538]
```

图 10-62　一个完整的词汇表文件

训练代码如下：

```
# Create a feature column from "terms", using a full vocabulary file.
informative terms = None
with open("/tmp/terms.txt", 'r') as f:
  # Convert it to a set first to remove duplicates.
  informative terms = list(set(f.read().split()))

terms feature column =
tf.feature column.categorical column with vocabulary list(key="terms",

vocabulary_list=informative_terms)
```

```
terms embedding column =
tf.feature column.embedding column(terms feature column, dimension=2)
feature columns = [ terms embedding column ]

my optimizer = tf.train.AdagradOptimizer(learning rate=0.1)
my optimizer = tf.contrib.estimator.clip gradients by norm(my optimizer, 5.0)

classifier = tf.estimator.DNNClassifier(
  feature columns=feature columns,
  hidden units=[10,10],
  optimizer=my optimizer
)

classifier.train(
  input fn=lambda:  input fn([train path]),
  steps=1000)

evaluation metrics = classifier.evaluate(
  input fn=lambda:  input fn([train path]),
  steps=1000)
print "Training set metrics:"
for m in evaluation metrics:
  print m, evaluation metrics[m]
print "---"

evaluation metrics = classifier.evaluate(
  input fn=lambda:  input fn([test path]),
  steps=1000)

print "Test set metrics:"
for m in evaluation metrics:
  print m, evaluation metrics[m]
print "---"
```

结果如图 10-63 所示。

```
Training set metrics:
loss 10.38868
accuracy_baseline 0.5
global_step 1000
recall 0.79728
auc 0.8924117
prediction/mean 0.4879882
precision 0.82705396
label/mean 0.5
average_loss 0.41554722
auc_precision_recall 0.8909711
accuracy 0.81528
---
Test set metrics:
loss 10.95036
accuracy_baseline 0.5
global_step 1000
recall 0.7792
auc 0.8804679
prediction/mean 0.4844923
precision 0.81417704
label/mean 0.5
average_loss 0.43801442
auc_precision_recall 0.87708545
accuracy 0.80068
---
```

图 10-63　模型训练的最终结果

　　从上面的几个例子中，我们获得了比原来的线性模型更好且具有嵌入的深度神经网络（DNN）模型，但线性模型也相当不错，而且训练速度快得多。线性模型的训练速度之所以更快，是因为没有太多要更新的参数或要反向传播的层。在有些应用中，线性模型的速度可能非常关键，或者从质量的角度来看，线性模型可能完全够用。在其他领域，深度神经网络（DNN）提供的额外模型的复杂性和能力可能更重要。另外，在训练 LinearClassifier 或 DNNClassifier 时，需要根据实际情况使用稀疏列。TensorFlow 提供了两个选项：embedding_column 或 indicator_column。在训练 LinearClassifier 时，系统在后台使用了 embedding_column。在训练 DNNClassifier 时，我们必须明确地选择 embedding_column 或 indicator_column。

第 11 章
知识图谱

构建知识图谱（Knowledge Graph/Vault）的主要目的是获取大量的、让计算机可读的知识。在互联网飞速发展的今天，知识大量存在于非结构化的文本数据、大量半结构化的表格和网页以及生产系统的结构化数据中。知识图谱的工作的本质上是对知识体系的工程化建设，谷歌的野心是打造全人类知识的全景图，那么各行业、各企业的知识图谱就是各自领域的知识工程。虽然解决的终极问题都是降本增效，知识图谱和其他信息技术的不同在于，它是从知识结构化的角度提升现有业务的效率和用户的体验，在不同业务场景下提供分析洞察和自动化的服务。一般来说，就是通过对信息的结构化、语义化、立体化处理，找到正确的信息，发现隐含的知识，形成优化的决策，提供结构化知识框架和方法辅助自动化地解决信息过载和不全的问题。如图 11-1 所示为一个知识图谱实例。

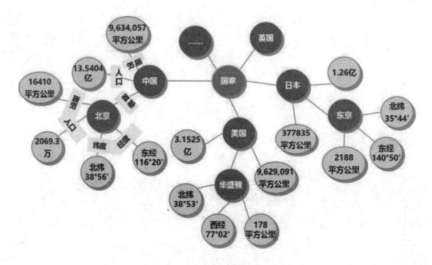

图 11-1　知识图谱实例

11.1　什么是知识图谱

构建知识图谱主要分为三部分，第一部分是知识获取，主要是如何从非结构化、半结构化以及结构化数据中获取知识；第二部分是数据融合，主要是如何将从不同数据源获取的知识进行融合，构建数据之间的关联；第三部分是知识计算及应用，这一部分关注的是基于知识图谱的计算功能以及基于知识图谱的应用。我们首先来看一下知识图谱的定义，再看其架构。

11.1.1　知识图谱的定义

在维基百科的官方词条中，知识图谱是谷歌用于增强其搜索引擎功能的知识库。本质上，知识图谱旨在描述真实世界中存在的各种实体或概念及其关系，其构成一张巨大的语义网络图，节点表示实体或概念，边则由属性或关系构成。现在的知识图谱已被用来泛指各种大规模的知识库。知识图谱中包含以下几类节点和边。

- 实体：指的是具有可区别性且独立存在的某种事物，如某一个人、某一个城市、某一种植物、某一种商品等。世界万物由具体的事物组成，就是实体，如图 11-1 中的"中国""美国""日本"等。实体是知识图谱中最基本的元素，不同的实体间存在不同的关系。

- 语义类（概念）：具有同种特性的实体构成的集合，如国家、民族、书籍、电脑等。概念主要指集合、类别、对象类型、事物的种类，例如人物、地理等。

- 内容：通常作为实体和语义类的名字、描述、解释等，可以由文本、图像、音视频等来表达。

- 属性（值）：从一个实体指向它的属性值。不同的属性类型对应不同类型属性的边。属性值主要指对象指定属性的值。如图 11-1 所示的"面积""人口""首都"是几种不同的属性。属性值主要指对象指定属性的值，例如 960 万平方公里等。

- 关系：形式化为一个函数，它把几个点映射到一个布尔值。在知识图谱上，关系则是一个把几个图节点（实体、语义类、属性值）映射到布尔值的函数。

基于三元组是知识图谱的一种通用表示方式。三元组的基本形式主要包括（实体 1-关系-实体 2）和（实体-属性-属性值）等。如图 11-1 的知识图谱例子所示，中国是一个实体，北京是一个实体，"中国-首都-北京"是一个（实体-关系-实体）的三元组样例；北京是一个实体，人口是一种属性，2069.3 万是属性值。"北京-人口-2069.3 万"构成一个（实体-属性-属性值）的三元组样例。知识图谱是知识库中的实体集合，共包含|E|种不同实体；知识图谱也是知识库中的关系集合，共包含|R|种不同关系。每个实体（概念的外延）可用一个全局唯一确定的 ID 来标识，每个属性-属性值对（Attribute-Value Pair，AVP）可用来刻画实体的内在特性，而关系可用来连接两个实体，刻画它们之间的关联。

11.1.2　知识图谱的架构

知识图谱的架构包括自身的逻辑结构以及构建知识图谱所采用的技术（体系）架构。

1. 知识图谱的逻辑结构

知识图谱在逻辑上可分为模式层与数据层两个层次，数据层主要是由一系列的事实组成的，而知识将以事实为单位进行存储。如果用（实体 1-关系-实体 2）、（实体-属性-属性值）这样的三元组来表达事实，可选择图数据库作为存储介质，例如开源的 Neo4j 等。模式层构建在数据层之上，是知识图谱的核心，通常采用本体库来管理知识图谱的模式层。本体是结构化知识库的概念模板，通过本体库而形成的知识库不仅层次结构较强，并且冗余程度较小。

2. 知识图谱的体系架构

知识图谱的体系架构是指构建模式结构，如图 11-2 所示。其中，虚线框内的部分为知识图谱的构建过程，也包含知识图谱的更新过程。知识图谱的构建从最原始的数据（包括结构化、半结构化、非结构化数据）出发，采用一系列自动或者半自动的技术手段，从原始数据库和第三方数据库中提取知识事实，并将其存入知识库的数据层和模式层，这一过程包含信息抽取、知识表示、知识融合、知识推理 4 个过程，每一次更新迭代均包含这 4 个阶段。知识图谱主要有自顶向下（Top-Down）与自底向上（Bottom-Up）两种构建方式。自顶向下指的是先为知识图谱定义好本体与数据模式，再将实体加入知识库。该构建方式需要利用一些现有的结构化知识库作为其基础知识库，例如 Freebase 项目就是采用这种方式，它的绝大部分数据是从维基百科中得到的。自底向上指的是从一些开放链接数据中提取出实体，选择其中置信度较高的加入知识库，再构建顶层的本体模式。目前，大多数知识图谱都采用自底向上的方式进行构建，其中最典型就是谷歌（Google）的 Knowledge Vault 和微软的 Satori 知识库。现在也符合互联网数据内容知识产生的特点。

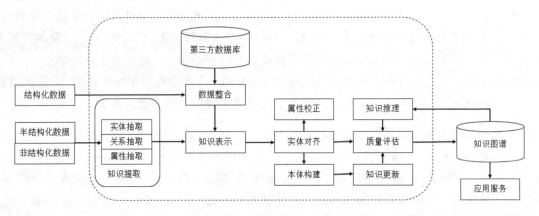

图 11-2　知识图谱的技术架构

根据覆盖范围，知识图谱也可分为开放通用知识图谱和垂直行业知识图谱。开放通用知识图谱注重广度，强调融合更多的实体，较垂直行业知识图谱而言，其准确度不够高，并且受概念范围的影响，很难借助本体库对公理、规则以及约束条件的支持能力规范其实体、属性、实体间的关系等。通用知识图谱主要应用于智能搜索等领域。行业知识图谱通常需要依靠特定行业的数据来构建，具有特定的行业意义。行业知识图谱中，实体的属性与数据模式往往比较丰富，需要考虑到不同的业务场景与使用人员。下一小节介绍现在知名度较高的大规模知识库。

11.1.3　开放知识图谱

当前世界范围内知名的高质量大规模开放知识图谱包括 DBpedia、Yago、Wikidata、BabelNet、ConceptNet 以及 Microsoft Concept Graph 等。

DBpedia 是一个大规模的多语言百科知识图谱，可视为是维基百科的结构化版本。DBpedia 使用固定的模式对维基百科中的实体信息进行抽取，包括 abstract、infobox、category 和 page link 等信息。DBpedia 目前拥有 127 种语言的超过 2800 万个实体与数亿个 RDF 三元组，并且作为链接数据的核心，与许多其他数据集均存在实体映射关系。而根据抽样评测，DBpedia 中 RDF 三元组的正确率达 88%。DBpedia 支持数据集的完全下载。

Yago 是一个整合了维基百科与 WordNet 的大规模本体，首先制定一些固定的规则对维基百科中每个实体的 infobox 进行抽取，然后利用维基百科的 category 进行实体类型推断（Type Inference），获得大量的实体与概念之间的 IsA 关系（如："Elvis Presley" IsA "American Rock Singers"），最后将维基百科的 category 与 WordNet 中的 Synset（一个 Synset 表示一个概念）进行映射，从而利用 WordNet 严格定义的 Taxonomy 完成大规模本体的构建。随着时间的推移，Yago 的开发人员为该本体中的 RDF 三元组增加了时间与空间信息，从而完成了 Yago2 的构建，又利用相同的方法对不同语言的维基百科进行抽取，完成了 Yago3 的构建。目前，Yago 拥有 10 种语言，约 459 万个实体，2400 万个 Facts，Yago 中 Facts 的正确率约为 95%。Yago 支持数据集的完全下载。

Wikidata 是一个可以自由协作编辑的多语言百科知识库，由维基媒体基金会发起，期望将维基百科、维基文库、维基导游等项目中的结构化知识进行抽取、存储、关联。Wikidata 中的每个实体存在多个不同语言的标签、别名、描述以及声明（Statement），比如 Wikidata 会给出实体 London 的中文标签"伦敦"、中文描述"英国首都"以及一个关于 London 的声明的具体例子。London 的一个声明由一个 claim 与一个 reference 组成，claim 包括 property：population、value：8173900 以及一些 qualifiers（备注说明），而 reference 则表示一个 claim 的出处，可以为空值。Wikidata 目前支持超过 350 种语言，拥有近 2500 万个实体及超过 7000 万的声明，并且目前 Freebase 正在往 Wikidata 上迁移，以进一步支持谷歌的语义搜索。Wikidata 支持数据集的完全下载。

BabelNet 是目前世界范围内最大的多语言百科同义词典，它本身可以视为一个由概念、实体、关系构成的语义网络（Semantic Network）。BabelNet 目前有超过 1400 万个词目，每个词目对应一个 Synset。每个 Synset 包含所有表达相同含义的不同语言的同义词。比如，"中国""中华人民共和国""China"以及"People's Republic of China"均存在于一个 Synset 中。BabelNet 由 WordNet 中的英文 Synset 与维基百科页面进行映射，再利用维基百科中的跨语言页面链接以及翻译系统得到 BabelNet 的初始版本。目前，BabelNet 又整合了 Wikidata、GeoNames、OmegaWiki 等多种资源，共拥有 271 个语言版本。BabelNet 中的错误来源主要在于维基百科与 WordNet 之间的映射，而映射目前的正确率大约在 91%。关于数据集的使用，BabelNet 目前支持 HTTP API 调用，而数据集的完全下载需要经过非商用的认证后才能完成。

ConceptNet 是一个大规模的多语言常识知识库，其本质为一个以自然语言的方式描述人类常识的大型语义网络。ConceptNet 起源于一个众包项目 Open Mind Common Sense，自 1999 年开始，通过文本抽取、众包、融合现有知识库中的常识知识以及设计一些游戏从而不断获取常识知识。ConceptNet 中共拥有 36 种固定的关系，如 IsA、UsedFor、CapableOf 等。ConceptNet 目前拥有 304 个语言的版本，共有超过 390 万个概念，2800 万个声明（Statement，语义网络中边的数量），正确率约为 81%。另外，ConceptNet 目前支持数据集的完全下载。

Microsoft Concept Graph 是一个大规模的英文 Taxonomy，其中主要包含的是概念间以及实例（等同于实体）概念间的 IsA 关系，其中并不区分 instanceOf 与 subclassOf 的关系。Microsoft Concept Graph 的前身是 Probase，它自动化地抽取自数十亿网页与搜索引擎查询记录，其中每一个 IsA 关系均附带一个概率值，即该知识库中的每个 IsA 关系不是绝对的，而是存在一个成立的概率值以支持各种应用，如短文本理解、基于 Taxonomy 的关键词搜索和万维网表格理解等。目前，Microsoft Concept Graph 拥有约 530 万个概念、1250 万个实例以及 8500 万个 IsA 关系（正确率约为 92.8%）。关于数据集的使用，Microsoft Concept Graph 目前支持 HTTP API 调用，而数据集的完全下载需要经过非商用的认证后才能完成。

除了上述知识图谱外，中文目前可用的大规模开放知识图谱有 Zhishi.me、Zhishi.schema 与 XLore 等。Zhishi.me 是第一份构建中文链接数据的工作，与 DBpedia 类似，Zhishi.me 首先指定固定的抽取规则，对百度百科、互动百科和中文维基百科中的实体信息进行抽取，包括 abstract、infobox、category 等信息；然后对源自不同百科的实体进行对齐，从而完成数据集的链接。目前，Zhishi.me 中拥有约 1000 万个实体与 12000 万个 RDF 三元组，所有数据可以通过在线 SPARQL Endpoint 查询得到。Zhishi.schema 是一个大规模的中文模式（Schema）知识库，其本质是一个语义网络，其中包含三种概念间的关系，即 equal、related 与 subClassOf 关系。Zhishi.schema 抽取自社交站点的分类目录（Category Taxonomy）及标签云（Tag Cloud），目前拥有约 40 万个中文概念与 150 万 RDF 三元组，正确率约为 84%，并支持数据集的完全下载。XLore 是一个大型的中英文知识图谱，它旨在从各种不同的中英文在线百科中抽取 RDF 三元组，并建立中英文实体间的跨语言链接。目前，XLore 大约有 66 万个概念，5 万个属性，1000 万个实体，所有数据可以通过在线 SPARQL Endpoint 查询到。

中文开放知识图谱联盟（OpenKG）旨在推动中文知识图谱的开放与互联，推动知识图谱技术在中国的普及与应用，为中国人工智能的发展以及创新创业做出贡献。联盟已经搭建有 OpenKG.CN 技术平台，目前已有 35 家机构入驻，吸引了国内最著名的知识图谱资源的加入，如 Zhishi.me、CN-DBPedia、PKUBase，并已经包含来自于常识、医疗、金融、城市、出行等 15 个类目的开放知识图谱。

11.1.4　知识图谱在行业数据分析中的应用

1. 股票投研情报分析

通过知识图谱相关技术从招股书、年报、公司公告、券商研究报告、新闻等半结构化表格和非结构化文本数据中批量自动抽取公司的股东、子公司、供应商、客户、合作伙伴、竞争对手等信息，构建出公司的知识图谱。在某个宏观经济事件或者企业相关事件发生的时候，券商分析师、交易员、基金公司基金经理等投资研究人员可以通过此图谱做更深层次的分析和更好的投资决策，比如在美国限制向中兴通讯出口的消息发布之后，如果我们有中兴通讯的客户供应商、合作伙伴以及竞争对手的关系图谱，就能在中兴通讯停牌的情况下快速地筛选出受影响的国际、国内上市公司，从而挖掘投资机会或者进行投资组合风险控制。

2. 公安情报分析

通过融合企业和个人银行资金交易明细、通话、出行、住宿、工商、税务等信息构建初步的"资金账户-人-公司"关联知识图谱。同时从案件描述、笔录等非结构化文本中抽取人（受害人、嫌疑人、报案人）、事、物、组织、卡号、时间、地点等信息，链接并补充到原有的知识图谱中，形成一个完整的证据链。辅助公安刑侦、经侦、银行进行案件线索侦查和挖掘同伙。比如银行和公安经侦监控资金账户，当有一段时间内有大量资金流动并集中到某个账户的时候，很可能是非法集资，系统触发预警。

3. 反欺诈情报分析

通过融合来自不同数据源的信息构成知识图谱，同时引入领域专家建立业务专家规则。我们通过数据不一致性检测，利用绘制出的知识图谱可以识别潜在的欺诈风险。比如借款人张xx 和借款人吴 xx 填写信息为同事，但是两个人填写的公司名却不一样，以及同一个电话号码属于两个借款人，这些不一致性很可能有欺诈行为。

11.2 知识图谱构建的关键技术

人类知识来源于进化、经验、文化传承（可以简单理解为"零"手、一手和二手知识），因此人工智能终极算法的思路不外乎是对进化、人类经验的数学化模拟以及对知识本身的不断结构化。各家知识图谱厂商对于人工智能的流派总结大多都认同连接主义、行为主义、符号主义这些流派。其实，人工智能的本质就是模拟人类学习能力的各个方面，这里学习是广义的学习，也就是包含狭义的认知、交流、规划、推理等能力。

AlphaGo ZERO 让人工智能似乎完全走在了经验主义的路上。知识图谱不同于经验主义，是一种可知的、结构化的方法。实际上，结构化是企业信息管理或数据管理工作一直采用的方法，大数据建设做的是数据的结构化，而知识图谱向上走了一层，做的是知识的结构化。从另一个意义上，这两者也不是割裂的，知识由数据构成，企业数据平台和数据管理工作实际上是知识图谱技术应用的优势基础。

大规模知识库的构建与应用需要多种技术的支持。通过知识提取技术，可以从半结构化、非结构化和结构化数据库的数据中提取出实体、关系、属性等知识要素。知识表示则通过一定有效手段对知识要素进行表示，便于进一步处理使用。然后通过知识融合，可消除实体、关系、属性等指称项与事实对象之间的歧义，形成高质量的知识库。知识推理则是在已有的知识库基础上进一步挖掘隐含的知识，从而丰富、扩展知识库。分布式的知识表示形成的综合向量对知识库的构建、推理、融合以及应用均具有重要的意义。因此，知识图谱是一系列技术的组合，分成以下 4 个层次。

- 知识提取：文本分析和抽取技术。
- 知识融合：语义计算、数据整合和存储。

- 知识加工：本体构建、分析推理。
- 知识呈现：图谱可视化、搜索。

11.2.1　知识提取

知识提取一方面是面向开放的链接数据，通常典型的输入是自然语言文本或者多媒体内容文档（图像或者视频）等。然后通过自动化或者半自动化的技术抽取出可用的知识单元，知识单元主要包括实体（概念的外延）、关系以及属性 3 个要素，并以此为基础，形成一系列高质量的事实表达，为上层模式层的构建奠定基础。

在处理非结构化数据方面，首先要对用户的非结构化数据提取正文。目前的互联网数据存在着大量的广告，正文提取技术希望有效地过滤广告而只保留用户关注的文本内容。当得到正文文本后，需要通过自然语言技术识别文章中的实体，实体识别通常有两种方法，一种是用户本身有一个知识库，可以使用实体链接将文章中可能的候选实体链接到用户的知识库上；另一种是当用户没有知识库时，需要使用命名实体识别技术识别文章中的实体。若文章中存在实体的别名或者简称，还需要构建实体间的同义词表，这样可以使不同实体具有相同的描述。在识别实体的过程中可能会用到分词、词性标注，在深度学习模型中需要用到分布式表达，如词向量。同时，为了得到不同粒度的知识，还可能需要提取文中的关键词、获取文章的潜在主题等。当用户获得实体后，则需要关注实体间的关系，我们称为实体关系识别，有些实体关系识别的方法会利用句法结构来帮助确定两个实体间的关系，因此在有些算法中会利用依存分析或者语义解析。如果用户不仅仅想获取实体间的关系，还想获取一个事件的详细内容，那么需要确定事件的触发词并获取事件相应描述的句子，同时识别事件描述句子中实体对应事件的角色。

在处理半结构化数据方面，主要的工作是通过包装器学习半结构化数据的抽取规则。由于半结构化数据具有大量的重复性结构，因此对数据进行少量的标注可以让机器学会一定的规则，进而在整个站点使用规则，对同类型或者符合某种关系的数据进行抽取。最后，当用户的数据存储在生产系统的数据库中时，需要通过 ETL 工具对用户生产系统下的数据进行重新组织、清洗、检测，最后得到符合用户使用目的的数据。

实体抽取

实体抽取也称为命名实体学习（Named Entity Learning）或命名实体识别（Named Entity Recognition），指的是从原始数据资料中自动识别出命名实体。由于实体是知识图谱中最基本的元素，其抽取的完整性、准确率等将直接影响知识图谱构建的质量。因此，实体抽取是知识抽取中最为基础与关键的一步。我们可以将实体抽取的方法分为 4 种：基于百科站点或垂直站点抽取、基于规则与词典的抽取、基于统计机器学习的抽取以及面向开放域的抽取。基于百科站点或垂直站点抽取是一种很常规的提取方法；基于规则与词典的抽取通常需要为目标实体编写模板，然后在原始资料中进行匹配；基于统计机器学习的抽取主要是通过机器学习的方法对原始资料进行训练，然后利用训练好的模型识别实体；面向开放域的抽取将面向海量的 Web 资料。

（1）基于百科或垂直站点抽取

基于百科站点或垂直站点抽取这种方法是从百科类站点（如维基百科、百度百科、互动百科等）的标题和链接中抽取实体名。这种方法的优点是可以得到开放互联网中最常见的实体名，其缺点是对于中低频的覆盖率低。与一般性通用的网站相比，垂直类站点的实体抽取可以获取特定领域的实体。例如从豆瓣各频道（音乐、读书、电影等）获取各种实体列表。这种方法主要是基于爬虫技术来实现和获取的。基于百科类站点或垂直站点抽取是一种最常规和基本的方法。

（2）基于规则与词典的实体提取方法

早期的实体抽取是在限定文本领域、限定语义单元类型的条件下进行的，主要采用的是基于规则与词典的方法，例如使用已定义的规则抽取出文本中的人名、地名、组织机构名、特定时间等实体。后期出现了启发式算法与规则模板相结合的方法。然而，基于规则模板的方法不仅需要依靠大量的专家来编写规则或模板，覆盖的领域范围有限，而且很难适应数据变化的新需求。

（3）基于统计机器学习的实体抽取方法

鉴于基于规则与词典实体的局限性，为了更有可扩展性，相关研究人员将机器学习中的监督式学习算法用于命名实体的抽取问题上。例如，利用 KNN 算法与条件随机场模型实现了对 Twitter 文本数据中实体的识别。单纯的监督式学习算法在性能上不仅受到训练集合的限制，并且算法的准确率不够理想。相关研究者认识到监督式学习算法的制约性后，尝试将监督式学习算法与规则相互结合，取得了一定的成果。例如，基于字典，使用最大熵算法在 Medline 论文摘要的 GENIA 数据集上进行了实体抽取实验，实验的准确率在 70% 以上。近年来，随着深度学习的兴起应用，基于深度学习的命名实体识别得到广泛应用。例如，使用一种基于双向 LSTM 深度神经网络和条件随机场的识别方法，在测试数据上取得最好的表现结果。

（4）面向开放域的实体抽取方法

针对如何从少量实体实例中自动发现容易区分的模式，进而扩展到海量文本，去给实体做分类与聚类的问题。例如，使用一种通过迭代方式扩展实体资料库的解决方案，其基本思想是通过少量的实体实例建立特征模型，再通过该模型应用于新的数据集得到新的命名实体。有人还使用了一种基于非监督式学习的开放域聚类算法，其基本思想是基于已知实体的语义特征去搜索日志中识别出命名的实体，然后进行聚类。

11.2.2　语义类抽取

语义类抽取是指从文本中自动抽取信息来构造语义类并建立实体和语义类的关联，作为实体层面上的规整和抽象。下面介绍一种行之有效的语义类抽取方法，包含三个模块：并列相似度计算、上下位关系提取以及语义类生成。

1. 并列相似度计算

并列相似度计算的结果是词和词之间的相似性信息，例如三元组（苹果，梨，s1）表示苹果和梨的相似度是 s1。两个词有较高的并列相似度的条件是它们具有并列关系（同属于一个语义类），并且有较大的关联度。按照这样的标准，北京和上海具有较高的并列相似度，而北京和汽车的并列相似度很低（因为它们不属于同一个语义类）。对于海淀、朝阳、闵行三个市辖区来说，海淀和朝阳的并列相似度大于海淀和闵行的并列相似度（因为前两者的关联度更高）。

当前主流的并列相似度计算方法有分布相似度法（Distributional Similarity）和模式匹配法（Pattern Matching）。分布相似度法基于哈里斯（Harris）的分布假设（Distributional Hypothesis），即经常出现在类似的上下文环境中的两个词具有语义上的相似性。分布相似度法的实现分三个步骤：第一步，定义上下文；第二步，把每个词表示成一个特征向量，向量每一维代表一个不同的上下文，向量的值表示本词相对于上下文的权重；第三步，计算两个特征向量之间的相似度，将其作为它们所代表的词之间的相似度。模式匹配法的基本思路是把一些模式作用于源数据，得到一些词和词之间共同出现的信息，然后把这些信息聚集起来，生成单词之间的相似度。模式可以是手工定义的，也可以是根据一些种子数据而自动生成的。分布相似度法和模式匹配法都可以用来在数以百亿计的句子中或者数以十亿计的网页中抽取词的相似性信息。

2. 上下位关系提取

该模块从文档中抽取词的上下位关系信息，生成（下义词，上义词）数据对，例如（狗，动物）、（悉尼，城市）。提取上下位关系最简单的方法是解析百科类站点的分类信息（如维基百科的"分类"和百度百科的"开放分类"）。这种方法的主要缺点是，并不是所有的分类词条都代表上位词，例如百度百科中"狗"的开放分类"养殖"就不是其上位词；生成的关系图中没有权重信息，因此不能区分同一个实体所对应的不同上位词的重要性；覆盖率偏低，即很多上下位关系并没有包含在百科站点的分类信息中。在英文数据中，用 Hearst 模式和 IsA 模式进行模式匹配被认为是比较有效的上下位关系抽取方法。下面是这些模式的中文版本（其中 NPC 表示上位词，NP 表示下位词）：

```
NPC { 包括| 包含| 有} {NP、}* [ 等| 等等]
NPC { 如| 比如| 像| 象} {NP、}*
{NP、}* [{ 以及| 和| 与} NP] 等 NPC
{NP、}* { 以及| 和| 与} { 其它| 其他} NPC
NP 是 { 一个| 一种| 一类} NPC
```

此外，一些网页表格中包含上下位关系信息，例如在带有表头的表格中，表头行的文本是其他行的上位词。

3. 语义类生成

该模块包括聚类和语义类标定两个子模块。聚类的结果决定了要生成哪些语义类以及每个语义类包含哪些实体，而语义类标定的任务是给一个语义类附加一个或者多个上位词作为其成员的公共上位词。此模块依赖于并列相似性和上下位关系信息来进行聚类和标定。有些研究工作只根据上下位关系图来生成语义类，但经验表明，并列相似性信息对于提高最终生成的语义类的精度和覆盖率都至关重要。

11.2.3 属性和属性值抽取

属性抽取的任务是为每个本体语义类构造属性列表（如城市的属性包括面积、人口、所在国家、地理位置等），而属性值抽取则是为一个语义类的实体附加属性值。属性和属性值的抽取能够形成完整实体概念的知识图谱维度。常见的属性和属性值抽取方法包括从百科类站点中提取、从垂直网站中进行包装器归纳、从网页表格中提取以及利用手工定义或自动生成的模式从句子和查询日志中提取。常见的语义类/实体的常见属性/属性值可以通过解析百科类站点中的半结构化信息（如维基百科的信息盒和百度百科的属性表格）而获得。尽管通过这种简单的手段能够得到高质量的属性，但同时需要采用其他方法来增加覆盖率（为语义类增加更多属性以及为更多的实体添加属性值）。

垂直网站（如电子产品网站、图书网站、电影网站、音乐网站）包含大量实体的属性信息。例如，图书介绍的网页中包含图书的作者、出版社、出版时间、评分等信息。通过基于一定规则模板建立，便可以从垂直站点中生成包装器（或称为模板），并根据包装器来提取属性信息。从包装器生成的自动化程度来看，这些方法可以分为手工法（手工编写包装器）、监督方法、半监督法以及无监督法。考虑到需要从大量不同的网站中提取信息，并且网站模板可能会更新等因素，无监督包装器归纳方法显得更加重要和现实。无监督包装器归纳的基本思路是利用对同一个网站下面多个网页的超文本标签树的对比来生成模板。简单来看，不同网页的公共部分往往对应于模板或者属性名，不同的部分则可能是属性值，而同一个网页中重复的标签块则预示着重复的记录。

属性抽取的另一个信息源是网页表格。表格的内容对于人来说一目了然，而对于机器而言，情况则要复杂得多。由于表格类型千差万别，很多表格制作得不规则，加上机器缺乏人所具有的背景知识等原因，从网页表格中提取高质量的属性信息就是一项挑战的工作。

上述三种方法的共同点是通过挖掘原始数据中的半结构化信息来获取属性和属性值。与通过"阅读"句子来进行信息抽取的方法相比，这些方法绕开了自然语言理解这样一个"硬骨头"，而试图达到以柔克刚的效果。在现阶段，计算机知识库中的大多数属性值确实是通过上述方法获得的。但现实情况是只有一部分的人类知识是以半结构化形式体现的，而更多的知识则隐藏在自然语言句子中，因此直接从句子中抽取信息成为进一步提高知识库覆盖率的关键。当前，从句子和查询日志中提取属性和属性值的基本手段是模式匹配和对自然语言的浅层处理。整个方法是一个在句子中进行模式匹配而生成（语义类，属性）关系图的无监督的知识提取过程。此过程分两个步骤，第一个步骤通过将输入的模式作用到句子上而生成一些（词，属性）元组，这些数据元组在第二个步骤中根据语义类进行合并而生成（语义类，属性）关系图。在输入中包含种子列表或者语义类相关模式的情况下（比如（北京，面积）），整个方法是一个半监督的自举过程，分为以下三个步骤。

（1）模式生成：在句子中匹配种子列表中的词和属性从而生成模式。模式通常由词和属性的环境信息而生成。

（2）模式匹配。

（3）模式评价与选择：通过生成的（语义类，属性）关系图对自动生成的模式的质量进行自动评价并选择高分值的模式作为下一轮匹配的输入。

11.2.4　关系抽取

关系抽取的目标是解决实体语义链接的问题。关系的基本信息包括参数类型、满足此关系的元组模式等。例如，关系 BeCapitalOf（表示一个国家的首都）的基本信息如下：

```
参数类型：（Capital, Country）
元组：（北京，中国）；（华盛顿，美国）；
```

Capital 和 Country 表示首都和国家两个语义类。

早期的关系抽取主要是通过人工构造语义规则以及模板的方法识别实体关系。随后，实体间的关系模型逐渐替代了人工预定义的语法与规则。但是仍需要提前定义实体间的关系类型。

最初实体关系识别任务在1998年的 MUC（Message Understanding Conference）中以 MUC-7任务被引入，目的是通过填充关系模板槽的方式抽取文本中特定的关系。1998 年后，在 ACE（Automatic Content Extraction）中被定义为关系检测和识别的任务。2009 年，ACE 并入 TAC（Text Analysis Conference），关系抽取被并入 KBP（Knowledge Base Population）领域的槽填充任务。从关系任务定义上，分为限定领域（Close Domain）和开放领域（Open IE）；从方法上看，实体关系识别从流水线识别方法逐渐过渡到端到端的识别方法。

基于统计学的方法将从文本中识别实体间关系的问题转化为分类问题。基于统计学的方法在实体关系识别时需要加入实体关系上下文信息确定实体间的关系，然而基于监督的方法依赖大量的标注数据，因此半监督或者无监督的方法受到了更多关注。

11.2.5　知识表示

传统的知识表示方法主要是以 RDF（资源描述框架）的三元组 SPO（Subject，Property，Object）来符号性地描述实体之间的关系。这种表示方法通常很简单，受到广泛认可，但是其在计算效率、数据稀疏性等方面面临诸多问题。近年来，以深度学习为代表的表示学习技术取得了重要的进展，可以将实体的语义信息表示为稠密低维实值向量，进而在低维空间中高效计算实体、关系及其之间的复杂语义关联，对知识库的构建、推理、融合以及应用均具有重要的意义。

知识表示学习的代表模型有距离模型、单层神经网络模型、双线性模型、神经张量模型、矩阵分解模型、翻译模型等。比如，距离模型提出了知识库中实体以及关系的结构化嵌入方法（Structured Embedding，SE），其基本思想是，首先将实体用向量进行表示，然后通过关系矩阵将实体投影到与实体关系对的向量空间中，最后通过计算投影向量之间的距离来判断实体间已存在的关系的置信度。由于距离模型中的关系矩阵是两个不同的矩阵，使得协同性较差。针对上述提到的距离模型中的缺陷，有人提出了采用单层神经网络的非线性模型（Single Layer Model，SLM），模型为知识库中每个三元组（h,r,t）定义了一个评价函数。还有一个模型叫TransE 模型，它将知识库中实体之间的关系看成是从实体间的某种平移，并用向量表示。

知识库中的实体关系类型也可分为 1-to-1、1-to-N、N-to-1、N-to-N 四种类型，而复杂关系主要指的是 1-to-N、N-to-1、N-to-N 三种关系类型。由于 TransE 模型不能用在处理复杂关系上，一系列基于它的扩展模型纷纷被提出，有 TransH 模型、TransR 模型、TransD 模型、TransG 模型等。

11.2.6　知识融合

通过知识提取实现了从非结构化和半结构化数据中获取实体、关系以及实体属性信息的目标。但是由于知识来源广泛，存在知识质量良莠不齐、来自不同数据源的知识重复、层次结构缺失等问题，因此必须要进行知识的融合。知识融合是高层次的知识组织，使来自不同知识源的知识在同一框架规范下进行异构数据整合、消歧、加工、推理验证、更新等步骤，达到数据、信息、方法、经验以及人的思想的融合，形成高质量的知识库。

当知识从各个数据源下获取时，需要提供统一的术语将各个数据源获取的知识融合成一个庞大的知识库。提供统一术语的结构或者数据被称为本体，本体不仅提供了统一的术语字典，还构建了各个术语间的关系以及限制。本体可以让用户非常方便和灵活地根据自己的业务建立或者修改数据模型。通过数据映射技术建立本体中术语和不同数据源抽取知识中词汇的映射关系，进而将不同数据源的数据融合在一起。同时，不同源的实体可能会指向现实世界的同一个客体，这时需要使用实体匹配将不同数据源相同客体的数据进行融合。不同本体间也会存在某些术语描述同一类数据，对于这些本体，则需要本体融合技术把不同的本体融合。最后融合而成的知识库需要一个存储、管理的解决方案。知识存储和管理的解决方案会根据用户查询场景的不同采用不同的存储架构，如 NoSQL 或者关系数据库。同时，大规模的知识库也符合大数据的特征，因此需要传统的大数据平台（如 Spark 或者 Hadoop）提供高性能计算能力，支持快速运算。

1. 实体对齐

实体对齐（Entity Alignment）也称为实体匹配（Entity Matching）、实体解析（Entity Resolution）或者实体链接（Entity Linking），主要用于消除异构数据中实体冲突、指向不明等不一致性问题，可以从顶层创建一个大规模的统一知识库，从而帮助机器理解多源异质的数据，形成高质量的知识。

在大数据的环境下，受知识库规模的影响，在进行知识库实体对齐时，主要会面临 3 个方面的挑战：（1）计算复杂度，匹配算法的计算复杂度会随知识库的规模呈二次增长，难以接受；（2）数据质量，由于不同知识库的构建目的与方式有所不同，可能存在知识质量良莠不齐、相似重复数据、孤立数据、数据时间粒度不一致等问题；（3）先验训练数据，在大规模知识库中，想要获得这种先验数据非常困难，通常情况下，需要研究者手工构造先验训练数据。综上所述，知识库实体对齐的主要流程包括：（1）将待对齐数据进行分区索引，以降低计算的复杂度；（2）利用相似度函数或相似性算法查找匹配实例；（3）使用实体对齐算法进行实例融合；（4）将步骤（2）与步骤（3）的结果结合起来，形成最终的对齐结果。对齐算法可分为成对实体对齐与集体实体对齐两大类,而集体实体对齐又可分为局部集体实体对齐与全局集体实体对齐。

2. 知识加工

通过实体对齐可以得到一系列基本事实表达或初步的本体雏形,然而事实并不等于知识,它只是知识的基本单位。要形成高质量的知识,还需要经过知识加工的过程,从层次上形成一个大规模的知识体系,统一对知识进行管理。知识加工主要包括本体构建与质量评估两方面的内容。

11.3 知识计算及应用

知识计算主要是根据图谱提供的信息得到更多隐含的知识,如通过本体或者规则推理技术可以获取数据中存在的隐含知识,而链接预测则可以预测实体间隐含的关系,同时使用社会计算的不同算法在知识网络上计算获取知识图谱上存在的社区,提供知识间关联的路径,通过不一致检测技术发现数据中的噪声和缺陷。通过知识计算知识图谱可以产生大量的智能应用,如可以提供精确的用户画像为精准营销系统提供潜在的客户;提供领域知识给专家系统提供决策数据,给律师、医生、公司 CEO 等提供辅助决策的意见;提供更智能的检索方式,使用户可以通过自然语言进行搜索;当然,知识图谱也是问答必不可少的重要组件。

11.4 企业知识图谱建设

有些用户倾向于把知识图谱简单化理解,或者等同于传统的专家库,或者认为就是知识可视化的炫酷界面。知识图谱的技术本质是高效的知识结构化和图分析能力。与传统知识库相比,知识图谱在知识构建部分除了利用专家人工力量外,还利用文本挖掘和自然语言处理等手段,也有可能使用机器学习算法构建本体,以及从大量的非结构化和半结构化数据中抽取知识。在人、企业、产品、兴趣、想法、事实存在交织的关联关系时,使用图分析这些复杂的关系效率高,可扩展。应用图遍历、最短路径、三角计数、连通分量、类中心等算法在搜寻目标实体、识别实体关联、评价关联程度、发现关键人物和特殊关系群体等方面较为有效。

从企业级信息管理的全局视角看,知识图谱无疑也是其中一种方式和手段,其中的技术组件如文本分析、语义计算等部分和传统的数据采集、清洗、整合在数据的处理方法和流程上很多都是类似的,在技术上也有互通或重合的部分。从企业级数据建设和应用的角度来看,知识图谱的建设横跨多个环节,在技术的整合方面有较高的复杂度,因此要求一定的数据基础和数据技术能力基础,比如持续的数据管理和知识管理机制、较好的基础数据质量、对数据技术能力和团队的积累等。

我们认为，在知识图谱走向行业应用的时代，可能在落地的时候不会采用从零开始建设知识图谱全技术栈的重复方式，很多环节（比如图谱可视化、自然语言处理、语义计算等方面）都会出现比较成熟的技术组件，然后结合业务进行深度定制和调优。因此，我们也很有必要透过技术栈去抓住知识图谱的技术本质，一个是知识结构化，另一个是图分析，知识图谱用新的技术在这两方面提升效率。抓住了技术本质，用户方可以避免纠结于概念或技术的分歧，技术提供方则可以避免陷入同质化竞争的局面。表 11-1 总结了几个知识图谱库。

表 11-1　几个知识图谱库列表

知识图谱库名称	机构	特点、构建手段	应用产品
FreeBase	MetaWeb（2010 年被谷歌收购）	• 实体、语义类、属性、关系 • 自动+人工：部分数据从维基百科等数据源抽取而得到；另一部分数据来自人工协同编辑 • https://developers.google.com/freebase/	Google Search Engine、Google Now
Knowledge Vault（谷歌知识图谱）	谷歌	• 实体、语义类、属性、关系 • 超大规模数据库，源自维基百科、Freebase、《世界各国纪实年鉴》 • https://research.google.com/pubs/pub45634	Google Search Engine、Google Now
DBpedia	莱比锡大学、柏林自由大学、OpenLink Software	• 实体、语义类、属性、关系 • 从维基百科抽取	DBpedia
维基数据（Wikidata）	维基媒体基金会（Wikimedia Foundation）	• 实体、语义类、属性、关系，与维基百科紧密结合 • 人工（协同编辑）	Wikidata
Wolfram Alpha	沃尔夫勒姆公司（Wolfram Research）	• 实体、语义类、属性、关系，知识计算 • 部分知识来自于 Mathematica，其他知识来自于各个垂直网站	Apple Siri
Bing Satori	微软	• 实体、语义类、属性、关系，知识计算 • 自动+人工	Bing Search Engine、Microsoft Cortana
YAGO	马克斯·普朗克研究所	• 自动：从维基百科、WordNet 和 GeoNames 提取信息	YAGO
Facebook Social Graph	Facebook	• Facebook 社交网络数据	Social Graph Search
百度知识图谱	百度	• 搜索结构化数据	百度搜索
搜狗知立方	搜狗	• 搜索结构化数据	搜狗搜索
ImageNet	斯坦福大学	• 搜索引擎 • 亚马逊 AMT	计算机视觉相关应用

知识图谱是知识工程的一个分支，以知识工程中的语义网络作为理论基础，并且结合了机器学习、自然语言处理、知识表示和推理的最新成果，在大数据的推动下受到了业界和学术界的广泛关注。知识图谱对于解决大数据中的文本分析和图像理解问题发挥着重要作用。目前，知识图谱研究已经取得了很多成果，形成了一些开放的知识图谱。但是，知识图谱的发展还存

在以下障碍。首先，虽然大数据时代已经产生了海量的数据，但是数据发布缺乏规范，而且数据质量不高，从这些数据中挖掘高质量的知识需要处理数据噪音问题；其次，垂直领域的知识图谱构建缺乏自然语言处理方面的资源，特别是词典的匮乏使得垂直领域知识图谱构建代价很大；最后，知识图谱构建缺乏开源的工具，目前很多研究工作都不具备实用性，而且很少有工具发布。通用的知识图谱构建平台还很难实现。

第 12 章
数据挖掘

12.1 什么是数据挖掘

数据挖掘是指有组织、有目的地收集数据、分析数据，并从大量数据中提取出有用的信息，从而寻找出数据中存在的规律、规则、知识以及模式、关联、变化、异常和有意义的结构。数据挖掘是统计学、数据库技术和人工智能等技术的综合。数据挖掘是一门涉及面很广的交叉学科，包括数理统计、人工智能、计算机等，涉及机器学习、数理统计、神经网络、数据库、模式识别、粗糙集、模糊数学等相关技术。

数据挖掘大部分的价值在于利用数据挖掘技术改善预测模型，产生学术价值，促进生产，产生并促进商业利益，一切都是为了商业价值（数据→信息→知识→商业）。数据挖掘的最终目的是实现数据的价值，所以，单纯的数据挖掘是没有多大意义的。

数据挖掘技术（方法）分为以下两大类。

● 预言（Predication）：用历史预测未来。
● 描述（Description）：了解数据中潜在的规律。

12.1.1 数据挖掘技术产生的背景

数据正在以空前的速度增长，现在的数据是海量的大数据。现在不缺乏数据，但是却面临一个尴尬的境地——数据极其丰富，信息知识匮乏。还有，海量的大数据已经远远超出了人类的理解能力，如果不借助强大的工具和技术，很难弄清楚大数据中所蕴含的信息和知识。重要决策如果只是基于决策制定者的个人经验，而不是基于信息、知识丰富的数据，就极大地浪费了数据，也给我们的商业、学习、工作、生产带来了极大的不便和巨大的阻碍。所以，能够方便、高效、快速地从大数据里提取出巨大的信息和知识是必须解决的，因此，数据挖掘技术应运而生。数据挖掘填补了数据和信息、知识之间的鸿沟。

12.1.2 数据挖掘与数据分析的区别

数据分析包含广义的数据分析和狭义的数据分析。广义的数据分析包括狭义的数据分析和数据挖掘，而我们常说的数据分析就是指狭义的数据分析。

1. 数据分析（狭义）

简单来说，狭义的数据分析就是对数据进行分析。专业的说法是，狭义的数据分析是指根据分析目的，用适当的统计分析方法及工具对收集来的数据进行处理与分析，提取有价值的信息，发挥数据的作用。狭义的数据分析主要实现三大作用：现状分析、原因分析和预测分析（定量）。狭义的数据分析的目标明确，先做假设，然后通过数据分析来验证假设是否正确，从而得到相应的结论。狭义的数据分析主要采用对比分析、分组分析、交叉分析、回归分析等分析方法。狭义的数据分析一般都是得到一个指标统计量结果，比如总和、平均值等，这些指标数据需要与业务结合进行解读，才能发挥出数据的价值与作用。

2. 数据挖掘

数据挖掘是指从大量的数据中，通过统计学、人工智能、机器学习等方法挖掘出未知的、具有价值的信息和知识的过程。数据挖掘主要侧重解决 4 类问题，即分类、聚类、关联和预测（定量、定性）。数据挖掘的重点在于寻找未知的模式与规律。比如，我们常说的数据挖掘案例：啤酒与尿布、安全套与巧克力等，就是事先未知的，但又是非常有价值的信息。数据挖掘主要采用决策树、神经网络、关联规则、聚类分析等统计学、人工智能、机器学习等方法进行挖掘。数据挖掘的结果是输出模型或规则，并且可相应得到模型得分或标签，模型得分如流失概率值、总和得分、相似度、预测值等，标签如高中低价值用户、流失与非流失、信用优良中差等。

总之，数据分析（狭义）与数据挖掘的本质是一样的，都是从数据里面发现关于业务的知识（有价值的信息），从而帮助业务运营、改进产品以及帮助企业做更好的决策。数据分析（狭义）与数据挖掘构成广义的数据分析。

12.2　数据挖掘技术（方法）

数据挖掘常用的方法有分类、聚类、回归分析、关联规则、神经网络、特征分析、偏差分析等。这些方法从不同的角度对数据进行挖掘。

12.2.1　分类

分类的含义就是找出数据库中的一组数据对象的共同特点并按照分类模式将其划分为不同的类。分类是依靠给定的类别对对象进行划分的。分类的目的是通过分类模型将数据库中的数据项映射到某个给定的类别中。分类的应用包括客户的分类、客户的属性和特征分析、客户满意度分析、客户的购买趋势预测等。

主要的分类方法包括决策树、KNN 法（K-Nearest Neighbor）、SVM 法、VSM 法、Bayes 法、神经网络等。分类算法是有局限性的。分类作为一种监督式学习方法，要求必须事先明确知道各个类别的信息，并且断言所有待分类项都有一个类别与之对应。但是很多时候上述条件得不到满足,尤其是在处理海量数据的时候,如果要通过预处理使得数据满足分类算法的要求,那么代价非常大,这时候可以考虑使用聚类算法。

12.2.2 聚类

聚类的含义是指事先并不知道任何样本的类别标号,按照对象的相似性和差异性,把一组对象划分成若干类,并且每个类里面对象之间的相似度较高,不同类里面对象之间的相似度较低或差异明显。我们并不关心某一类是什么,需要实现的目标只是把相似的东西聚到一起,聚类是一种非监督式学习方法。

聚类与分类的区别是,聚类类似于分类,但是与分类不同的是,聚类不依靠给定的类别对对象进行划分,而是根据数据的相似性和差异性将一组数据分为几个类别。聚类与分类的目的不同。聚类要按照对象的相似性和差异性将对象进行分类,属于同一类别的数据间的相似性很大,但不同类别之间数据的相似性很小,跨类的数据关联性很低。组内的相似性越大,组间差别越大,聚类就越好。

主要的聚类算法可以划分为 5 类,即划分方法、层次方法、基于密度的方法、基于网格的方法和基于模型的方法。每一类中都存在得到广泛应用的算法, 划分方法中有 K-Means 聚类算法,层次方法中有凝聚型层次聚类算法,基于模型的方法中有神经网络聚类算法。聚类可以应用到客户群体的分类、客户背景分析、客户购买趋势预测、市场的细分等。

12.2.3 回归分析

回归分析是一个统计预测模型,用以描述和评估因变量与一个或多个自变量之间的关系。它反映的是事务数据库中属性值在时间上的特征,产生一个将数据项映射到一个实值预测变量的函数,发现变量或属性间的依赖关系。回归分析反映了数据库中数据的属性值在时间上的特征,通过函数表达数据映射的关系来发现属性值之间的依赖关系。回归分析方法被广泛地用于解释市场占有率、销售额、品牌偏好及市场营销效果。它可以应用到市场营销的各个方面,如客户寻求、保持和预防客户流失活动、产品生命周期分析、销售趋势预测及有针对性的促销活动等。

回归分析的主要研究问题包括数据序列的趋势特征、数据序列的预测、数据间的相关关系等。

12.2.4 关联规则

关联规则是隐藏在数据项之间的关联或相互关系,即可以根据一个数据项的出现推导出其他数据项的出现。关联规则是描述数据库中数据项之间所存在的关系的规则。关联规则的目的(作用)是发现隐藏在数据间的关联或相互关系,从一件事情的发生来推测另一件事情的发生,从而更好地了解和掌握事物的发展规律等。

关联规则的挖掘过程主要包括两个阶段:第一阶段为从海量原始数据中找出所有的高频项目组;第二阶段为从这些高频项目组产生关联规则。关联规则挖掘技术已经被广泛应用于金融行业的企业中,用以预测客户的需求,各银行在自己的 ATM 机上通过捆绑客户可能感兴趣的信息供用户了解，并获取相应信息来改善自身的营销。

12.2.5　神经网络方法

神经网络作为一种先进的人工智能技术，因其自身自行的处理、分布存储和高度容错等特性，非常适合处理非线性的问题，以及那些以模糊、不完整、不严密的知识或数据为特征的问题，这一特点十分适合解决数据挖掘的问题。

典型的神经网络模型主要分为三大类：第一类是用于分类预测和模式识别的前馈式神经网络模型，其主要代表为函数型网络、感知机；第二类是用于联想记忆和优化算法的反馈式神经网络模型，以 Hopfield 的离散模型和连续模型为代表；第三类是用于聚类的自组织映射方法，以 ART 模型为代表。虽然神经网络有多种模型及算法，但在特定领域的数据挖掘中使用哪种模型及算法没有统一的规则，而且人们很难理解网络的学习及决策过程。

12.2.6　Web 数据挖掘

Web 数据挖掘是一项综合性技术，是指从 Web 文档结构和使用的集合 C 中发现隐含的模式 P，如果将 C 看作输入，将 P 看作输出，那么 Web 挖掘过程就可以看作是从输入到输出的一个映射过程。Web 数据挖掘的研究对象是以半结构化和无结构文档为中心的 Web，这些数据没有统一的模式，数据的内容和表示互相交织，数据内容基本上没有语义信息进行描述，仅仅依靠 HTML 语法对数据进行结构上的描述。当前，越来越多的 Web 数据以数据流的形式出现，因此对 Web 数据流挖掘具有很重要的意义。

目前，常用的 Web 数据挖掘算法包括 PageRank 算法、HITS 算法、LOGSOM 算法。这三种算法提到的用户都是笼统的用户，并没有区分用户的个体。

Web 数据挖掘应用得很广泛。它可以利用 Web 的海量数据进行分析，收集政治、经济、政策、科技、金融、各种市场、竞争对手、供求信息、客户等有关的信息，集中精力分析和处理那些对企业有重大或潜在重大影响的外部环境信息和内部经营信息，并根据分析结果找出企业管理过程中出现的各种问题和可能引起危机的先兆，对这些信息进行分析和处理，以便识别、分析、评价和管理危机。

目前，Web 数据挖掘面临着一些问题：用户的分类问题、网站内容时效性问题、用户在页面的停留时间问题、页面的链入与链出数问题等。

12.2.7　特征分析

特征分析是从数据库中的一组数据中提取出关于这些数据的特征式，这些特征式表达了该数据集的总体特征。特征分析的目的（作用）在于从海量数据中提取出有用信息，从而提高数据的使用效率。

特征分析的应用：营销人员通过对客户流失因素的特征提取，可以得到导致客户流失的一系列原因和主要特征，利用这些特征可以有效地预防客户的流失。

12.2.8　偏差分析

偏差是数据集中的小比例对象。通常，偏差对象被称为离群点、例外、野点、异常等。偏差分析就是发现与大部分其他对象不同的对象。偏差分析的应用：在企业危机管理及其预警中，管理者更感兴趣的是那些意外规则。意外规则的挖掘可以应用到各种异常信息的发现、分析、识别、评价和预警等方面。而其成因源于不同的类、自然变异、数据测量或收集误差等。

异常

- Hawkins 给出了异常的本质性的定义：异常是数据集（Data Set）内与众不同的数据，使人怀疑这些数据并非随机偏差，而是产生于完全不同的机制。
- 聚类算法对异常的定义：异常是聚类嵌于其中的背景噪声。
- 异常检测算法对异常的定义：异常是既不属于聚类也不属于背景噪声的点，其行为与正常的行为有很大不同。

12.3　大数据思维

"数据驱动决策"，那么，在大数据挖掘时，我们应该具备什么样的大数据思维呢？

12.3.1　信度与效度思维

信度与效度的概念最早来源于调查分析，但现在我觉得可以引申到数据分析工作的各个方面。所谓"信度"，是指一个数据或指标自身的可靠程度，包括准确性和稳定性。取数逻辑是否正确，有没有计算错误，这属于准确性；每次计算的算法是否稳定，口径是否一致，以相同的方法计算不同的对象时，准确性是否有波动，这是稳定性。做到了以上两个方面，就是一个好的数据或指标了吗？其实还不够，还有一个更重要的因素，就是效度。所谓"效度"，是指一个数据或指标的生成需贴合它所要衡量的事物，即指标的变化能够代表该事物的变化。

只有在信度和效度上都达标，才是一个有价值的数据指标。举个例子，要衡量身体的肥胖情况，选择穿衣的号码作为指标。一方面，相同的衣服尺码对应的实际衣服大小是不同的，会有美版、韩版等因素，使得准确性很差；另一方面，一会儿穿这个牌子的衣服，一会儿穿那个牌子的衣服，使得该衡量方式形成的结果很不稳定。所以，衣服尺码这个指标的信度不够。另外，衡量身体肥胖情况用衣服的尺码大小吗？你一定觉得荒唐，尺码大小并不能反映肥胖情况，因此效度也不足。体脂率才是信度和效度都比较达标的肥胖衡量指标。

信度和效度的本质其实就是"数据质量"的问题，这是一切分析的基石，再怎么重视都不过分。

12.3.2　分类思维

客户分群、产品归类、市场分级、绩效评价等许多事情都需要有分类的思维。主管拍脑袋可以分类，通过机器学习算法也可以分类，那么许多人就模糊了，到底分类思维怎么应用呢？关键点在于，分类后的事物需要在核心指标上能拉开距离，也就是说分类后的结果必须是显著的。如图 12-1 所示，横轴和纵轴往往是运营中关注的核心指标（当然不限于二维），对于分类后的对象，能够看到它们的分布不是随机的，而是有显著的集群的倾向。举个例子，假设图 12-1 反映了某个消费者分群的结果，横轴代表购买频率，纵轴代表客单价，那么右上角的这群人就是明显的"人傻钱多"的"剁手金牌客户"。

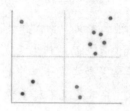

图 12-1 分类图

12.3.3 漏斗思维

漏斗思维（见图 12-2）已经普及，注册转化、购买流程、销售管道、浏览路径等太多的分析场景中能找到这种思维的影子。但是，看上去越是普世（所有人都认同）越是容易理解的模型，它的应用越得谨慎和小心。在漏斗思维中，我们尤其要注意"漏斗的长度"。

图 12-2 漏斗思维

漏斗从哪里开始，到哪里结束？以我们的经验，漏斗的环节不该超过 5 个，且漏斗中各个环节的百分比数值的量级不要超过 100 倍（漏斗第一环节以 100%开始，到最后一个环节的转化率数值不要低于 1%）。若超过了这两个数值标准，建议分为多个漏斗进行观察。超过 5 个环节，往往会出现多个重点环节，在一个漏斗模型中分析多个重要问题容易产生混乱。数值量级差距过大，数值间波动的相互关系很难被察觉，容易遗漏信息。比如，漏斗前面的环节从 60%变到 50%，让你感觉是天大的事情，而漏斗最后的环节 0.1%的变动不能引起你的注意，可往往漏斗最后这 0.1%的变动是非常致命的。

12.3.4 逻辑树思维

如图 12-3 所示为逻辑树思维。一般说明逻辑树的分叉时，都会提到"分解"和"汇总"的概念。在这里可以把它变一变，使其更贴近数据分析，称为"下钻"和"上卷"。所谓下钻，就是在分析指标的变化时，按一定的维度不断地分解。比如，按地区维度，从大区到省份，从省份到城市，从省市到区。所谓上卷，就是反过来。随着维度的下钻和上卷，数据会不断细分和汇总，在这个过程中，我们往往能找到问题的根源。

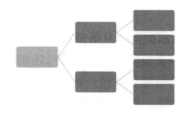

图 12-3　逻辑树思维

下钻和上卷并不局限于一个维度，往往是多维组合的节点进行分叉。逻辑树引申到算法领域就是决策树，关键是何时做出决策（判断）。当进行分叉时，我们往往会选择差别最大的一个维度进行拆分，若差别不够大，则这个枝权就不再细分。能够产生显著差别的节点会被保留，并继续细分，直到分不出差别为止。经过这个过程，我们就能找出影响指标变化的因素。

举个简单的例子，我们发现全国客户数量下降了，从地区和客户年龄层级两个维度先进行观察，发现各个年龄段的客户数量都下降了，而地区间有的下降有的升高，那么就按地区来拆分第一个逻辑树节点，拆分到大区后，发现各省间的差别显著，就继续拆分到城市，最终发现是浙江省杭州市大量客户（涵盖各个年龄段）被竞争对手的一波推广活动转化走了。因此，通过三个层级的逻辑树找到了原因。

12.3.5　时间序列思维

很多问题，我们找不到横向对比的方法和对象，那么，和历史上的状况比，就将变得非常重要。其实很多时候，我们更愿意用时间维度的对比来分析问题，毕竟发展地看问题也是重要的一环。时间序列的思维有三个关键点：一是"距今越近的时间点，越要重视"（图 12-4 中的深浅度，越是近期发生的事，越有可能再次发生）；二是要做"同比"（图 12-4 中的箭头指示，指标往往存在某些周期性，需要在周期中的同一阶段进行对比才有意义）；三是"异常值出现时，需要重视"（比如出现了历史最低值或历史最高值，建议在按时间序列作图时，添加平均值线和平均值加减一倍或两倍标准差线，便于观察异常值）。

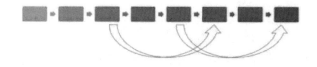

图 12-4　时间序列思维

时间序列思维有一个子概念不得不提一下，就是"生命周期"的概念。用户、产品、人事等无不有生命周期存在。清楚地衡量生命周期，就能很方便地确定一些"阈值"问题，使产品和运营的节奏更明确。

12.3.6　指数化思维

指数化思维是指将衡量一个问题的多个因素分别量化后，组合成一个综合指数（降维）来持续追踪的方式。这是最重要的一个思维。许多管理者面临的问题是"数据太多,可用的太少",这就需要"降维"了,即把多个指标压缩为单个指标。指数化的好处非常明显,一是"减少了指标,使得管理者精力更为集中";二是"指数化的指标往往提高了数据的信度和效度";三是"指数能长期使用且便于理解"。

指数的设计是门大学问,这里简单提三个关键点:一是要遵循"独立和穷尽"的原则;二是要注意各指标的单位,尽量用"标准化"来消除单位的影响;三是权重和需要等于 1。独立和穷尽原则,即你所定位的问题,在搜集衡量该问题的多个指标时,各个指标间尽量相互独立,同时能衡量该问题的指标尽量穷尽(收集全)。举个例子,设计某公司销售部门的指标体系时,目的是衡量销售部的绩效,确定核心指标是销售额后,我们将绩效拆分为订单数、客单价、线索转化率、成单周期、续约率 5 个相互独立的指标,且这 5 个指标涵盖销售绩效的各个方面(穷尽)。我们设计的销售绩效综合指数=0.4×订单数+0.2×客单价+0.2×线索转化率+0.1×成单周期+0.1×续约率,各指标都采用 max-min 方法进行标准化。

12.3.7　循环 / 闭环思维

循环 / 闭环的概念可以引申到很多场景中,比如业务流程的闭环、用户生命周期闭环、产品功能使用闭环、市场推广策略闭环等。这种思维方式是非常必要的。业务流程的闭环是管理者比较容易定义出来的,列出公司所有业务环节,梳理出业务流程,然后定义各个环节之间相互影响的指标,跟踪这些指标的变化,能从全局上把握公司的运行状况。循环 / 闭环思维图示如图 12-5 所示。

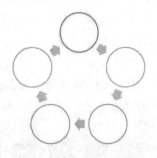

图 12-5　循环 / 闭环思维

比如,一家软件公司的典型业务流程:推广行为(市场部)→流量进入主站(市场+产研)→注册流程(产研)→试用体验(产研+销售)→进入采购流程(销售部)→交易并部署(售后+产研)→使用、续约、推荐(售后+市场)→推广行为。一个闭环下来,各个衔接环节的指标就值得关注了:广告点击率→注册流程进入率→注册转化率→试用率→销售管道各环节转化率→付款率→推荐率 / 续约率……这里涉及漏斗思维,如前面所述,"千万不要用一个漏斗来衡量一个循环"。有了循环思维,就能够比较快地建立有逻辑关系的指标体系。

第 13 章

银行业大数据和人工智能

从"十二五"走到"十三五"规划期间，银行业面临的各方面的压力越来越大，从四大行的年报数字可以看出，它们的利润增长基本上趋近于零增长。在这样的情况下，怎样通过大数据和人工智能提升传统银行的竞争力，是摆在他们面前的一个很重要的课题。过去十多年期间，银行业务出现了一个重要拐点，这个拐点就是互联网银行慢慢取代柜员，IT 从支持几万、十几万的柜员到支持面向所有的互联网客户，无论是服务的形态还是 IT 的支撑，都发生了根本的变化，这是移动和云技术在里面发挥了作用。这几年，银行三大互联网渠道已经建立：

● 手机银行用户已达到 1.8 亿多。

● 网上银行用户有 2 亿多。

● 微信银行占的客服服务总量已经超过了传统的客户服务。

这意味着银行的渠道、场景化的实践已经见到了效果，做大数据要具备的基础已经存在。但是，银行大数据依然面临着不少的挑战：

● 如何处理数据量的快速增长？这包括每天的交易量、外部互联网金融、银行的三大互联网平台造成用户的交易数据和行为数据有大幅的增长。

● 如何快速智能分析历史数据？四大行从 2000 年开始建立数据仓库以来，拥有了庞大的历史数据资产，在新的环境下怎么能够快速地智能分析，对银行提出了更高的挑战。

● 如何使用内外数据描述客户特征？在数据源方面，除了本银行数据外，也需要采纳外部的数据来配合进行分析。很多银行已经引入了征信数据、税务数据等，怎么做到以比较全面的数据去描绘银行的客户特征，这是银行的一个新的课题。

所以，下一个拐点是什么呢？银行要从原来做的账务性的、交易性的处理转向能够渗透到经济生活的方方面面，这是一个场景化。如果抓不住这个拐点，银行就要被互联网金融颠覆或者管道化。这就要做人工智能和大数据挖掘。对传统银行来讲，要解决三大问题：

● 怎么样提升对于客户的识别？

● 怎么样提升对于客户的营销？

● 怎么样提升对于风险的防范？

对于银行业而言，无论是用传统的结构化的数据，还是用现在互联网形态下非结构化的数据，要解决的问题都是这些。目前，银行业有了更丰富的数据源，有了更好地进行数据处理的方法，银行业就是要实现数据挖掘和分析。比如，建设银行已经成立了上海大数据分析中心。

下面我们分析一下四大行的大数据和人工智能的进展。

13.1 四大行的进展

金融行业在有些技术的选择上还是相对比较保守的，一般不会用最新的技术，不会用最新的版本，这是因为银行的连续服务要求特别高。但是，在大数据技术和人工智能上，金融行业是最先使用的一个行业。

13.1.1 建设银行

建设银行大数据平台的策略是架构先行，已经有很好的基础架构。在基础架构上，搭建了一些基础的大数据分析工具。功能架构设计上和其他银行差不多，包含从采集、存储、分析、展现到应用。在数据设计上有一个演变过来的整体的结构。他们强调大数据是数据的一部分，结构化的数据是大数据的一部分。建行的大数据平台取得了不少的成果。

- 在实时的数据仓库上，能够对客户经理做实时的数据提供和交付，无论是在并发的访问还是实时服务方面。
- 在数据的应用模式上，有 6 类数据应用模式，包括挖掘类、数据实验室、机器查询、仪表盘、固定报表、自动查询等。
- 建立"模型实验室"，能够发挥的作用越来越大，能够基于结构化和非结构化的数据支持大数据模型的研发，这个模型研发出来后，能够很快地把它部署到生产当中。
- 在非结构化大数据的应用方面做了不少探索，比如客户行为偏好的数据、录音文本、地理数据的应用，能耗数据的应用，媒体信息、员工行为数据的应用等。通过位置服务终端识别的新技术、新数据的采用，拒绝可疑风险事件，2017 年上半年避免了 1.9 万起风险事件，避免客户损失 1.4 亿元，这种数据越来越多。

13.1.2 工商银行

工商银行大数据战略思路是通过工商银行两库的建设来完善大数据体系的。两库是信息库和数据仓库，数据仓库在工商银行的建设和银行的建设中都是比较传统的，主要是应对之前的银行交易数据、账户数据，采用结构化的数据存储来进行相关的处理。从 2013 年开始，工商银行启动了信息库的建设，主要指非结构的数据。通过两库的建设，工商银行还建设了一支分析师队伍，能够对这些庞大的数据进行相关业务的加工处理和分析。

工商银行大数据的发展历程可以分为几个阶段，从 TB 级已经进入了 PB 级的建设阶段，接下来在可预见的几年内会进入 EB 级的庞大体量。最早在 2000 年初，那个时候大数据领域更多地还是应用在一些报表的快速展现上，所以那个时候工商银行基于比较传统的 Oracle 和 SaaS 做了 T+1 的动态报表，行领导和管理层能够在第二天上班前看到昨天的经营数据。2007

年，工商银行基于当时最先进的企业级数据仓库体系架构启动了企业级数据体系的建设，做了全行统一的管理数据的大集中。2010 年，基于数据仓库的数据支持，工商银行推出了 MOVA 管理会计系统，做了全行绩效考核的管理系统。2013 年，随着大量数据爆发式的出现，工商银行引进了大数据领域在业界最流行的 Hadoop 技术，在 Hadoop 基础上搭建了信息库。2014 年，工商银行基于大数据，自主研发了一个流式数据平台，能够提供实时或者准实时的流数据处理，原来的大数据采用联机异步批量的方式，通过文件存储，无论是数据仓库还是信息库，在时效上相对来说都比较慢。2015 年下半年和 2016 年开始推动分布式数据库的落地工作，这会和企业级数据仓库做一个互补。这是大数据的主要技术演进。

在大数据平台上，工商银行把它抽象成如下几层：

- 第一层是数据采集，统一针对外部和内部的数据进行相关的数据收集，包括日志信息、行为信息和业务信息。
- 往上一层是计算层，不仅提供了传统数据仓库的批量计算能力，也通过一些流式数据的技术提供了实时计算能力。
- 再往上一层是应用层，抽象了大数据相关的应用，包括用户可以自定义的查询功能。

通过这些分层的服务，把它们抽象到业务系统中。通过管理会计系统、分析师平台、风险系统、营销系统，为工商银行在数据的运营、风险控制和营销方面都提供了相关的支持，这就是主要的大数据分层体系。

分布式、开源、通用成为趋势。从大数据的起源开始，到目前的大数据应用新形势下，数据仓库已经在做非常大的升级换代和变化。2014 年工商银行从高成本封闭的专业系统（如 Teradata）开始向高性价比、通用设备和开放技术的系统转变。转型有两个原因：

（1）数据量太大了。原来只需要处理 TB 级的数据量，已经转向需要处理 PB 级的数据量，甚至以后将要处理 EB 级的数据量。这么大的数据量，运用传统的设备没有办法进行相关的处理。

（2）性价比。工商银行做过测量，通过开放式的弹性可扩展的普通 PC 服务器的方式，比传统设备在成本上可以节省十几分之一或者几十分之一。工商银行在新平台上一方面引进了 Hadoop 平台，基于普通的 PC 服务器进行搭建，短短一两年的时间已经扩展到几百个节点，存储空间已经超过 1PB，超过建设了十几、二十年的 Teradata 的数据容量。

另外，工商银行也在尽快落地分布式数据库。这是基于开源的底层架构，基于普通的 PC 服务器完成数据仓库体系的扩充。后续在大数据的处理加工方面，会基于分布数据库进行处理。工商银行会保留 Teradata，着重于高端的分析师分析挖掘的探索性的工作方面。后续的大数据体系会采用多种技术路线、多种技术平台共存的方式。

工商银行在大数据和人工智能应用方面主要侧重于风险防控。这是落地最快、最有成效的应用。工商银行通过大数据在事前、事中、事后三个环节的运用进行风险的柔性控制。

- 事前，比如银行卡的授信过程中，或者信贷要进行发放做尽职调查中，数据能给它一个支撑。
- 事中，比如银行卡最近比较多地发生盗刷行为，可以在事中通过大数据的方式发现银行卡的盗刷行为。

● 事后，可以根据事后的交易或者发生的事件进行相关的分析，分析后续在业务的拓展或者风险控制方面有哪些需要进一步改进或者补救的工作。

下面是几个常见的大数据和人工智能案例。

● 交易反欺诈。需要利用大数据流数据的技术，用户在交易的过程中采用主机旁路技术，交易没有完成之前，通过大数据在内存中进行一次判断。

● 大数据怎么运用模型。通过比较好的用户特征的总结和模型进行监控。通过标签信息，比如定义了两个标签，一个是用户开户的地区比较广泛，另一个是持有比较多的借记卡，就可以认为他有倒卖银行卡的嫌疑，通过大数据的计算可以把这些人员抓出来，进行后续的业务处理和防控。这也是大数据和人工智能应用得比较好的方面。

● 现在各个银行业碰到的比较大的困境是信贷资产的质量问题。工商银行持续在推动运用大数据和人工智能防控信贷风险，成立了信贷防控中心，运用大数据和人工智能技术进行相关的防控。

13.1.3　农业银行

做数据仓库的时候，四大行的选择面都很窄，除了农业银行没用 TD 外，其他银行都是用 TD 做的数据仓库。农业银行使用了南大通用的 MPP 架构数据库。Hadoop 方面，目前使用的是 CDH 开源版，大概有 100 个左右的 DataNode，容量是 5PB 左右。数据模型方面，农业银行融合了范式和维度的思路。在主库核心层面基本是用范式建模减少重复。维度方面以业务驱动的方式建立维度模型为主。

农业银行生产系统有 60 多个上游系统，通过一个交换平台为大数据服务，负责上游生产和下游数据消费系统总分行之间、总行各应用系统间的数据交互。几乎全行所有的生产系统的数据已经全部进来了。大数据平台是基于 Hadoop 的。上游来的全量数据在平台上做了归类。农业银行在 Hadoop 上封装了应用，为全行的数据挖掘提供服务支撑。

13.1.4　中国银行

中国银行的大数据战略如下：

● 以平台为支撑构建大数据的技术体系。
● 以数据为基础充分整合数据资源。
● 以应用为驱动深入挖掘数据价值。
● 以人才为核心提升数据分析能力。

在实施方面，中国银行采用分行试点的模式，采取快速迭代、迅速试错的方式。中银开放平台是中国银行大数据实施的例子之一，2014 年获得 IDC 金融的大奖，2015 年获得人民银行嘉奖，亚洲金融家组织把它评为最佳的金融云服务产品。这个产品的主要设计思路是把整个中国银行的大数据进行归并整理之后，开发了 1000 多个标准的 API 接口，这些 API 接口可以用于分行，甚至是客户。他们可以通过这些 API 访问和使用中国银行的数据，用于加工得到自己想要的相关结果。目前，已经有很多分行利用这样的平台开发出了很多比较受欢迎的产品。

中国银行曾经表示，非常希望在合规的前提下充分利用银行外部的数据服务。因为银行或者金融企业的数据在深度上不是一般的互联网企业能够比拟的，如果金融行业跟其他的相关企业进行有效的数据交换，大家彼此利用对方的优势，就能够使这个银行的数据得到更完美的使用。中国银行以应用为驱动，深入挖掘数据价值，做大数据和人工智能应用的场景产品。比如，中国银行推出了口碑贷、中银沃金融的服务。中银精准地建设客户的营销平台，把线下的客户信息和线上的客户行为统一在一起，把结构化的数据和非结构化的数据有机地提炼并且整合，争取能够精确地描述客户的各项属性特征。

13.2　其他银行

坐拥海量信息，银行仍患"数据贫血症"，这是原工商银行董事长姜建清的深度解读。"一些银行坐拥海量信息，但由于数据割裂、缺乏挖掘和融会贯通，而患上数据'贫血症'"，姜建清表示。姜建清提出，实现银行信息的"融会贯通"要把握 8 个字：集中、整合、共享、挖掘。

- 运营集中：作业模式工厂化、规模化、标准化，业务集中处理、前中后台有效分离及各类风险集中监控。目的是提高质量和效率，降低成本，控制风险。
- 系统整合：建立 IT 中枢和架构统一化，系统互联互通高效化，破除数据信息孤岛。目的是使经营管理灵活协调，市场客户响应快速及时。
- 信息共享：形成便于检索的数据共享平台。目的是提高信息的可用性、易用性。
- 数据挖掘：通过对数据收集、存储、处理、分析和利用，使用先进的数据挖掘技术，使海量数据价值化。目的是据此判断市场、发现价格、评估风险、配置资源、提供经营决策、产品创新、精准营销的支持。

"信息化银行建设的成功实施会使银行间出现竞争力的'代际'差异，赢者会持续保持战略优势"，姜建清称。

除了四大行外，下面看看其他银行在大数据和人工智能上的布局。

13.2.1　广发银行

广发银行将大数据工程定位为"智慧工程"，目标是打造广发银行的"大脑"，动态感知市场需求、经营状况、客户体验，实现快速决策、快速创新，推动以客户为中心的零售银行与交易银行战略转型。大数据工程同时也是广发银行的"人才工程"，广发银行计划用 3 年左右的时间培养打造一支 100 人的大数据专业人才队伍。2013 年，广发银行制定了大数据 5 年规划，分三个阶段实施。

- 第一阶段（2013、2014 年）：大数据技术平台建设与应用试点。

- 第二阶段（2015、2016 年）：大数据生态系统建设与重点业务领域应用突破。
- 第三阶段（2017、2018 年）：大数据智能分析与业务全面推广应用。

目前已完成平台建设、应用试点、大数据生态系统建设和信用卡业务领域应用，即按分析与应用分离、读写分离的原则建设 4 个数据域。正在建设 8 个数据产品：客户全景视图、潜在客户视图、资金关系圈、自助分析平台、历史数据查询平台、实时营销平台、实时风控平台和客户信用评级。基于数据产品的多个业务应用正在试点或推广，并与多个外部伙伴开展了大数据合作。

13.2.2　江苏银行

江苏银行大数据平台建设起步于 2014 年底，2015 年年中初见成效。目前，江苏银行利用大数据技术开发了一系列具有一定社会影响的大数据和人工智能应用产品，如 "e 融" 品牌下的 "税 e 融" "享 e 融" 等线上贷款产品、基于内外部数据整合建模的对公资信服务报告、以实时风险预警为导向的在线交易反欺诈应用、基于柜员交易画面等半结构化数据的柜面交易行为检核系统等。

大数据和人工智能应用的本质是对客户需求的认识和释放，应用效果取决于银行的综合运营服务意识，而选择一个合适的技术平台也是大数据成功应用的不可或缺的因素之一。江苏银行在大数据技术平台建设方面进行了大量探索和思考。

1. 为什么要建设大数据技术平台

江苏银行资产规模是数万亿元，积累了大量的内部数据，以往受限于高性能存储的成本和数据并行化处理能力，占总存储量 80%以上的数据是 "死" 在系统里的。以对私客户的活期账户为例，一张拉链表的数据量就达数百 GB，运行在 IBM P 系列小型机上的 Oracle 数据库，统计一下表的行数就要 3 个小时，若需要全量回算历史数据，为避免影响生产，需要将数据导出到另外的数据库上，花费几天时间。又如，"柜员操作记录" 这样的半结构化数据每天产生的数据量达几个 GB，生产环境只能保留最近几天的数据，其他数据存储在磁带库上，使用时需花费大量的人力将数据从磁带库中导出。

另一方面，为减少贷前审查的录入成本，开发纯线上贷款产品等，江苏银行陆续引入了税务、法院、工商、黑名单等外部数据。随着内外部数据量的快速增长，大规模数据处理和实时响应的需求使得传统的数据处理平台遭遇瓶颈，江苏银行急需探索新的数据架构，采用新的数据处理技术。

当前，银行业面临的挑战主要来自两个方面：利率市场化和互联网金融。利率市场化拉近了传统银行与实体经济的横向联系，要求银行快速提升数据洞察能力；互联网金融使得银行的数据应用不能局限于传统的查询统计分析应用，还需提供高效精准的营销，并具备实时风险防控能力。相较于大型商业银行，城商行的竞争更加激烈，传统的数据产品和应用服务已无法满足新形势下城商行应对市场竞争的需要。

2. 大数据技术平台架构分析

经过对主要大数据处理平台的深入研究，江苏银行将关注点聚焦在选择 MPP 还是 Hadoop。为此，江苏银行更进一步从数据容量和数据处理能力的线性关系分析传统数据平台、MPP 和 Hadoop 的关系，如图 13-1 所示。

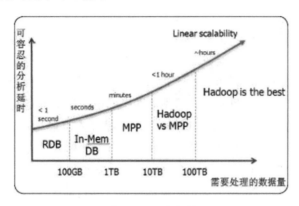

图 13-1　混合架构

传统观点认为，MPP 的适用范围为 1TB~100TB 的数据量，如果数据量超过 100TB，则 Hadoop 更具优势。当前，大中型城商行的数据量普遍在 10TB 级别，因此一些城商行选择 MPP 作为大数据处理平台。然而，近年来随着 Hadoop 开源社区的不断发展，特别是 Spark 的发布让 Hadoop 焕发了新的活力。Spark 具有 RDD（Resilient Distributed Datasets，弹性分布式数据集）和 DAG（Directed Acyclic Graph，有向无环图）两项核心技术，基于内存计算优化了任务流程，具有更低的框架开销，使得 Hadoop 在 MPP 擅长的 100TB 以下数据量的处理性能也大为改善。以目前的 Hadoop 技术，100GB 以上的数据量处理性能不弱于传统关系型数据库和 MPP，而 10TB 以上的数据量性能优势更为明显。因此，如图 13-1 所示的混合架构的大数据处理平台模式逐渐淡出，形成了如图 13-2 所示的新型应用模式。

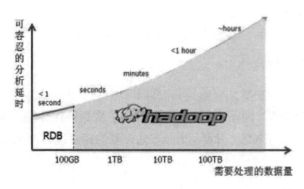

图 13-2　Hadoop 架构

江苏银行从经济成本和未来数据的非线性增长趋势的角度分析认为，传统的交易系统运用关系型数据库处理 OLTP 事务操作，产生的交易数据通过异构数据的批量复制方式或消息队列的准实时方式更新至 Hadoop 平台，Hadoop 平台进行大体量数据的分析和挖掘，并提供基于大数据的应用系统实时检索的模式,与城市商业银行目前的数据架构相适应,决定选择 Hadoop平台。

3. 大数据平台选型要点

在对产品化的发布版 Hadoop 平台选型的过程中,江苏银行总结了以下需重点考虑的内容。

● 性价比和扩展性

前期,江苏银行在 IOE 传统架构上进行了大量投入,而城商行总体自主可控能力较弱、资产规模较小、盈利能力较低。因此,不论是从自主可控要求的目标出发,还是从降低软硬件成本投入的角度出发,都要求大数据产品需支持在 x86 虚拟化集群搭建开放和高度并行化的处理平台,既要适应高并发低时延的移动互联网实时数据检索需求,又要满足大体量数据的统计分析与业务建模要求,要求总体技术方案具备高性价比,能够实现在同一服务器集群上针对不同应用动态灵活分配内存、CPU 等硬件资源并支持动态扩展,在出现资源瓶颈时能够快速解决。Hadoop 产品具有支持 x86 和可动态扩展的性能,但目前大多数 Hadoop 平台在不同应用间的资源有效隔离方面都存在一定缺陷。

● 对 SQL 的兼容性

开源 Hadoop 对标准 SQL 及 PL/SQL 支持程度不高,许多常用函数都不支持,需要使用者编写程序实现。而银行以往的数据集市、数据仓库等应用大多基于 SQL 开发,根据江苏银行的数据架构规划,数据集市、数据仓库将迁移至 Hadoop 平台,为避免少则几百行多则上万行的程序编写,SQL 兼容性成为 Hadoop 平台选择不可或缺的考虑因素之一。

● 对于通用开发框架和工具的支持程度

江苏银行应用系统采用数据库+中间件+应用的三层模式,开发环境为 Java Hibernate 和 Spring 框架。为此要求 Hadoop 平台下的 HDFS 库、HBase 以及内存数据库等组件能够通过 ODBC 或 JDBC 连接,以实现数据库对应用开发人员透明,并支持诸如 BI、ETL、数据挖掘等工具,数据源可以根据实际需要选择配置 Oracle 或 Hadoop。

● 具备事务的基本特性

大数据平台不仅是关系型数据库数据转存储和统计分析的工具,更是一些新型应用,如客户线上行为等的原始数据库。为了确保数据的准确性,数据操作必须具备事务的基本特性:原子性、一致性、隔离性和持久性。Hadoop 分布式计算的特点决定其本身不具备事务的基本特性,必须借助插件实现。

● 图分析与流式处理能力

银行的实时营销和实时风险预警场景需要大数据平台具有历史数据快速统计、窗口时间内的信息流和触发事件及模型匹配、百毫秒级事件响应等性能,流式处理技术是关键。目前,Hadoop 平台通用的流式处理引擎主要为 Spark Streaming 和 Storm,两者各有千秋,Spark

402

Streaming 由时间窗口内的批量事件流触发，Storm 由单个事件触发，单笔交易延迟方面，Spark Streaming 高于 Storm，但在整体吞吐量方面，Spark Streaming 略有提升。在进行 Hadoop 产品选型时，江苏银行主要考虑了经过优化的流式处理引擎是否能够在流上实现统计类挖掘算法。

● 数据存储形式的多样性

要求 Hadoop 产品至少支持 3 种数据存储形式：一是行式存储，用于数据由传统数据库向 Hadoop 数据库过渡；二是基于键-值对（Key-Value Pair）的存储，用于大体量、高并发数据的实时查询；三是内存式数据库，用于交互式数据分析和挖掘，可通过构建分布式 Cube 加速性能，也可部分使用 SSD 代替，程序自动选择存储层。

● 多用户多数据库的隔离

商业银行对数据安全非常重视，要求不同来源的数据在 Hadoop 平台上分库存放，并且为不同用户针对库、表、行的访问分配不同的权限。开源 Hadoop 平台不具有用户权限概念，许多使用者在 Hadoop 平台只建一个库，所有应用使用同一个用户名访问资源，数据资源完全开放。这种方式存在严重的安全隐患，预计随着平台重要性的提升，拆分数据库、细分用户权限的需求也将越来越迫切，为避免因前期规划不合理导致后期巨大的拆分工作量，江苏银行在大数据平台选型之初就将多用户多数据库的隔离作为重点考虑的因素。

● 平台的研发能力和开放性

Hadoop 作为创新型技术，与传统数据库相比，技术成熟度不够。江苏银行选择使用产品化的 Hadoop，目的在于借助专业技术厂商的强大自主研发和服务支持能力，快速修复技术缺陷，在充分理解银行数据应用复杂需求的基础上，充分发挥产品特性，支持银行业务创新。

● 不同数据规模和应用场景下的性能表现

银行业的应用场景及需求较其他行业更为复杂，一些典型的应用场景和主要技术如下：

① 用户行为采集分析：数据探头（JS、SDK、Nginx、ICE）、数据分发（Kafka）、离线数据存储及处理（HBase）、运营分析结果展现（MySQL）。

② 跨部门数据整合：数据桥接（Sqoop）、日志接入（Flume）、数据分发（FTP）、离线数据存储及处理（HBase、ES）。

③ 离线用户画像和用户洞察（支持营销）：离线数据存储及处理（HBase、ES）。

④ 实时用户画像及推荐：实时数据处理（Storm、Spark)、数据存储（Redis、MongoDB）。

⑤ 实时反欺诈：数据接口（API）、数据分发（MQ）、实时数据处理（Storm）。

此外，风险管理领域的应用场景包括实时反欺诈、反洗钱，实时风险识别、在线授信，等等；渠道领域的场景包括全渠道实时监测、资源动态优化配置等；用户管理和服务领域的场景包括在线和柜面服务优化、客户流失预警及挽留、个性化推荐、个性化定价等；营销领域的场景包括（基于互联网用户行为的）事件式营销、差异化广告投放与推广等。

● 并行数据挖掘能力与 R 语言支持

目前,江苏银行已经采购 SAS 数据挖掘工具,在风险管控、市场营销、产品定价等领域开展了一系列的模型开发和策略设计等业务应用,随着 Hadoop 大数据平台的引入,江苏银行开始积极探索基于并行数据处理技术下的 R 语言运用,R 语言可以直接访问 Hadoop 数据,为全表、全字段立体式的数据挖掘提供了坚实的技术保障。利用 R 语言的机器学习算法,如深度学习算法,可以快速从风险、市场营销、差别化服务等角度对客户进行细分。Hadoop 平台通常只支持单机版 R,在选型时,江苏银行重点考虑了 R 算法的支持度问题,要求所选 Hadoop平台对 R 算法的支持超过 70 种以上。

● 非结构化数据处理能力

当前,国内各银行已建有数据仓库或数据集市平台,大数据平台的引入往往独立于数据仓库,对于某些场景,将结构化数据与非结构化数据整体应用具有更好的分析效果。大数据平台和传统数据仓库应如何有效整合?

首先需明确"结构化"和"非结构化"数据概念。狭义地理解,结构化数据指关系型数据,其余都是非结构化数据。广义地理解,结构化数据是相对于某一个程序来讲的,如视频对于播放器来说显然是结构化的,但是对于文本编辑器来说就是非结构化的。

基于上述理解,江苏银行认为,无论是语音、影像还是其他"狭义"的非结构化数据,只要和银行的经营管理、业务发展有关,就可以作为大数据应用的一个数据源,技术上借助特定工具对其进行处理即可使用。通常 HTML 网页被认为是非结构化数据,因为难以从中提取结构化字段,如电商网页上的商品名称、产品价格等,但借助网页抓取工具,可将上述页面信息转化为结构化字段,后续按照结构化数据处理即可。语音、影像也是一样,关键是我们期望从中提取什么信息,用什么工具提取,一旦提取成功,即可整合到大数据应用中。在实践中,江苏银行大数据平台已实现网页、文本、JSON、XML 等非结构化数据整合以及部分图像和语音数据的整合,并应用到了业务分析中。

13.3 金融宏观大数据分析

随着金融市场的创新和发展,金融风险变得越来越复杂,需要更多的数据支撑和复杂的数学模型来量化描述,大数据和人工智能技术将成为未来金融风险管理的利器。

目前,业内的银行大数据强调在微观层面的应用,例如评价消费者的信用风险、支持投资决策、识别金融主体的身份等。随着大数据分析和挖掘技术的不断提高,微观的银行大数据可以经过整合、匹配和建模来支持宏观的金融监管和决策。传统的金融监管和决策以定性为主,辅助以简化的量化指标,对实际情况缺乏充分的把握,而大数据技术可以充分利用底层的细粒度的微观数据,整合分散的信息,融合不同维度的信息,带来具有及时性、前瞻性和更为准确的决策支持,提高监管水平和决策能力。本节将以金融系统性风险管理、银行存款保险费率的计算、对欺诈交易的检测和经济结构变化 4 个方面为例介绍银行大数据在宏观金融决策和监管中的应用。

1. 金融关联的系统性风险管理

金融危机之后，全球金融市场的关联性远胜于过去。市场的互动性一旦大大加强，就会导致流动性风险和系统性风险，造成市场恐慌。国内的信贷担保圈（多家企业通过互相担保或联合担保而产生的特殊利益群体）就是金融关联的典型代表。由于信贷市场的发展，关联的企业越来越多，互相形成担保圈，甚至形成一张巨大的网。在经济平稳增长期，担保圈会降低中小企业融资的难度，推动民营经济的发展。然而，一旦经济下行，担保圈就会显露其负面影响——加剧信贷风险。如若处理不当，极易引发系统性金融风险。过去几年，在南方企业担保流行的省份，往往一家企业出现信贷不良，一群企业遭殃，一个行业陷入泥潭，整个地区面临系统性风险，一些本来毫不相干、资金链正常、经营良好的企业也由于担保关联，跌入破产的深渊。信贷市场担保圈问题一度愈演愈烈，传统的担保圈分析方法对理解、处理担保圈问题作用有限。企业之间担保贷款本来是一种中性的信用增进方式，恰当地使用会产生风险释缓作用，由于担保圈风险送出，银行和监管部门把问题归结到担保贷款本身，目前各家银行采取了比较严格的限制条款来避免担保贷款的发生。

任何信贷产品都存在风险，金融机构本身就是经营风险的专业机构。从专业角度来说，担保圈风险发生的根本原因是缺乏合适的风险管理工具，没有对担保圈进行正确的风险管理。目前对于担保圈的量化风险分析存在以下问题。

首先，缺乏担保圈全量的大数据，没有足够的信息支撑。各家银行和当地的监管机构只有局部的企业担保关联数据，构不成完整的担保圈视图，风险信息有缺漏。无法了解整个担保圈相关企业的详细信息，因此处理具有系统性风险特点的担保圈风险具有很大的局限性。

其次，无法对担保圈风险进行建模，无法对风险进行正确的量化描述。传统的风险分析工具都是对单个企业进行风险建模，适合对企业的贷款金额、贷款质量以及信贷行为建模，对于企业之间的关联关系无法进行量化描述和风险分析。

因此，我国有必要借助大数据的复杂系统分析方法，启动对担保圈的深入分析，为化解因担保圈引发的金融风险创造条件。要考虑的条件有：一是央行征信系统已收集了大量丰富的企业担保关系数据，中国人民银行征信中心为数千万企业建立了信用档案，有信贷记录的企业超过 600 万家，关联关系信息（仅限于有贷款卡的用户）超过 2 亿条；二是复杂网络技术已日趋成熟，复杂网络是由数量巨大的节点（研究对象）和节点之间错综复杂的关系（对象之间的关系）共同构成的网络结构，复杂网络分析技术针对越来越多、越来越复杂的事物之间的关联关系进行非线性建模，可以较好地解决大数据的数据量（Volume）、数据复杂程度（Variety）和处理速率（Velocity）等基本问题。

2. 银行存款保险费率的计算

作为金融市场化进一步深入的重大举措，银行存款保险制度已经实施，这不仅有利于稳定宏观金融，也对利率市场化后商业银行的稳健经营和有序竞争有利。存款保险费率的厘定是存款保险制度的一个核心,而保费的估算是设计存款保险方案的难题之一。保费结构的设计在很大程度上决定了存款保险对于参保银行的可接受度。想降低道德风险并减少逆向选择,取决于合理的保费结构。国内对于银行存款保险的研究以定性为主,对保险费率计算的量化分析比较欠缺。

从国外信贷数据的应用情况来看,信贷数据有助于银行监管者准确评估监管对象的信用风险状况。对于建立了公共征信系统的国家来说,风险分析技术可以成为有效的监管工具,由于银行业的危机通常和高的不良贷款率相关,信贷数据常常用于信贷市场监控和银行监管,是银行监管统计数据的补充。因此,央行信贷大数据不仅可以帮助商业银行管理信用风险,还可以支持监管和宏观经济分析。未来的研究可以利用信贷大数据,基于预期损失模型来计算银行存款保险费率,从最基础的信贷数据单元开始计算,给保费制定提供更加及时、准确的决策支持。

3. 进行精细化的金融监管

技术进步加上日益复杂的市场,会使得金融监管机构的工作变得艰难复杂,但大数据技术的发展提供了化解之道,让金融市场维持良性运转成为可能。例如,金融监管机构正利用计算和"机器学习"算法的最新进展扫描金融市场信息和公司财报,从中找出欺诈或市场滥用行为的蛛丝马迹。这些基于大数据分析技术的新型监管工具是金融交易欺诈侦查的未来,有越多的数据积累,其功能就将越强大。美国证交会几年前就推出了一个称为"机械战警(Robocop)"的计算机程序(学名"会计质量模型"),用证交会的金融数据库检查企业利润报告,从中搜寻可能隐藏的异常行为——激进的会计手法或赤裸裸的欺诈。"机械战警"的具体情况、手法透露给外界的信息很少,但其基本思路是:通过大数据分析,发现多个可能暗示着潜在会计问题的重要指标。

4. 观测产业结构调整的新角度

金融大数据的深入挖掘还可以反映宏观经济变化的规律。例如,可以通过信贷大数据来观测产业结构的调整。几千万户企业及其他组织被收录进企业征信系统,大量企业拥有信贷记录,该系统累计提供信用报告查询服务数十亿次。该系统数据有三大特点:

(1)全面,数据采集覆盖了国内绝大部分金融机构。

(2)真实,所采集的数据来自于金融机构实际发生的每笔信贷业务,统计结果得自每笔业务数据的汇总相加,数据可追溯,从而可还原每笔明细。

(3)时间跨度长,企业征信系统始自银行信贷登记咨询系统,2005年起提供对外服务,已运行了10年有余,意味着系统收集数据已超过10年,因此,对于分析国内企业的行业行为和行业情况很有价值。例如,可以将这些账户级的信贷数据逐层整合成企业级和行业级,利用大数据挖掘、分析,从信贷市场角度剖析产业结构的变化。

金融大数据分析可以成为宏观金融决策和监管的有力工具,可以在市场化金融发展的过程中发挥重要的作用。与微观金融大数据的应用方面很多金融科技公司没有足够的金融大数据的情况不同,国内的金融大数据都掌握在政府和监管部门的手中,金融大数据的宏观应用有着良好的数据条件,更容易见到成效。

13.4　小结

大数据平台以分布式、弹性可扩展、高可用性、适应快速变化的大数据体系为架构，能兼顾大数据批量处理和小数据精确查询并存的混合应用场景，兼容结构化、半结构化、非结构化等海量数据的低成本存储，快速批处理加工数据，同时实现对相关数据接入、传输、交换、共享与服务全流程的实时监控与管理，为多种实时决策类及数据分析类应用提供高效、有力的支持。大数据平台是银行数据整合、处理、加工、分析、应用的基础性技术支撑平台。

未来 10 年将是银行大数据和人工智能应用的黄金时代。大数据作为经济新常态背景下银行业提高生产率的新杠杆，是实现信息化银行、数字化银行的关键因素，是推动转型的核心驱动力，是解决信息不对称问题、有效控制风险的主要手段。当前，大数据分析和人工智能应用能力已成为大型商业银行的核心竞争力，受到高度重视。各银行纷纷将大数据和人工智能作为"十三五"规划的重大战略发展方向，加快开展大数据和人工智能建设。

13.4.1　大数据给银行带来的机遇与挑战

1. 加速数据应用与业务创新

商业银行的很多业务创新依赖于基于数据的洞察。在经过 20 多年的业务电子化、数据大集中建设后，商业银行已具备数据资源方面的明显优势，基于大数据和人工智能的业务创新空间巨大，涉及客户洞察、服务提升、风险防范、精准营销等领域。

数据应用及业务创新的生命周期通常包含 5 个阶段：业务定义需求，IT 部门获取并整合数据，数据科学家构建并完善算法与模型，IT 系统部署，业务应用并衡量成效。在大数据环境下，数据应用及业务创新的生命周期还是这 5 个阶段，但发生了 4 个方面的重大变化。

- 数据量更大、数据源更多，一般情况下使用简单算法就能实现业务洞察，与以往因数据源单一、样本少而需要复杂算法的做法不同。
- 算法与技术手段更加多样，有助于 IT 和业务挖掘新的关联关系。
- 业务和 IT 的合作模式转变为联合开展数据探索和分析挖掘，IT 部门更擅长获取全面、细节的信息，更了解数据的血缘关系，业务部门更懂得数据的真实意义和业务需求，两者紧密合作有利于更好、更快地建立算法模型。
- 数据应用及业务创新的生命周期大幅缩短，由传统技术环境下的半年乃至更长的时间缩短为几周或更短的时间。以往 IT 交付和支持效率制约了业务创新的步伐，在大数据环境下，数据应用的开发和交付周期大幅缩短，"小步快跑"成为业务创新的方式。

大数据运作模式使得快速、低成本试错和迭代创新成为可能，即数据分析中一旦发现有价值的规律，就快速开发新产品并进行商业化推广，若效果不理想，则果断退出。这种模式使得商业银行可以关注过去由于种种原因被忽略的大量"小机会"，并将这些"小机会"快速累积迭代形成"大价值"。

此外，数据的聚合与共享为金融机构搭建生态系统提供了新的场景与动力。商业银行可以更加积极快速地开展内部跨业务条线合作，以及外部同业、跨行业合作。

2. 推进银行数字化转型

数字银行以大数据、移动互联网、人工智能等先进信息技术为支撑，全面强化了"以客户为中心"的理念，强调通过数字化的宽带网络和移动互联网等新兴渠道为客户提供便利化服务以增加客户黏性。数字银行的构成包括 4 个部分：以客户信息安全为核心，实现多样化服务渠道，实现客户化服务流程，实现常态化服务创新。

传统银行为实现"以客户为中心"进行了大量努力，却仍感到对客户的需求了解得不够，而客户也常常抱怨银行服务太差，银行与客户之间存在着巨大的信息不对称的鸿沟。大数据为银行观察客户、分析客户提供了一个全新的视角，基于海量的、多样性的数据，银行可以获得更及时、更具前瞻性的客户信息，大数据技术为银行深入洞察客户提供了新的途径和可行的解决方案。

银行在数据来源方面具有多渠道多触角的优势，拥有大量的客户行为数据，客户通过各种渠道与银行互动都留下了痕迹，这些动态信息与客户财务数据等静态信息相比，更具稳定性，基于客户行为数据的分析挖掘也使得银行对客户的了解更加准确。

当前，一方面，移动智能终端、手机 App 以及基于网络层的数据采集技术的快速发展，使得第一时间获取客户动态信息成为可能；另一方面，大数据领域的流计算技术为实时客户行为分析、风险和信用评估、反欺诈检查、产品精准推荐提供了低成本的高速运算平台（毫秒级快速响应，实现算法或模型的动态迭代，与联机交易系统实现联动），使得商业银行能够更加灵敏地感知商业环境和客户需求，更加顺畅地搭建反馈闭环，实现数据驱动的个性化金融服务推荐，开展事件营销和交叉营销，在提高营销成功率的同时提升客户体验，甚至可以基于以往的接触信息或外部信息，针对潜在客户提供更精准的产品推荐和更好的客户体验，实现更好地获客。

3. 推动 IT 部门从后台走向前台

大数据应用过程中，跨系统、跨业务条线的数据汇聚和数据整合需要 IT 部门规划和实施，跨业务条线的数据开放和共享需要 IT 部门推动，将数据转变为可理解的信息需要 IT 部门加工。一个独立于 IT 的业务部门将很难对快速进化的数据平台、数据集合、信息库、模型库和知识库进行高效管理。

在大数据和人工智能平台上，业务部门和 IT 部门只有紧密合作、相互依赖、联合创新，才能实现从数据到价值的高效转化。可以预见，大数据和人工智能的深度应用必然将 IT 部门从"后端"不断推向"前台"。银行科技部门也应清晰地认识到"大数据是实现'IT 引领'最重要的抓手"，与业务合作开展产品创新、流程创新，推进银行转型，促使银行管理从基于经验的管理向以数据分析为基础的精细化管理转变。由此，商业银行中 IT 部门的定位也将发生巨大变化。

首先，IT 部门从业务发展的支撑者转变为业务创新的合作伙伴。IT 部门应建立专业的数据分析团队，高效地开展数据采集、整合和分析加工工作，结合业务需求不断开发数据产品和工具平台，与业务部门一起开展模型、指标研发，支持业务部门开展分析洞察和推广应用，为业务开展提供服务保障、决策分析、优化建议等运营支持，推进银行业务流程创新、产品创新和服务创新。

其次，数据分析中心将逐步从成本中心向利润中心转变。通过对数据的深入挖掘与使用，科技部门对内可以研发推广数据产品，开展数据运营，创造业务效益，对外可以提供数据服务能力输出，通过外部合作实现数据资产的增值变现，直接给银行带来营业收入。

4. 建立"开放、共享、融合"的大数据体系

银行拥有丰富的信息系统和数据资源，每个系统及其数据都有归口的业务部门。数据虽多，但整合困难。数据的存在状态反映了整个组织的现状，即"部门分制"。数据在组织内部处于割裂状态，业务条线、职能部门、渠道部门、风险部门等各个分支机构往往是数据的真正拥有者，而这些拥有者之间却常常缺乏顺畅的数据共享机制，跨业务条线、跨部门的数据利用一般要经过跨业务条线、跨部门的协调和审批。这种模式导致了金融机构中的海量数据往往处于分散和"睡眠"状态。而大数据要想发挥大价值，需要"全量"数据的支撑，要求金融机构的内部数据必须实现高度整合和共享。目前，多数银行还没有建立"开放、共享、融合"的大数据体系，数据整合和部门协调等问题仍是阻碍金融机构将数据转化为价值的主要瓶颈。

5. 制定大数据安全策略

大数据的整合、跨企业的外部大数据合作不可避免地加大了客户隐私信息泄露的风险。银行业在因大数据而获益的同时，也面临着随之而来的风险。信息安全事件的频发将大数据安全问题推向了风口浪尖，有效防范信息安全风险成为商业银行大数据应用中急需解决的问题。

商业银行要合理制定大数据安全策略，一是围绕大数据生命周期进行部署，在数据的产生、传输、存储和使用的各个环节采取安全措施，提高安全防护能力，减少内部违规及管理疏漏风险，并出台相关安全法规，理性分析"大数据热"，扎实做好基础性工作；二是在数据存储、数据访问、数据传输和数据销毁等多个环节做好数据安全控制，提高安全意识，出台相关法规和政策措施，合理改造、建设和布局 IT 基础设施。

13.4.2　银行大数据体系建设的思考

商业银行大数据体系建设是一个系统工程，门槛较高、投入大、周期较长、影响面广且深远。商业银行在大数据体系建设中可借鉴互联网企业、电信运营商等先进企业的经验，结合自身特点，综合考虑以下原则。

1. 业务为本、应用为先

大数据应用的目的是创造价值。银行大数据服务能力只有与业务场景、业务产品、业务经营活动结合起来，才能转化为业务价值。

大数据不能一味追求"数据规模大"，而要坚持"业务为本、应用为先"。只有这样，才能让大数据建设有明确的方向，才能得到管理层和业务部门的支持，否则可能陷入大数据的汪

洋大海，迷失在各类数据处理或各种新技术研究中。

银行大数据应用不是搞底层研发，而是要解决实际问题，实际问题只能来源于业务。大数据可应用的方向很多，如客户服务提升、信用评级、风险防范、业务拓展、业务创新等，银行不可能在同一时间面面俱到，还要找准方向，聚焦问题，找准业务合作部门，重点突破，分步建设。

尽管大数据产生价值的潜力巨大，但也不能急功近利。大数据的价值类似于"蜜蜂模型"，即除了蜂蜜的价值外，更大的价值在于传粉对农业的巨大贡献。也就是说，大数据除了产生直接的财务价值外，更体现在对商业模式变革的推动作用上。

2. 数据是根本

中国工程院李国杰院士指出，大数据的力量来自"大成智慧"。每一种数据来源都有一定的局限性和片面性，只有融合、集成各方面的原始数据，才能反映事物的全貌。事物的本质和规律隐藏在各种原始数据的相互关联之中。对同一个问题，不同的数据能提供互补信息，综合分析可对问题有更深入的理解。因此在大数据分析中，汇集尽量多来源的数据是关键。

大数据能不能出智慧，关键在于对多种数据源的集成和融合。单靠一种数据源，即使数据规模很大，也可能出现"盲人摸象"似的片面性。数据的开放共享不是锦上添花的工作，而是决定大数据成败的关键因素。

数据是未来商业银行的核心竞争力之一，决定着银行的未来发展，这已成为银行业的共识。银行拥有丰富的数据资源，不仅存储了大量结构化的账务数据、强实名认证的客户信息，还存储了大量用户浏览、行为点击等非结构化数据。

银行通过整合客户交互、交易流水、位置轨迹等数据，从海量数据中沉淀并提升银行数据资产，形成以客户为中心的指标标签体系，并在银行内部各个部门、各个条线间进行共享，节省数据成本，减少信息不对称风险。

同时，通过跨行业的外部合作，如与互联网公司、电信运营商、征信企业等建立数据战略合作关系，在保障数据安全的基础上开展数据合作，打通单一行业的大数据孤岛，实现跨行业的数据共享。

3. 平台是基础

海量、高效、弹性、共享的大数据平台是银行大数据能力的关键组成部分，是提高数据采集、整合、分析效率，缩短数据应用和业务创新周期的关键。

大数据平台不仅包括 Hadoop 分布式批量数据处理系统，更是一个多样化的生态系统。在数据处理维度方面，包括数据采集层、数据整合层、数据分析层、数据应用层；在数据服务维度方面，包括数据存储与分析探索区、数据产品与服务区、实时流式处理区；在数据管理维度方面，包括源数据管理、指标管理、元数据管理、数据安全管理等模块。

单一的技术平台或工具产品不可能满足多样的结构化和非结构化数据处理的需求，这决定了大数据平台的技术架构必然是混搭架构，既有分布式，也有集中式的集群；既有面向业务的应用集群，也有面向客户的应用集群。大数据平台的规划设计需要自下而上的业务需求与自上而下的总体规划相结合，要具有前瞻性和灵活性。

4. 数据质量是保障

大数据应用对企业的数据治理能力提出很高要求，在数据质量没有保障的情况下开展大数据应用，其结果很可能是"精确误导"。因此，商业银行的大数据建设从一开始就必须坚持数据质量是保障的原则。

尽管大部分银行已经建立起一定的数据治理机制，但随着大数据应用的深入，还需结合大数据特点，完善兼顾传统数据平台和大数据平台的新型数据治理机制，包括数据标准、主数据管理、数据生命周期管理、元数据管理等。

在大数据体系建设中，要建立起配套的源数据管理、指标管理、模型管理、安全管理等规范、流程和对应的工具平台，更要落地集中化管控，做好大数据平台的生命周期管理。

5. 人才是关键

大数据工程的实质是人才工程，数据采集、数据整合、数据理解和探索、数据分析、数据产品开发等各项工作都需要人力投入。机器学习、人工智能方面的众多工具也需要高素质人才的驾驭和互动。

当前商业银行的大数据建设急需熟练掌握大数据技术的专业技术人才、大数据分析人才和数据产品创新人才，而现有的人才体系中，上述人才匮乏，商业银行 IT 人员中，掌握传统技术架构的人才多，掌握新兴大数据技术和工具的人才不足；传统软件研发人员多，但数据科学家、数据工程师很少或几乎没有，具有深刻互联网思维的产品创新人员更是严重缺乏。

随着大数据热潮的到来，大数据人才对社会而言也是稀缺资源，与互联网企业相比，传统商业银行并不具备吸引大数据人才的优势，甚至缺乏引进稀缺人才的灵活机制。在这样的背景下，商业银行的大数据人才战略应以自主培养为主，应尽快建立一支由大数据战略专家、数据科学家、数据技术人才组成的大数据专业团队。

此外，商业银行还应建立和完善有利于人才成长的体制和机制以及良好的工作氛围，拓宽政策渠道，创造有利的工作条件，建立科学的用人制度和人才培育计划，充分调动员工的积极性、主动性、创造性，为大数据服务体系建设提供有力的人才保障。

第 14 章
医疗大数据和人工智能

医疗大数据是重要的基础性战略资源之一，其应用发展将推动健康医疗模式的革命性变化。医疗大数据的人工智能分析应用可优化医疗资源配置，降低医疗成本、提升医疗服务运行效率、突发公共卫生事件预警与应急响应，将对我国社会和人民的生活等产生重大而深远的影响，具有巨大的发展潜力、商业机会和创业空间。为推动医疗大数据的快速发展，国家相继出台了一系列相关政策，并把医疗大数据上升为国家战略。

在国家层面的积极倡导下，各地政府、医疗机构和相关企业等开始从不同环节切入，进行医疗大数据建设，并积极探索相关业务应用。比如，福州建立了国家健康医疗大数据平台，接入了数十家医院，电子病历数千万份，数据存储数十亿条；东软公司建立了肿瘤大数据平台，采集多方数据，进行数据脱敏，实现肿瘤大数据的智能分析和应用，支持临床辅助决策。在精准医疗领域，中国科学院、中国医学科学院、北京大学等研究机构通过基因测序帮助病人预测疾病，进行个性化的精准医疗。

在美国，出现了专门为医疗健康行业提供大数据分析和解决方案的服务公司，如总部位于美国马里兰州的 Inovlon，已经在 2015 年成功登陆纳斯达克。大型 IT 公司也纷纷为医疗健康行业提供大数据分析产品。比如，IBM 公司提供了 Watson 人工智能分析平台，通过认知计算来吸收结构化和非结构化的数据，每秒处理 500GB 的数据，提供病人互动、临床护理、诊断、研究、数据可视化等服务，经过数据处理与分析，依据与疗效相关的临床、病理及基因等特征，为医生提出规范化临床路径及个体化治疗建议，疾病诊断正确率能够达到 75%。

14.1 医疗大数据的特点

医疗大数据是指在医疗服务过程中产生的与临床和管理相关的数据，包括电子病历数据、医学影像数据、用药记录等。医疗大数据除了具有大数据的 "4V" 特点外，还包括时序性、隐私性、不完整性等医疗领域特有的一些特征。

- 规模大（Volume）：1 个 CT 图像约为 150MB，1 个基因组序列约为 750MB，1 份标准的病历约为 5GB；1 个社区医院数据量约为数 TB 至 PB，全国健康医疗数据到 2020 年约为 35ZB。医疗行业在数字世界中占比为 30%。
- 类型多样（Variety）：包含文本、影像、音频等多类数据。

- 增长快（Velocity）：信息技术发展促使越来越多的医疗信息数字化，大量在线或实时数据持续增多，如临床决策诊断、用药、流行病分析等。据权威机构预测，医疗数据每年以48%的速度增长。
- 价值巨大（Value）：医疗数据的有效使用有利于公共疾病防控、精准诊疗、新药研发、医疗控费、顽疾攻克、健康管理等，但数据价值密度低。
- 时序性：患者就诊、疾病发病过程在时间上有一个进度，医学检测的波形、图像均为时间函数。
- 隐私性：患者的医疗数据具有高度的隐私性，泄露信息将造成严重后果。
- 不完整性：大量数据来源于人工记录，导致数据记录的残缺和偏差，医疗数据的不完整搜集和处理使医疗数据库无法全面反映疾病信息。
- 长期保存性：医疗数据需要长期保存。

14.2　医疗大数据模型

医疗大数据平台中的数据从医院信息平台获取，依据相关业务应用经整合、加工后，供医护人员、患者和医院管理人员使用，医疗大数据处理模型如图 14-1 所示。

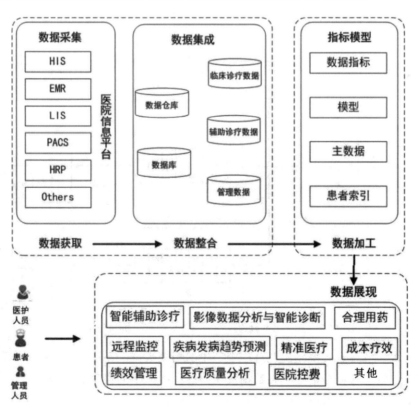

图 14-1　医疗大数据处理模型

1. 数据获取

数据获取即根据应用主题从医院信息平台获取相关原始数据存储于医疗大数据平台数据库。

2. 数据整合

数据整合是将从医院信息平台抽取的业务数据按照统一的存储和定义进行集成。医院信息化经过多年的发展，积累了很多基础性和零散的业务数据。但是数据分散在临床、医技、管理等不同部门，致使数据查询访问困难，医院管理层人员无法直接查阅数据，若对数据进行分析利用，则需要综合不同格式、不同业务系统的数据。

3. 数据加工

将整合后的数据进行清洗、转换、加载，根据业务规则建立模型，对数据进行计算和聚合。

4. 数据展现

数据展现即数据可视化，为方便医护人员、患者和管理人员理解和阅读数据，而采用相关技术进行的数据转换。

5. 数据分析

医疗大数据分析可服务于患者、临床医疗和医院管理。如图 14-2 所示是一个基于患者就诊过程的医疗大数据分析与应用的模型。

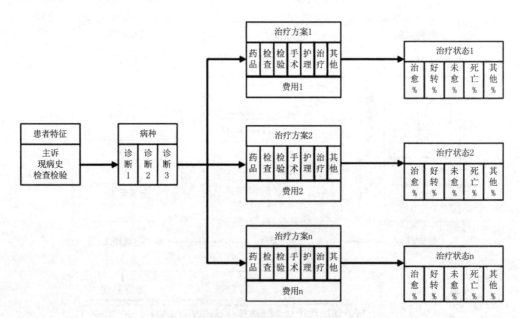

图 14-2　基于患者就诊过程的医疗大数据分析与应用模型

该模型展现了从患者入院到出院过程中产生的相关数据，主要包括患者特征数据、病种数据、治疗方案与费用数据、治疗状态数据及在该过程中产生的管理类数据。

● 患者特征数据

患者特征数据主要有主诉、现病史、检查检验类数据，涵盖疾病的主要症状、体征、发病过程、检查、诊断、治疗及既往疾病信息、不良嗜好，甚至是职业、居住地等信息。

● 病种数据

即患者疾病的诊断结果，一般有第一诊断、第二诊断、第三诊断等。目前医疗机构大多使用 ICD-9/ICD-10 进行疾病的分类与编码。

● 治疗方案与费用数据

根据诊断结果，为患者提供的治疗方案与费用数据主要包括药品、检查、检验、手术、护理、治疗六大类，此外，费用数据还有材料费、床位费、护理费、换药费用等。

● 治疗状态数据

治疗状态数据即患者出院时的治疗结局，一般分为治愈、好转、未愈、死亡、其他 5 类。

● 管理类数据

除了患者就医过程产生的服务于医院管理的数据外，还包括医院运营和管理系统中的数据，如物资系统、HRP、财务系统、绩效考核系统等产生的数据。

基于患者就诊过程的医疗大数据分析与应用模型，将医疗大数据分为患者特征、病种、治疗方案、费用、治疗状态、管理数据 5 种类型，主要的应用模式包括以下几个方面。

● 患者特征

根据患者居住地和就诊地的距离、医疗卫生服务水平等因素分析患者流向，通过患者、疾病、医疗机构多角度、深层次、全方位地分析影响患者跨域就诊的因素。

● 病种

通过对医院接诊患者的诊断结果可以分析医院疾病的种类和发病率，病种患者数量分布、病种科室分布等。

● 费用

对医院药占比、门诊病人次均医药费用、住院病人人均医药费用、门诊病人次均医药费用增幅、住院病人人均医药费用增幅、典型单病种例均费用、参保患者个人支出比例、医保目录外费用比例、检查和化验收入占医疗收入比重、卫生材料收入占医疗收入比重、挂号/诊察/床位/治疗/手术/护理收入总和占医疗收入比重、百元医疗收入消耗的卫生材料费用、管理费用率、资产负债率等进行分析。

● 患者特征-病种-治疗方案

包括病种与患者体征的关系、同一病种治疗方案选择的关系、病种与检查检验数据的关系、疾病与诊疗过程的关系、疾病和药物使用的关系等。

● 病种-治疗方案-费用-治疗状态

根据医疗机构的医疗费用和疗效数据，通过建立的成本-效果（疗效）分析模型，计算病种不同治疗方案的平均成本、平均效果、增量平均成本、增量平均效果等指标，以及成本-效果比（C/E）、增量成本-效果比（ICER）等效果指标，并进行相关指标的敏感度以及不同治疗方案的成本敏感度分析。

● 管理

基于医院信息系统产生的医疗业务、临床业务、医疗运营数据可开展动态化、过程化、精细化的医院管理。可以更有效地对各科室、各种医疗人员进行全面的医疗业务、医疗费用、医疗安全、医疗质量、医疗绩效的监管。

14.3 医疗大数据的 AI 应用

目前，行业治理、临床科研、公共卫生、管理决策、便民惠民以及产业发展已经成为我国健康医疗大数据的六大核心应用。AI 应用以前三者为重点分析对象，聚焦于行业治理的体制改革评估、医院管理和医保控费；临床科研领域的临床决策支持药物研发、精准医疗等方面；公共卫生则在多元化数据检测的基础上构建重大突发事件预警和应急响应体系，同时探索开展个性化健康管理服务。在应用开发方面，IT 巨头和数据驱动型创新企业各有特点，除此之外，拥有丰富资源的政府和医疗机构也开始扮演重要的角色。

下面我们阐述医疗大数据的几个 AI 应用：智能辅助诊疗、影像数据分析与影像智能诊断、合理用药、远程监控、精准医疗、成本与疗效分析、绩效管理、医院控费、医疗质量分析等。

14.3.1 智能辅助诊疗

借助大数据分析挖掘技术，在医院大量疾病临床资料的基础上，将同种疾病不同患者的就诊数据根据体征、环境因素、社会因素、心理因素、经济因素等多个角度划分为不同的组，以选择适合不同组的检查检验类型、治疗方案类型等。当有新的患者来医院就诊时，医生可进入系统，依据该患者的特征数据将其进行分类，然后为其选择个性化的诊疗方案。

14.3.2 影像数据分析与影像智能诊断

影像数据分析与影像智能诊断即借助 PACS 系统，在尽可能保持图像数据准确性和真实性的条件下，首先利用多维影像融合（CT/MRI/PET-CT）技术等对影像数据进行配准、分割、聚类，经过 PACS 处理的影像数据，进一步通过人工智能技术进行病灶识别等数据上的挖掘和应用，可有效减少医生的负担，提高医学判断的精准性。

14.3.3 合理用药

合理用药是根据疾病种类、患者状况和药理学理论选择最佳药物及其制剂，制定或调整给药方案，以期安全、有效、经济地预防和治愈疾病。除了执行国家药物政策、规范医疗行为、加强药学服务等措施之外，通过临床合理用药审核、咨询系统来规范临床医师的用药行为也是提高合理用药水平的有效措施。可采用大数据技术，依据患者的病历病史、疾病诊断、医嘱信息、用药信息、过敏信息等进行用药安全警示，如药物禁忌审查、配伍禁忌审查、药物相互作用审查等，及时发现不合理的用药问题。此外，可对医院历史处方数据进行大数据挖掘，分析抗菌药、注射剂、基本药物等占处方药的百分比，检验医院处方开具的不合格率，为规范医疗行为提供数据支持。

14.3.4　远程监护

远程病人监护系统包括家用心脏检测设备、血糖仪、芯片药片等。远程监护系统中包含大量的医疗数据，可从远程监护系统中进行患者相关体征数据的收集，经分析后再将结果反馈至监护设备，围绕体征数据的采集，对相应波动规律进行分析和判断，结合患者的病史资料，确定今后的用药和治疗方案。同时可减少患者的住院时间，缓解医院门、急诊排队拥堵的现象。

14.3.5　精准医疗

大数据分析技术通过收集电子病历系统患者个人的完整临床诊疗记录、同病种相似患者的临床诊疗记录，并结合患者的基因信息，利用生物信息学分析工具、本体、数据挖掘等大数据分析技术，对所收集的数据进行整合分析，以精准查找致病病因，形成精准临床诊断报告，并为患者提供最佳治疗方案，达到治疗效果最大化和副作用最小化的目的。

14.3.6　成本与疗效分析

以生存期和生活质量为临床疗效评价指标，通过比较不同治疗方案之间的健康效果差别和成本差别，从而为包括单病种控费、总额控制等在内的多种支付方式提供支持，实现在有效控制医疗费用的前提下提供最佳的临床诊疗方案。

14.3.7　绩效管理

通过大数据技术对医院床位使用率、财务收支、门/急诊量等医疗绩效指标数据进行分析，提供全方位的、精细化的、个性化的绩效评价体系。以美国为例，为减少再住院率，特地建立了一个模型来评估再住院风险。部分医院依靠这个模型，预测准确性可以达到 79%，减少了约 30%的再住院病例，为医院和病人节省了大量开支。

14.3.8　医院控费

药品收入占比较大、大型医用设备检查治疗和医用耗材的收入占比增加较快、不合理就医等导致的医疗服务总量增加较快等，均是导致医院医疗费用不合理增长的原因。通过大数据技术测算各病种诊疗过程中的药品、检查、检验、手术、护理、治疗等方面的合理费用及补偿水平，同时针对医疗费用控制的主要监测指标进行数据分析和挖掘，积极控制医院费用的不合理增长，实现医院精细化管理。

14.3.9　医疗质量分析

医疗质量是评价医院医疗服务与管理整体水平最重要的标准，一直以来都是医院管理工作的核心。利用大数据分析技术将医疗质量数据转换为管理人员所需要的指标信息，按照患者特征、历史资料、图表信息等为管理层提供数据支撑和依据，是医疗大数据重要应用的体现。

此外，医疗大数据和人工智能在疾病发病趋势预测、健康状况评估、患者需求与行为分析、心电数据分析与心电智能诊断方面的应用也将越来越广泛。

14.4　人工智能的医疗应用场景

"分级诊疗"被认为是解决目前"看病难"问题的最佳方案。所谓"分级诊疗"，就是按照疾病的轻重缓急及治疗的难易程度进行分级，不同级别的医疗机构承担不同疾病的治疗。这种模式源自西方且目前正在被西方各国普及，其主要特点是"全科医生（家庭医生）"和"专科医生"的划分与分工协同。分级诊疗面临的核心问题是优质医疗资源有限。分级诊疗的有效实施特别需要大量有能力、可信赖的全科医生来覆盖和满足大部分人日常医疗的需求。

既然好医生不够是核心问题，那么如何既快又好地建立起好医生队伍，就成为医疗行业发展的根本。而人工智能技术恰好非常适合优化和加速这个过程。医疗行业是一个存在大量数据，目前又特别依靠专家经验的行业。所谓诊断，大多是医生对病人的各种化验、影像等数据和信息的个人经验处理与判断。首先，人工智能特别适合快速高效地处理海量数据，尤其能够分析出人无法察觉的数据差异，而这点差异可能就决定了对疾病的判断；其次，通过机器学习，人工智能可将专家经验转换为算法模型，使得专家经验实现低成本复制，大量的基层医疗机构因此可以更方便地用人工智能专家进行诊断，这将有效支持分级诊疗的实现。

场景一：人工智能+家庭医生=健康监测

对于大部分国人而言，拥有一个家庭医生基本上是不可能的。而随着亚健康、慢性病的情况越来越普遍，拥有了解自己健康情况、能长期提供治疗指导的家庭医生服务，又显得越来越有必要。人工智能技术对海量数据的处理能力能够有效满足健康监测的需求，尤其对于患有慢性病的人群特别有用，可以有效降低其疾病风险和看病成本。

过去慢病管理主要靠病人自己，现在则可以借助互联网和人工智能技术，将病人、家属和医生都拉入慢病管理体系中，为各方都带来了益处。通过一些智能化的可穿戴设备，首先可以让用户更全面地掌握病情，用户能够随时查看自己连续的数据记录和图表统计；其次让用户的家人更放心，能够通过微信等方式随时监测用户的情况；最后让医生治疗更精准及时，医生能够更全面、实时地了解病人的体征变化，并提出更有效的保健或治疗方案。

场景二：人工智能+全科医生=辅助诊疗

分级诊疗体系的成功建立，需要重点补充大量全科医生，以满足广大群众中日常病患的处理。而目前我国基层的医疗机构中，医生的学历、经验等普遍偏低，全科诊疗能力明显不足。利用人工智能学习和复制优秀医生的经验，补充并辅助基层医生的诊疗工作，是较快推动医疗体系落地的好办法。例如，某公司的 AI 辅诊系统就是一个借助人工智能技术，能够根据病人症状描述快速给出疾病判断和诊疗建议的智能系统。其工作原理主要包括三步：

（1）基于机器视觉和自然语言处理技术，学习、理解并归纳现有的医疗信息和数据（包括医学文献书籍、诊疗指南和病例等），自动构建出"医学知识图谱"。

（2）基于深度学习技术，系统自动学习海量临床诊断病例，构建出"诊断模型"，实现根据症状输入、输出疾病判断和诊疗建议功能。

（3）实际参与诊断，对比专家医生的诊断结果进行模型优化。

这类 AI 辅诊系统对于缺乏专家等资源的基层医院特别有用：一是能帮助提高疾病风险排查率，通过提供疾病的预测建议降低基层医生对高危疾病漏诊的巨大风险；二是能帮助提高病案管理效率，目前国内的病案一般依赖病案室人力或数据公司整理，要投入大量的人力和资金，准确率也得不到保障。人工智能可以实现病案智能化管理，输出结构化病例，让医生从烦琐的病案工作中解脱，提升诊疗效率。

一些企业的 AI 辅诊系统据说已经能够识别预测 500 多种疾病，差不多覆盖了大部分科室，包括白内障、青光眼等常见病和肺癌、宫颈癌等重大疾病。诊疗风险预测准确率高达 96%，已达到甚至超过普通医生的水平，能够有效补充和增强基层医生的诊疗能力。一些企业声称类似系统已经在 100 多家三甲医院落地，让人工智能辅诊成为高效的"助理医生"。

场景三：人工智能+专科医生=疾病筛查

对于专科医生，尤其是名医来说，海量需求带来的高强度工作是最头疼的问题。如何能够为这类医生节约时间是人工智能最大的价值。因此，在一些需要大量数据处理、重复性和规律性较强的环节，可以借助人工智能技术进行补充甚至替代。例如，AI 影像系统就是以人工智能训练学习海量的影像数据，实现对特定疾病智能筛查的系统。该系统能够有效助力医生提升筛查诊断效率，从而提高早期患者的治愈率和存活率。其主要工作过程如下：

（1）把医疗传统影像系统里的患者影像传送到 AI 影像系统中。

（2）对图片进行预处理，包括去掉片子里拍到的其他部位、进行 3D 化增强等，形成机器可识别的图片。

（3）将图片放到后台模型中，判断该部分是否有病变，标识出病变位置，亮点越亮表示病变风险系数越高。

（4）最关键的一步——分辨到底是炎症还是癌症，除了进行图像切分和识别外，还可能结合患病位置、大小、周围环境等其他信息，最终对病变进行判断，从而达到较高的识别准确性。

目前，该系统已实现了对早期食管癌、早期胃癌、早期乳腺癌、糖尿病性视网膜病变等多种重大疾病的识别和诊断，每月可处理上百万张影像，准确率已达到较高水平（如食管癌达到90%，糖网达到97%）。

国内已有多家医院（包括中山大学附属肿瘤医院、广东省第二人民医院、四川大学华西第二医院和第四医院等）加入了人工智能医学影像联合实验室。未来计划将该系统整合到核磁共振等医疗仪器中，让病人检查完直接出结果，省去系统间图像的传输过程，实现更高效的病症筛查。

在分级诊疗的体系中，人工智能确实可以有效实现对医疗资源和能力（尤其是基层）的补充和强化，从而加快整个分疗体系建设的完善。

14.5 人工智能要当"医生"

当然，人工智能要进入医疗行业，尤其是要承担部分甚至全部的医生职责，还面临很多挑战。其中最核心的问题，也是当前医疗行业最难建立的是：信任，尤其是病人对医生的信任。在过去的医疗体系改革进程中，商业化、市场化等负面影响逐渐增大，病人对医生"赚了钱治不好病"的问题越来越耿耿于怀，医患矛盾时有发生。往大医院跑成为病人的无奈选择，因为除了"名院名医"的招牌外，没有更好的信任建立和维护的手段。人工智能要在这个信用不太充分的行业获得患者、医生乃至监管部门的信任，可以说非常困难，但这也是必经之路。推动信任建立，至少有4个方面值得研究探索。

一是技术信任。人工智能在医疗行业的应用需要建立一系列的技术性能指标体系，并重点明确正式商用的指标水平要求，从而确保人工智能达到甚至超过人类医生的基准要求，比如疾病识别的敏感度、特异度、准确率等。

二是职责信任。人工智能使得传统人类医生的工作部分被智能机器接替，那么随之而来的问题是，这部分工作的质量和出错的风险应该由谁负责？是使用人工智能的医生、医院，还是人工智能供应商？这种根据具体情况而有所差异的责任归属容易让人产生模糊感。因此，需要重点明确责任归属的原则，以打消病人对"出了事找不到人"的顾虑。比如，在有付费交易的情况下，可按直接发生交易的双方确认责任主体。病人付费给医院得到治疗，用了院方提供的人工智能服务，出现问题时应由院方对病人全权负责。

三是隐私信任。病人采用人工智能诊疗服务，需要提供大量的个人健康医疗信息。这些信息大多私密性较高，一旦泄露会对个人声誉乃至安全产生风险，在数据隐私重点保护的范围之内。因此，应用人工智能进行诊疗需要与病人签订相关的数据隐私保密协议，让病人放心。比如协议中可明确规定：治疗期间所采集的个人数据，未经病人同意不得用作其他用途等。

四是情感信任。疾病治疗并非仅是生理治疗，心理、情感的疏导在病人的整个治疗过程中也非常重要。而目前由于医患资源的不匹配，医生对病人很少会进行有效的心理沟通和疏导，医患之间难以建立情感信任。而人工智能借助对病人个人情况的连续记录和洞察，有望提供个性化辅诊和陪护服务，从而成为医患情感信任建立的有益补充。因此，对于医疗行业而言，推动情感机器人发展也是未来的一大重要方向。

希望未来的某一天，我们每个人都能拥有一个值得信赖的专属"医生"。在它的帮助下，病人不再需要挤破脑袋寻找名医，医生也不必心力交瘁地加班治病。如果能进一步打破机构间数据的壁垒，更广泛有效地训练这个人工智能"医生"的话，相信这一天不会太远。

14.6 医院大数据

当前，我们正处于一个数据爆炸性增长的时代，各类信息系统在医疗卫生机构的广泛应用以及医疗设备和仪器的逐步数字化使得医院积累了更多的数据资源，这些数据资源是非常宝贵的医疗卫生信息，对于疾病的诊断、治疗、诊疗费用的控制等都是非常有价值的。如何在大数据的趋势下做好医疗卫生信息化建设，是值得我们去探索的问题。

就现在来说，大数据在医疗行业的应用情况，国外比国内要多一些。国外一些医疗机构利用大数据提供个性化诊疗、个性化治疗、研制新药和预测分析等。而国内大数据的发展，目前来看大部分都是由一些公司自己进行开发的。例如，百度开发的疾病预测平台，利用用户的搜索数据和位置数据构建了疾病预测模型。

从现在的技术和需求来看，大数据的发展趋势分为数据收集、数据预测、提供决策支持分析、数据的价值提取 4 个阶段。就医院而言，在这个数据发展阶段，可以承担多重角色：既可以是原始数据供应者（主要是内部数据、结构化数据），也可以是数据产业投资者、数据价值消费者。目前，医疗大数据的发展正处于数据集成阶段。医院对于数据的收集和管理主要集中在结构化临床业务数据、影像数据与病历扫描图像数据、科研文献资料数据等。像医疗设备日志数据、生物信息数据、基因数据、人员情绪数据和行为数据等都还未进行收集和产生。

大数据趋势下，建设医疗信息化的几个关键要点如下。

● 加强数据集成

中国医院信息化起步相对较晚，很多医院没有从宏观高度统筹规划和系统设计的信息化工作，没有共享信息平台，更没有国家规范与标准，各开发商提供的所谓点对点数据接口也形形色色。异构系统是医院信息系统发展的必然形态。异构数据库系统的目标在于实现不同数据库之间的数据信息资源、硬件设备资源和人力资源的合并和共享。随着信息化技术的发展，医院的信息化已经从一体化发展阶段迈入了集成化阶段。集成化作为当前医院信息化建设的关键，是医院信息化建设的主要内容，在更大层面上体现着医院信息化的效益，更加考验医院和信息中心的建设能力。医院信息化的集成工作不单纯是把电子病历集成化，其他一些非电子病历的数据也需要做集成化处理。只有打通各个系统的数据，才能为以后进行大数据分析打下扎实的基础。

● 提升数据质量

医院信息系统每天采集、传输、存储和处理大量的数字医疗数据,这些医疗数据支撑着整个信息系统的运行,成为医院管理和医疗业务工作的基础。医疗数据质量的高低直接影响和决定着医疗数据和统计信息的使用价值。提升数据质量方面,首先要保证数据的完整性,对电子病历进行结构化处理,更有效地进行数据的收集。同时,也要个性化地发展,专科电子病历作为比较火热的领域,为医院的大数据科研打下了非常好的基础。在数据的可用性方面,数据质量一定要有标准可以遵循,医院对于数据的质量要有一个监控的过程。医生利用系统查找出来的数据是三年以前的,这样的数据利用起来的话肯定会出问题的。在遵循标准的同时,数据采集的过程中也要进行规范化和标准化的管理。

● 提高数据安全

医疗数据和应用呈现指数级的增长趋势,也给动态数据安全监控和隐私保护带来了极大的挑战。在 2016 年 6 月,国务院发布了《国务院办公厅关于促进健康医疗大数据发展的指导意见》,将健康医疗大数据作为国家重要的基础性战略资源。国家对于健康医疗大数据的安全十分重视,"规范有序,安全可控"作为《意见》基本原则中最重要的一项。健康医疗大数据应警惕数据安全,保护患者隐私,才能真正实现数据融合共享、开放应用。

● 推进大数据应用的三大维度

在大数据时代的发展当中,医院的信息管理方式出现了非常明显的转变,其中的信息数据已经呈现出了非常显著的特征。但是,大数据距离临床业务发展成熟仍然是有距离的,目前科研还是大数据应用的主要战场。要更好地推进大数据的发展,首先,要扩大医疗信息化的覆盖面;其次,信息化在一个领域中要有深入的应用,比如高值耗材要深入到床旁、手术台旁等;最后,医院要利用信息化进行互联互通,产生协同效应。

14.7 机器学习在医疗行业中的应用实例分析

我们来看一个实际例子。如图 14-3 所示,日本横滨市从 2008 年起开始构建"119 紧急电话对紧急程度/病情严重程度的识别(Call Triage)"预测模型系统。横滨市的 Call Triage 指的是从通话内容中预测拨打 119 电话的患者病情的严重程度,根据具体症状来调整急救人员的种类和规模。因为现在增加急救人员的人手存在困难,如何有效地安排就显得非常重要。这时,最重要的一点是"不能把重症的患者判断为轻症",哪怕允许"把轻症的患者判断为重症",也绝不允许系统把重症患者判断为轻症。也正因为如此,系统最初的预测精准度还不到 30%。

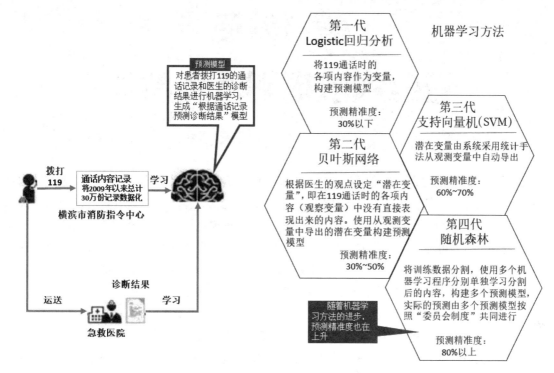

图 14-3　横滨市急救系统实例

基于 30 万份诊断数据，横滨市构筑了对病情严重程度进行预测的模型。为了提高准确度，始终在更新机器学习的方法。从最初的"Logistic 回归分析"到"贝叶斯网络""支持向量机（SVM）"，再到现在的"随机森林"，随着每一次方法的改进，系统的预测精准度都有所提升，现在已经达到 80%以上。有意思的一点是，比起在构建预测模型时参考了医生意见的贝叶斯网络，没有参考医生意见的 SVM 及随机森林的预测精确度反而更高。"电脑竟然能比医生更准确地判断患者病情的严重程度"，这对一般人来说可能在感情上很难接受。

通过在各个领域不断尝试机器学习并评估其成效，寻找可以应用的新领域，这种态度是非常重要的。制药公司过去依靠的是实验和建模方式，而现在它们开始利用机器学习进行新药研发。2014 年，日本的非营利组织（Non-Profit Organization，NPO）"并列生物信息处理 Initiative"举办了"用电脑创造制药原料"大赛。在这场大赛中，引进了机器学习的风险企业"信息数理生物"公司拔得了头筹。比赛的主题是从 220 万种化合物中寻找出拥有某种疗效的、可用于制药的化合物。在这里需要找出损伤蛋白质活性的化合物，这是造成疾病的原因。目前共有两种方法可以找出这种化合物：①进行真实的实验；②通过电脑建模的方式再现蛋白质和化合物的构造，并据此进行模拟实验。但是，化合物共有 220 万种，如果对每一种都进行实验或建模，从成本到时间上都很难做到。该公司以"结构相似的化合物，其作用也相似"这一生物规则为线索，让电脑"针对现有 839 医药品的结构进行机器学习，寻找结构相似的化合物"。实践证明，利用这种方法确实找到了有望作为药品发挥作用的化合物。

在素材和材料领域也能看到同样的探索。在信息材料学方面，现在正通过机器学习寻找可用于制造超导体及太阳能电池材料、锂离子电池材料的化合物。

第 15 章
公安大数据和人工智能

我国公安信息化建设发展迅猛,公安市场大规模的信息化和装备投资产生了海量的结构化和非结构化数据,包括轨迹信息、工作信息、多媒体信息等。据不完全统计,全国公安机关掌握的数据资源已达数百类、上万亿条、EB 级的大数据规模。比如,一个城市一天产生的交通摄像头视频,靠人可能 100 年都看不完(可惜的是,这些宝贵的数据大多数还没有经过深入分析,就被删除了)。同时,数据产生汇集的速度越来越快,数据呈阶梯式增长。目前,公安数据的年增长率超过 50%,增长速度远超以往任何时期。公安数据既有传统的结构化数据,也有大量文档、图片、视频、栅格、向量、文本等非结构化数据,数据结构、存储方式多种多样。公安数据中蕴藏着人、事、物、组织和案件等丰富的信息,充分利用这些信息,挖掘海量数据背后隐藏的关联关系,对于维护社会大局稳定、预防和打击犯罪、辅助指挥决策都具有重要的价值。

各级公安机关快速积累并不断增长的信息数据已成为继警力资源、装备资源之后的新一类核心资源。如何有效利用海量信息并挖掘内在更大的价值,成为提升公安实战应用能力、建立立体化综合防控体系面临的重大难题。公安信息化"十三五"规划已将云计算、大数据、人工智能等新技术应用作为优化基础性技术设施、提升信息化支撑能力的重要建设内容。

15.1 公安大数据的特点

大数据是以容量大、类型多、存取速度快、应用价值高为主要特征的数据集合,正快速发展为对数据巨大、来源分散、格式多样的数据进行采集、存储和关联分析,从中发现新知识、创造新价值、提升新能力的新一代信息计算和服务业态。

公安大数据的特点也可以用 4 个 V 来概括:第一,Volume,数据体量巨大,从 TB 级别跃升到 PB 级别;第二,Variety,数据类型繁多,包括网络日志、视频、图片、文本、音频、地理位置信息等,种类混杂,处理难度高;第三,Value,价值密度低,以视频为例,连续不间断的监控过程中,可能有用的数据仅有一两秒;第四,Velocity,处理速度快,各类传感器、视频监控产生的高速数据流需要快速写入,在数据量非常庞大的情况下,也能够做到数据的实时处理。最后这一点和传统的数据挖掘技术有着本质的不同。这 4 个 V 对应大数据领域核心的 4 类技术,即大数据存储、大数据管理、大数据挖掘和大数据计算。随着近年来技术的发展,为公安大数据的处理提供了可能。

另外，公安大数据还有 3 个 S：一是超复杂性（Super Complexity），公安大数据涉及面广、种类多样、信息维度高、冗余度大，分析处理难度大；二是超保密性（Super Secrecy），公安数据直接关乎人民群众的安全，需要更安全高效的保障；三是强实时性（Sooner），机会稍纵即逝，处理数据速度越快，打击指挥链越短，越能更快地抢占先机，赢得胜利。

15.2 建设流程

公安大数据的首要任务是构建基于全警采集、全警共享的统一大数据平台，为实现智慧警务提供核心支撑能力。然后应用机器学习等人工智能技术，对数据平台上的数据进行智能建模分析，构建犯罪预测、警务监督、立体防护、精确警务等公安大数据人工智能应用。公安大数据建设流程如图 15-1 所示。

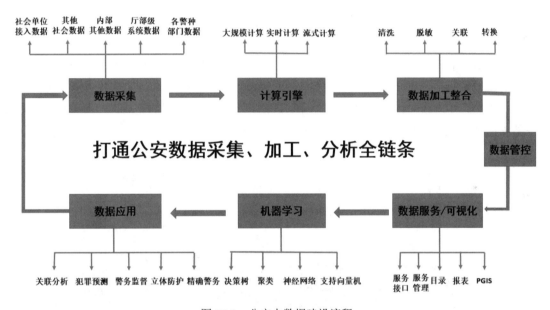

图 15-1　公安大数据建设流程

（1）数据采集模块是通过公安内部的数据接口实现与网综平台、警综平台、PGIS 平台、情报综合平台、治安防控平台、三台合一接处警系统、监所系统、出入境系统、卡口数据库、视频数据库以及其他相关警种部门业务系统的数据交换。通过公共信息共享交换平台接入社会外部单位的业务系统数据，如民航铁路订票系统、酒店旅店住宿系统、公路客运系统、通信运营商系统、工商税务系统、民政司法系统、社交媒体系统、电商系统、教育宗教等系统的外部数据。通过数据资源共享机制为各类情报应用系统提供数据资源支持。

（2）计算引擎模块提供批处理和流式处理引擎，实现对离线批处理的复杂处理和对流式数据的高速处理，为警务分析提供实时/准实时的快速处理能力；通过分布式文件系统技术实现对复杂多结构数据的存储、管理与分析，支持传统的 Schema 数据、Schema-Free 数据和视频/音频/图像数据的存储、分析与管理。

（3）数据加工整合模块提供社会数据、公安内部数据的清洗、加工、关联和数据治理功能，形成基础数据库以及各类主题库和资源应用库。

（4）数据管控模块：建立各类数据资源的安全管控机制，包括访问控制、审计、可用不可见。

（5）数据服务/可视化模块：提供数据资源的统一共享和服务管理功能，包括服务接口、接口配置、服务资源目录和服务资源监控等功能。还提供数据目录、综合查询、数据报表和基于 PGIS 的数据可视化功能。

（6）机器学习模块：提供机器学习的各类算法和框架。

（7）数据应用模块：提供数据比对、趋势分析、异常分析、相关性分析等数据挖掘分析功能。

15.3 公安大数据管理平台

公安大数据管理平台提供大数据交换共享平台，从源头上规范数据采集、整合和共享服务，整合所有公安数据到统一的信息资源服务平台上（如图 15-2 所示），建立各类主题库，构建安全管控机制，实现统一的公安大数据体系，这是公安大数据发展的基石。在此基础上，通过公安数据服务为各类公安大数据智能化应用提供数据。

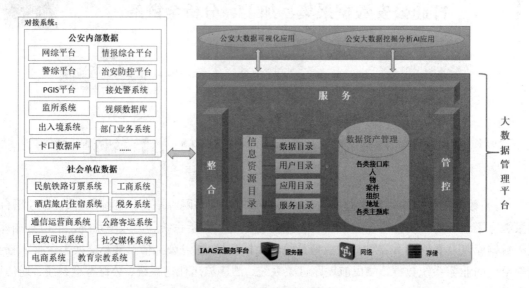

图 15-2 公安大数据管理平台

15.3.1 公安大数据建模

当前，经过金盾工程建设与应用积累，公安系统已经沉淀了海量数据资源，建立了多个实战业务应用系统，以资源整合共享理念为基础，建立了资源服务平台，形成了公安八大资源库。

由于业务需求和业务理解不同，各业务应用系统中存在同名数据项实际业务含义不同，同业务含义的数据项名称不同，同义数据项的数据类型、长度等格式定义存在差异等情况，造成公安信息资源共享、关联应用的困难。公安大数据管理平台提供了大数据建模平台，如图 15-3 所示。建模平台制定统一的公安信息资源目录体系和公安元数据标准，基于业务属性开展人员、物品、案件、地址、组织、服务标识等主题域模型的细化设计，对数据进行科学、合理、标准的规划。

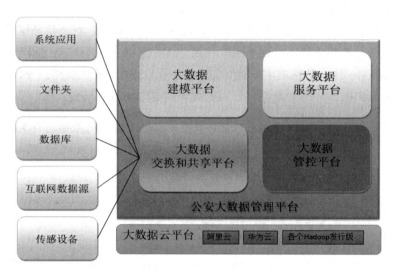

图 15-3　公安大数据管理平台 4 个核心组件

依托大数据建模平台（见图 15-3），基于元数据技术，实现结构化数据、非结构化数据的一体化管理，涵盖数据模型、数据加工流程模型、数据质量管控等方面，具体包括以下几种。

- 元数据管理：通过统一的平台元数据管控，实现对平台各类数据标准、定义、关系及规则等的集中管理和统一服务，确保平台数据运行的规范化、标准化、可视化。
- 数据质量管理：通过标准化的规则管理和调度控制，建立各类数据稽核手段、数据质量分析体系，确保平台数据的一致性、完整性和合规性。
- 提供数据的加工流程管控体系，采用体系化、标准、可重复的监管机制和执行流程，保证数据加工的统一及数据流程的透明性，保障数据质量及数据的可用性，实现管理数据从采集、加工、存储、应用、归档到最终删除等一系列处理环节中的可视化、配置化、易调控，完成端到端的数据透明管控。利用业务流程驱动机制，使各个数据处理节点的控制要素有机实现链式触发，提升平台数据管控的运营能力和效率，实现平台与内部系统及外部环境的信息数据共享。
- 存储管理：为不同的数据模型提供不同的存储配置，从源头上实现"可用不可见"的安全管控机制。

公安大数据建模平台建设引入了数据治理的核心思想和技术，从制度、标准、监控、流程几个方面提升数据信息管理能力，解决数据标准问题、数据质量问题、元数据管理问题和数据服务问题。

15.3.2　公安大数据服务

公安大数据平台对外发挥价值的核心是提供种类丰富、类型多样的服务接口和服务能力。从服务类型来看，可分为通用类服务、研判类服务和智能类服务，具体说明如下。

- 通用类服务：在大数据平台提供的数据资源基础上，结合分布式计算、可视化分析和展现等技术，可实现综合查询、搜索引擎、数据比对、布控预警、分类统计等常用功能，以及趋势分析、异常分析、相关性分析等挖掘功能。
- 研判类服务：基于大数据分析挖掘，实现各类战法集市、积分预警模型、全要素分析工具、社交网络分析、隐性重点人挖掘、治安态势分析等综合情报研判功能。
- 智能类服务：综合情报研判功能，实现案件多维分析、人流激增预警、犯罪预测模型、人员智能画像、涉恐系数分析、人员亲密度模型分析等功能。

大数据服务平台还提供可视化服务。借助可视化和人工操作将数据进行关联分析，并做出完整的分析图表。图表中包含所有事件的相关信息，也完整展示数据链走向。

15.4　公安大数据挖掘分析

数据挖掘是从数据中自动地抽取出模式、关联、变化、异常和有意义的结构。根据数据挖掘的任务可分为多种类型，比较典型的有关联分析、分类分析、聚类分析、预测模型分析、文本挖掘等。

- 关联分析：在关系数据中，发现存在于项目集或对象集之间的关联规则，包括关联、相关性、因果结构或频繁出现的模式。常用的关联分析算法有 Apriori 算法及它的各种改进或扩展算法。
- 分类分析：分类在数据挖掘中属于有监督式学习的范畴。分类分析是根据数据的特征为每个类建立一个模型，根据数据的属性将数据分配到不同的组中。常用的分类算法有决策树、神经网络、贝叶斯分类等。
- 聚类分析：按照某种相近程度度量方法将数据分成互不相同的一些分组，实现每一聚类内部的相似性很高、各聚类之间的相似性很低。常用的聚类算法有 K 均值、最近邻、神经网络等。
- 预测模型分析：从数据库或数据仓库中已知的数据推测未知的数据或对象集中某些属性的值分布。建立预测模型的常用方法包括回归分析、线性模型、支持向量机、决策树预测、遗传算法、随机森林算法等。
- 文本挖掘：文本是无结构或半结构化的数据，文本挖掘是从文本数据中推导出模式，其过程是通过文本分析、特征提取、模式分析的过程来实现的。主要技术包括文本结构分析、文本特征提取、文本检索、文本自动分类/聚类、文档自动摘要、话题检测与追踪、文本过滤、文本情感分析等。

15.5 公安大数据 AI 应用

涉恐系数应用以部级信息资源服务平台汇集的数百亿条数据作为数据基础,应用机器学习等大数据技术,提炼反恐业务特征的数据项,学习已掌握的涉恐人员数据,提出人员刻画六维模型,即从身份特质、行为偏好、关系网络、不良记录、时空轨迹、经济状况六个维度描述和刻画一个人。每一个维度上又包含大量具体的特征。在此基础上,构建形成涉恐人员标签体系和涉恐系数综合计算模型,通过大数据分析处理实现对千万级目标群体的涉恐概率计算。某市公安局根据涉恐系数计算结果,对 23 人进行落地核查和跟进管控,核查出涉恐人员 7 人,取得了较好的预警效果。

犯罪预测应用利用大数据技术,自动抽取警综平台内案事件、人口、地理、天气、房价等数据进行智能建模分析,预测当天辖区案件的高发区域及发案概率,把需要重点防控的区域以简明扼要的图形界面直观地凸显出来,科学引导一线巡防。犯罪预测应用使用的数据集包括警务综合平台的接处警、案事件、人口等 39 类公安业务数据,以及地理、天气、房价等 11 类社会时空地理信息,共约 8 亿条数据。与传统数据分析采用抽样数据不同,大数据预测是用全量数据。通过机器学习发现各类因子与警情的相关性,形成预测模型,不断用数据检验预测结果,修正完善形成最佳的预测模型。某市公安局下辖各派出所采用犯罪预测系统三个月后,统计入室盗窃类违法犯罪警情由 2814 起下降至 2520 起,同比下降 10.5%。

警务监督管理应用利用大数据技术,构建预防腐败工作"1+3+X"大数据技战法模型,通过抽取有关业务系统高风险项目监测点数据,对业务工作、队伍管理等信息开展关联碰撞、分析研判、预警提示,重点解决传统监督手段进不了系统、系统之间信息关联不够、违纪违法苗头难以及时发现等问题,达到预防腐败工作抓早抓小、防患未然的目的。某市公安局纪委针对近年来查办的民警利用职务之便,违规将户口迁入拆迁地区以非法获利的案件,围绕人口系统"办理常驻户口登记"权力运行中容易发生问题的风险点,关联派出所综合信息系统、警力资源信息系统、执纪办案信息系统、投诉举报信息系统的信息资源,对 2013 年以来某派出所办理的户口数据进行分析,发现了 18 名民警将本人的户籍由原来的城镇居民户口(楼房)迁入农村重点拆迁地区的异常情况。

15.6 小结

随着公安信息化建设与应用的不断深化,公安机关掌握的数据资源的广度和深度正在快速扩大,各警种业务对大数据的依赖性越来越强,对大数据定制服务、模型研发的需求越来越多,要求越来越高。实施公安大数据战略可以顺应信息化条件下的公安实战需求,加强对公安内外部数据资源的汇聚、清洗、管理、挖掘分析等工作,为各警种提供更高质量、更有针对性的大数据定制服务,为公安中心工作提供更有力的支持和保障。

　　大数据的重要特点之一是全数据，而不是样本数据，建立公安大数据平台可以详细记录和获取公安领域所需要的全部数据，避免出现以偏概全的情况，通过对大量数据采集、分析、处理和配置，结合人工智能、计算分析等方法挖掘分析，可以发现有价值的规律，完成科学的预测，帮助制订合理有效的打击计划。运用大数据分析技术可以对各渠道得来的海量信息进行实时化、智能化处理，更加科学地分配警力，形成高效的打击方案。

　　大数据是打破公安体系内壁垒的有效方法。此前，各警种之间各自为战，各自拥有自主的数据平台，没有实现互联互通，数据规模不等、格式不一、质量各异，无法实现共享。通过大数据加强一体化指挥作战平台的建设和数据共享，加强各基层公安机关搜集数据、存储数据、共享数据的意识，可大大提高公安的作战能力。

　　当前，依靠经验直觉进行作战指挥的优势正在急剧下降，充分利用大数据的潜在价值，树立大数据理念、完善制度机制、加强数据专业技术人才培养、构建大数据决策支持系统对推动我国公安现代化建设具有重要的战略意义。

第 16 章
工农业大数据和人工智能

当代信息技术与经济社会的交会融合引发了数据迅猛增长,数据已成为国家基础性战略资源。党的十八届五中全会明确提出实施国家大数据战略,《国民经济和社会发展第十三个五年规划纲要》将实施国家大数据战略作为"十三五"时期坚持创新驱动发展、培育发展新动力、拓展发展新空间的重要抓手。我国正面临从"数据大国"向"数据强国"转变的历史新机遇,充分利用数据规模优势,实现数据规模、质量和应用水平同步提升,挖掘和释放数据资源的潜在价值,有利于充分发挥数据资源的战略性作用,有效提升国家竞争力。

大数据目前在教育、金融、医疗等行业大放异彩,例如利用大数据推动定量化、个性化的教育变革,利用大数据打击金融诈骗,以及利用大数据甄别医疗骗保,实现医疗资源的预测性管理等创新型应用。大数据帮助这些行业实现数据驱动业务、创新及发展,但还没有出现利用大数据这个手段改变工业这些最传统但体量巨大的行业。大数据时代的特征:一是数据要流动起来,利用数据的外部性,把看起来和工业风马牛不相及的数据利用起来,探索数据的创新应用;二是智能化,如果没有人工智能在背后支撑,让数据产生巨大的价值,就没有这个大数据时代。智慧工业或者工业 4.0 的核心是生产加工本身的提升与提高,如何利用大数据等技术去解决工业生产过程中的核心问题才是我们需要去探索及追求的目标。

德国工业 4.0、美国先进制造、中国制造 2025、英国工业 2050 等在内的一个个国家级战略部署正在加快推动新的一轮产业革命,而这场革命的核心风暴直指"智能制造"这一新的战略制高点。如图 16-1 所示,第一次工业革命来自蒸汽机的改进,第二次工业革命来自电气化推进,第三次工业革命来自计算机技术的日新月异,那么,被称为智能制造的第四次工业革命将会是前所未有的多技术更新与融合。

中国制造业的发展水平参差不齐,相当一部分企业还处在"工业 2.0"的阶段,因此需要推进工业 2.0、工业 3.0 和工业 4.0 并行发展通道。我国的工业技术对外依存度高达 50%以上,95%的高档数控系统,80%的芯片,几乎全部高档液压件、密封件和发动机都依靠进口。所以,技术创新是发展核心。加快新一代信息技术与制造业的融合,成为制造业转型升级的核心,也是"中国制造 2025"规划的主线。

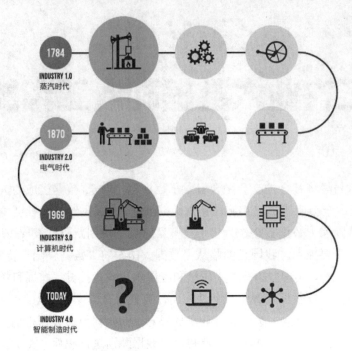

图 16-1　工业 1.0~4.0

16.1　中国制造 2025

中国制造 2025 产业链将基于新一代信息技术，贯穿设计、生产、管理、服务等制造活动的各个环节，是先进制造过程、系统与模式的总体规划。其中，中国制造 2025 将会通过自动化装备（机器人等）及通信技术实现生产自动化，并能够通过各类数据采集分析（大数据）以及应用通信互联手段将数据连接至智能控制系统（人工智能），并将数据应用于企业统一管理控制平台（工业软件平台），从而提供最优化的生产方案、协同制造和设计、个性化定制，最终实现智能化生产。

智能制造产业链中的 3 个关键点是，传感器提供了"感知系统"，大数据和人工智能提供了"大脑"，工业机器人提供了"装备和手段"。工业机器人是由操作机、控制器、伺服驱动系统和检测传感器装置构成的，是一种仿人操作自动控制、可重复编程、能在三维空间完成各种作业的机电一体化的自动化生产设备。它对稳定和提高产品质量，提高生产效率，改善劳动条件起着十分重要的作用。中国产业升级将从人口红利的发展变成技术红利发展，其核心是机器人化。

16.2 工业大数据

工业大数据要求处理数据更高效、数据来源更可靠、数据安全系数更高，注重数据安全管理。掌握工业大数据的优势才能打赢中国制造 2025，真正地把握未来市场的主动权。

16.2.1 工业大数据面临三大制约因素

1. 工业大数据安全和开放体系亟待建立

建立数据安全和数据开放体系是工业大数据大规模应用的两个重要前提。我国多数工业企业的信息化建设是由业务部门在业务开展过程中根据自身的局部需求开展建设，缺少统一规划，形成了部门割据的信息化烟囱，导致数据编码不一致，系统之间不能相互通信，业务流程不能贯通。因此，我国工业企业无论在数据的总量上，还是数据的质量上，均和欧美发达国家制造企业存在较大差距，且由于行业垄断或商业利益等原因，数据的开放程度也不高。

另一个制约我国工业大数据应用发展的重要因素是政策法规体系不健全。工业大数据的开发和利用既要满足工业企业典型应用场景的业务发展需求，也要防止涉及国家、企业秘密的数据发生泄露。而目前，我国在工业大数据的利用、评价、交换以及信息安全保护方面的法律法规尚需进一步健全，这在很大程度上抑制了工业大数据应用的广度和深度，不利于工业大数据生态系统的建设和培育。

2. 基于工业大数据的企业管理理念和运作模式变革

随着智能设备、物联网技术、智能传感器、工业软件以及工业企业管理信息系统等在工业企业的广泛应用，综合利用各种感知、互联、分析以及决策技术，通过实时感知、采集、监控现场制造加工状况、物流情况、生产准备情况、技术状态管理情况，并开展数据挖掘分析，急需工业大数据平台和相关技术的支撑。

工业大数据应用的目的是推动工业企业基于对内外部环境相关数据的采集、存储和分析，实现企业与内外部关联环境的感知和互联，并利用人工智能技术开展数据挖掘分析，支撑工业企业基于数据进行决策管控，提升企业决策管控的针对性和有效性。

3. 工业大数据人才缺乏，制约产业发展

工业大数据技术应用的关键是揭示各种典型工业应用场景下，各种数据的内在关联关系，因此工业大数据技术的应用者不但要掌握工业大数据的相关知识和工具，还需要深刻了解制造业典型的业务场景，并结合工业大数据的分析和可视化展示情况，结合业务场景进行合理解读，此外，还需要结合业务场景进行解决方案的制定和管理决策。以上工业大数据人才的要求将大大制约工业大数据产业发展的进程。

整体上，工业大数据对复合型人才的需求更强烈，目前我国工业大数据的高级管理决策人才、数据分析人才、平台架构人员、数据开发工程师、算法工程师等多个方向均存在较大缺口，极大地阻碍了工业大数据产业的发展。

16.2.2　工业大数据应用的四大发展趋势

1. 工业大数据应用的外部环境日益成熟

以工业 4.0 和工业互联网为代表的智能化制造技术已成为制造业发展的趋势,智能化制造技术的研究和应用推动了工业传感器、控制器等软硬件系统和先进技术在工业领域的应用,智能制造应用不断成熟,一方面,正在逐步打破数据孤岛壁垒,实现人与机器、机器与机器的互联互通,为工业数据的自由汇聚奠定基础;另一方面,进一步增强了工业大数据的应用需求,使得工业大数据应用的外部环境日益成熟。

2. 人工智能和工业大数据融合加深

工业大数据的广泛深入应用离不开机器学习、数据挖掘、模式识别、自然语言理解等人工智能技术清理数据、提升数据质量和实现数据分析的智能化,工业大数据的应用和安全保障都离不开人工智能技术,而人工智能的核心是数据支持,工业大数据反过来又促进人工智能技术的应用发展,两者的深度融合成为发展的必然趋势。

3. 云平台成为工业大数据发展的主要方向

工业大数据云平台是推动工业大数据发展的重要抓手。传统互联网大数据的处理方法、模型和工具难以直接使用,增加了工业大数据的技术壁垒,导致工业大数据的解决方案非常昂贵,云平台的出现为工业企业特别是中小型工业企业随时、按需、高效地使用工业大数据技术和工具提供了便宜、可扩展、用户友好的解决方案,大大降低了工业企业拥抱工业大数据的门槛和成本。

4. 工业大数据将催生新的产业

除了云平台外,新的大数据可视化和人工智能自动化软件也能大大简化工业大数据的数据处理和分析过程,打破了大数据专家和外行之间的壁垒。这些软件的出现使得企业可以自主利用工业大数据,进行相对简单的工业大数据分析,以及外包复杂的工业大数据应用需求给专业工业大数据服务公司,从而催生新产业,包括工业大数据存储、清理、分析、可视化等相关的软件开发、外包服务等。

16.2.3　发展工业大数据

发展工业大数据可从以下几点入手:

(1)整合各工业行业的数据资源,建设工业互联网和信息物理系统,推动制造业向基于大数据分析与应用的智能化转型。

(2)推动大数据在研发设计、生产制造、经营管理、市场营销、业务协同等环节的集成应用,推动制造模式变革和工业转型升级。

(3)加快建设工业云及基于工业云的应用等服务平台。依托两化融合和"中国制造 2025"工作平台及政策体系,开展工业大数据创新运用。

(4)开展智能工厂及精细化管理大数据应用试点。

16.3　AI+制造

我们要为工业生产装上"最强大脑"——人工智能。智能制造源于工业领域的制造业。其产生的历史原因是，机器的功能表现不能遂人愿，人很难掌控机器的全部状态情况。机器的运行状态不为人知，且不说远程监控，就是人站在机器前面，也未必知道哪个零部件正常与否，还有多长时间需要更换。为了解决这些问题，当前的制造业从生产、流通到销售正在越来越趋于数据化、智能化。大数据和人工智能技术可以协助企业分析生产过程中的全链路数据，实现生产效率、设备使用效率提升等目标，支持"AI+制造"。

16.4　农业大数据

农业大数据是大数据理念、技术和方法在农业领域的实践，涉及农业生产、经营、管理和服务 4 个方面，是跨行业、跨专业的数据分析与挖掘。

16.4.1　发展现状

近年来，随着农业信息化建设的加速和农村电子商务的发展，各级农业部门对农业大数据重要性的认识不断提高，各新型经营主体利用数据的意识和能力不断增强，推动了农业大数据的发展和运用。全国多个省份已初步建立了化肥、农药、种子等农业投入品，"三品一标"优质农产品，农业统计、实用技术、质量标准、涉农法律法规、农业专家、农业影视和龙头企业等 20 多个数据库，数据内容包括文本、图片、音视频等多种格式。部分地方也开展了农业大数据运用的探索，如测土配方、科技服务等农业数据的采集系统和查询应用系统，方便了农业合作社、农业龙头企业、农民的使用，服务了农业生产。

但是，农业信息化的基础设施差，数据融合、分析的省级农业大数据交换管理中心尚未建立，农业大数据开放共享的基础和制度尚未形成，农业大数据研究和应用人才缺乏等，严重制约了农业大数据的研究和应用。

16.4.2　农业大数据目标

围绕农业提质增效、转型升级这一主线，以生产、市场需求为导向，加快农业专业数据的有效整合、融合和应用服务，全面、及时地掌握农业生产信息和市场动态变化趋势，提升对农业生产、经营的预测预警能力和农业管理的科学决策水平，提高农业经济发展水平，加快农业现代化发展进程。

以农业需求为导向，加强农业大数据公共基础平台建设、农业具体专业领域的应用示范，不断探索创新农业大数据的应用模式，培育和挖掘农业领域应用大数据的新业态、新模式，开发大数据应用，增强大数据发展的内生动力，形成常态、高效、可持续的机制。政府部门应该率先推进农业大数据资源的集中与开放，与社会联动，形成大数据资源积累机制。加大资源整合力度，提高资源使用效率，通过市场化、社会化方式汇聚和优化配置社会资源，加强社会信息资源共享，加速推进农业大数据的开放、融合、共享，切实推动农业大数据的深度融合和广泛应用。

完善省市级数据的汇聚、分析、应用能力。丰富农业生产、农业经营、农业管理和农业服务等领域的大数据应用，提升生产智能化、经营网络化、管理高效化、服务便捷化的能力和水平。推进各地区、各行业、各领域涉农数据资源的共享开放，加强数据资源的发掘运用，统筹国内国际农业数据资源，强化农业资源要素数据的集聚利用，提升政府治理能力。加强制度和标准建设，包括工作制度、建设标准、系统标准以及数据标准等。

提高县、乡、村利用农业数据资源的能力。一是完善基础设施建设，完善县、乡、村相关数据采集、传输、共享基础设施；二是建立大数据工作机制，建立农业农村数据采集、运算、应用、服务机制；三是构建信息服务体系，构建面向农业农村的综合信息服务体系，为农民生产生活提供综合、高效、便捷的信息服务，缩小城乡数字鸿沟，促进城乡发展一体化；四是加大示范力度，形成一大批应用示范成效明显、可复制可推广的商业化模式，有效推动产业转型升级和生产方式的转变。

16.4.3　农业大数据建设任务

（1）形成上下联动、覆盖全面的农业农村大数据共享平台，实现数据的互联互通、开放获取、快速访问。加强信息资源的整合和信息公开，促进农业信息资源共享和业务系统之间的互联互通。实现种植业、经管、畜牧、农机、农村"三资"管理等信息系统通过统一平台进行数据共享和交换。

（2）建立大数据标准体系。重点围绕基础数据、数据处理、数据安全、数据质量、数据产品和平台标准、数据应用和数据服务六大类，建立标准体系，并从元数据、数据库、数据建模、数据交换与管理等领域推动相关标准的研制与应用。制定统一涉农信息资源目录体系与交换标准，出台规范农业大数据信息资源采集、融合、交换标准，保证网络运行的标准化、规范化，以实现开放性、实用性和安全性。

（3）完善大数据的管理。建立和完善农业大数据交换管理中心平台各项制度，包括应用准入、应用卸载、沙箱开发、安全事故、违规处罚等；建立平台运行制度，依据国家信息安全有关法律法规，对所有农业信息根据职务、服务对象和服务内容进行分级管理，加强信息系统建设技术审核；建立和完善平台安全保密制度；建立部门信息共享考核工作制度。

（4）规范大数据采集。建立健全农业大数据采集制度，明确信息采集责任。既要依托现有信息采集渠道改进采集方式以提高效率，完善信息指标以适应新阶段要求，又要采用分布式高速、高可靠数据爬取或采集，高速数据全映像等大数据收集技术，广泛收集互联网数据。进一步优化涉农数据监测统计系统，完善统计指标，扩大采集监测范围，改进采集监测手段和方式，探索开展统计监测由抽样调查逐步向全样本、全数据过渡的试点，完善信息进村入户村级站的数据采集功能，完善相关数据采集共享功能。

（5）推动大数据的应用。建成农村土地确权颁证数据系统、农产品质量安全追溯数据系统。提供农业大数据的跨专业查询服务、可视化决策服务以及跨专业的实时数据集成服务，为农业农村经济提供服务的技术数据支撑中心以及为领导科学决策提供数字依据。深入实施"互联网＋"现代农业行动，利用大数据技术提升农业生产、经营、管理和服务水平，培育一批网络化、智能化、精细化的现代"种养加"生态农业新模式，加快完善新型农业生产经营体系，培育多样化农业互联网管理服务模式，逐步建立农副产品、农资质量安全追溯体系。建立农业重大舆情的大数据发布制度。围绕精准农业、物联网应用、产品质量安全追溯、农产品线上营销等开展试点示范，积极探索农业大数据技术在农业领域集成应用、农产品高标准生产、优质品牌开发和产品网上销售等新途径、新模式。的分析数据应用中心。同时，按照共享共用、协作协同、分工分流的原则，推进建立完善的数据采集渠道和监测网络。到 2020 年，建成 60个农业大数据采集重点县。

（6）精准农业应用创新。通过智能化监测工具和信息采集传输装备，实现信息自动接收、分析汇总、远程诊断。建立和完善病虫害在线监测系统，扩大乡村病虫监测点数量，完善土肥站测土配方施肥信息查询和专家咨询系统，推动互联网技术和土肥技术的集成创新。建立测土配方数据库，指导农民精量精准科学施肥，加快实现"三减"目标，保护和改善生态环境。加强智能化畜禽养殖关键技术的研究与应用，提高畜禽养殖自动化程度，提高饲料利用效率，有效防控畜禽疫病。不断拓展农机作业领域，利用大数据统筹安排农机调度，提高农机智能水平，充分发挥农业机械集成技术，节本增效，推动精准农业发展。

完善农产品市场预警信息采集、分析、发布平台，建立预警信息数据库，定期采集合作社、家庭农场（大户）、农产品加工贸易企业以及农资企业的生产和销售信息。建立专家分析师队伍和预警信息分析会商发布制度，分析和发布农产品生产、加工、销售、价格、成本收益、供求趋势等信息，为各类生产经营主体和政府决策提供有效的信息服务。

16.4.4　农产品质量安全追溯

加强农产品（含粮油）质量追溯平台建设，健全追溯数据录入、监管信息综合统计、追溯码生成、终端查询等功能，为消费者提供系统完备、查询便捷的农产品质量信息服务。引导新型农业经营主体进入平台或自建质量追溯体系，通过多种途径使经过认证的绿色食品生产企业实现产品质量可追溯。以消费者方便查询和重点关注的信息为重点，统一规范农产品质量追溯内容，全面录入农产品产地基本情况，农药、种子、化肥等生产投入品，重要生产过程简短视频及农产品质量标准、营养成分等信息，提升农产品质量追溯的可信度，进一步提高优质农产品的市场竞争力。

附录 A
国内人工智能企业名单

2017 年，互联网周刊列出了"人工智能未来企业排行榜"，如表 A-1 所示。

表 A-1　人工智能未来企业排行榜

序号	企业	领域
1	百度	人工智能
2	阿里巴巴	人工智能
3	腾讯	人工智能
4	华为	人工智能
5	科大讯飞	智能语音
6	微软亚洲研究院	视觉语音
7	中科创达	智能终端系统平台
8	平安集团	人工智能金融
9	浪潮	云计算
10	华大基因	智能医疗
11	金山云	深度学习
12	博实股份	机器人
13	汉王科技	模糊识别
14	全志科技	智能芯片
15	大华股份	智能监控
16	智臻智能	中文语义识别
17	搜狗	人工智能
18	智车优行	智能出行工具
19	碳云智能	智能医疗
20	商汤科技	计算机视觉和深度学习
21	GEO 集奥聚合	数据金融科技
22	Chinapex 创略	人工智能
23	云知声	智能语音
24	量化派	数据金融科技
25	永洪科技	BI 商业智能分析
26	中科汇联	人工智能
27	Face++旷视科技	机器视觉
28	地平线机器人	机器人
29	京纬数据	人工智能

（续表）

序号	企业	领域
30	思必驰	智能语音
31	图普科技	图像识别
32	捷通华声	智能人机交互
33	盛开互动	人工智能、视觉识别
34	中星微电子	智能芯片
35	米文动力	人工智能控制系统
36	数据堂	科研数据共享
37	明略数据	大数据分析应用
38	贝瑞和康	智能医疗
39	达闼科技	云端智能机器人运营
40	出门问问	智能语音
41	旗瀚科技	机器人
42	A.l.Nemo 小鱼在家	机器人
43	海云数据	大数据
44	依图科技	计算机视觉和深度学习
45	英语流利说	智能教育
46	公子小白	智能语言交互机器人
47	格林深瞳	计算机视觉
48	腾云天下	智能数据平台
49	诺亦腾	深度学习
50	云从科技	人脸识别
51	智位股份	开源硬件、机器人
52	图灵机器人	中文语义与认知计算
53	久其软件	数字法庭产品
54	远鉴科技	生物识别
55	图森互联	企业级图像识别
56	中科奥森	人脸识别
57	速感科技	人工智能
58	三角兽科技	中文智能交互
59	佑驾创新	车载视觉感知
60	臻迪科技	智能无人系统
61	天云大数据	分布式人工智能算法
62	乂学教育	智能教育
63	海致网络	智能数据处理
64	第四范式	机器学习
65	速腾聚创	机器人感知
66	紫冬锐意	语音识别
67	ImageQ	大数据语义分析
68	深网视界	计算机视觉、深度学习
69	中科寒武纪科技	人工智能芯片

（续表）

序号	企业	领域
70	卓翼科技	人工智能
71	思岚科技	机器人定位导航
72	图漾科技	3D 视觉传感
73	镭神智能	位移传感
74	智能管家	机器人
75	玻森数据	中文自然语言分析
76	阅面科技	计算机视觉、深度学习
77	上海图正	指纹技术应用
78	埃夫特	工业机器人
79	中科视拓	人脸识别
80	汇医慧影	智能医疗
81	昆仑人工智能科技	人工智能
82	亮风台	人机交互
83	涂图（TuSDK）	移动图像处理
84	GrowingIO	数据采集分析
85	西井科技	人工智能芯片
86	臻迪集团	机器人
87	linkface	人脸识别
88	Video++	智能视频
89	医渡云	智能医疗
90	祈飞科技	机器人应用
91	钱璟康复	智能医疗康复
92	零零无限科技	无人机
93	智久机器人科技	机器人
94	妙手机器人	机器人
95	科沃斯	机器人
96	普强科技	语音识别
97	深鉴科技	神经网络
98	聚力维度	计算机视觉
99	深圳科蓝	人脸识别
100	小知科技	智能教育

附录 B
大数据和人工智能网上资料

最好的学习资源在国外的三个网站，分别是 Coursera、arXiv 以及 GitHub。Coursera 是全球顶尖的在线学习网站，Coursera 上的课程相对比较基础，如图 B-1 所示。

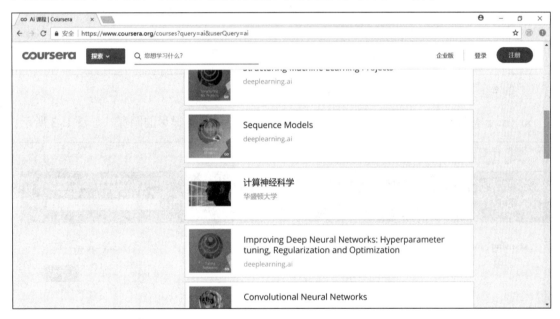

图 B-1　Coursera 网站

一般情况下，想做"计算机视觉"或者"自然语言处理"等偏 AI 方向的同学，在完成"深度学习"课程后，想做"数据挖掘"的同学在完成"机器学习"课程后，就可以选择相应的实践项目了。

GitHub 上有最新最好的开源代码，这些代码往往是对某种算法的实现，如图 B-2 所示。

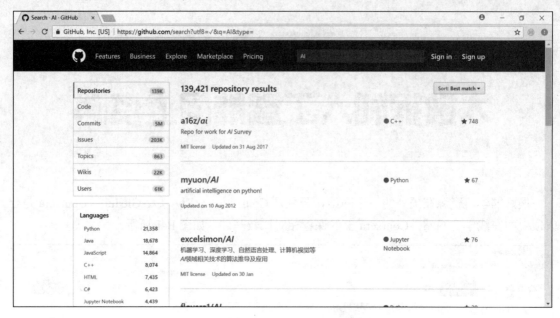

图 B-2　GitHub 网站

arXiv 上有最新最全的共享论文，论文中会对各类算法进行详尽的阐释，如图 B-3 所示。

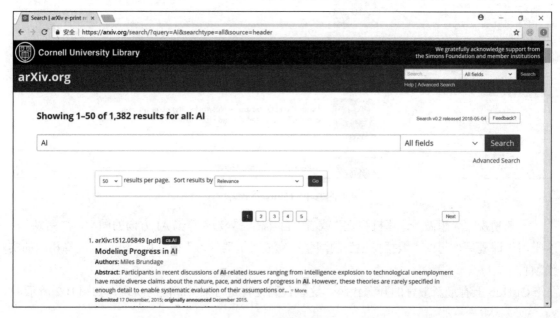

图 B-3　arXiv 网站

有一个神奇的网站名叫 GitXiv，会帮助各位找到论文与代码的对应关系，如图 B-4 所示。

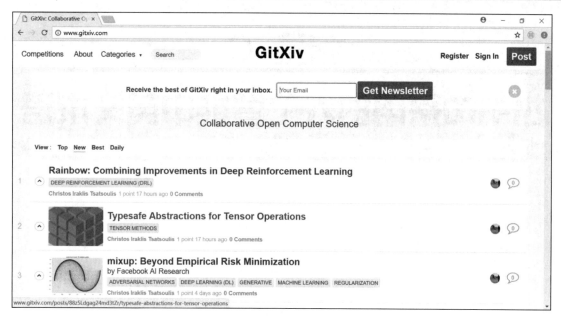

图 B-4 GitXiv 网站

值得指出的是，我们也可以利用国内的"万方"及"知网"这样的论文查询平台，查询相关领域国内普通高校的学位论文，这样的论文绝大部分都是中文并且会在论文中介绍大量的基础背景知识，正好可以满足初学者的需求。

如果对某一技术方向的特定知识点不甚明了，例如在做"自然语言处理"方向的项目，但却不太了解 LSTM，则可以利用国内的诸如"知乎""简书"以及"CSDN"这类知识分享网站，只要不是太新的理论，都可以找到相应的博文或者解答。

使用上述两类渠道的共同技巧是，多搜几篇文章对比着看。同一个概念或者技术，一篇文章很难全面描述清楚，并且由于文章作者不同，解释问题的出发点也不尽相同，因此如果遇到看不懂某篇文章的情况，不用急躁，接着看下一篇文章就好。

附录 C
本书中采用的人工智能中英文术语

Machine Learning：机器学习

Learning Algorithm：学习算法

Instance/Sample：示例/样本

Example：样例

Label：标签

Converged：收敛

Iterative Approach：迭代法

Attribute/Feature：属性/特征

Attribute Value：属性值

Attribute Space：属性空间

Sample Space：样本空间/输入空间

Feature Vector：特征向量

Dimensionality：维数

Hypothesis：假设

Ground-Truth：真相、真实

Learner：学习器

Training Data：训练数据

Training Sample：训练样本

Training Model：训练模型

Test Sample：测试样本

Training Set：训练集

Label Space：标记空间、输出空间

Classification：分类

Regression：回归

Binary Classification：二分类

Multi-Class Classification：多分类

Positive Class：正类别

Negative Class：负类别

Clustering：聚类

Supervised Learning：监督式学习

Unsupervised Learning：非监督式学习

Generalization：泛化

Distribution：分布

Induction：归纳

Inductive Learning：归纳学习

Deduction：演绎

Specialization：特化

Version Space：版本空间

Fit：匹配

Data Mining：数据挖掘

Artificial Intelligence：人工智能

General Problem Solving：通用问题求解

Logic Theorist：逻辑理论家

Connectionism：连接主义

Symbolism：符号主义

Perceptron：感知机

Hyperparameter：超参数

Inductive Bias：归纳偏好（简称"偏好"）

Occam's Razor：奥卡姆剃刀定律

No Free Lunch Theorem：没有免费的午餐定量（简称 NFL）

Independent and Identically Distributed：独立同分布（i,i,d.）

Inductive Logic Programming：归纳逻辑程序设计（简称 ILP）

Statistical Learning：统计学习

Support Vector Machine：支持向量机（简称 SVM）

Kernel Methods：核方法

Crowdsourcing：众包

Transfer Learning：迁移学习

Learning by Analogy：类比学习

Deep Learning：深度学习

Loss：损失

附录 D
术语列表

A

A/B 测试（A/B Testing）

一种统计方法，用于将两种或多种技术进行比较，通常是将当前采用的技术与新技术进行比较。A/B 测试不仅旨在确定哪种技术的效果更好，而且有助于了解相应差异是否具有显著的统计意义。A/B 测试通常采用一种衡量方式对两种技术进行比较，但也适用于任意有限数量的技术和衡量方式。

准确率（Accuracy）

分类模型的正确预测所占的比例，可参阅真正例和真负例。

激活函数（Activation Function）

一种函数（例如 ReLU 或 S 型函数），用于对上一层的所有输入求加权和，然后生成一个输出值（通常为非线性值），并将其传递给下一层。

AdaGrad

一种先进的梯度下降法，用于重新调整每个参数的梯度，以便有效地为每个参数指定独立的学习速率。

AUC（ROC 曲线下面积，Area under the ROC Curve）

一种会考虑所有可能分类阈值的评估指标。ROC 曲线下面积是指，对于随机选择的正类别，样本确实为正类别，以及随机选择的负类别，样本为正类别，分类器更确信前者的概率。

B

反向传播算法（Backpropagation）

在神经网络上执行梯度下降法的主要算法。该算法会先按前向传播的方式计算（并缓存）每个节点的输出值，再按反向传播遍历图的方式计算损失函数值相对于每个参数的偏导数。

基准（Baseline）

一种简单的模型或启发法，用作比较模型效果时的参考点。基准有助于模型开发者针对特定问题量化最低预期效果。

批量（Batch）

模型训练的一次迭代（一次梯度更新）中使用的样本集。

批量大小（Batch Size）

一个批量中的样本数。例如，SGD 的批量大小为 1，而小批量的大小通常介于 10 到 1000 之间。批量大小在训练和预测期间通常是固定的；不过，TensorFlow 允许使用动态批量大小。

偏差（Bias）

距离原点的截距或偏移。偏差（也称为偏差项）在机器学习模型中以 b 或 w_0 表示。例如，在下面的公式中，偏差为 b：

$$y'=b+w_1x_1+w_2x_2+\ldots+w_nx_n$$

请勿与预测偏差混淆。

二元分类（Binary Classification）

一种分类任务，可输出两种互斥类别之一。例如，对电子邮件进行评估并输出"垃圾邮件"或"非垃圾邮件"的机器学习模型就是一个二元分类器。

分箱（Binning）

可参阅分桶。

分桶（Bucketing）

将一个特征（通常是连续特征）转换成多个二元特征（称为桶或箱），通常根据值区间进行转换。例如，你可以将温度区间分割为离散分箱，而不是将温度表示成单个连续的浮点特征。假设温度数据可精确到小数点后一位，则可以将介于 0.0 度到 15.0 度之间的所有温度都归入一个分箱，将介于 15.1 度到 30.0 度之间的所有温度归入第二个分箱，并将介于 30.1 度到 50.0 度之间的所有温度归入第三个分箱。

C

校准层（Calibration Layer）

一种预测后调整，通常是为了降低预测偏差。调整后的预测和概率应与观察到的标签集的分布一致。

候选采样（Candidate Sampling）

一种训练时进行的优化，会使用某种函数（例如 Softmax）针对所有正类别标签计算概率，但对于负类别标签，则仅针对其随机样本计算概率。例如，某个样本的标签为"小猎犬"和"狗"，则候选采样将针对"小猎犬"和"狗"类别输出以及其他类别（猫、棒棒糖、栅栏）的随机子集计算预测概率和相应的损失项。这种采样基于的想法是，只要正类别始终得到适当的正增强，负类别就可以从频率较低的负增强中进行学习，这确实是在实际中观察到的情况。候选采样的目的是，通过不针对所有负类别计算预测结果来提高计算效率。

分类数据（Categorical Data）

一种特征，拥有一组离散的可能值。以某个名为 house style 的分类特征为例，该特征拥有一组离散的可能值（共三个），即 Tudor、Ranch 和 Colonial。通过将 house style 表示成分类数据，相应模型可以学习 Tudor、Ranch 和 Colonial 分别对房价的影响。有时，离散集中的值是互斥的，只能将其中一个值应用于指定样本。例如，car maker 分类特征可能只允许一个样本有一个值（Toyota）。在其他情况下，则可以应用多个值。一辆车可能会被喷涂多种不同的颜色，因此，car color 分类特征可能会允许单个样本具有多个值（例如 red 和 white）。分类特征有时称为离散特征，与数值数据相对。

检查点（Checkpoint）

一种数据，用于捕获模型变量在特定时间的状态。借助检查点可以导出模型权重，跨多个会话执行训练，以及使训练在发生错误之后得以继续（例如作业抢占）。注意，图本身不包含在检查点中。

类别（Class）

为标签枚举的一组目标值中的一个。例如，在检测垃圾邮件的二元分类模型中，两种类别分别是"垃圾邮件"和"非垃圾邮件"。在识别狗品种的多类别分类模型中，类别可以是"贵宾犬""小猎犬""哈巴犬"等。

分类不平衡的数据集（Class-Imbalanced Data Set）

一种二元分类问题，在此类问题中，两种类别的标签在出现频率方面具有很大的差距。例如，在某个疾病数据集中，0.0001 的样本具有正类别标签，0.9999 的样本具有负类别标签，这就属于分类不平衡问题；但在某个足球比赛预测器中，0.51 的样本的标签为其中一个球队赢，0.49 的样本的标签为另一个球队赢，这就不属于分类不平衡问题。

分类模型（Classification Model）

一种机器学习模型，用于区分两种或多种离散类别。例如，某个自然语言处理分类模型可以确定输入的句子是法语、西班牙语还是意大利语。

分类阈值（Classification Threshold）

一种标量值条件，应用于模型预测的得分，旨在将正类别与负类别区分开。将逻辑回归结果映射到二元分类时使用。以某个逻辑回归模型为例，该模型用于确定指定电子邮件是垃圾邮件的概率。如果分类阈值为 0.9，那么逻辑回归值高于 0.9 的电子邮件将被归类为"垃圾邮件"，低于 0.9 的则被归类为"非垃圾邮件"。

协同过滤（Collaborative Filtering）

根据很多其他用户的兴趣来预测某位用户的兴趣。协同过滤通常用在推荐系统中。

混淆矩阵（Confusion Matrix）

一种 N×N 表格，用于总结分类模型的预测成效，即标签和模型预测的分类之间的关联。在混淆矩阵中，一个轴表示模型预测的标签，另一个轴表示实际标签。N 表示类别个数。在二元分类问题中，N=2。例如，表 D-1 显示了一个二元分类问题的混淆矩阵示例。

表 D-1　一个二元分类问题的混淆矩阵示例

	肿瘤（预测的标签）	非肿瘤（预测的标签）
肿瘤（实际标签）	18	1
非肿瘤（实际标签）	6	452

上面的混淆矩阵显示，在 19 个实际有肿瘤的样本中，该模型正确地将 18 个归类为有肿瘤（18 个真正例），错误地将 1 个归类为没有肿瘤（1 个假负例）。同样，在 458 个实际没有肿瘤的样本中，模型归类正确的有 452 个（452 个真负例），归类错误的有 6 个（6 个假正例）。

多类别分类问题的混淆矩阵有助于确定出错模式。例如，某个混淆矩阵可以揭示，某个经过训练以识别手写数字的模型往往会将 4 错误地预测为 9，将 7 错误地预测为 1。混淆矩阵包含计算各种效果指标（包括精确率和召回率）所需的充足信息。

连续特征（Continuous Feature）

一种浮点特征，可能值的区间不受限制，与离散特征相对。

收敛（Convergence）

通俗来说，收敛通常是指在训练期间达到的一种状态，即经过一定次数的迭代之后，训练损失和验证损失在每次迭代中的变化都非常小或根本没有变化。也就是说，如果采用当前数据进行额外的训练将无法改进模型，模型即达到收敛状态。在深度学习中，损失值有时会在最终下降之前的多次迭代中保持不变或几乎保持不变，暂时形成收敛的假象。

另请参阅早停法。

凸函数（Convex Function）

一种函数，函数图像以上的区域为凸集。典型凸函数的形状类似于字母 U。如图 D-1 所示都是凸函数。

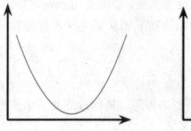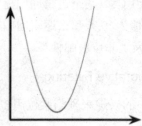

图 D-1　凸函数

严格凸函数只有一个局部最低点，该点也是全局最低点。经典的 U 形函数都是严格凸函数。不过，有些凸函数（例如直线）则不是这样的。很多常见的损失函数（包括下列函数）都是凸函数：

- L2 损失函数
- 对数损失函数
- L1 正则化
- L2 正则化

梯度下降法的很多变体都一定能找到一个接近严格凸函数最小值的点。同样，随机梯度下降法的很多变体都有很高的可能性能够找到接近严格凸函数最小值的点（但并非一定能找到）。

两个凸函数的和（例如 L2 损失函数 +L1 正则化）也是凸函数。

深度模型绝不会是凸函数。值得注意的是，专门针对凸优化设计的算法往往总能在深度网络上找到非常好的解决方案，虽然这些解决方案并不一定对应于全局最小值。

凸优化 (Convex Optimization)

使用数学方法（例如梯度下降法）寻找凸函数最小值的过程。机器学习方面的大量研究都专注于如何通过公式将各种问题表示成凸优化问题，以及如何更高效地解决这些问题。

凸集 (Convex Set)

欧几里得空间的一个子集，其中任意两点之间的连线仍完全落在该子集内。如图 D-2 所示的两个图形都是凸集。

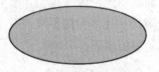

图 D-2　凸集

相反，如图 D-3 所示的两个图形都不是凸集。

图 D-3 不是凸集

代价或成本（Cost）

损失的同义词。

交叉熵（Cross-Entropy）

对数损失函数向多类别分类问题进行的一种泛化。交叉熵可以量化两种概率分布之间的差异。

自定义评估器（Custom Estimator）

按照这些说明自行编写的评估器，与预创建的评估器相对。

D

数据集（Data Set）

一组样本的集合。

Dataset API（tf.data）

一种高级别的 TensorFlow API，用于读取数据并将其转换为机器学习算法所需的格式。tf.data.Dataset 对象表示一系列元素，其中每个元素都包含一个或多个张量。tf.data.Iterator 对象可获取 Dataset 中的元素。

决策边界（Decision Boundary）

在二元分类或多类别分类问题中，模型学到的类别之间的分界线。例如，在如图 D-4 所示的某个二元分类问题的图片中，决策边界是橙色类别和蓝色类别之间的分界线。

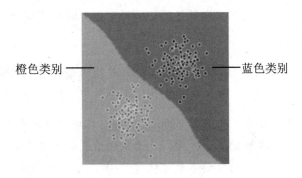

橙色类别———　　　　　———蓝色类别

图 D-4 二元分类问题的例子

密集层 (Dense Layer)

全连接层的同义词。

深度模型 (Deep Model)

一种神经网络，其中包含多个隐藏层。深度模型依赖于可训练的非线性关系，与宽度模型相对。

密集特征 (Dense Feature)

一种大部分数值是非零值的特征，通常是一个浮点值张量。参照稀疏特征。

衍生特征 (Derived Feature)

合成特征的同义词。

离散特征 (Discrete Feature)

一种特征，包含有限个可能值。例如，某个值只能是"动物""蔬菜"或"矿物"的特征便是一个离散特征（或分类特征）。与连续特征相对。

随机失活正则化 (Dropout Regularization)

一种形式的正则化，在训练神经网络方面非常有用。随机失活正则化的运作机制是，在神经网络层的一个梯度步长中移除随机选择的固定数量的单元。随机失活的单元越多，正则化效果就越强。类似于训练神经网络以模拟较小网络的规模（指数级）集成学习。

动态模型 (Dynamic Model)

一种模型，以持续更新的方式在线接受训练。也就是说，数据会源源不断地进入这种模型。

E

早停法 (Early Stopping)

一种正则化方法，涉及在训练损失仍可以继续减少之前结束模型训练。使用早停法时，会在基于验证数据集的损失开始增加（也就是泛化效果变差）时结束模型训练。

嵌入（Embedding）

一种分类特征，以连续值来表示特征。通常，嵌入是指将高维度向量映射到低维度的空间，也可以成为"降维映射"。例如，我们可以采用以下两种方式之一来表示英文句子中的单词。

● 表示成包含百万个元素（高维度）的稀疏向量，其中所有元素都是整数。向量中的每个元素都表示一个单独的英文单词，元素中的值表示相应单词在句子中出现的次数。由于单个英文句子包含的单词不太可能超过 50 个，因此向量中几乎每个元素都包含 0。少数非 0 的元素中将包含一个非常小的整数（通常为 1），该整数表示相应单词在句子中出现的次数。

- 表示成包含数百个元素（低维度）的密集向量，其中每个元素都包含一个介于 0 和 1 之间的浮点值。这就是一种嵌入。

在 TensorFlow 中，会按反向传播损失训练嵌入，和训练神经网络中的任何其他参数时一样。

经验风险最小化（Empirical Risk Minimization，ERM）

用于选择可以将基于训练集的损失降至最低的模型函数。与结构风险最小化相对。

集成学习（Ensemble Learning）

多个模型预测结果的并集。你可以通过以下一项或多项来创建集成学习：

- 不同的初始化。
- 不同的超参数。
- 不同的整体结构。

深度模型和宽度模型属于一种集成学习。

世代（Epoch）

在训练时，整个数据集的一次完整遍历，以便不漏掉任何一个样本。因此，一个世代表示"N/批次规模"次训练迭代，其中 N 是样本总数。

评估器（Estimator）

tf.Estimator 类的一个实例，用于封装负责构建 TensorFlow 图并运行 TensorFlow 会话的逻辑。可以创建自己的自定义评估器（Estimator），也可以将其他人预创建的评估器（Estimator）实例化。

样本（Example）

数据集的一行。一个样本包含一个或多个特征，此外，还可能包含一个标签。另可参阅有标签样本和无标签样本。

F

假负例（False Negative，FN）

考虑一个二分类问题，即将实例分成正类别（Positive）或负类别（Negative）。对一个二分类问题来说，会出现 4 种情况。如果一个实例是正类别并且也被预测成正类别，即为真正例（True Positive）；如果实例是负类别被预测成正类别，称为假正例（False Positive）。相应地，如果实例是负类别被预测成负类别，称为真负例（True Negative）；如果正类别被预测成负类别，则称为假负例（False Negative）。

FN 是被模型错误地预测为负类别的样本。例如，模型推测出某封电子邮件不是垃圾邮件

（负类别），但该电子邮件其实是垃圾邮件。

假正例（False Positive，FP）

被模型错误地预测为正类别的样本。例如，模型推测出某封电子邮件是垃圾邮件（正类别），但该电子邮件其实不是垃圾邮件。

假正例率（False Positive Rate，FP率）

ROC 曲线中的 x 轴。FP 率的定义如下：

$$假正例率 = 假正例数 /（假正例数 + 真负例数）$$

特征（Feature）

在进行预测时使用的输入变量。

特征列（Feature Column）

一组相关特征，例如用户可能居住的所有国家/地区的集合。样本的特征列中可能包含一个或多个特征。TensorFlow 中的特征列内还封装了元数据，例如：

● 特征的数据类型。
● 特征是固定长度还是应转换为嵌入向量（即降维映射为低维向量）。

特征列可以包含单个特征。

特征交叉组合（Feature Cross）

通过将单独的特征进行组合（相乘或求笛卡尔积）而形成的合成特征。特征组合有助于表示非线性关系。

特征工程（Feature Engineering）

特征工程有时称为特征提取，过程为：确定哪些特征可能在训练模型方面非常有用，然后将原始数据转换为所需的特征。

特征集（Feature Set）

训练机器学习模型时采用的一组特征。例如，对于某个用于预测房价的模型，邮政编码、房屋面积以及房屋状况可以组成一个简单的特征集。

特征规范（Feature Spec）

用于描述如何从 tf.Example proto buffer 提取特征数据。由于 tf.Example proto buffer 只是一个数据容器，因此必须指定以下内容：

● 要提取的数据（特征的键）。
● 数据类型（例如 float 或 int）。
● 长度（固定或可变）。

Estimator API 提供了一些可用来根据给定特征列（Feature Column）生成特征规范的工具。

完整 Softmax (Full Softmax)

可参阅 Softmax。与候选采样相对。

全连接层 (Fully Connected Layer)

一种隐藏层，其中的每个节点均与下一个隐藏层中的每个节点相连。全连接层又称为密集层。

G

泛化 (Generalization)

指的是模型依据训练时采用的数据，针对以前未见过的新数据做出正确预测的能力。

广义线性模型 (Generalized Linear Model)

最小二乘回归模型（基于高斯噪声）向其他类型的模型（基于其他类型的噪声，例如泊松噪声或分类噪声）进行的一种泛化。广义线性模型的示例包括：

● 逻辑回归。

● 多类别回归。

● 最小二乘回归。

可以通过凸优化找到广义线性模型的参数。广义线性模型具有以下特性：

● 最优的最小二乘回归模型的平均预测结果等于训练数据的平均标签。

● 最优的逻辑回归模型预测的平均概率等于训练数据的平均标签。

广义线性模型的功能受其特征的限制。与深度模型不同，广义线性模型无法"学习新特征"。

梯度 (Gradient)

偏导数相对于所有自变量的向量。在机器学习中，梯度是模型函数偏导数的向量。梯度指向最快上升的方向。

梯度裁剪 (Gradient Clipping)

在应用梯度值之前先设置其上限。梯度裁剪有助于确保数值稳定性以及防止梯度爆炸。

梯度下降法 (Gradient Descent)

一种通过计算并且减小梯度将损失降至最低的技术，它以训练数据为条件来计算损失相对于模型参数的梯度。通俗来说，梯度下降法以迭代方式调整参数，逐渐找到权重和偏差的最佳组合，从而将损失降至最低。

图 (Graph)

TensorFlow 中的一种计算规范。图中的节点表示操作。边缘具有方向，表示将某项操作的结果（一个张量）作为一个操作数传递给另一项操作。可以使用 TensorBoard 直观地呈现图。

H

启发法 (Heuristic)

一种非最优但实用的问题解决方案，足以用于进行改进或从中学习。

隐藏层（Hidden Layer）

神经网络中的合成层，介于输入层（特征）和输出层（预测）之间。神经网络包含一个或多个隐藏层。

合页损失函数或折页损失函数（Hinge Loss）

一系列用于分类的损失函数，旨在找到距离每个训练样本都尽可能远的决策边界，从而使样本和边界之间的裕度最大化。KSVM 使用合页损失函数（或相关函数，例如平方合页损失函数）。对于二元分类，合页损失函数的定义如下：

$$loss = max(0,1-(y'*y))$$

其中"y'"表示分类器模型的原始输出：

$$y'=b+w_1x_1+w_2x_2+...+w_nx_n$$

"y"表示真标签，值为 -1 或 +1。

留出数据（Holdout Data）

训练期间故意不使用（"留出"）的样本。验证数据集和测试数据集都属于留出数据。留出数据有助于评估模型向训练时所用数据之外的数据进行泛化的能力。与基于训练数据集的损失相比，基于留出数据集的损失有助于更好地估算基于未见过的数据集的损失。

超参数（Hyperparameter）

在模型训练的连续过程中，我们用于调节的"旋钮"。例如，学习速率就是一种超参数。与参数相对。

超平面（Hyperplane）

将一个空间划分为两个子空间的边界。例如，在二维空间中，直线就是一个超平面，在三维空间中，平面则是一个超平面。在机器学习中更典型的是，超平面是分隔高维度空间的边界。核支持向量机利用超平面将正类别和负类别区分开来（通常在极高维度的空间中）。

I

独立同分布（Independently and Identically Distributed，i.i.d）

从不会改变的分布中提取的数据，其中提取的每个值都不依赖于之前提取的值。i.i.d. 是机器学习的理想状态，但在现实世界中几乎从未发现过。例如，某个网页的访问者在短时间内的分布可能为 i.i.d.，即分布在短时间内没有变化，且一位用户的访问行为通常与另一位用户的访问行为无关。不过，如果将时间窗口扩大，网页访问者的分布可能呈现出季节性变化。

推测（Inference）

在机器学习中，推测的过程通常为：通过将训练过的模型应用于无标签样本来做出预测。在统计学中，推测是指在某些观测数据条件下拟合分布参数的过程。

输入函数（Input Function）

在 TensorFlow 中，用于将输入数据返回评估器的训练、评估或预测方法的函数。例如，训练输入函数用于返回训练集中的批次特征和标签。

输入层（Input Layer）

神经网络中的第一层（接收输入数据的层）。

实例（Instance）

样本的同义词。

可解释性（Interpretability）

模型的预测可解释的难易程度。深度模型通常不可解释，也就是说，很难对深度模型的不同层进行解释。相比之下，线性回归模型和宽度模型的可解释性通常要好得多。

评分者间一致性信度（Inter-Rater Agreement）

一种衡量指标，用于衡量在执行某项任务时评分者达成一致的频率。如果评分者未达成一致，则可能需要改进任务说明。有时也称为标注者间一致性信度或评分者间可靠性信度。

迭代（Iteration）

模型的权重在训练期间的一次更新。迭代包含计算参数在单个批量数据上的梯度损失。

K

Keras

一种热门的 Python 机器学习 API。Keras 能够在多种深度学习框架上运行，其中包括 TensorFlow（在该框架上，Keras 作为 tf.keras 提供）。

核支持向量机（Kernel Support Vector Machines，KSVM）

一种分类算法，旨在通过将输入数据向量映射到更高维度的空间来最大化正类别和负类别之间的裕度。以某个输入数据集包含一百个特征的分类问题为例，为了最大化正类别和负类别之间的裕度，KSVM 可以在内部将这些特征映射到百万维度的空间。KSVM 使用合页损失函数。

L

L1 损失函数（L1 Loss）

一种损失函数，基于模型预测值与标签的实际值之差的绝对值。与 L2 损失函数相比，L1 损失函数对离群值的敏感性弱一些。

L1 正则化（L1 Regularization）

一种正则化，根据权重的绝对值的总和来惩罚权重。在依赖稀疏特征的模型中，L1 正则化有助于使不相关或几乎不相关的特征的权重正好为 0，从而将这些特征从模型中移除。与 L2 正则化相对。

L2 损失函数（L2 Loss）

可参阅平方损失函数。

L2 正则化（L2 Regularization）

一种正则化，根据权重的平方和来惩罚权重。L2 正则化有助于使离群值（具有较大正值或较小负值）权重接近于 0，但又不正好为 0（与 L1 正则化相对）。在线性模型中，L2 正则化始终可以改进泛化。

标签（Label）

在监督式学习中，标签指样本的"答案"或"结果"部分。有标签数据集中的每个样本都包含一个或多个特征以及一个标签。例如，在房屋数据集中，特征可以包括卧室数、卫生间数以及房龄，而标签则可以是房价。在垃圾邮件检测数据集中，特征可以包括主题行、发件人以及电子邮件本身，而标签则可以是"垃圾邮件"或"非垃圾邮件"。

标注的样本（Labeled Example）

包含特征和标签的样本。在监督式训练中，模型从标注的样本中进行学习。

Lambda

正则化率的同义词。这是一个多含义术语，我们在此关注的是该术语在正则化中的定义。

层（Layer）

神经网络中的一组神经元，处理一组输入特征或一组神经元的输出。此外，还指 TensorFlow

中的抽象层。层是 Python 函数，以张量和配置选项作为输入，然后生成其他张量作为输出。当必要的张量组合起来时，用户便可以通过模型函数将结果转换为评估器（Estimator）。

Layers API（tf.layers）

一种 TensorFlow API，用于以层组合的方式构建深度神经网络。通过 Layers API 可以构建不同类型的层，例如：

- 通过 tf.layers.Dense 构建全连接层。
- 通过 tf.layers.Conv2D 构建卷积层。

在编写自定义评估器时，可以编写"层"对象来定义所有隐藏层的特征。Layers API 遵循 Keras Layers API 规范。也就是说，除了前缀不同以外，Layers API 中的所有函数均与 Keras Layers API 中的对应函数具有相同的名称和签名。

学习速率（Learning Rate）

在训练模型时用于梯度下降的一个变量。在每次迭代期间，梯度下降法都会将学习速率与梯度相乘。得出的乘积称为梯度步长。

学习速率是一个重要的超参数。

最小二乘回归（Least Squares Regression）

一种通过最小化 L2 损失训练出的线性回归模型。

线性回归（Linear Regression）

一种回归模型，通过将输入特征进行线性组合，以连续值作为输出。

逻辑回归（Logistic Regression）

一种模型，通过将 S 型函数应用于线性预测，生成分类问题中每个可能的离散标签值的概率。虽然逻辑回归经常用于二元分类问题，但也可用于多类别分类问题（其叫法变为多类别逻辑回归或多项回归）。

对数损失函数（Log Loss）

二元逻辑回归中使用的损失函数。

损失（Loss）

一种衡量指标，用于衡量模型的预测偏离其标签的程度。或者更悲观地说，用于衡量模型有多差。要确定此值，模型必须定义损失函数。例如，线性回归模型通常将均方误差用于损失函数，而逻辑回归模型则使用对数损失函数。

M

机器学习（Machine Learning）

一种程序或系统，用于根据输入数据构建（训练）预测模型。这种系统会利用学到的模型根据从分布（训练该模型时使用的同一分布）中提取的新数据（以前从未见过的数据）进行实用的预测。机器学习还指与这些程序或系统相关的研究领域。

均方误差（Mean Squared Error，MSE）

每个样本的平均平方损失。MSE 的计算方法是平方损失除以样本数。TensorFlow Playground 显示的"训练损失"值和"测试损失"值都是 MSE。

指标（Metric）

你关心的一个数值。可能可以，也可能不可以直接在机器学习系统中得到优化。你的系统尝试优化的指标称为目标。

Metrics API（tf.metrics）

一种用于评估模型的 TensorFlow API。例如，tf.metrics.accuracy 用于确定模型的预测与标签匹配的频率。在编写自定义评估器时，我们可以调用 Metrics API 函数来指定应如何评估我们的模型。

小批量（Mini-Batch）

从训练或推测过程的一次迭代中一起运行的整批样本内随机选择的一小部分。小批量的规模通常介于 10 和 1000 之间。与基于完整的训练数据计算损失相比，基于小批量数据计算损失要高效得多。

小批量随机梯度下降法（Mini-Batch Stochastic Gradient Descent，SGD）

一种采用小批量样本的梯度下降法。也就是说，小批量 SGD 会根据一小部分训练数据来估算梯度。Vanilla SGD 使用的小批量的规模为 1。

ML

机器学习的缩写。

模型（Model）

机器学习系统从训练数据学到的内容的表示形式。多含义术语，可以理解为下列两种相关含义之一：

- 一种 TensorFlow 图，用于表示预测计算结构。
- 该 TensorFlow 图的特定权重和偏差，通过训练决定。

模型训练（Model Training）

确定最佳模型的过程。

动量（Momentum）

一种先进的梯度下降法，其中学习步长不仅取决于当前步长的导数，还取决于之前一步或多步的步长的导数。动量涉及计算梯度随时间而变化的指数级加权移动平均值，与物理学中的动量类似。动量有时可以防止学习过程被卡在局部最小的情况。

多类别分类（Multi-Class Classification）

区分两种以上类别的分类问题。例如，枫树大约有 128 种，因此，确定枫树种类的模型就属于多类别模型。反之，仅将电子邮件分为两类（"垃圾邮件"和"非垃圾邮件"）的模型属于二元分类模型。

多项分类（Multinomial Classification）

多类别分类的同义词。

N

NaN 陷阱（NaN Trap）

模型中的一个数字在训练期间变成 NaN，这会导致模型中的很多或所有其他数字最终也会变成 NaN。NaN 是"非数字"的缩写。

负类别（Negative Class）

在二元分类中，一种类别称为正类别，另一种类别称为负类别。正类别是我们要寻找的类别，负类别则是另一种可能性。例如，在医学检查中，负类别可以是"非肿瘤"。在电子邮件分类器中，负类别可以是"非垃圾邮件"。另可参阅正类别。

神经网络（Neural Network）

一种模型，灵感来源于脑部结构，由多个层构成（至少有一个是隐藏层），每个层都包含简单相连的单元或神经元（具有非线性关系）。

神经元（Neuron）

神经网络中的节点，通常用于接收多个输入值并生成一个输出值。神经元通过将激活函数（非线性转换）应用于输入值的加权和来计算输出值。

节点（Node）

多含义术语，可以理解为下列两种含义之一：

- 隐藏层中的神经元。

● TensorFlow 图中的操作。

归一化 (Normalization)

将实际的值区间转换为标准的值区间（通常为 -1 到 +1 或 0 到 1）的过程。例如，某个特征的自然区间是 800 到 6000，通过减法和除法运算，我们可以将这些值归一化为位于 -1 到 +1 的区间内。另可参阅缩放。

数值数据 (Numerical Data)

用整数或实数表示的特征。例如，在房地产模型中，我们可能会用数值数据表示房子大小（以平方英尺或平方米为单位）。如果用数值数据表示特征，则可以表明特征的值相互之间具有数学关系，并且可能与标签也有数学关系。例如，如果用数值数据表示房子大小，则可以表明面积为 200 平方米的房子是面积为 100 平方米的房子的两倍。此外，房子面积的平方米数可能与房价存在一定的数学关系。

并非所有整数数据都应表示成数值数据。例如，世界上某些地区的邮政编码是整数，但在模型中，不应将整数邮政编码表示成数值数据。这是因为邮政编码 20000 在效力上并不是邮政编码 10000 的两倍（或一半）。此外，虽然不同的邮政编码确实与不同的房地产价值有关，但我们也不能假设邮政编码为 20000 的房地产在价值上是邮政编码为 10000 的房地产的两倍。邮政编码应表示成分类数据。

数值特征有时称为连续特征。

Numpy

一个开源代码数学库，在 Python 中提供高效的数组操作。Pandas 就建立在 Numpy 之上。

O

目标（Objective）

算法尝试优化的指标。

离线推测（Offline Inference）

生成一组预测（即推测），存储这些预测，然后根据需求检索这些预测。与在线推测相对。

独热编码（One-Hot Encoding）

一种稀疏向量，其中：

● 一个元素设为 1。
● 所有其他元素均设为 0。

独热编码常用于表示拥有有限个可能值的字符串或标识符。例如，假设某个指定的植物学数据集记录了 15000 个不同的物种，其中每个物种都用独一无二的字符串标识符来表示，在特征工程过程中,我们可能需要将这些字符串标识符编码为独热编码向量,向量的大小为 15000。

一对多（One-vs.-All）

假设某个分类问题有 N 种可能的解决方案,一对多解决方案将包含 N 个单独的二元分类器,一个二元分类器对应一种可能的结果。例如,假设某个模型用于区分样本属于动物、蔬菜还是矿物,一对多解决方案将提供下列三个单独的二元分类器:

- 动物和非动物。
- 蔬菜和非蔬菜。
- 矿物和非矿物。

在线推测（Online Inference）

根据需求生成预测（即推测）。与离线推测相对。

操作（Operation，op）

TensorFlow 图中的节点。在 TensorFlow 中,任何创建、操纵或销毁张量的过程都属于操作。例如,矩阵相乘就是一种操作,该操作以两个张量作为输入,并生成一个张量作为输出。

优化器 (Optimizer)

梯度下降法的一种具体实现。TensorFlow 的优化器基类是 tf.train.Optimizer。不同的优化器（tf.train.Optimizer 的子类）会考虑如下概念:

- 动量（Momentum）。
- 更新频率（AdaGrad = ADAptive GRADient descent； Adam = ADAptive with Momentum；RMSProp）。
- 稀疏性/正则化（Ftrl）。
- 更复杂的计算方法（Proximal,等等）。

甚至还包括 神经网络驱动的优化器。

离群值（Outlier）

与大多数其他值差别很大的值。在机器学习中,下列所有值都是离群值。

- 绝对值很高的权重。
- 与实际值相差很大的预测值。
- 值比平均值高大约 3 个标准偏差的输入数据。

离群值常常会导致模型训练出现问题。

输出层（Output Layer）

神经网络的"最后"一层,也是包含答案的层。

过度拟合（Overfitting）

创建的模型与训练数据过于匹配，以至于模型无法根据新数据做出正确的预测。

P

Pandas

面向列的数据分析 API。很多机器学习框架（包括 TensorFlow）都支持将 Pandas 数据结构作为输入。可参阅 Pandas 文档。

参数（Parameter）

机器学习系统自行训练的模型的变量。例如，权重就是一种参数，它们的值是机器学习系统通过连续的训练迭代逐渐学习到的。与超参数相对。

参数服务器（Parameter Server，PS）

一种作业，负责在分布式设置中跟踪模型参数。

参数更新（Parameter Update）

在训练期间（通常是在梯度下降法的单次迭代中）调整模型参数的操作。

偏导数 (Partial Derivative)

一种导数，除了一个变量之外的所有变量都被视为常量。例如，$f(x, y)$ 对 x 的偏导数就是 $f(x)$ 的导数（即使 y 保持恒定）。f 对 x 的偏导数仅关注 x 如何变化，而忽略公式中的所有其他变量。

分区策略（Partitioning Strategy）

参数服务器中分割变量的算法。

性能（Performance）

多含义术语，具有以下含义：

- 在软件工程中的传统含义，即相应软件的运行速度有多快（或有多高效）。
- 在机器学习中的含义。在机器学习领域，性能旨在回答的问题是，相应模型的准确度有多高，即模型在预测方面的表现得有多好。

困惑度（Perplexity）

一种衡量指标，用于衡量模型能够多好地完成任务。例如，假设任务是读取用户使用智能手机键盘输入字词时输入的前几个字母，然后列出一组可能的完整字词。此任务的困惑度（P）是，为了使列出的字词中包含用户尝试输入的实际字词，你需要提供猜测项的个数。

困惑度与交叉熵（Cross Entropy）的关系如下：

$$P = 2 - \text{Cross Entropy}$$

流水线（Pipeline）

机器学习算法的基础架构。流水线包括收集数据、将数据放入训练数据文件、训练一个或多个模型以及将模型导出到生产环境。

正类别（Positive Class）

在二元分类中，两种可能的类别分别被标记为正类别和负类别。正类别的结果是我们要测试的对象（不可否认的是，我们会同时测试这两种结果，但只关注正类别结果）。例如，在医学检查中，正类别可以是"肿瘤"；在电子邮件分类器中，正类别可以是"垃圾邮件"。

与负类别相对。

精确率（Precision）

一种分类模型指标。精确率指模型正确预测正类别的频率，即：

$$\text{精确率} = \text{真正例数} / (\text{真正例数} + \text{假正例数})$$

预测（Prediction）

模型在收到输入的样本后的输出。

预测偏差（Prediction Bias）

一个值，用于表明预测平均值与数据集中标签的平均值相差有多大。

预创建的评估器（Pre-made Estimator）

其他人已建好的评估器。TensorFlow 提供了一些预创建的评估器，包括 DNNClassifier、DNNRegressor 和 LinearClassifier。我们可以按照这些说明构建自己预创建的评估器。

预训练模型（Pre-trained Model）

已经训练过的模型或模型组件（例如嵌入）。有时，我们需要将预训练的嵌入向量馈送到神经网络。在其他时候，我们的模型将自行训练嵌入向量，而不依赖于预训练的嵌入向量。

先验信念（Prior Belief）

在开始采用相应数据进行训练之前，我们对这些数据抱有的信念。例如，L2 正则化依赖的先验信念是权重应该很小且应以 0 为中心呈正态分布。

Q

队列（Queue）

一种 TensorFlow 操作，用于实现队列数据结构，通常用于 I/O 中。

R

秩，等级（Rank）

机器学习中的一个多含义术语，可以理解为下列含义之一：

- 张量中的维度数量。例如，标量等级为 0，向量等级为 1，矩阵等级为 2。
- 在将类别从最高到最低进行排序的机器学习问题中，类别的顺序位置。例如，行为排序系统可以将小狗的奖励从最高（牛排）到最低（甘蓝）进行排序。

评分者（Rater）

为样本提供标签的人，有时称为"标注者"。

召回率（Recall）

一种分类模型指标，用于回答的问题是：在所有可能的正类别标注中，模型正确地识别出了多少个，即：

$$召回率 = 真正例数 / （真正例数 + 假负例数）$$

修正线性单元（ReLU, Rectified Linear Unit）

一种激活函数，其规则如下：

- 如果输入为负数或 0，则输出 0。
- 如果输入为正数，则输出等于输入。

回归模型（Regression Model）

一种模型，能够输出连续的值（通常为浮点值）。可与分类模型进行比较，分类模型输出离散值，例如"垃圾邮件"或"非垃圾邮件"。

正则化（Regularization）

对模型复杂度的惩罚。正则化有助于防止出现过度拟合，包含以下类型：

- L1 正则化。
- L2 正则化。
- 丢弃正则化。
- 早停法（这不是正式的正则化方法，但可以有效限制过度拟合）。

正则化率（Regularization Rate）

一种标量值，以 Lambda 表示，用于指定正则化函数的相对重要性。从下面简化的损失公式中可以看出正则化率的影响：

$$\text{Minimize (loss function} + \lambda(\text{regularization function))}$$

提高正则化率可以减少过度拟合，但可能会使模型的准确率降低。

表征（Representation）

将数据映射到实用特征的过程。

受试者工作特征曲线，ROC 曲线（Receiver Operating Characteristic Curve）

不同分类阈值下的真正例率和假正例率构成的曲线。另可参阅曲线下面积。

根目录（Root Directory）

我们指定的目录，用于托管多个模型的 TensorFlow 检查点和事件文件的子目录。

均方根误差（Root Mean Squared Error，RMSE）

均方误差的平方根。

S

SavedModel

保存和恢复 TensorFlow 模型时建议使用的格式。SavedModel 是一种独立于语言且可恢复的序列化格式，使较高级别的系统和工具可以创建、使用和转换 TensorFlow 模型。

Saver

一种 TensorFlow 对象，负责保存模型检查点。

缩放（Scaling）

特征工程中的一种常用做法，是对某个特征的值区间进行调整，使之与数据集中其他特征的值区间一致。例如，假设你希望数据集中所有浮点特征的值都位于 0 到 1 的区间内，如果某个特征的值位于 0 到 500 的区间内，就可以通过将每个值除以 500 来缩放该特征。

另可参阅归一化。

Scikit-learn

一个热门的开源代码机器学习平台。可访问 www.scikit-learn.org。

半监督式学习（Semi-Supervised Learning）

训练模型时采用的数据中，某些训练样本有标签，而其他样本则没有标签。半监督式学习采用的一种技术是推测无标签样本的标签，然后使用推测出的标签进行训练，以创建新模型。如果获得标签样本需要高昂的成本，而无标签样本则有很多，那么半监督式学习将非常有用。

序列模型（Sequence Model）

一种模型，其输入具有序列依赖性。例如，根据之前观看过的一系列视频对观看的下一个视频进行预测。

会话（Session）

维持 TensorFlow 程序中的状态（例如变量）。

S 型函数（Sigmoid Function）

一种函数，可将逻辑回归输出或多项回归输出（对数概率）映射到概率，以返回介于 0 和 1 之间的值。在某些神经网络中，S 型函数可作为激活函数使用。

Softmax

一种函数，可提供多类别分类模型中每个可能类别的概率。这些概率的总和正好为 1.0。例如，Softmax 可能会得出某个图像是狗、猫和马的概率分别是 0.9、0.08 和 0.02。（也称为完整 Softmax。）

与候选采样相对。

稀疏特征（Sparse Feature）

一种特征向量，其中的大多数值都为 0 或为空。例如，某个向量包含一个为 1 的值和一百万个为 0 的值，该向量就属于稀疏向量。再举一个例子，搜索查询中的单词也可能属于稀疏特征——在某种指定语言中有很多可能的单词，但在某个指定的查询中仅包含其中几个。

与密集特征相对。

平方合页损失函数（Squared Hinge Loss）

合页损失函数的平方。与常规合页损失函数相比，平方合页损失函数对离群值的惩罚更严厉。

平方损失函数（Squared Loss）

在线性回归中使用的损失函数（也称为 L2 损失函数）。该函数可计算模型为有标签样本预测的值和标签的实际值之差的平方。由于取平方值，因此该损失函数会放大不佳预测的影响。也就是说，与 L1 损失函数相比，平方损失函数对离群值的反应更强烈。

静态模型（Static Model）

离线训练的一种模型。

平稳性，稳定性（Stationarity）

数据集中数据的一种属性，表示数据分布在一个或多个维度保持不变。这种维度最常见的是时间，即表明平稳性的数据不随时间而变化。例如，从 9 月到 12 月，表明平稳性的数据没有发生变化。

步（Step）

对一个批量的向前和向后评估。

步长（Step Size）

学习速率的同义词。

随机梯度下降法（Stochastic Gradient Descent，SGD）

批量大小为 1 的一种梯度下降法。换句话说，SGD 依赖于从数据集中随机均匀选择的单个样本来计算每步的梯度估算值。

结构风险最小化（Structural Risk Minimization，SRM）

一种算法，用于平衡以下两个目标：

● 期望构建最具预测性的模型（例如损失最低）。

● 期望使模型尽可能简单（例如强大的正则化）。

例如，旨在将基于训练集的损失和正则化降至最低的模型函数就是一种结构风险最小化算法。它与经验风险最小化相对。

摘要（Summary）

在 TensorFlow 中的某一步计算出的一个值或一组值，通常用于在训练期间跟踪模型指标。

监督式机器学习（Supervised Machine Learning）

根据输入数据及其对应的标签来训练模型。监督式机器学习类似于学生通过研究一系列问题及其对应的答案来学习某个主题。在掌握了问题和答案之间的对应关系后，学生便可以回答关于同一主题的新问题（以前从未见过的问题）。可与非监督式机器学习进行比较。

合成特征（Synthetic Feature）

一种特征，不在输入特征之列，而是从一个或多个输入特征衍生而来的。合成特征包括以下类型：

● 将一个特征与其本身或其他特征相乘（称为特征组合）。

● 两个特征相除。

● 对连续特征进行分箱，以分为多个区间分箱。

通过归一化或缩放单独创建的特征不属于合成特征。

T

目标（Target）

标签的同义词。

时态数据（Temporal Data）

在不同时间点记录的数据。例如，记录的一年中每一天的冬季外套销量就属于时态数据。

张量（Tensor）

TensorFlow 程序中的主要数据结构。张量是 N 维（其中 N 可能非常大）数据结构，最常见的是标量、向量或矩阵。张量的元素可以包含整数值、浮点值或字符串值。

张量处理单元（Tensor Processing Unit，TPU）

一种 ASIC（专用集成电路），用于优化 TensorFlow 程序的性能。

张量等级（Tensor Rank）

可参阅等级。

张量形状（Tensor Shape）

张量在各种维度中包含的元素数。例如，张量 [5, 10] 在一个维度中的形状为 5，在另一个维度中的形状为 10。

张量大小（Tensor Size）

张量包含的标量总数。例如，张量 [5, 10] 的大小为 50。

TensorBoard

一个信息中心，用于显示在执行一个或多个 TensorFlow 程序期间保存的摘要信息。

TensorFlow

一个大型的分布式机器学习平台。该术语还指 TensorFlow 堆栈中的基本 API 层，该层支持对数据流图进行一般计算。虽然 TensorFlow 主要应用于机器学习领域，但也可用于需要使用数据流图进行数值计算的非机器学习任务。

TensorFlow Playground

一款用于直观呈现不同的超参数对模型（主要是神经网络）训练的影响的程序。要试用 TensorFlow Playground，可前往 http://playground.tensorflow.org。

TensorFlow Serving

一个平台，用于将训练过的模型部署到生产环境。

测试集（Test Set）

数据集的子集，用于在模型经由验证集的初步验证之后测试模型。

与训练集和验证集相对。

tf.Example

一种标准的 协议缓冲区（Protocol Buffer），旨在描述用于机器学习模型训练或推测的输入数据。

时间序列分析（Time Series Analysis）

机器学习和统计学的一个子领域，旨在分析时态数据。很多类型的机器学习问题都需要时间序列分析，其中包括分类、聚类、预测和异常检测。例如，你可以利用时间序列分析根据历史销量数据预测未来每月的冬季外套销量。

训练（Training）

确定构成模型的理想参数的过程。

训练集（Training Set）

数据集的子集，用于训练模型。与验证集和测试集相对。

转移学习（Transfer Learning）

将信息从一个机器学习任务转移到另一个机器学习任务。例如，在多任务学习中，一个模型可以完成多项任务，针对不同任务具有不同输出节点的深度模型，转移学习可能涉及将知识从较简单任务的解决方案转移到较复杂的任务，或者将知识从数据较多的任务转移到数据较少的任务。

大多数机器学习系统都只能完成一项任务。转移学习是迈向人工智能的一小步，在人工智能中，单个程序可以完成多项任务。

真负例（Rue Negative，TN）

被模型正确地预测为负类别的样本。例如，模型推测出某封电子邮件不是垃圾邮件，而该电子邮件确实不是垃圾邮件。

真正例（True Positive，TP）

被模型正确地预测为正类别的样本。例如，模型推测出某封电子邮件是垃圾邮件，而该电子邮件确实是垃圾邮件。

真正例率（True Positive Rate，TP 率）

召回率的同义词，即：

$$真正例率 = 真正例数 /（真正例数 + 假负例数）$$

真正例率是 ROC 曲线的 y 轴。

U

无标注的样本（Unlabeled Example）

包含特征但没有标签的样本。无标注的样本是用于进行推测的输入内容。在半监督式和非监督式学习中，无标标的样本在训练期间被使用。

非监督式机器学习（Unsupervised Machine Learning）

训练模型，以找出数据集（通常是无标签数据集）中的模式。

非监督式机器学习最常见的用途是将数据分为不同的聚类，使相似的样本位于同一组中。例如，非监督式机器学习算法可以根据音乐的各种属性将歌曲分为不同的聚类。所得聚类可以作为其他机器学习算法（例如音乐推荐服务）的输入。在很难获取真标签的领域，聚类可能会非常有用。例如，在反滥用和反欺诈等领域，聚类有助于人们更好地了解相关数据。

非监督式机器学习的另一个例子是主成分分析（PCA）。例如，通过对购物车中包含数百万物品的数据集进行主成分分析，可能会发现有柠檬的购物车中往往也有抗酸药。

可与监督式机器学习进行比较。

V

验证集（Validation Set）

数据集的一个子集，从训练集分离而来，用于调整超参数。
与训练集和测试集相对。

W

权重（Weight）

线性模型中特征的系数，或深度网络中的边。训练线性模型的目标是确定每个特征的理想权重。如果权重为 0，则相应的特征对模型来说没有任何贡献。

宽度模型（Wide Model）

一种线性模型，通常有很多稀疏输入特征。我们之所以称之为"宽度模型"，是因为这是一种特殊类型的神经网络，其大量输入均直接与输出节点相连。与深度模型相比，宽度模型通常更易于调试和检查。虽然宽度模型无法通过隐藏层来表示非线性关系,但可以利用特征组合、分箱等转换以不同的方式为非线性关系建模。

与深度模型相对。